内 容 简 介

本书共 10 章,系统介绍了水产养殖中比较重要的几种生物饵料,包括光合细菌、微藻、轮虫、枝角类、卤虫、桡足类、糠虾、淡水钩虾、水生环节动物的生物学、培养技术及营养价值评价和营养强化等内容,全面反映了生物饵料培养学的发展水平及研究的新成果、新技术。

本书可作为高等农业院校水产养殖专业的教学用书,也可供在水产养殖领域,特别是海水苗种繁育领域从事科研和生产的技术人员参考。

第二版编者名单

主　　编　成永旭(上海水产大学)
副主编　蒋霞敏(宁波大学)
参　　编　陈学豪(集美大学)
　　　　　黄翔鹄(湛江海洋大学)
　　　　　黄旭雄(上海水产大学)
　　　　　周志刚(上海水产大学)
　　　　　张德民(宁波大学)
　　　　　侯仲娥(中国科学院动物研究所)
　　　　　陈开健(湖南农业大学)
主　　审　李少菁(厦门大学)
审　　稿　梁象秋(上海水产大学)

全国高等农业院校教材
全国高等农业院校教学指导委员会审定
2008年全国高等农业院校优秀教材

生物饵料培养学

第二版

成永旭 主编

水产养殖专业用

中国农业出版社

图书在版编目（CIP）数据

生物饵料培养学/成永旭主编. —2 版. —北京：中国农业出版社，2005.8（2024.12重印）
 全国高等农业院校教材
 ISBN 978-7-109-09812-1

Ⅰ.生… Ⅱ.成… Ⅲ.饵料生物-养殖-高等学校-教材 Ⅳ.S963.21

中国版本图书馆 CIP 数据核字（2005）第 091618 号

中国农业出版社出版
（北京市朝阳区农展馆北路 2 号）
（邮政编码 100125）
责任编辑　曾丹霞

北京通州皇家印刷厂印刷　新华书店北京发行所发行
1995 年 10 月第 1 版　2005 年 8 月第 2 版
2024 年 12 月第 2 版北京第 14 次印刷

开本：850mm×1168mm　1/16　印张：21.25
字数：505 千字
定价：52.50 元
（凡本版图书出现印刷、装订错误，请向出版社发行部调换）

第二版前言

《生物饵料培养学》是在全国高等农业院校教材《生物饵料培养》（陈明耀主编）的基础上重新修编而成的。在过去的近10年来，随着水产养殖的迅猛发展，特别是一些经济海水鱼类和虾蟹类的养殖的发展，生物饵料培养技术也得到了飞速的发展和提高，逐步形成了生物饵料培养学相对独立的理论和技术体系，目的是确保培养的生物饵料的规模化和高质化（营养全面，价值高），最大程度满足海水鱼虾蟹幼体发育的需求。本书在原书体系的基础上，主要增加了生物饵料营养价值评价和营养强化一章，其他各章节在原书内容的基础上，更新和增加了大量新的内容，力争使全书能反映本学科最新的成果和发展趋势。

本教材主要内容包括不同生物饵料品种的生物学、培养技术以及营养价值的评价，如微藻、轮虫、卤虫、桡足类和枝角类等重要生物饵料品种。

本教材适于水产养殖专业的本科教学，同时也适于在水产养殖领域，特别是海水苗种繁育领域从事科研和生产的科技人员作参考。对从事水产动物营养、水环境科学的科技人员，也具有一定的参考价值。

本教材由成永旭教授主编，并负责编写绪论、第六章和第十章。第一章由张德民和蒋霞敏共同编写，第二章由周志刚和蒋霞敏共同编写，第三章由黄翔鹄编写，第四章由陈学豪编写，第五章由黄旭雄编写，第七章由蒋霞敏编写，第八章由侯仲娥编写，第九章由蒋霞敏和陈开健共同编写。全书由成永旭和蒋霞敏教授统稿。

厦门大学李少菁教授，上海水产大学梁象秋教授对本教材进行了悉心的审阅和修改，在此表示衷心感谢。

由于编者水平有限，加上生物饵料培养学发展很快，书中存在不足在所难免，欢迎广大读者批评指正。

编 者
2005年4月

第一版编者名单

主　编　陈明耀（湛江水产学院）

编　者　张道南（上海水产大学）

　　　　王渊源（厦门水产学院）

　　　　陈瑞雯（南海水产研究所）

第一版前言

《生物饵料培养》是高等农业院校水产专业"八五"教材建设中的统编教材，重点介绍光合细菌、单细胞藻类、轮虫、卤虫，以及枝角类、桡足类、糠虾类、颤蚓和摇蚊幼虫培养的基础理论、基本技能和生产技术。适用于高等水产院校海水养殖专业本科班的教学，教材增加了部分淡水生物饵料培养内容，亦可作为淡水渔业专业学生的参考用书，也可供有关教学、科研和生物饵料培养工作人员参考。

本教材由湛江水产学院陈明耀主编，上海水产大学张道南、厦门水产学院王渊源和南海水产研究所陈瑞雯参编。陈明耀编写绪论、第二章细胞藻类的培养和附录；张道南编写第一章光合细菌的培养和第三章轮虫的培养；王渊源编写第五章其他动物性生物饵料的培养；陈瑞雯编写第四章卤虫的培养。由中国科学院海洋研究所郑严教授主审，大连水产学院何志辉教授参审。

由于编者的水平所限，错讹在所难免，敬请批评指正。

目　　录

第二版前言
第一版前言

绪论 ··· 1
第一节　生物饵料培养学的基本概念 ··· 1
一、生物饵料培养学的定义 ··· 1
二、生物饵料培养学的主要研究内容 ··· 2
第二节　生物饵料培养学产生、发展以及在水产养殖方面的应用 ········· 3
一、微藻培养发展及在水产养殖方面的应用 ··································· 3
二、卤虫无节幼体培养及在水产养殖方面的应用 ··························· 5
三、轮虫培养的发展及在水产养殖方面的应用 ······························· 6
四、桡足类培养及在水产养殖方面的应用 ······································· 8
五、其他生物饵料的培养和应用 ··· 8
第三节　生物饵料培养学及与其他学科发展的关系 ······························· 8
一、生物饵料培养学科发展是应用学科与基础学科相互促进、相互依存的结果 ··· 9
二、与水产动物营养学的关系 ··· 9
三、与环境科学的关系 ··· 9
四、与发育生物学及其他学科的关系 ··· 10
第四节　生物饵料培养未来的发展方向 ··· 10
一、生物饵料培养的中长期目标 ··· 10
二、生物饵料培养的终极目标：微粒饲料的完全取代 ··················· 11
复习思考题 ··· 14

第一章　光合细菌的培养 ··· 15
第一节　光合细菌生物学特征 ··· 15
一、光合细菌分类 ··· 15
二、光合细菌的形态结构 ··· 22
三、光合细菌的生理生化特征 ··· 23
四、光合细菌的生态分布 ··· 24
五、光合细菌在自然界中的作用 ··· 25
六、光合细菌的营养 ··· 25

第二节　光合细菌的分离、培养与保藏 ····································· 26
　　一、光合细菌的富集分离 ·· 26
　　二、培养基 ·· 27
　　三、光合细菌的大量培养 ·· 32
　　四、光合细菌的保藏 ··· 34
第三节　光合细菌的应用 ··· 35
　　一、光合细菌在水产养殖上的应用 ······································· 35
　　二、在其他方面的应用 ··· 37
复习思考题 ·· 38

第二章　微藻的培养 ·· 39
第一节　概述 ··· 39
　　一、微藻培养的发展概况 ·· 39
　　二、微藻培养的科技成就 ·· 41
第二节　主要培养种类及其生物学 ······································· 42
　　一、螺旋藻 ·· 42
　　二、小球藻 ·· 43
　　三、盐藻 ··· 44
　　四、栅藻 ··· 45
　　五、扁藻 ··· 46
　　六、莱茵衣藻 ··· 47
　　七、雨生红球藻 ··· 47
　　八、微绿球藻 ··· 49
　　九、三角褐指藻 ··· 50
　　十、小新月菱形藻 ·· 50
　　十一、牟氏角毛藻 ·· 51
　　十二、中肋骨条藻 ·· 52
　　十三、球等鞭金藻 ·· 53
　　十四、绿色巴夫藻 ·· 54
　　十五、异胶藻 ··· 55
　　十六、紫球藻 ··· 56
第三节　微藻的培养方式与设施 ··· 56
　　一、培养方式 ··· 56
　　二、培养设施 ··· 58
第四节　微藻培养的工艺流程 ··· 60
　　一、消毒 ··· 61
　　二、培养液制备 ··· 63

三、接种 ··· 63
　　四、培养过程中的日常管理 ··· 64
　　五、采收 ··· 65
第五节　微藻在一次性培养中的生长特性 ··· 66
　　一、延缓期 ··· 66
　　二、指数生长期 ··· 68
　　三、相对生长下降期 ··· 68
　　四、静止期 ··· 69
　　五、死亡期 ··· 69
第六节　影响微藻生长的因子 ··· 69
　　一、光 ··· 69
　　二、温度 ··· 71
　　三、盐度 ··· 71
　　四、矿质营养 ··· 72
　　五、酸碱度 ··· 72
　　六、二氧化碳 ··· 73
　　七、有机营养物质 ··· 74
　　八、生物因子 ··· 74
第七节　微藻的培养液配方 ··· 74
　　一、海洋微藻培养液配方 ··· 75
　　二、淡水微藻培养液配方 ··· 80
　　三、微量元素溶液配方 ··· 83
　　四、维生素溶液配方 ··· 84
　　五、土壤浸出液 ··· 85
第八节　藻种的分离和保存 ··· 85
　　一、藻种的分离 ··· 85
　　二、藻种的保存 ··· 88
第九节　敌害生物的防治 ··· 89
　　一、敌害生物对微藻培养的危害作用 ··· 89
　　二、敌害生物污染的途径 ··· 90
　　三、防治敌害生物的措施 ··· 90
第十节　微藻培养应用实例 ··· 92
　　一、螺旋藻 ··· 92
　　二、盐藻 ··· 97
　　三、小球藻 ··· 99
　　四、红球藻 ·· 101
　　五、紫球藻 ·· 103

六、用于生产 EPA 和 DHA 的微藻培养 …………………………………………………… 104
　　七、底栖硅藻 …………………………………………………………………………………… 105
第十一节　微藻培养的新进展与展望 ……………………………………………………………… 109
　　一、微藻育种 …………………………………………………………………………………… 109
　　二、微藻细胞的固定化 ………………………………………………………………………… 110
　　三、生物反应器技术 …………………………………………………………………………… 111
　　四、微藻工业化培养的展望 …………………………………………………………………… 113
复习思考题 …………………………………………………………………………………………… 114

第三章　轮虫的培养

第一节　轮虫的生物学 ……………………………………………………………………………… 116
　　一、作为生物饵料培养的主要轮虫种类 ……………………………………………………… 116
　　二、轮虫的主要特征 …………………………………………………………………………… 117
　　三、轮虫的变异 ………………………………………………………………………………… 120
　　四、轮虫的繁殖习性 …………………………………………………………………………… 121
　　五、轮虫的发育 ………………………………………………………………………………… 129
　　六、轮虫的寿命 ………………………………………………………………………………… 131
　　七、轮虫的生态条件 …………………………………………………………………………… 131
　　八、轮虫培养的饵料 …………………………………………………………………………… 134
第二节　轮虫的分离和培养 ………………………………………………………………………… 136
　　一、轮虫种的分离 ……………………………………………………………………………… 136
　　二、休眠卵的孵化 ……………………………………………………………………………… 137
　　三、轮虫的培养方式 …………………………………………………………………………… 139
　　四、一次性培养 ………………………………………………………………………………… 140
　　五、半连续培养 ………………………………………………………………………………… 141
　　六、大面积土池培养 …………………………………………………………………………… 142
　　七、池塘轮虫的增殖 …………………………………………………………………………… 143
第三节　轮虫的保种和休眠卵的保存 ……………………………………………………………… 146
　　一、休眠卵的诱发 ……………………………………………………………………………… 146
　　二、轮虫休眠卵的采集、分离和定量 ………………………………………………………… 147
　　三、轮虫休眠卵的形态和鉴定 ………………………………………………………………… 147
　　四、休眠卵的保存 ……………………………………………………………………………… 150
复习思考题 …………………………………………………………………………………………… 150

第四章　枝角类的培养

第一节　枝角类的生物学 …………………………………………………………………………… 153
　　一、形态分类 …………………………………………………………………………………… 153

  二、繁殖习性 ………………………………………………………………………………… 155
  三、发育与生长 ……………………………………………………………………………… 159
  四、食性 ……………………………………………………………………………………… 163
  五、生态条件 ………………………………………………………………………………… 164
 第二节 枝角类的培养 …………………………………………………………………………… 166
  一、枝角类种的来源 ………………………………………………………………………… 166
  二、小型培养 ………………………………………………………………………………… 166
  三、大量培养 ………………………………………………………………………………… 167
  四、枝角类休眠卵的采集、分离与保存 …………………………………………………… 170
 第三节 枝角类的营养价值及应用 ……………………………………………………………… 170
  一、枝角类的营养价值 ……………………………………………………………………… 170
  二、枝角类的应用 …………………………………………………………………………… 172
 复习思考题 ……………………………………………………………………………………… 173

第五章 卤虫的培养 …………………………………………………………………………… 174
 第一节 卤虫的生物学 …………………………………………………………………………… 174
  一、卤虫的分类 ……………………………………………………………………………… 174
  二、卤虫的形态 ……………………………………………………………………………… 175
  三、卤虫的发育及生活史 …………………………………………………………………… 176
  四、卤虫的生殖习性 ………………………………………………………………………… 177
  五、卤虫的摄食习性 ………………………………………………………………………… 179
  六、卤虫对生态条件的适应 ………………………………………………………………… 180
  七、卤虫休眠卵的形态和生理特征 ………………………………………………………… 181
 第二节 我国的卤虫资源量和分布 ……………………………………………………………… 183
  一、卤虫在自然界的分布与传播 …………………………………………………………… 183
  二、我国的卤虫资源 ………………………………………………………………………… 183
  三、国产卤虫的开发利用策略 ……………………………………………………………… 186
 第三节 卤虫在水产养殖上的应用 ……………………………………………………………… 186
  一、初孵无节幼体 …………………………………………………………………………… 186
  二、去壳卵 …………………………………………………………………………………… 189
  三、卤虫中后期幼体及成体 ………………………………………………………………… 191
 第四节 卤虫卵的采收和加工 …………………………………………………………………… 192
  一、采收 ……………………………………………………………………………………… 193
  二、加工 ……………………………………………………………………………………… 193
  三、贮存 ……………………………………………………………………………………… 195
  四、卤虫卵的质量判别 ……………………………………………………………………… 196
 第五节 卤虫的增养殖 …………………………………………………………………………… 199

  一、盐田大面积引种增殖 200
  二、室外大量养殖 200
  三、室内水泥池高密度养殖 202
 复习思考题 202

第六章　桡足类的培养 203
 第一节　桡足类在水产养殖方面的应用 203
  一、桡足类能提高海水鱼幼体的成活率和促进生长 203
  二、桡足类提高海水鱼幼体的成活率和促进生长的原因 204
  三、在海水鱼育苗中作为生物饵料应用的桡足类种类 204
 第二节　桡足类的生物学 205
  一、形态特征 206
  二、生殖习性 208
  三、发育与生长 210
  四、摄食方式、投饵和饵料质量 212
 第三节　桡足类的收集和大面积培养 215
  一、天然桡足类的收集 216
  二、利用池塘培养桡足类和鱼幼体 216
  三、我国池塘施肥培养桡足类的方法 217
 第四节　哲水蚤的集约化培养 218
  一、培养条件和要求 218
  二、培养实例：艾氏剑肢水蚤的培养 220
 第五节　猛水蚤的集约化培养 225
  一、培养条件和要求 225
  二、培养实例：日本虎斑猛水蚤和湖泊美丽猛水蚤的培养 ... 228
 复习思考题 230

第七章　糠虾的培养 231
 第一节　糠虾的生物学 231
  一、分类 231
  二、形态特征 232
  三、生殖习性 233
  四、生活史 236
  五、生长、蜕皮 237
  六、寿命 237
  七、生态习性 238
 第二节　糠虾的人工培养 238

一、室外土池培养 ·· 238
　　二、室内水泥池培养 ·· 239
　复习思考题 ··· 240

第八章　淡水钩虾的培养 ·· 241
　第一节　淡水钩虾的生物学 ·· 242
　　一、形态分类 ·· 242
　　二、生殖结构和繁殖习性 ·· 245
　　三、发育与生长 ··· 247
　　四、食性 ··· 248
　　五、生态条件 ·· 248
　第二节　淡水钩虾的培养 ·· 250
　　一、淡水钩虾的采集 ·· 250
　　二、淡水钩虾的培养 ·· 250
　第三节　淡水钩虾的营养价值与应用 ··· 252
　　一、淡水钩虾的营养价值 ·· 252
　　二、淡水钩虾的应用 ·· 253
　复习思考题 ··· 254

第九章　水生环节动物的培养 ·· 255
　第一节　双齿围沙蚕人工育苗和沙蚕的养殖 ··· 255
　　一、双齿围沙蚕的生物学 ·· 256
　　二、双齿围沙蚕的人工育苗 ··· 265
　　三、沙蚕的养殖 ··· 267
　第二节　丝蚯蚓的培养 ·· 269
　　一、丝蚯蚓的生物学 ·· 270
　　二、丝蚯蚓的培养 ··· 272
　　三、丝蚯蚓的利用 ··· 277
　复习思考题 ··· 277

第十章　生物饵料营养价值评价和营养强化 ··· 278
　第一节　微藻的营养作用 ·· 278
　　一、微藻的营养 ··· 278
　　二、微藻对水产动物幼体发育的营养作用 ··· 285
　第二节　轮虫的营养与营养强化 ·· 288
　　一、蛋白质的营养强化 ·· 289
　　二、脂类的营养强化 ·· 289

三、维生素和其他营养物质强化 291
　　四、轮虫作为鱼虾幼体生物饵料的营养评价 292
　第三节　卤虫的营养与营养强化 293
　　一、卤虫的营养作用 293
　　二、卤虫无节幼体的营养强化及其在鱼虾蟹育苗中的应用 295
　　三、卤虫的营养价值评价 300
　第四节　桡足类的营养与营养强化 300
　　一、桡足类的基本生化组分 301
　　二、蛋白质营养 301
　　三、脂类营养及强化 302
　　四、其他营养物质 305
　　五、桡足类作为生物饵料的营养评价 305
　第五节　其他生物饵料的营养价值评价 306
　　一、枝角类 306
　　二、糠虾 306
　　三、其他 307
　复习思考题 308

附录 309
　一、锦纶筛网新老规格对照表 309
　二、海水相对密度、盐度和波美度换算计算公式 310
　三、本书缩略语 311
　四、本书出现的主要生物饵料和鱼虾蟹的拉丁名和中文名对照表 311

主要参考文献 320

绪　　论

第一节　生物饵料培养学的基本概念

一、生物饵料培养学的定义

　　生物饵料（food organisms）或活饵料（live food or live feed）是指经过筛选的优质饵料生物，人工培养后，以活体作为养殖对象食用的专门饵料，如光合细菌、微藻、轮虫、枝角类、桡足类等。狭义的生物饵料概念仅指作为水产经济动物苗种饵料的饵料生物。水产养殖中通常所指的苗种生产实际上包含两个生产阶段：育苗阶段（larval stage）和育种阶段（juvenile stage）。育苗阶段特指水产动物的幼体阶段，其生长常伴随着系列的变态过程，在鱼类，此生长阶段的幼体我国俗称鱼苗或仔鱼（fry）；在虾蟹类，根据不同的生长阶段称为无节幼体（nauplius）、溞状幼体（zoea）、大眼幼体（megalopa）、糠虾形幼体（mysislarvae）等。育种阶段特指水产动物经过幼体阶段发育和变态，其形态和生活方式类似成体的后幼体生长阶段，在鱼类通常称为稚鱼（fingerling），对于虾蟹则称为仔虾或仔蟹。在水产经济动物苗种生产中，生物饵料应用最广泛的阶段是幼体阶段。饵料生物（live prey food）是指在海洋、湖泊等水域中自然生活的各种可供水产动物食用的水生生物。饵料生物在自然水域的食物网中一般处于较低的营养级，是自然水域中个体比较小的浮游生物。饵料生物经过人工筛选和优化培育，作为鱼虾蟹等经济水产动物幼体的饵料，即为生物饵料。还应指出，通常所说的活饵料，严格意义上仅指作为水产经济动物幼体饵料的浮游动物，如轮虫、枝角类和卤虫等，微藻和其他微生物饵料（光合细菌、海洋酵母等）只是人工用于培养这些活饵料的食物。在目前水产动物繁殖过程中，也有采用从人工培养，或自然水域中大量收集的饵料生物，先冰冻保存，在繁殖季节提供水产动物幼体摄食，这类饵料叫冰鲜饵料（refrigerated food），如在虾蟹类育苗过程中经常使用的冰冻轮虫、冰冻桡足类等。严格讲，冰鲜饵料已不再是生物饵料，因为它冰冻后已失去了部分作为生物饵料的作用和意义，如营养缺失（解冻后部分营养滤失）、悬浮特性（浮游和运动）消失、酶失活（特别对早期发育的海水鱼幼体有非常重要的营养意义），而且还可能污染水质。

　　为满足水产动物幼体发育需要，将不同营养物质加工，配合，制成相应生物饵料大小的颗粒饲料产品，称微粒饲料（microdiet, MD）。微粒饲料的作用与生物饵料相同，但它不是生物饵料。

　　生物饵料培养学（live food cultivatology）主要是研究生物饵料的筛选、培养及其营养价值评价的一门应用性学科。主要任务：一是不断筛选易于人工大量培养，能够满足特定阶段经济水产动物生长发育的（主要指幼体阶段）生物饵料品种；二是研究和总结各生物饵料在特定环境下种群生理生态、繁殖生长特性、规模化培养的理论，提高规模化稳定培养的技术水平；三是根据水产经济动物幼体的营养需求特点，在规模化培养的基础上，研究和评价生物饵料的营养价值，并采用特定的技术手段和措施（营养强化）以提高培养的生物饵料的营养价值，使其营养更加全面，能更充分满足水产经济动物幼体发育所需，提高其发育的成活率和变态率。

二、生物饵料培养学的主要研究内容

（一）生物饵料的筛选

生物饵料筛选的原则：

1. **基本原则** ①环境适应性（对温度、盐度等）和抗逆性强（adaptation and tolerance of a wide range of environmental conditions）；②培养的食物来源广（ability to utilize different food sources）；③生活史短（short life cycle）；④生殖力强（high reproductive capacity）；⑤可高密度培养（tolerance of high densities），如褶皱臂尾轮虫（*Brachionus plicatilis*）密度一般可达 1 500~3 000 个/ml，采用浓缩小球藻投喂，密度可达 $2×10^4$~$3×10^4$ 个/ml（Lubzens et al，2001）

2. **营养物质丰富** 不含对水产经济动物发育有影响和对人体有害的毒素物质。都应含有高含量优质蛋白质、游离氨基酸、维生素、矿物质等，能基本满足水产经济动物幼体的营养需求。如淡水中的微囊藻常含有蓝藻毒素，尽管含有高含量的蛋白质，但不能作为生物饵料。而同属蓝藻的螺旋藻，则营养丰富，不仅是很好的饵料生物，而且还是人类的一种保健食品。

3. **大小适口** 即选择能满足和适应不同发育阶段水产经济动物幼体开口摄食需要的生物饵料。一般微藻的大小在 5~25μm，轮虫体长一般在 100~340μm，小型枝角类和小型桡足类成体一般在 600~1 800μm，桡足类无节幼体宽度在 100~400μm，刚孵化的卤虫无节幼体在 422~517μm。大多数海水鱼类、虾蟹类的幼体口径在 280~360μm，所以在开口阶段只能选择微藻、轮虫和桡足类无节幼体作为适口的生物饵料。对于滤食性贝类，其幼体选择的饵料颗粒更小，宜选择细胞较小的微藻种类如金藻进行培养和投喂。

4. **方便水产动物幼体摄食** 尽量选择运动能力较弱的种类，以方便摄食，特别是对于开食阶段的幼体，身体比较弱，游泳的能力比较差，应选择运动能力和分布水层都便于经济水产动物幼体摄食的生物饵料。通常水产经济动物幼体开食阶段都选择微藻和轮虫作为生物饵料，因为它们的活动能力较差，如轮虫的运动速度低于 0.03 cm/s，而枝角类一般为 1.8~2.5 cm/s，桡足类为 4~5 cm/s，后两者游泳快，很难被早期的水产动物幼体开口摄食。有时在水产动物繁殖过程中，如蟹类育苗过程中，由于技术需要，必须投喂活动能力较强的生物饵料，一般将生物饵料，如卤虫无节幼体烫伤以降低其活动能力，再投喂早期的溞状幼体。

5. **营养级低** 在食性层次上，应选择较低营养级的生物饵料，如生产者的微藻和初级消费者（一般草食性或碎屑性食性，具有滤食性特征），食物链短，培养成本低。

（二）生物饵料的规模化或大量培养技术研究

要提高生物饵料大量培养的技术水平，首先必须获得大量的生物饵料的基本生物学资料，如形态、分类、自然分布特征等；特定培养条件下种群的生理生态特征、生殖性能（生殖力）和抗逆性能（盐度、温度、饥饿等变化）。进而获取大量培养的技术性指标，如合理的培养条件（水质条件、食物条件、生态结构）和合理的培养密度等。

(三) 生物饵料的营养价值评价

尽管生物饵料的营养丰富,能基本满足水产经济动物幼体的营养需求,但由于生物饵料的营养价值常随培养的食物种类而变化,营养不稳定,而且一些生物饵料如按照常规的规模化方式培养,作为水产经济动物饵料,其营养也常存在缺陷,特别是必需脂肪酸 HUFA 营养缺陷,所以,必须根据水产经济动物幼体的营养需求,通过筛选、定向培养和营养强化,获得符合某种水产经济动物幼体发育阶段营养需要的、营养全面和饵料效果好的生物饵料。如可通过营养强化弥补一些生物饵料如轮虫和卤虫的脂肪营养缺陷。在微藻培养方面,通过筛选和培养,最终选择富含 HUFA 的藻种和藻种品系,以满足水产经济动物幼体发育所需,并逐步建立生物饵料的营养价值评价体系,研究提高生物饵料营养价值的培养方法和技术。

生物饵料培养学的研究内容,决定了它在水产养殖学科中的重要地位,是水产养殖专业的核心课程之一,而生物饵料培养技术则日益成为水产养殖应用学科的核心技术之一,是水产养殖专业学生必须了解和掌握的基本技能。

第二节 生物饵料培养学产生、发展以及在水产养殖方面的应用

生物饵料培养学的学科发展,与水产动物增养殖,特别是与水产动物幼体的培育有密切关系,其发展的动力源于水产养殖,其发展的历史反映了其在水产养殖发展阶段中应用不断深化的历程。

一、微藻培养发展及在水产养殖方面的应用

水产动物增养殖的发展,首先必须解决养殖的苗种提供,苗种提供面临的关键问题之一就是苗种培育过程中的饵料供应,而饵料的供应,在自然水域中首选或基础的饵料是微藻,所以从自然水域中进行微藻筛选和培养的研究相对较早。世界上作为水产动物饵料的微藻培养,其历史可以推溯到 20 世纪初期(1910 年),首先由 Allen & Nelson 利用培养的单种硅藻饲养各种无脊椎动物。1938 年 Parke 分离获得球等鞭金藻(*Isochrysis galbana*)的单种培养,并在水产动物育苗中应用,证实球等鞭金藻是双壳类的优良饵料。以后藻类培养被广泛地应用于贝类的育苗过程中。我国学者有关微藻培养的第一次报道是 1942 年,由朱树屏教授发表了"培养液的无机成分对浮游藻类生长的影响Ⅰ:培养液和培养方法"。其后他又发表了相关论文数篇。在海水微藻培养方面取得显著进展的 20 世纪中期,人工培养液(artificial media)的发展,特别是"F"配方(Guillard & Ryther,1962)的发明,极大地促进了单种微藻的培养技术,使微藻在贝类育苗方面的应用成为可能。

继微藻应用于贝类的育苗并成功以后,微藻也相继应用于其他水产动物的育苗,但对微藻培养及其在鱼虾蟹类水产动物育苗方面的应用及作用的认识,经历了相对漫长的过程。

首先人们发现,在实验室里或生产中单纯用微藻培育大多数鱼虾蟹类幼体,很少能取得成功,只有极少数种类,如黄道蟹(*Cancer anthonyi*)幼体,能在球等鞭金藻和硅藻混合培养中从溞Ⅰ发育至溞Ⅴ,其原因可能是对于大多数鱼虾蟹幼体,微藻个体太小(6~100 μm),限制了

幼体的摄食率，或像硅藻类都具有外胶质壳，而幼体消化系统中可能缺少分解这种胶质的消化酶，因此被幼体摄食后，被完整地排出体外。同时也可能是某些藻类中可能缺乏某些必需营养物质。所以人们对微藻的作用开始怀疑，甚至提倡只利用浮游动物作为生物饵料的"清水育苗（clean water breeding）"，即一种完全摒弃微藻的育苗方式。由于仅用浮游动物，水质相对于使用微藻育苗较清澈，所以通常称为清水育苗，而将在育苗过程中利用微藻（常使用绿藻，水体大多呈绿色，现泛指所有微藻种类）的育苗方式，统称"绿水育苗（green water breeding）"。

但以后研究和生产实践中逐步发现，对于某些鱼虾蟹种类，微藻对早期幼体开口阶段的发育具有重要作用，特别是在对虾类的育苗过程中，从无节幼体变态为溞状幼体时，微藻的利用是必需的。研究发现，骨条藻、扁藻、金藻（15 000～50 000 个/ml）都能维持对虾幼体良好的生长和发育。经济蟹类早期发育，特别是开口阶段，可较好地吸收微藻进行发育变态，如中华绒螯蟹（$Eriocheir\ sinensis$）在溞Ⅰ和溞Ⅱ期间单独投喂微藻也可顺利蜕皮变态。

微藻不仅可以直接作为虾蟹类幼体早期发育的饵料，而且也可直接作为某些海水鱼幼体开口阶段的饵料，如作为大菱鲆（$Scophthalmus\ maximus$）、大西洋庸鲽（$Hippoglossus\ hippoglossus$）、大西洋鳕（$Gadus\ morhua$）、海湾大鳞油鲱（$Brevoortia\ patronus$）等幼体的饵料。不同的海水鱼幼体对摄取微藻的消化能力不尽相同。如大西洋庸鲽只能消化所摄取扁藻的1%～5%，而大菱鲆在孵化后4～5 d可以消化所摄取扁藻或金藻的69%±38%。

微藻对水产动物幼体发育的直接营养作用尽管因不同种类有较大差异，但研究也指出，对于鱼虾蟹幼体中那些单独投喂微藻，不能维持生长变态的种类，如果将微藻与动物性生物饵料混合投喂，与单独投喂动物性饵料相比，可提高幼体生长率和存活率，特别是在海水鱼幼体发育过程中，将微藻和轮虫混合投喂，效果要显著好于单独投喂。主要原因除了微藻对海水鱼的直接营养作用之外，更重要的是微藻能够刺激海水鱼虾蟹幼体的食欲，并引发消化过程，诱发摄食活动，进而捕食大规格的饵料；微藻还能改善幼体肠道和环境中微生物的群落结构，改变环境中的光照，以利于幼体摄食生物饵料；微藻可通过去除代谢产物，释放氧气来改善环境，从而促进生长；同时微藻可作为动物生物饵料的食物，间接营养幼体。目前"绿水育苗"好，已普遍得到公认。有理由相信，今后在鱼虾蟹类幼体培育过程中，微藻将会更加广泛地被应用。正因为如此，有关新的微藻种类的筛选、培养以及在水产动物幼体培育方面的应用不断见诸研究报道。

在水产养殖中，大量培养的微藻已有很多种，它们主要隶属于7个门，几十个属。Muller-Feuga（2000）根据1997年世界范围的鱼虾贝育苗产量，推测需要培养的微藻产量（DW）在531～10 621 t（表0-1），而且逐年都有增加。

表0-1 1997年世界鱼虾贝育苗所需培养的微藻产量估算和趋势判断

（引自 Muller-Feuga，2000）

	水产品总产量（t）	每生产1t水产品所需要的苗种数量（10^6）	生产苗种总数（10^6）	每10^6所需微藻量（kg·d）	年需培养微藻（DW）量（t） 高	年需培养微藻（DW）量（t） 低	趋势
贝类育苗	7 442 555	0.1	744 256	14	10 420	330	增长
虾清水育苗	206 416	0.3	61 805	0.06	4	4	降低
虾绿水育苗	530 784	0.4	224 786	0.65	146	146	增长
海水鱼育苗	169 167	0.005	845	60	51	51	增长
	8 348 922				10 621	531	

微藻在水产养殖方面的其他作用还有：作为培养其他动物性生物饵料的食物，如直接作为浮游动物如轮虫、枝角类、桡足类幼体培养的饵料，间接应用于水产养殖的育苗生产中；还可用于动物性生物饵料营养强化培养。

二、卤虫无节幼体培养及在水产养殖方面的应用

上述微藻作为单独的生物饵料，很难保证鱼虾蟹幼体发育成功，必须有动物性生物饵料——浮游动物参与才能实现。有关培养浮游动物作为经济水产动物幼体生物饵料的研究可以追溯到1928年，Lebour利用自然水体的无脊椎动物幼体培养蟹幼体获得成功，这为虾蟹类幼体培育指明了正确的研究方向。然而自然水体的浮游动物在大小适口方面很多不太适合经济水产动物幼体的摄食，而且捕获要依靠它们适时的种群高峰时间，这个时间又很难与鱼虾蟹类产卵孵化时间一致。直到1933年和1939年由美国的Seale和挪威的Rollefsen et al 相继把初孵的卤虫无节幼体作为鲽类等仔鱼的生物饵料进行培育，均获成功，才证实卤虫无节幼体是仔鱼或稚鱼的良好生物饵料。随后将卤虫无节幼体应用到虾蟹类幼体的培育，也获得非常理想的效果。但也相继发现，并不是所有品系的卤虫无节幼体都能很好地支持鱼虾蟹类幼体的生长，对这种结果，开始人们怀疑可能是不同种群卤虫卵的污染造成的。比如Bookhout & Costlow（1970）认为用美国大盐湖的卤虫（Utah品系）无节幼体培养哈氏小泥蟹（*Rhithropanopeus harrissii*）幼体，其低的存活率和高的畸形变态应归因于湖中DDT含量过高，毫无疑问杀虫剂对幼体的生长存活率有不利的影响，但虾蟹类幼体发育实验结果证明，这种不同品系卤虫饲喂虾蟹类幼体效果的差别与杀虫剂污染的程度关系不大。如意大利的卤虫受污染情况高于Utah品系的卤虫，但前者可使哈氏小泥蟹幼体顺利地变态成大眼幼体（Johns et al，1980）。Leger et al（1985）用不同品系的卤虫，投喂拟糠虾（*Mysidopsis bahia*），也直接证明其营养效果与卤虫的污染程度无关，而是与其脂肪酸组成，特别是EPA的含量有某种相关（表0-2）。

表 0-2　不同品系卤虫饲喂拟糠虾的成活情况与其脂肪酸组成和自身污染程度的关系

（引自 Leger et al，1985）

卤 虫	1	2	RAC	11	13	12	3	10	5	7	SBP	9
成活率（%）	93.3^a	93.3^a	91.6^a	90.1^a	84^a	52^c	78.5^b	74.8^b	60^c	56.8^c	53.2^c	40.7^c
C18：3	5.9	7.5	1.4	18.7	22.2	20.9	23.6	27.7	27.2	28	31	26.3
EPA	8.8	8.2	7.4	4.7	3.4	3.6	1.8	0.6	1.5	1.4	0.2	0.7
毒物（ng/g）	65.9	258	23	249.6	281.3	303.8	573.5	281.6	221.3	226.6	377.5	207.3

注：数字表示源自于旧金山海湾的不同品系的卤虫；SBP（San Pablo Bay）在加利福尼亚；RAC为对照组卤虫。a、b、c表示在成活率方面存在显著差异。

现在已清楚，卤虫作为海洋甲壳动物幼体的生物饵料的营养价值主要取决于它们的n3HUFA含量，尤其是EPA的含量。不同品系卤虫的脂肪酸组成差异很大，但在所有的卤虫品系中，几乎没有DHA，所以对卤虫必须进行营养强化，并且近年来很多实验证实，通过富含n3HUFA的脂肪，如鱼油或特制的强化剂来培育卤虫无节幼体，可提高卤虫的营养价值。

据统计，单独用卤虫无节幼体，目前能保证几百种虾蟹类幼体很好发育。由于卤虫无节幼体容易获得，不受时间限制，尽管它不是鱼类和虾蟹类幼体的天然饵料生物，但在鱼虾蟹类幼体育苗方面的成功应用，受到水产养殖者的高度重视，并在水产动物育苗中广泛应用，为水产育苗的发展开创了新时代。同时卤虫的基础研究也受到各国学者的高度重视。目前各国学者对世界卤虫的分类、遗传、生理、生化、营养、培养和应用方面都进行了深入的探讨，每年都有大量的文献报道，这些报道，对卤虫的基础理论研究和进一步的培养方面都打下了坚实的基础。

综上，卤虫在水产育苗方面的应用主要是卤虫卵的应用。一般卤虫卵在25～27℃，盐度为15～30的水中，24～48 h可以孵出无节幼体，作为鱼虾类育苗幼体饵料。美国开发利用盐湖卤虫资源较早，大盐湖（Grate Lake）多年来卤虫卵产量一直占全球的80%以上。近年来由于受厄尔尼诺现象的影响和出于保护卤虫资源的目的，其产量已明显下降，但仍占有世界需求量的25%以上（Kolkovski，2001）。我国的卤虫资源虽然十分丰富，但研究和开发都较迟，以至于长期以来育苗所需的卤虫卵主要依赖进口。目前国内年需卤虫卵2 000t（粗品），随着沿海地区名贵水产养殖业的发展，卤虫卵的需求量越来越大，以至供应短缺。因此为满足我国水产育苗需要，除挖掘国内生产区的潜力以增加产量外，还需寻找替代卤虫卵的新的生物饵料。这方面国内外都在进行探索，如我国在水产动物育苗过程中，利用蒙古裸腹溞（*Moina mongolica*）替代卤虫的应用取得了一定进展。

卤虫成体也具有相当高的营养价值，蛋白含量在60%左右，除含有各种必需氨基酸（EAA）和HUFA外，还含有较多的维生素。一般来说，体长为400～500μm的卤虫无节幼体在20～30 d内可发育成体长约为1 cm的成虫。在中国渤海湾盐区，每年5～10月卤虫生长高峰期，都有成百上千吨的卤虫成虫被采收，直接投喂或冷冻后作为观赏鱼以及虾蟹类育苗后期幼体的饵料。目前在泰国和南美的国家，卤虫成虫也作为一些海水鱼如遮目鱼和虾蟹后期幼体的饵料，还被成功的用作罗氏沼虾亲虾的饵料，以增强其机体的抗病力和提高日后产卵的数量和质量。但是与目前炙手可热的卤虫卵应用相比，资源丰富的卤虫成虫在水产育苗和水产养殖中的应用还远远不够。

三、轮虫培养的发展及在水产养殖方面的应用

目前大量培养并广泛应用于海水水产养殖育苗方面的轮虫有褶皱臂尾轮虫（*Brachionus plicatilis*，L型）和圆型臂尾轮虫（*Brachionus rotundiformis*，S型）两种，它们都是小型的浮游动物，具有对环境适应性强，易大量培养，生长繁殖快，个体大小适中（作为海水鱼苗和甲壳类幼体的开口饵料）等优点，是鱼类和甲壳动物幼体的重要生物饵料，历来受到人们的重视。所以对两种臂尾轮虫的研究比较深入，动因主要源于它在海水鱼育苗方面的作用，这要归功于日本学者Ito，是他在20世纪50年代中期，发现和开发了将褶皱臂尾轮虫作为海水鱼幼体生物饵料，并在1960年首次发表了褶皱臂尾轮虫的生物学和培养的研究论文。这一发现，在海水鱼育苗和生物饵料培养方面是划时代的成果。在轮虫研究方面的另一个重要突破是1967年Hirata&Mori的发现，即利用面包酵母大量培养轮虫，进一步奠定了褶皱臂尾轮虫作为鱼虾蟹生物饵料的重要地位。目前，可以说绝大部分的海水经济鱼类和虾蟹类的成功繁育都应，或至少在一定程度上归

功于轮虫的大量培养技术的成功运用，特别是一些经济海水鱼类。目前已报道轮虫可作为 60 种海水鱼类和 18 种甲壳动物育苗的生物饵料，如五条鰤（Seriola quinqueradiata）、真鲷（Pagrus major）和金头鲷（Sparus aurata）、欧洲舌齿鲈（Dicentrarchus labrax）、尖吻鲈（Lates calcarifer）、遮目鱼（Chanos chanos）、鲻（Mugil cephalus）、大菱鲆、大西洋庸鲽、河豚（Tetraodon fluviatils）、牙鲆（Paralichthys oliuaceus）、锯缘青蟹（Scylla serrata）、中华绒螯蟹、对虾类等，而且作为海水鱼幼体开口阶段的生物饵料，迄今仍未找到更好的替代性种类。因此，海水轮虫的大量培养仍是海水鱼苗及甲壳类幼体培育上不可缺少的一环。今后随着海水鱼养殖的不断发展，苗种的需求量增大，需要培养大量的轮虫，据估算，要生产 1 千万尾 1g 重的硬头鳟苗，需要 1t 的臂尾轮虫（WW）和 50~240 kg 的海水小球藻（DW），如此大的轮虫需求量，需要不断加强轮虫规模化培养水平和技术研究，需要在技术上进一步突破和提高。当前轮虫的大量培养都是在高环境胁迫下进行的（高密度、高饵料投入、高排泄物），所以造成轮虫大量培养的不稳定性。今后，要通过生物技术，进一步筛选出能抗高环境胁迫的轮虫品系。另外，除了目前主要培养的臂尾轮虫的两个种类，通过生物技术手段，筛选出超大或超小规格的轮虫，大规格的轮虫品系可以替代卤虫的应用，小规格的轮虫，以满足一些海水鱼的幼体开口阶段的适口饵料需要。如何提高轮虫的营养价值也是进一步研究的方向。

在生物饵料培养学发展中，还需指出一个特别有趣的问题，就是上述两种重要生物饵料（轮虫和卤虫无节幼体）几乎不是自然水域中水产经济动物的天然饵料，如褶皱臂尾轮虫主要生活在半咸水域，但不是这些水域的优势种群，其在自然海水水域也很少分布，故不可能是海水鱼虾幼体的天然饵料。所以将它们应用于鱼虾蟹育苗阶段并成功开发，是大胆创新的成果，奠定了动物性生物饵料培养学的基础，同时也发展和完善了在鱼虾幼体发育过程中目前被广泛采用和行之有效的生物饵料模式：微藻→轮虫→卤虫无节幼体。表 0-3 列出了自然水域的鱼虾蟹幼体繁育与人工条件下繁育的特点。

表 0-3 自然水域鱼虾蟹幼体发育与人工条件下繁殖特性比较

（引自 Lubzens et al，2001）

	自然水域环境	人工水域环境
繁殖季节性	季节性强	通过光照或激素诱导，可多次繁殖
幼体饵料种类和密度	种类多，自然水域多种天然饵料；饵料密度低，难以满足幼体发育需求	种类少，主要为非天然水域的轮虫和卤虫；饵料密度高
饵料的营养特征	不同种类营养成分不同，营养质量难以控制	营养质量稳定，大小适口
环境特征	不可预测，易受自然污染，毒素影响	人工控制的环境
幼体密度	密度低	密度高
幼体成活率	低（小于0.1%）	高（大于20%）
幼体生长	慢	快

但在鱼虾蟹繁殖过程中，也经常会发现，即使用这种最佳的饵料模式，也常常会导致育苗的失败，其主要原因之一是对于特定的虾蟹鱼类，无论微藻、轮虫还是卤虫，其营养都会有或多或少的缺陷。这方面的研究目前大部分集中于生物饵料的脂肪营养缺陷，特别是 HUFA，尤其是 EPA 和 DHA 的营养缺陷，必须进行营养强化才能满足虾蟹类幼体发育的营养需求和变态。所以目前生物饵料的强化在水产经济动物的应用研究已形成一个新的热点。

四、桡足类培养及在水产养殖方面的应用

随着海水鱼类和虾蟹类人工育苗的迅速发展,人们已注意到常规的生物饵料,特别是轮虫和卤虫无节幼体的营养缺陷问题(如脂肪酸营养缺陷),而这些鱼类自然的饵料生物,从饵料的营养价值来讲,最可能是鱼虾蟹幼体合适的饵料。桡足类是海区分布最广和最为丰富的浮游生物类群,海区的桡足类种类一般占整个海区浮游生物种类的70%以上,而桡足类中主要的种类是哲水蚤类。它们是众多经济水产动物幼体发育的天然饵料,而且也是某些经济鱼类的主要饵料,如鲱一生中主要以桡足类为食,一条鲱的胃里曾经发现过6 000只哲水蚤。哲水蚤在海区大量密集时,海区呈现出一片红色,并且往往同时出现鲱鱼群,因此人们常把桡足类称为红饵或鲱饵。在太平洋渔业中占重要地位的沙丁鱼也主要以桡足类为食。而研究的结果也证明,桡足类作为海水鱼育苗的生物饵料,确实是营养价值颇高的饵料生物,不仅富含蛋白质(约占干重的59%),而且富含EPA和DHA,其饵料营养价值优于轮虫和卤虫无节幼体,其培育的海水鱼和虾蟹幼体成活率高,生长快,生命力强,并已在大西洋鳕、大菱鲆、大西洋庸鲽、欧鳎(*Solea solea*)等海水鱼和虾蟹类的育苗过程中成功运用(Stottrup,2000)。因而,在海水水产动物育苗中用桡足类作为生物饵料必将日益受到重视,今后的应用必将更加广泛。

五、其他生物饵料的培养和应用

枝角类,我国渔民自古以来就称其为鱼虫,也俗称红虫,是金鱼等观赏鱼以及淡水鱼夏花鱼苗适口的生物饵料,也是中华绒螯蟹大眼幼体发育到仔蟹三期的最好的生物饵料。淡水池塘发塘后培育的枝角类通常是多刺裸腹溞,另外还有一种枝角类是大型溞(*Daphnia magna*),其个体较大,最大可达5～7 mm,容易大量培养,也是夏花鱼苗以及淡水虾蟹苗种后期很好的生物饵料。此外,我国学者从盐湖中筛选的一种枝角类,即蒙古裸腹溞,已经在我国海水鱼虾蟹类的育苗中开始应用。

水蚯蚓是环节动物门寡毛纲水生种类的总称,也是组成淡水底栖生物的主要类群之一。在水产上应用的主要是颤蚓科的几个种类,因其体色鲜红,也被称为红虫。水蚯蚓具有很好的营养价值,也常作为鳗、甲鱼、虾蟹、观赏鱼等高档水产品的最佳生物饵料之一。

此外,光合细菌、海洋酵母等微生物作为生物饵料在水产经济动物幼体繁殖过程中,也得到了广泛的应用,而且它们在对水环境的改善,预防水产经济动物幼体疾病方面也有一定的作用。

第三节 生物饵料培养学及与其他学科发展的关系

生物饵料培养学是一门交叉性的应用学科,它与水产动物增养殖学、水产动物营养和饲料学、微生物学、环境生物学、水生生物生理生态学、水生生物学、发育生物学有密切的关系。

一、生物饵料培养学科发展是应用学科与基础学科相互促进、相互依存的结果

生物饵料培养学与水产动物增养殖学有密切的关系，应该说生物饵料培养学是从水产动物增养殖学派生出的一个重要学科，正是水产增养殖学的发展，促使生物饵料培养学成为一门独立的学科。这是因为水产养殖的发展，必须要有大量健壮的水产养殖苗种作保障，健康苗种的生产必须有足够的适口的生物饵料提供才能进行，这就会促进生物饵料培养技术的不断提高。生物饵料培养技术的提高则必须基于对饵料生物的基础生物学研究，从而促进饵料生物的基础生物学研究。这方面最为典型的例子应该是轮虫和卤虫的研究。Yufera（2001）统计，截至2001年，世界范围有关轮虫的研究论文为1 000篇左右，但有3/4的论文是针对褶皱臂尾轮虫和圆型臂尾轮虫，这与它们作为生物饵料的重要地位是分不开的。主要是针对轮虫的基础生物学方面如轮虫的形态、分布、分类、种群的生态生理特性、有性生殖和休眠卵的诱导、生化组分分析等。其中种群的生态生理特性研究（获得轮虫规模化生长的良好生长条件）和生化组分分析（获得轮虫作为生物饵料的营养学资料）主要是针对提高轮虫规模化培养的技术进行的基础研究。这些研究奠定了轮虫规模化培养的基础。可以说，如果没有发现轮虫在水产养殖方面的作用，也就不可能有我们今天对轮虫生物学如此深入的了解和掌握，对卤虫的生物学研究也同样如此。

二、与水产动物营养学的关系

水产养殖的发展，促进了人们对水产经济动物的幼体发育生物学和营养需求的研究，从而对作为幼体发育所需主要生物饵料的营养提出了更高的要求。目前在生物饵料的培养方面不仅关注于如何获得或提高一定水体的生物饵料产量，而且更加关注培养的生物饵料的营养价值，即通过对生物饵料的营养价值进行分析和评价，采用营养学和其他生物技术手段，提高其营养价值，培养出能满足鱼虾蟹幼体发育的、营养全面的生物饵料（如轮虫和卤虫的脂肪酸营养强化），这方面的研究也是新兴营养繁殖学的主要研究领域之一。

三、与环境科学的关系

水产养殖的发展，促使我们对饵料生物学进行比较深入的研究，并形成稳定的生物饵料培养技术，从而使获得这些生物饵料较其他水生动物容易得多。由于这些生物饵料都具有高的生殖力、较短的生活史、分布广，尤其是对环境变化的敏感性，当接触到不同的水域环境污染时，必然会产生不同的反应，如当污染物浓度较高时，就会引起个体急性死亡，浓度较低时，虽不引起死亡，但也会导致其慢性中毒，使其生化、生理、行为失常，从而影响其存活率、生长率、产卵率和孵化率等，所以在环境科学中，很早就有利用枝角类，尤其是溞属的大型溞进行毒性试验，根据生物饵料对污染水域的毒理反应，确定和评价水域污染的程度。其次如轮虫、卤虫和糠虾等，现在也都被广泛作为环境生物评价的模式动物，来研究水生生态系统的环境污染问题，并将

起到越来越重要的作用。

四、与发育生物学及其他学科的关系

生物饵料如轮虫、枝角类、卤虫等特殊的孤雌生殖和两性生殖以及休眠卵的产生等本身是动物繁殖生物学的重要领域,实际上我们目前对这些生物的繁殖机理方面还没有足够的认识,仍需要今后进行深入的研究。

另外,发育生物学本身的发展和研究,如海水鱼类繁殖生物学的研究,对饵料生物的培养提出了更高的要求。如由于海水鱼初孵的幼体比较小,要求的饵料生物的个体较小,这就促使人们对饵料品系进行遗传改良,增加其在规模化培养下的抗逆性,通过生物技术方法培育出理想的生物饵料品系。由于生物饵料生物学特性,如较高的生殖力、较短的生活史、分布广、对环境反应敏感、形态变异大,今后也必将成为动物遗传学、分子生物学研究的重要材料和重要课题。

生物饵料培养学的发展与微生物学的发展也有密切的关系。一些细菌如光合细菌、海洋酵母等本身可直接作为生物饵料,并且细菌也可作为轮虫、枝角类、桡足类培养的重要食物,如利用面包酵母菌可高密度培养轮虫。目前在水产养殖过程中应用日益广泛的微生物制剂(或称微生态制剂),将对解决生物饵料培养的卫生性问题起重要作用。

第四节 生物饵料培养未来的发展方向

一、生物饵料培养的中长期目标

随着水产养殖的发展,在今后相当长一段时间,生物饵料规模化、稳定性培养技术,饵料的营养强化,新型生物饵料的筛选(主要通过生物技术手段,筛选优良品系)仍然是生物饵料培养学的主要研究方向。藻类是自然界中能合成 HUFA 的主要生物,且其合成的 HUFA 与鱼油相比,氧化稳定性好,没有腥臭味。因此,今后在微藻培养方面,通过研究藻类中脂肪酸的组成及合成机制,最终选择富含 HUFA 的藻种和藻种品系,以满足经济动物幼体发育和饵料营养强化所需,被公认是替代鱼油生产 EPA 和 DHA 的最有效途径。

在生物饵料培养过程中,由于是高密度培养,其水环境无疑会存在大量的细菌(水质条件比水产动物幼体培育水质差),这些细菌极易被生物饵料摄取,如 Minkoff & Broadhurst(1994)发现培养轮虫的水体中,细菌含量通常为 $1\times10^4 \sim 1\times10^7$ CFU(colony-forming units)/ml,而轮虫体内的好氧性细菌一般在 $1\times10^7 \sim 1\times10^{10}$ CFU/g,在单个轮虫的肠道中积聚的细菌可达 1×10^5 CFU。这些细菌绝大部分不会造成生物饵料病害,但有些细菌可能对水产经济动物幼体是有害的或就是其病原菌,在生物饵料培养过程中,也同样会被生物饵料摄取和携带,如 Makridis et al(2000)将轮虫和卤虫培养于从水产动物体中分离出的病原微生物的悬液中,这些病原微生物群落很快被摄取并可在这些生物饵料中存活 4~24 h,这些致病菌通过食物链,传递给培育的水产动物幼体,必将造成病害(Dhert 1996,2001)。对此问题当前还没有很好的解决办法,很多人尝试用消毒的方法或通过冲洗方法,来减少生物饵料携带的细菌数量,但实际的效果都不好。Gatesoupe（1991）用抗生素处理培养轮虫，然后投喂海水鱼幼体，可显著提高幼体的成活率。但抗生素的应用也存在争议，如携带抗生素的饵料生物会引起水产动物幼体正常肠道微生物群落的紊乱，产生其他环境问题等。微生态制剂在生物饵料培养中的应用可能会成为解决生物饵料培养卫生性问题的关键途径，它不仅可以提高生物饵料的生长和繁殖，而且能抑制有害细菌的繁育，降低水质污染（Lee et al，1997），更重要的是生物饵料可以作为微生态制剂的载体生物，当被培育的水产动物幼体摄取后，不仅作为饵料消化吸收，而且能够提高幼体的抗病能力和成活率。今后要加强相关方面的研究。

生物饵料培养学的另一个动向也应引起注意，就是生物饵料在自然条件下（主要是在池塘）的人工培养和增殖。我国在育苗培育过程中，很早就注意和利用了这种方法，即向池塘施放有机肥料，以繁殖适量的饵料生物（轮虫、枝角类），待生物饵料高峰期再下塘育苗的方法。目前我国科技工作者，在鱼虾蟹的人工繁殖中，特别是在蟹的育苗过程中，因地制宜地选择池塘进行人工生态育苗，同时相应促进了池塘生物饵料的规模化培养。如轮虫的池塘规模化培养，这方面还需进行一些基础研究，以便稳定和提高池塘人工生物饵料培养的产量。

其他有关生物饵料的研究展望如下：
（1）优质、低廉的光生物反应器的研制。
（2）单胞藻螯合微量元素（碘、硒、锗等）技术及其在保健制剂中的应用。
（3）高浓度硅藻抑制桡足类繁殖的生理机制。
（4）营养强化（HUFA）技术与营养需求的生理生化机制。
（5）休眠（卵）在生物饵料培养生产中的作用。
（6）低等甲壳动物生殖量及其影响因子的研究。
（7）产业化的生物饵料精养系统的建立。
（8）养殖动物对饵料生物利用的行为生态研究。
（9）低温冷藏生物饵料的研究。

二、生物饵料培养的终极目标：微粒饲料的完全取代

水产动物苗种生产过程中的饵料环节是关键因素之一，由于苗种幼小、摄食能力低、食料范围窄、营养要求高、生长快、变态周期短、对外界环境变化和敌害侵袭的应付能力差等原因，对苗种生物饵料的生产和培养提出了很高的要求。在传统的人工繁育苗种领域内，一般采用天然饵料（如微藻、轮虫、卤虫无节幼体等）和一些代用饵料（如鸡蛋黄、豆浆等）。此外，通过池塘施肥所培育的生物饵料有时带有病原微生物或在营养上不全价，常引起苗种大量死亡或生长畸形。随着水产养殖业的发展和育苗规模的扩大，生产中生物饵料时常出现供不应求的局面，而代用饵料也由于养分流失多、浪费甚大和易污染水质等弊端，不宜大量使用。所以苗种的饵料问题已成为水产苗种规模化和产业化的一个主要制约因素。因此，对幼体阶段营养需求进行研究，最终配制出适于幼体营养需求的全价微粒饲料，以替代目前育苗生产上主要依靠生物饵料的现状，是扩大经济鱼虾类养殖的最终途径。近年来，科研人员对鱼虾幼体的营养需求进行了较为广泛和深入的研究，并不断探索配制适于幼体营养需求的全价饲料（微粒或微囊饲料），以替代育苗生

产上主要依靠的活饵料。商业性的微囊饲料在虾蟹和淡水鱼育苗阶段应用,从 20 世纪 80 年代开始,在国内外都有取得明显成功的例子(Stottrup & McEvoy,2003),但在海水鱼幼体培育阶段,虽然这种努力已进行了 20 多年,但直到现在,人们仍然认为,在海水鱼幼体培育过程中,用微囊饲料完全替代生物饵料,似乎是不可能的。

(1) 对多数海产经济水产动物,幼体阶段个体较小,特别是在开口阶段,要求摄取的颗粒较小,如 4.5 mm 长的真鲷幼体,在开始摄食的 14~25 d 选择颗粒的大小为 50~150 μm,小于 50 μm 的颗粒,幼体很难探测到,大于 150 μm 的颗粒经常会堵塞消化管(Cahu et al,2001)。虾蟹类开食阶段的幼体规格更小,如中华绒螯蟹和锯缘青蟹 Z_1 的头胸甲宽度平均为 0.6~0.8 mm,体长不足 2mm,开食阶段适口的饵料颗粒在 10~50 μm(浮游植物为主)。由于鱼虾蟹幼体开食阶段要求摄食的粒径较小,则制成微粒饲料的营养物质粒径要求更小,加工工艺复杂。同时,加工如此小的饲料颗粒,很难保证每一颗粒具有相同的营养成分,即保证微粒饲料的均质性。

(2) 营养成分在水中的稳定性难以得到保证,特别是对于微黏饲料(microbound diet,MBD),乃是将各营养成分利用鱼可消化的复杂碳水化合物(如常用琼脂、角叉胶、褐藻胶等)和蛋白质(常用凝胶和玉米蛋白)作为黏合剂,制成 100~300 μm 的微粒饲料。由于饲料颗粒较小,在水中溶失比较严重。

(3) 很难保证微粒饲料在水中的悬浮性。生物饵料大多都是浮游生物,能在水中保持较好的悬浮特性,容易被水产动物幼体选择摄取。

(4) 对鱼虾蟹幼体的营养需求了解非常有限,很难配制出营养均衡的微粒饲料。对鱼虾蟹幼体营养需求了解有限的原因主要是:

①鱼虾蟹类幼体的营养需求较难研究,因为具有经济价值的鱼虾蟹类多为海洋种类,其幼体孵出后很快进入摄食生物饵料的自营养幼体阶段,并要持续数个自营养幼体阶段才能变态为仔鱼虾蟹,在不同的幼体阶段还包括食性转化和营养水平的变化,这对幼体的营养研究造成极大的困难。

②鱼虾蟹幼体个体太小,尚无法对其消化吸收和饲料转化等常规营养需求进行有效的研究,也难以对饵料营养价值进行准确评定。所以,今后在有效地进行鱼虾蟹幼体营养需求的研究方面,除了利用一般的成活率和生长蜕皮指标外,须首先建立适应幼体饵料营养价值评价的可靠性指标,因为单纯用鱼虾蟹幼体成活率、生长和蜕皮指标来评价有一较大弊端,即周期较长;鱼虾蟹幼体个体小,其养殖条件难以把握,较高的死亡率常使研究者对实验的结果难以判定,因此数据的可靠性不强。这方面的改进目前正在逐步深入开展。

(5) 鱼虾蟹幼体有限的消化吸收功能,特别是海水鱼幼体的消化能力,限制了对微粒饲料的利用效率,而生物饵料能够促进幼体的消化吸收过程,提高幼体的消化能力。这也是微粒饲料不能完全取代生物饵料的主要原因。

对于大多数海水有胃鱼类,在早期阶段,胃腺形成以前,幼体消化道酶活性较低,并且缺乏胃蛋白酶,难以对 MD 的蛋白质进行消化。实际上,生物饵料对补充幼体消化酶的作用非常小,如对于 20d 的欧洲舌齿鲈,由卤虫贡献的胃蛋白酶的最大活性是鲈幼体酶活性的 5%(Cahu et al,1995),对于 2 日龄的日本沙丁鱼,轮虫贡献的蛋白酶活性仅为蛋白酶总活性的 0.6%。由此看来，生物饵料补充的消化酶对幼体消化力的提高作用不大。实际上，鱼类幼体不缺乏蛋白质的消化酶，鱼幼体在胃腺形成之前，除了缺乏胃蛋白酶以外，由肠道和胰腺分泌的蛋白水解酶完全有能力对吸收的蛋白质进行消化。已有研究证实，生物饵料除了补充消化酶以外，还能够激活肠道中的酶原颗粒，而且生物饵料能够诱导内源性胰岛素的分泌，从而促进蛋白水解酶的活性（Pedersen et al，1988）。此外，生物饵料自体降解过程中的分解产物，可能包括一些神经肽或神经激素，可激发胰岛素的分泌和肠道酶原颗粒的激活。例如，Kolkovski（1997）发现金头鲷体内的神经肽，类似于哺乳动物的胃泌激素，投喂卤虫无节幼体与单纯投喂 MD 相比，含量增加 200%。由此看来，生物饵料对鱼虾蟹幼体消化能力的促进，主要是激活幼体消化酶原颗粒和酶活性。

其次，MD 中可能有一些抗营养因子、黏合剂和一些膜成分如尼龙蛋白，难以被幼体消化。MD 的干物质重（60%～90%）大大高于生物饵料（10%），也影响其充分消化。

MBD 的溶失性问题可以通过在颗粒外包被一层囊膜解决，这种微粒饲料常称为微膜饲料（microcoated diet，MCD），囊膜中的营养成分为细颗粒状，各个颗粒之间以黏合剂连在一团。在被膜中的营养成分为液态的微粒饲料，一般称为微胶囊饲料（microencapsulated diet，MED），微膜饲料和微胶囊饲料的稳定性比较好，但囊膜一般不易被幼体消化，如 Kanazawa et al（1982）发现初饲阶段的真鲷和香鱼不能消化尼龙蛋白膜，微囊饵料囊材的厚度和硬度也对金头鲷幼体的消化能力产生影响（Fernandez-Diaz et al，1995），这是微膜饲料面临的一个主要的关键问题。因为只有微膜囊壁易在幼体消化道中被消化，所含的营养组成才能够被充分消化吸收。在这方面的研究还需深入。

现在市场上微粒饲料的营养物质组成，根据不同幼鱼的营养需求和代谢特点而有所不同，但由于目前的资料所限，所以饲料的蛋白源常选用一些高营养价值的蛋白质，如鱼糜、鱿鱼糜、软体动物匀浆液、鳕卵匀浆液、鸡蛋、牛奶、酪蛋白和动物明胶等。其他营养成分常添加磷脂如卵磷脂、n3HUFA、维生素和矿物质等（表 0-4）。

表 0-4　三种微粒饲料配方实例（g）

（引自 Cahu et al，2001）

营养成分	MBD	MCD	MED	营养成分	MBD	MCD	MED
鱼糜	—	55	—	鱼油	5	9	12
鱼蛋白水解物	4	11	12	大豆磷脂	3	7	3
酪蛋白	4	—	50	淀粉	—	5	—
鱿鱼糜	14	—	10	糊精	—	—	6
软体动物肉糜	4	—	—	维生素混合	5	8	7
小龙虾肉糜	14	—	—	矿物质混合	4	4	—
鱼成熟精巢	19	—	—	甜菜碱	—	1	—
蛋黄	14	—	—	玉米蛋白	6	—	—
面包酵母	4	—	—				

注：表中数据为每 100g 饲料（干重）中各营养成分的含量。

虽然微粒饲料尚不能完全替代生物饵料，但很多研究证实，微粒饲料可替代部分生物饵料，而且采用微粒饲料与生物饵料混饲，比单纯用活饵料或微粒饲料的效果要好，如，Trandler et al

(1991) 用混饲方法培育 10 日龄的金头鲷,获得 80% 的成活率。Kolkovski et al (1997) 用同位素标记证实混饲(卤虫)极大地增加了鲈对 MD 的消化吸收(与单纯用 MD 相比)。而且用这些微粒饲料,对于海水鱼幼体,已能完全替代海水鱼幼体孵化后发育几周后的幼体的生物饵料。但早期的发育仍不能脱离生物饵料。

不过,随着海水鱼营养研究的深入和微粒饲料营养成分的改进,替代海水鱼幼体发育的生物饵料的时间在逐步向早期阶段发展。如通常微粒饲料替代欧洲舌齿鲈的生物饵料是从孵化后的第 55 天开始,Person 等(1993)用 MD 将此时间提早到第 40 天。1997 年,Zambonino 等又将此时间提早到第 20 天。Cahu 等(1998)报道单纯用微粒饲料投喂欧洲舌齿鲈,35% 的幼体可存活到第 28 天,而正常情况下不投喂饵料的幼体最多存活到第 15 天。金头鲷(Fernandez - Diaz et al,1997)和真鲷(Takeuchi et al,2001)幼体的开口阶段仅投喂 MD 也能有部分幼体成活。所以说,生物饵料最终被微粒饲料替代虽然还需漫长的时间,但它只是时间问题。即使微粒饲料能完全替代生物饵料,但它并不能终极生物饵料的培养,这是因为生物饵料培养的目的不仅仅是为了鱼虾蟹贝的育苗生产,而各地鱼虾蟹贝育苗的生产也不可能采用一种程式(生物饵料或微粒饲料),单纯用微粒饲料,或单纯用生物饵料或两者兼而有之的模式在水产动物鱼虾蟹贝育苗生产中会长期依存。

• 复习思考题 •

1. 比较生物饵料、饵料生物的区别。
2. 生物饵料培养学的含义和内容是什么?
3. 生物饵料发展史,对你有何启发?
4. 为什么说生物饵料培养学是一门交叉性应用性的学科?
5. 生物饵料必须具备哪些条件?
6. 为什么说生物饵料培养仍是今后鱼虾蟹幼体育苗的主要饵料途径?
7. 区别"清水育苗"和"绿水育苗"的含义。为什么"绿水育苗"得到普遍认可?
8. 什么是微粒饲料、微胶囊饲料、微黏饲料、微膜饲料?

(成永旭)

第一章　光合细菌的培养

自然界中的光合作用有产氧光合作用和不产氧光合作用两种。产氧光合作用，存在于蓝细菌和植物中，涉及光反应系统 I 和光反应系统 II 两个光反应系统，光合色素是叶绿素，供氢体是水分子，最后有氧放出；不产氧光合作用，存在于不产氧光合细菌中，只涉及一个光反应系统，即光反应系统 I，光合色素是细菌叶绿素（包括细菌叶绿素 a、细菌叶绿素 b、细菌叶绿素 c、细菌叶绿素 d、细菌叶绿素 e、细菌叶绿素 g 等），供氢体不是水，而是分子氢、硫化氢、硫、硫代硫酸钠或一些简单的有机化合物，没有氧气产生。

光合细菌(photosynthetic bacteria)又称光养细菌(phototrophic bacteria)，是能进行光合作用的一群原核生物。光合细菌有广义和狭义之分。广义的光合细菌包括产氧光养细菌(oxygenic phototrophic bacteria)和不产氧光养细菌(anoxygenic phototrophic bacteria)。产氧光养细菌，又叫蓝细菌，也称蓝藻，与高等植物一样进行产氧光合作用；不产氧光养细菌，即狭义的光合细菌，包括厌氧光合细菌(anaerobic photosynthetic bacteria)和最近发现的好氧不产氧光合细菌(aerobic anoxygenic photosynthetic bacteria)，它们进行不产氧光合作用。本章主要介绍狭义的光合细菌。

光合细菌是自然界中存在的比较古老的细菌类群，广泛分布于地球生物圈的各处，无论是海洋、湖泊、江河，还是水田、污泥、土壤、极地，甚至在 90 ℃ 的温泉中、在盐度为 300 盐湖里、在深达 2 000 m 的深海里、在南极冰封的海岸上，都能找到其踪迹。在自然界的淡水、海水中，通常每毫升含有 $10^3 \sim 10^4$ 个光合细菌。

光合细菌的代谢类型极为多样，具光合、固碳、降解大分子有机物、固氮、脱氮、硝化、反硝化、硫化物氧化等多种代谢功能，与自然界中的碳、氮、硫元素的地球化学循环有着重要关系，在自然环境的自净过程中担负重要的角色。

据测定，光合细菌是营养成分很丰富的菌类之一，蛋白质含量高达 65%，其氨基酸组成接近轮虫和枝角类蛋白；B 族维生素种类齐全，尤其是维生素 B_{12}、叶酸、生物素的含量相当高，是啤酒酵母和小球藻的 20~60 倍。

早在 20 世纪 50 年代我国就对光合细菌进行了一些基础理论研究，1987 年 11 月在上海召开的"第一届光合细菌国际学术会议"大大推动了我国光合细菌的研究和应用。迄今为止，光合细菌在水产养殖、污水净化、饲料添加、保健品研发、药用、产氢及农业增产等方面都得到广泛的应用。

第一节　光合细菌生物学特征

一、光合细菌分类

早在 1836 年，Ehrenberg 就发现有些微生物可使沼泽、湖泊变红，这类微生物的生长与光、硫化氢的存在有关。1883年，Engelman根据"红色微生物"聚集生长在波长与细菌内色素吸收波长相一致的光线下的事实，认为这类微生物进行光合作用。1931年，Van Niel提出光合作用的共同反应式，用生物化学统一性观点阐明了植物和细菌的光合成现象，并解释了细菌光合不放氧的情况。此后，人们把这类细菌称为光合细菌（photosynthetic bacteria，简称PSB）。

目前最新的分类系统（Imhoff，2001；张德民，2001）将所有的光合细菌归为蓝细菌（Cyanobacteria）、绿色非硫细菌（green nonsulfur bacteria，又称多细胞丝状绿细菌）、绿色硫细菌（green sulfur bacteria）、螺旋杆菌（Helicobacteraceae）、紫色非硫细菌（purple nonsulfur bacteria）、好氧不产氧光合细菌（aerobic anoxygenic phototrophic bacteria）、外硫红螺菌（Ectothiorhodospiraceae）、着色菌（Chromatiaceae）等8个类群，分属于真细菌域的5个门。除蓝细菌门进行产氧光合作用外，其余4门中的所有光合细菌均是不产氧光合细菌（图1-1）。

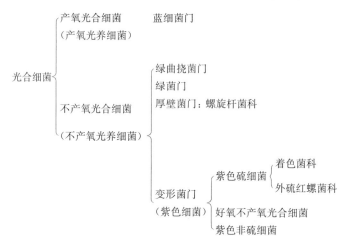

图1-1 光合细菌各类群的分类地位

（一）绿色非硫细菌

绿色非硫细菌（又称多细胞丝状绿细菌）属于绿曲挠菌门（Chloroflexi），绿曲挠菌纲（Chloroflexi），目前1目2科5个属。其共同特点是细胞单列排成多细胞丝状体，可滑行运动。耐热，可生长在45~70℃中性或碱性温泉中。细胞含有细菌叶绿素a、细菌叶绿素c及类胡萝卜素。丝状体细胞通常呈橘色到暗绿色。能利用各种有机物作碳源和光合作用的供氢体，有时也能利用二氧化碳作碳源和硫化氢作供氢体，因此，它们是光能异养或兼性异养细菌。由于它们常与蓝细菌生长在一起，故其天然生境常常是微好氧的，这样，菌绿素的合成就被抑制了，转而大量合成橘色的类胡萝卜素，使水体呈橘色或与蓝细菌一起共同形成灰绿色。

（二）绿色硫细菌

绿色硫细菌单独成一个门，即绿菌门（Chlorobi），目前1纲1目1科6个属。其共同特征是细胞单个存在，能以硫化氢或元素硫作为惟一电子供体。硫粒贮存在细胞外。严格厌氧专性光养，但可在硫化物及光存在下，同化简单的有机物。单个细胞和培养物呈绿色或棕色。光合色素位于绿囊体（chlorosome）内，绿囊体位于细胞质膜的下方并与其连接。除少量的细菌叶绿素a外，作为主要成分的是细菌叶绿素c、细菌叶绿素d或细菌叶绿素e。绿色类型菌株的主要类胡萝卜素是绿菌烯；棕色类型菌株的主要类胡萝卜素是 isorenieratene，许多菌株生长需要维生素 B_{12}。许多菌株具有固定分子氮的能力，贮藏物质通常是聚磷酸盐。一些棕色菌株能生长在池塘和湖的深层处，个别菌株已从海港水体中分离到。绿色硫细菌的最适 pH 为 6.5～7.0，最适生长温度在 20～30℃之间。

（三）螺旋杆菌科

螺旋杆菌科属厚壁菌门（Firmicutes），梭菌纲（Clostridia），梭菌目（Clostridiales），共有 4 个属。该菌群发现于 20 世纪 80 年代，最大特征是产生细菌叶绿素 g 及没有分化的光合器官，光合色素位于细胞质膜上，培养物颜色为绿色。革兰氏染色阴性。细胞壁非常特殊，且非常脆弱，很容易裂解，因而其存活时间很短。严格厌氧，专性光养异养生长。可利用的碳源很少，对所有种来说丙酮酸是最好的碳源。目前已有 4 个属，包括螺旋菌属（*Heliobacillus*）、螺旋杆菌属（*Heliobacterium*）和 2001 年新发现的 *Heliophilum*、*Heliorestis*。

（四）紫色细菌

紫色细菌属于变形菌门（Proteobacteria），紫色细菌包括传统的紫色硫细菌、紫色非硫细菌和最近发现的好氧不产氧光合细菌群。该类群种类繁多，系统起源及分类复杂，光合细菌与非光合细菌在属的分类水平上混杂在一起。紫色硫细菌包括 γ-变形菌纲的着色菌目（Chromatiales）的，着色菌科和外硫红螺菌科 2 个科；好氧不产氧光合细菌与部分紫色非硫细菌和化能菌共同组成 5 科 4 目 2 纲（α- 和 β- 变形菌纲）；紫色非硫细菌与部分好氧不产氧光合细菌和化能菌组成 8 科 5 目 2 纲（α- 和 β- 变形菌纲）。紫色细菌区别于其他类群的共同特点是含有细菌叶绿素 a 或细菌叶绿素 b。

该类群生理代谢类型多样，生态分布广泛。

1. **着色菌科** 着色菌科目前有 22 个属，38 个种。这类菌以专性光能自养为主，严格厌氧，利用二氧化碳为碳源，硫化氢作为光合作用的供氢体。元素硫以硫粒的形式积累在细胞内。硫酸盐是硫化合物的最终氧化产物。许多菌株能利用分子氢作为电子供体。所有的菌株都能光合同化一些简单的有机物质，其中被利用最广泛的是醋酸盐和丙酮酸。已证实许多菌株能固定分子氮。贮藏物质为聚-β-羟基丁酸和聚磷酸盐。较大的细胞类型需要维生素 B_{12}。

在自然界中，它们存在于厌氧和含硫酸盐的水域中，少数种是专性嗜盐菌。多数种的最适生长温度为 20～30℃。在天然水域中，它们常生活于含二氧化碳和硫化氢的厌氧水层中，有时因大量增殖而呈现红色。该菌之所以能大量增殖，是因为在厌氧环境中，以硫化氢为营养源的生物极少，硫化氢对其他生物的生长起抑制作用，另一原因是该类细菌以光能作能量来源。

2. **外硫红螺菌科** 外硫红螺菌科包括 2 个属 11 个种。细胞螺旋形或杆形，极生鞭毛或双极生鞭毛，运动，二分分裂，有或无气泡，革兰氏染色为阴性。依靠细菌叶绿素 a 或类胡萝卜素作为光合色素，利用还原性硫化物作电子供体光下厌氧生长。硫化物被氧化成元素硫，沉积在细胞外，并可进一步氧化成硫酸盐。存在于海洋和含有硫化物及中性或高 pH 的极端盐度环境中。

（五）好氧不产氧光合细菌

好氧不产氧光合细菌属于 α-变形菌纲和 β-变形菌纲中 4 个目 5 个科中，共 15 个属，其中淡水属 6 个，海水属 7 个和 2 个土壤属。所有的好氧不产氧光合细菌都含有大量的类胡萝卜素，多数含少量的菌绿素 a，但专性好氧生长，光照厌氧条件下不生长，化能异养或兼性光能异养生长。

20 世纪 80 年代以前，人们一直认为，所有的不产氧光合细菌都是专性或兼性厌氧光养菌。虽然有一些种类具有耐氧性，甚至可以在黑暗条件下以氧进行呼吸作用，但光合作用是严格局限在缺氧条件下进行的。但 Shiba 在 1982 年发现一株专性好氧生长菌，含有菌绿素 a 和与紫色光合细菌类似的光合器官，90 年代以后，又陆续发现大量的好氧生长的含菌绿素 a 的细菌，有些已确定其能在好氧条件下进行光合作用。迄今为止，绝大多数不产氧光合细菌都是从有机质丰富的小生境中分离得到，如海滩沙地、热带地区的高潮带、成熟的蓝细菌聚集块、绿藻的表面、深海热液口等。但 Kolber et al （2000）发现好氧不产氧光合细菌不仅存在于营养盐丰富的生境中，而且还广泛分布于全球海洋的表层水域，其生物量至少占整个微生物群落的 11%。

（六）紫色非硫细菌

人们对光合细菌的认识从 1923 年《伯杰细菌鉴定手册》（《Bergey's Manual of Determinative Bacteriology》）第 1 版一直到 1974 年的第 8 版都停留在对光合细菌的形态生理描述上，所有的紫色非硫细菌都被单独放到 1 个科中，但近年的分子系统学研究表明，紫色非硫细菌的系统发育是多起源的，分散在变形菌门 α 和 β 两个纲的多个科中，与非光合细菌的系统发育混杂在一起。现在认为，光合器官的性质对种的鉴定还是重要的，但对较高分类阶元，如科、目等则没有太大意义。所以自 1989 年，《伯杰氏系统细菌学手册》（《Bergey's Manual of Systematic Bacteriology》）第 1 版以后的国际分类学权威书籍中，光合细菌的分类采用了完全不同的分类系统。

目前为止，所有的紫色非硫细菌分属于变形菌门的 α、β 两个纲的 5 个目 8 个科中，共 21 个属：

1. α-变形菌纲

（1）红螺菌目（Rhodospirillales）。该目有 2 科 7 属。

红螺菌科（Rhodospirillaceae）有红螺菌属（*Rhodospirillum*）、褐螺菌属（*Phaeospirillum*）、红螺细菌属（*Rhodospira*）、红弧菌属（*Rhodovibrio*）、玫瑰螺菌属（*Roseospira*）、红篓菌属（*Rhodocista*）等 6 个属。

醋酸杆菌科（Acetobacteraceae）只有红球形菌属（*Rhodopila*）1 个属。

（2）红细菌目（Rhodobacterales）。有 1 科［红细菌科（Rhodobacteraceae）］4 属：红细菌属（*Rhodobacter*）、红海菌属（*Rhodothalassium*）、小红卵菌属（*Rhodovulum*）和最近才发现的 *Rhodobaca*。

（3）根瘤菌目（Rhizobiales）。有 3 科 7 属。

慢生根瘤菌科（Bradyrhizobiaceae）有红假单胞菌属（*Rhodopseudomonas*）、红芽生菌属（*Rhodoblastus*）2 个属。

生丝微菌科（Hyphomicrobiaceae）有芽生绿菌属（*Blastochloris*）、红微菌属（*Rhodomicrobium*）、红菌属（*Rhodobium*）3 个属。

红游动菌科（Rhodobiaceae）有红游动菌属（*Rhodoplanes*）和 *Roseospirillum* 2 个属。

2. β-变形菌纲

（1）伯克霍尔德氏菌目（Burkholderiales）。1 科［丛毛单胞菌科（*Comamonadaceae*）］2 个属：红长命菌属（*Rubrivivax*）、红育菌属（*Rhodoferax*）。

(2) 红环菌目（Rhodocyclales）。1 科 [红环菌科（Rhodocyclaceae）] 红环菌属（Rhodocyclus）。

3. 10 个常见属简介

（1）红假单胞菌属。细胞杆形，(0.6～2.5) μm×(0.6～5.0) μm。极生鞭毛，运动或不运动；生长有极性，不对称出芽分裂。革兰氏染色阴性。片层状光合内膜位于细胞膜下，且与之平行。光合色素为叶绿素 a、叶绿素 b 和类胡萝卜素。最佳生长方式是利用各种有机化合物作碳源和电子供体，进行光照厌氧生长。厌氧条件下以氢、硫代硫酸钠、硫化氢等作电子供体生长。有些种也可在微好氧条件下进行化能异养生长。DNA 的 G+C 为 61.5%～71.4%（以摩尔计）。

该属在分类上变化较大。在《伯杰细菌鉴定手册》第 8 版中有 6 个种：沼泽红假单胞菌（Rps. palustris）、胶质红假单胞菌（Rps. geletinosa）、绿色红假单胞菌（Rps. viridis）、嗜酸红假单胞菌（Rps. acidophila）、球形红假单胞菌（Rps. sphaeroides）、荚膜红假单胞菌（Rps. capsulata）。除模式种外，均被转移到新定的属中。依次是红长命菌属、芽生绿菌属、红芽生菌属、红细菌属（包括最后 2 种）。目前，红假单胞菌属包括沼泽红假单胞菌（Rps. palustris）、粪红假单胞菌（Rps. faecalis）和 Rps. rhenobacensis 三种。模式种为沼泽红假单胞菌。

该属在水产上的应用最广，也最早。水体样品的富集结果最易得到该属的种。

（2）红螺菌属。细胞弧形或螺旋形，0.8～1.5 μm 宽。极生鞭毛，运动，二分分裂，革兰氏染色阴性。光合内膜囊泡状或片层状，光合色素为细菌叶绿素 a 和螺菌黄素类类胡萝卜素。所含醌类以 Q 或 RQ 为主。淡水菌，生长不需 NaCl。细胞喜在光照厌氧条件光异养下生长，也可在黑暗条件下微好氧或好氧条件下生长，需要生长因子。DNA 的 G+C 为 63%～66%（以摩尔计）。

红螺菌属也是较老的属，分类变化也较大。目前只含有 2 个种：深红红螺菌（Rsp. rubrum）和度光红螺菌（Rsp. photometricum）。模式种为深红红螺菌（图 1-2a）。

红螺菌属也是水质处理中较常用的菌。富集较易得到。

（3）红细菌属。细胞卵圆形或杆形，0.5～1.2 μm 宽，运动或不运动，运动细胞具极生鞭毛。可产生荚膜或黏液，有时形成链状。细胞行二分分裂。革兰氏染色阴性。光合内膜囊泡状，光合色素为细菌叶绿素 a 和球类类胡萝卜素。可利用硫化氢作电子受体进行光自养生长。有些种可利用硫酸钠和分子氢进行光自养生长，可利用多种有机化合物作碳源和电子供体在厌氧条件下进行光异养生长。大多数种可在黑暗条件下好氧化能异养生长。

红细菌属最初归为红假单胞菌属。目前有荚膜红细菌（Rba. capsulatus）、球形红细菌（Rba. sphaeroides）、固氮红细菌（Rba. azotoformans）、芽生红细菌（Rba. blasticus）和维氏红细菌（Rba. veldkampii）5 种。模式种为荚膜红细菌。图 1-2b 为球形红细菌的细胞形态。

废水处理中较常见、常用。较易分离。

（4）红芽生菌属。细胞从杆状到稍弯的长卵形，(1.0～1.3) μm×(2.0～5.0) μm。出芽生殖，在母细胞和子细胞间，没有管或丝状体。当芽生长到母细胞的大小，细胞以缢裂方式完成分裂。在某些情况下，细胞聚集一起形成玫瑰花结构。光合膜系为片层状结构。厌氧光能异养生长，兼性好氧化养。厌氧的液体培养物呈紫红色到橙棕色，好氧生长的细胞呈无色到淡粉色或橙色。不需要生长因子。在有酵母膏时，生长速度不增加。pH 范围为 4.8~7.0，最适 pH 为 5.8。最适温度为 25~30℃。DNA 的 G+C 为 62.2%~66.8%（以摩尔计）。

红芽生菌属是从红假单胞菌属中独立出来的属。模式种（惟一种）为嗜酸红芽生菌（*Rbl. acidophila*），见图 1-2 c。

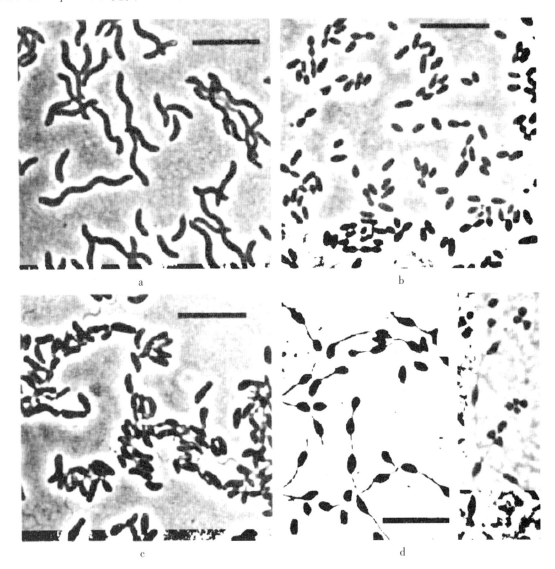

图 1-2 紫色非硫细菌的细胞形态
a. 深红红螺菌（*Rhodospirillum rubrum*） b. 球形红细菌（*Rhodobacter sphaeroides*）
c. 嗜酸红芽生菌（*Rhodoblastus acidophila*） d. 万尼氏红微菌（*Rhodomicrobium vannielii*）
（引自 Imhoff，2001）

（5）芽生绿菌属。杆形，依靠亚极生鞭毛运动。生长具极性，不对称的出芽分裂，有时可看到玫瑰结形细胞聚合体。革兰氏染色阴性。光异养厌氧生长，也可进行黑暗微好氧生长。光养生长细胞含有片层状光合内膜,且平行于细胞内膜,光合色素为叶绿素 b 和类胡萝卜素。光培养物的颜色是绿色至橄榄绿。主要含有 Q-8、Q-10、MK-7、MK-9 等醌类。DNA 的 G+C 为 66%~71%(以摩尔计)。16S RNA 序列在光合细菌中与红游动菌属最近,属 α-2 亚群。

模式种为绿硫芽生绿菌(*Blastochloris sulfoviridis*)。

(6) 红微菌属。卵圆形至长卵圆形菌体。极性生长,有特征性营养生长周期,包括形成具周生鞭毛的蠕动细胞和不运动的"母细胞","母细胞"又可形成丝状体,其长度是"母细胞"长度的 1 倍至数倍。丝状体的末端形成球形的芽体,进而发育成子细胞,子细胞可以不同的方式分化。细胞内膜片层状,含细菌叶绿素 a 和类胡萝卜素。容易利用不同的有机底物作碳源和电子供体进行厌氧光合生长。分子氢和低浓度的硫化氢可用作电子供体进行光自养生长,也可在黑暗微好氧到好氧条件下生长。DNA 的 G+C 为 61.8%~63.8%(以摩尔计)。

模式种(惟一种)为万尼氏红微菌(*Rhodomicrobium vannielii*)(图 1-2d)。

(7) 红环菌属。细胞直或弯的细杆形,0.3~0.7 μm 宽。极生鞭毛,运动或不运动,行二分分裂。革兰氏染色阴性。光合内膜为细胞膜内突形成的小的单个指管状结构,光合色素为细菌叶绿素 a 和类胡萝卜素。如提供生长因子,可用分子氢进行光自养生长。容易利用不同的有机底物作碳源和电子供体进行厌氧光照生长,也可在黑暗微好氧到好氧条件下生长。不能利用还原性硫化合物作电子供体。DNA 的 G+C 为 64.8%~72.4%(以摩尔计)。

模式种为绛红红环菌(*Rhodocylus purpureus*)(图 1-3a)。

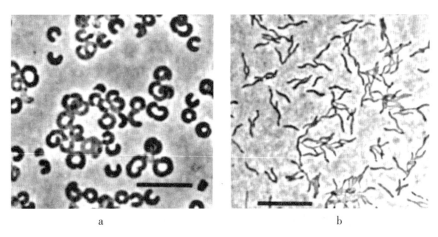

图 1-3 β-变形菌纲的紫色非硫细菌的细胞形态
a. 绛红红环菌(*Rhodocylus purpureus*) b. 纤细红环菌(*Rhodocylus tenuis*)
(引自 Imhoff, 2001)

(8) 红长命菌属。细胞直杆或稍有弯曲,(0.4~0.7) μm×(1~3) μm。老的培养物中,不规则的弯曲,细而长,可达 15 μm。不形成鞘,极生鞭毛运动。革兰氏染色阴性。光照厌氧条件下,利用各种有机化合物进行好氧化能异养生长。光合色素为细菌叶绿素 a 和螺菌黄素类类胡萝卜素。光合内膜是细胞质膜的指管状内突。海水菌,生长需要 NaCl 或海水。最佳盐度高于海水盐度,能耐受 150 的盐度。光自养条件下可固氮。光异养菌落为粉色至深红色,黑暗异养生长的菌落为淡粉色。DNA 的 G+C 为 70.0%～72.5%（以摩尔计）。

模式种（惟一种）为胶状红长命菌（*Rubriviax gelatinosus*）。

（9）红菌属。细胞卵圆形至杆形，(0.7～0.9) μm×(1.0～3.0) μm，鞭毛极生或随机分布。细胞不对称的出芽分裂，很少有玫瑰花形细胞聚合体。光养生长，细胞含有片层状光合内膜，且平行于细胞内膜，光合色素为叶绿素和螺菌黄素。光异养厌氧生长，也可进行黑暗微好氧生长。光培养物的颜色为粉色至红色。最佳生长温度是 25～35 ℃，pH 6.9～7.5。在 1%～5% 的 NaCl 范围内均能生长。泛醌组成主要是 Q-10。DNA 的 G+C 为 61.5%～65.7%（以摩尔计）。

模式种为东方红菌（*Rhodobium orientis*）。

（10）小红卵菌属。细胞卵圆形至杆形，(0.5～0.9) μm×(0.9～2.0) μm。单极生鞭毛，运动或不运动，细胞行二分分裂，革兰氏染色阴性。兼性厌氧光养菌，即光照厌氧和黑暗好氧条件下均能很好生长。光照生长形成囊泡状光合内膜和细胞叶绿素 a 及球烯（spheroidine series）。厌氧培养物为黄绿色至黄棕色，而好氧培养物粉色至红色。中温嗜盐，最佳生长盐度范围为 0.5%～7.5% NaCl。最佳生长方式是利用各种有机化合物进行光合异养生长。最佳碳源为丙酮酸、乳酸钠、低分子脂肪酸、三羧酸循环中间产物及一些糖类，也能利用甲酸钠生长。在硫化氢和硫代硫酸钠存在时，可进行光自养或光异养生长。在高浓度硫化氢（2 mmol/L 或更高）存在时仍可生长。硫化氢氧化最终产物是硫酸盐。醌类主要是 Q-10。脂肪酸主要是 C18:1。膜脂含有硫脂但没有卵磷脂。DNA 的 G+C 为 62.1%～67.7%（以摩尔计）。生境为海洋和高盐环境中。

模式种为嗜硫小红卵菌（*Rhodovulum sulfidophilus*）。

二、光合细菌的形态结构

光合细菌的菌体形态极其多样，有球形、卵形、杆形、弧形、螺旋形、环形、半环形、丝形，有些种类可进一步形成链形、锯齿形、格子形、网篮形等。同一种光合细菌也会由于培养条件和生长阶段等不同而使细胞形态发生变化。尽管如此，许多菌种在细胞形态上仍然是各具特征的。如球形红细菌为球形；红微菌属的细菌，其细胞丝相连；突柄绿菌属（*Prosthecochloris*）的细胞为具突起的球菌。

细胞的大小因种类的不同而变化很大，如胶状红长命菌为 (0.4～0.5) μm×(1～2) μm，奥氏着色菌（*Chromatium okenii*）的细胞则大得多，大体 (4.5～6.0) μm×(8～10) μm。一般来说，紫色非硫细菌细胞的大小为 (0.6～1) μm×(1～10) μm，着色菌科（Chromatiaceae）细胞大小为 (1～3) μm×(2～15) μm，绿杆菌科（Chlorobiaceae）细胞大小为 (0.7～1) μm×(1～2) μm，绿丝状菌科（Chloroflexaceae）的细胞可长达 300 μm。

光合细菌的细胞内存在着载色体（chromatophores）或绿菌囊泡（chlorobium vesicles），光合色素是它们的基本组成成分。它们是光合细菌吸收光能并转变成化能，进行光合磷酸化作用的所在部位。载色体是由细胞陷入细胞质内而形成，并与细胞膜相连。它存在于紫色非硫细菌和着色菌科菌体内，因菌种不同而有小泡状、薄片状或管状等形状。绿色包囊分散附着于细胞膜下面，是被一层膜包裹的小泡状体，它是独立存在于细胞内的细胞器，是在绿杆菌科和绿丝状菌科中才可见到的光合作用器官。

三、光合细菌的生理生化特征

（一）色素组成

光合细菌因具有光合色素而呈现一定颜色。一般说来，紫色非硫细菌和着色菌科的菌呈红、粉红、橙黄、紫或褐色，绿杆菌科和绿色丝状菌科的菌呈绿色。

1. 细菌叶绿素　简称菌绿素。到目前为止，已分离到带有不同侧链基的菌绿素共有6种，它们都是含有镁的卟啉衍生物，分别成为菌绿素a、菌绿素b、菌绿素c、菌绿素d、菌绿素e、菌绿素g。各种菌绿素均具有一定的吸收波长，可用来测定光合细菌的吸收光谱。光合细菌通过光合磷酸化作用将光能变成化能的过程需要光合色素，特别是菌绿素作为媒介。

2. 类胡萝卜素　类胡萝卜素是一类由40个碳原子组成的不饱和烃类化合物，根据化学结构的不同可分为30多种。它们是光合生物的辅助色素，吸收400~500 nm光谱区域的光。其主要功能，一方面具有光合作用活性，是将能量传递给菌绿素的天线色素，另一方面有保护功能，可防止菌绿素遭光氧化损伤，即起光氧化的保护剂作用。此外，类胡萝卜素的组成成分和数量多少，影响吸收光谱的波长，对菌体所呈现的颜色起决定作用。紫色非硫细菌和着色菌科之所以呈现由黄色到紫色的各种鲜艳的颜色，是由于菌体内类胡萝卜素的含量较高，掩盖了菌绿素的色素。类胡萝卜素含量少的菌体或缺乏类胡萝卜素的变异株，便显示出细菌叶绿素的蓝绿色。不同的光合细菌体内的颜色在固定的培养条件下具有特征性。但就每个菌种来说，由于培养条件的不同，其颜色可以有变化。

（二）营养代谢

1. 碳源　着色菌科和绿杆菌科的细菌以硫化氢作为光合反应的供氢体，以二氧化碳作为主要碳源。紫色非硫细菌的细菌以各种有机物作为供氢体，同时以这些有机物作为碳源利用。

2. 氮源　因固氮酶的存在而具有固氮能力，是光合细菌这一类群的重要特征之一。这种酶同时也具有氢化酶的活性，因此，在无氮的培养基上培养光合细菌，就有氢气产生。光合细菌对氮源的利用较广，一般均可利用铵盐、氨基氮甚至氮气，少数种类还能利用硝酸盐和尿素。

3. 生长因子　紫色非硫细菌的细菌常需要某种B族维生素作为生长因子。Van Niel（1962）报道，球形红细菌需要硫胺素及尼克酸，胶质红长命菌需要生物素，沼泽红假单胞菌需要对氨基苯甲酸，荚膜红细菌需要硫胺素，深红红螺菌需要维生素 B_{12} 等。在培养光合细菌的过程中，为了满足这些要求，通常加入0.2%的酵母膏。

（三）分裂方式

绝大多数以二分裂方式进行繁殖，仅少数例外。一种例外是出芽分裂方式，子细胞与母细胞之间有柄相连，常见于万尼氏红微菌；一种是极性伸长分裂（polar elongation），见于着色菌科的泥网硫杆菌属（*Pelodictoyon*）。

四、光合细菌的生态分布

（一）湖泊

在半对流湖泊中，上层是淡水，下层为海水，由于水的密度不同，下层往往全年都形成含硫化氢的厌氧层。所以在下层的停滞区，四季都有紫硫细菌（即着色菌和外硫细菌）和绿硫细菌的生长。而在全对流湖中，因整个湖水处于垂直对流状态，所以水中很难形成厌氧层，光合细菌不易生长。但在夏季，湖水下层形成硫化氢的厌氧停滞区，水层中的紫硫细菌和绿硫细菌则大量繁殖起来。

（二）氧化池

氧化池是生物废水处理法的一种设施，这种处理法基本上不用曝气，以有机物为营养源，微生物可大量繁殖，消耗溶解氧，使水环境形成厌氧状态，结果硫酸还原菌大量生长，同时生成硫化氢。紫硫细菌和荚硫菌在这种氧化池内大量繁殖，处理水呈红色。

（三）活性污泥槽

活性污泥法也是生物废水处理法的一种。这种方法处理水需要曝气，所以其中生长着许多好氧的异养细菌。在处理城市污水的活性污泥中，红假单胞菌的密度达 10^5 个细胞/ml。处理冻豆腐废水的活性污泥中，红假单胞菌的密度为 10^6 个细胞/ml。由于红假单胞菌是兼性厌氧菌，在厌氧光照条件下，可进行光能异养生长，在好氧黑暗条件下，可进行化能异养生长，所以在活性污泥槽中，红假单胞菌得以大量繁殖。

（四）污水沟

污水沟较浅，通常光合细菌数量很少。但少数的菌种也可大量生长繁殖。光合细菌生长的地方一般是背阴的积水处（水深 1~2 m）。而光线直射的积水处绿藻很多。污水中光合细菌的优势种随季节变化而变化。夏季，红螺菌占优势，水底呈橙黄色；冬季，紫硫细菌占优势，水底呈紫红色。

（五）海水

在海岸和海水厌氧层中，分布着各种光合细菌。有时因光合细菌大量生长繁殖，使海水呈现红色或绿色。海水中的菌种究竟是嗜盐性菌种还是单纯耐盐性菌种，尚不清楚。生长在盐田中的嗜盐外硫红螺菌是嗜盐性菌种，生长要求 NaCl 浓度为 15%~20%。

通过各种紫色非硫细菌耐盐性问题的研究，得知大多数菌种在 1% NaCl 的培养基中均可生长繁殖。球形红假单胞菌在 3% NaCl 的培养基中也能生长繁殖。相同的菌种，其海水株与淡水株之间，生理特性上也略有差异。

（六）其他

光合细菌除生长在上述水域中，在池塘、沼泽、硫磺泉、水田和土壤中均有分布。光合细菌除光合作用外，也可靠呼吸、发酵或脱氨作用生长。随着环境的变化，光合细菌获得能量的方式也有相应变化。从多种方式获得能量来考虑，光合细菌不仅可生存于太阳光透过的自然水域厌氧层中，还可生活在更广泛的自然环境中。

五、光合细菌在自然界中的作用

(一) 光合细菌在自然界物质循环中的作用

光合细菌能利用太阳能同化二氧化碳,固定分子氮,在自然界的碳、氮循环中起着重要的作用。同时,它们还能把下层水中残留的有机物经异养分解后产生的有机酸、硫化氢和氨等作为合成菌体的基础物质,起到了净化水质的作用,有利于地球的水循环和水生生物的生长繁殖。

(二) 光合细菌与其他生物的关系

光合细菌富含多种氨基酸和维生素,可用作各种水生动物的饵料和饲料添加剂,构成了生物界食物链的重要环节。而光合细菌和其他细菌、浮游生物的共生关系,使生物界更加和谐。

六、光合细菌的营养

研究表明,光合细菌的菌体无毒,营养丰富,蛋白质含量高达 64.15% ~ 66.0%,而且氨基酸组成齐全,含有机体必需的 16 种氨基酸,各种氨基酸的比例较合理,见表 1-1。还含有丰富的 B 族维生素,尤其是维生素 B_{12}、叶酸、生物素等含量相当高,光合细菌中的生物素为 d - 异构体,是具有活泼生理作用的活性维生素。作为生物体内具重要生理活性物质的辅酶 Q,在光合细菌中的含量远远超过其他生物,其含量见表 1-2。另外,光合细菌富含大量的细菌叶绿素和类胡萝卜素,目前,已能从菌体中提取 30 种类胡萝卜素,可作为天然色素的良好来源。

表 1-1 光合细菌和以此为饵料的微型甲壳动物的氨基酸组成 (%)

(引自史家良,1995)

氨基酸	人工培养光合细菌菌体	用光合细菌培养的		鸡 蛋	牛 乳
		枝角类	轮虫		
赖氨酸	4.5~5.1	6.6	6.4	6.3	6.7
组氨酸	1.8	1.9	1.8	2.2	2.0
精氨酸	4.5~5.5	4.5	4.8	4.8	2.1
天冬氨酸	9.7~11.1	9.3	9.4	9.1	8.0
苏氨酸	6.6~7.4	5.9	5.9	5.1	4.5
丝氨酸	5.2~5.5	6.0	6.1	8.9	6.4
谷氨酸	10.7~12.8	12.0	11.5	11.4	19.4
脯氨酸	5.2~5.5	5.0	6.3	4.6	10.5
甘氨酸	9.0~10.1	8.5	8.8	5.7	3.0
丙氨酸	11.0~13.1	11.7	10.6	8.3	5.0
胱氨酸	0	0.6	1.5	1.5	0.4
缬氨酸	6.2~6.8	6.7	6.1	7.4	7.2
甲硫氨酸	0.8~2.8	2.2	1.9	3.0	2.1
异亮氨酸	3.7~4.7	4.6	4.8	5.3	5.1
亮氨酸	8.5~8.8	8.2	7.9	8.5	9.2
酪氨酸	2.4~2.9	2.7	2.7	2.8	3.5
苯丙氨酸	3.9~4.5	3.8	3.6	4.1	3.5
色氨酸	++			1.0	0.9

表 1-2　光合细菌与其他生物主要成分比较

(引自韩菲菲，2003)

项　目	光 合 细 菌	酵 母	螺 旋 藻
蛋白质（％）	65.45	50.80	65.22
粗脂肪（％）	7.18	1.80	1.64
可溶性糖（％）	20.31	36.10	20.22
粗纤维（％）	2.78	2.70	5.20
灰分（％）	4.28	8.70	7.70
维生素 B_1（μg）	12	2～20	55
维生素 B_2（μg）	50	30～60	48
维生素 B_6（μg）	5	40～50	3
维生素 B_{12}（μg）	21	—	2
维生素 K（μg）	588	—	
烟酸（μg）	125	200～500	118
泛酸（μg）	30	30～200	11
叶酸（μg）	60	—	0.5
生物素（μg）	65	—	—
辅酶 Q（μg）	1 744～3 399	259	

第二节　光合细菌的分离、培养与保藏

一、光合细菌的富集分离

（一）采样

光合细菌所需的生长条件，除了光照、温度以外，主要是水、有机物（包含灰分在内）和一定程度的厌气环境。绿菌科、着色菌科以硫化氢作为光合反应的供氢体，以二氧化碳作为主要的碳源；紫色非硫细菌，如红游动菌属、红假单胞菌属、红微菌属、红细菌属、红环菌属等的菌种容易利用不同的有机物作为碳源和电子供体进行厌氧光照生长。

自然界中被有机物污染的地方，都有光合细菌的存在。可以从河底、湖底、养殖池的泥土以及水田、沟渠、污水塘等地方的泥土和豆制厂、淀粉厂、食品工业等废水排水沟处呈橙黄色、粉红色的块状沉积物的泥土中采集样品，分离光合细菌。

在浅水处采样，可用杯舀取少量泥土，连水放入广口瓶内带回，也可单取水样。如果水深，可用采水器和采泥器取样。样品采回来后，用恰当的方法进行富集培养和分离，就能得到光合细菌的纯培养物。

（二）富集培养

光合细菌分离成功的关键，在于选择适宜的富集和分离的培养基，提供符合光合细菌生长需要的厌氧环境、适宜的温度和光照条件。富集培养均采用液体培养基。进行富集培养时，将采回的样品装入磨口玻璃瓶中，再倒入配制好的培养液，充分搅拌。为造成厌气环境，可在玻璃圆筒或大型试管中加入液体石蜡以隔断空气。若是具塞磨口玻璃瓶，只要把培养液加满到瓶口，盖上瓶塞，让多余的培养液溢出，使瓶内无气泡。为了更好地保持厌气条件，瓶盖外可用塑料薄膜裹住，并用橡皮圈扎牢，以减少水分蒸发，然后把培养容器置于适合的条件下进行富集培养。大约经过1~3周的培养，在玻璃瓶壁上出现光合细菌菌苔，或整个培养液长成红色。如果是培养海水的光合细菌，因其生长缓慢而需要更长的富集培养时间。

如果富集培养初步获得成功，就用吸管插入菌液中或光合细菌大量生长的泥层里，吸取菌液转接到具塞磨口玻璃瓶中，再加入培养液继续进行光照、厌气培养。经过反复多次，光合细菌成为绝对优势种，培养液呈深红色，这时可确认富集培养成功。

为了避免培养液中藻类和绿菌科细菌的生长繁殖，可采用滤光片和滤光纸，使波长800 nm或更长波长的光透过，这样可更有效地富集紫色非硫细菌。

(三) 分离方法

一旦富集成功，就可进行分离培养。分离的具体操作是：配制固体培养基，灭菌后倒平板，将富集成功的菌液稀释到适当浓度，在平板上作涂布或划线，然后光照厌气培养。为了造成厌氧环境，可在干燥器底部放焦性没食子酸（苯三酚）和碳酸钠溶液，利用碱性焦性没食子酸来除去容器中的氧。1 g焦性没食子酸在标准大气压下，具有吸收100 ml空气中的氧气的能力。根据此可以推算出不同大小的干燥器中吸氧剂的加入量。干燥器顶部连接抽气装置，最好把干燥器内的空气减压到约1/3时，以过滤的无菌的氮气或氩气充入干燥器，进行气体交换。这样一方面由吸氧剂吸氧，一方面由氮气或氩气来取代抽出的空气，就能使干燥器内部造成一个相当理想的厌氧环境。如果无条件进行气体交换，则单抽出减压，配以焦性没食子酸吸氧也可。减压不宜过度，否则倒放的培养皿中的琼脂会落下来，即使正放也会裂开。

将涂布或划线的平板置于上述厌气培养缸中，在25~35 ℃的温度、40~60 μE/(m²·s)的光照条件下培养2~7 d，就能长出光合细菌菌落。仔细挑取单菌落，继续用上法分离培养，反复多次，就能得到光合细菌纯的培养物。

二、培 养 基

培养基的组成因光合细菌的种类而异，但主要包括水分、氮源（无机氮和有机氮）、碳源（有机化合物和碳氢化合物）等。其次，需加入一定量的微量元素：铜、钾、镁、硫、磷、氯等，以无机盐形式添加，有些还需添加生长因子（B族维生素和某些氨基酸或核酸）。

为了保证细菌正常生长，培养基还应维持适当的pH。一般细菌在中性至微碱的培养基中生长良好，但也有的在酸性或碱性培养基中生长得更好。由于有些培养基经高压灭菌后pH还会发生变化（降低），所以在灭菌前用1 mol/L的NaOH或HCl调节pH，或在培养基中加入磷酸缓冲液以稳定pH。

根据具体要求，培养基需配制成固体、半固体、液体状。配制固体培养基时是在相同成分的液体培养基中加入1.5%~2.0%的琼脂，半固体培养基是在液体培养基中加入0.3%~0.6%的琼脂。

厌氧培养基的成分，除所培养的厌氧菌要求的基本营养外，还需加入一定量的还原剂以保持培养基在物理除氧后的还原状态。常用的还原剂有半胱氨酸和硫化钠。为了判断培养基是否达到所期待的还原状态，培养基中常常加入少量的氧化还原指示剂。常用的指示剂是刃天青（resazurin）。刃天青的氧化还原指示电位是−42 mV，它在氧化态时呈绛紫色，在完全还原时为无色。

如果培养基呈现桃红色，说明培养基已被氧化。刃天青的使用量较低，一般在 100 ml 培养基中含 0.1% 的刃天青溶液 1 ml。

现将适用于不同科属的培养基分列如下：

1. 紫硫细菌的富集培养基及制备

①分离紫硫细菌的培养基（Van Niel，1931）：

NH_4Cl	1.0 g	$MgCl_2$	0.5 g
KH_2PO_4	0.5 g	NaCl	淡水种 1.0 g
$Na_2S \cdot 9H_2O$	1.0 g		海水种 30 g
$NaHCO_3$	5.0 g	pH	7～8
总体积	1 000 ml		

（$NaHCO_3$ 和 $Na_2S \cdot 9H_2O$ 应分别灭菌，通常配成 10% 的溶液，过滤除菌，培养之前加入。用无菌的 10% H_3PO_4 或 Na_2CO_3 调 pH 至 7～8）

②富集着色菌科的基础培养基（小林达治，1977）：

NH_4Cl	1.0 g	$Na_2S \cdot 9H_2O$	1.0 g
$NaHCO_3$	1.0 g	$MgCl_2$	0.2 g
K_2HPO_4	0.5 g	T.m 贮液*	10 ml
总体积	1 000 ml	pH	8.0～8.5

*T.m 贮液

$FeCl_3 \cdot 6H_2O$	50 mg	$MnCl_2 \cdot 4H_2O$	0.05 mg
$CuSO_4 \cdot 5H_2O$	0.05 mg	$ZnSO_4 \cdot 7H_2O$	1 mg
H_3BO_3	1 mg	$Co(NH_3)_2 \cdot 6H_2O$	0.5 mg
总体积	1 000 ml		

2. 绿杆菌科富集用基础培养基（小林达治，1977）

NH_4Cl	1.0 g	$Na_2S \cdot 9H_2O$	1.0 g
$NaHCO_3$	1.0 g	$MgCl_2$	0.2 g
K_2HPO_4	0.5 g	T.m 贮液（同 1 之②）	10 ml
总体积	1 000 ml	pH	7.3

个别种对营养条件要求极严格，但在下面培养基中生长良好。

NH$_4$Cl	1.0 g	KH$_2$PO$_4$	1.0 g
MgCl$_2$	1.0 g	NaHCO$_3$	1.0 g
NaCl	1.0 g	Na$_2$S·9H$_2$O	0.5 g
总体积	1 000 ml	pH	6.8~7.0

（Na$_2$S 0.25~1.0 g，也可用蛋白胨或苹果酸代替）

3. 紫色非硫细菌的富集与分离培养基

① 用于紫色非硫细菌的分离和培养的 AT 培养基（Imhoff，1989）：

CH$_3$COONa 或其他 C 源	1.0 g	NH$_4$Cl	1.0 g
KH$_2$PO$_4$	1.0 g	NaCl	1.0 g
MgCl$_2$·6H$_2$O	0.5 g	SLA 溶液*	1 ml
CaCl$_2$·2H$_2$O	0.1 g	VA 溶液**	1 ml
Na$_2$SO$_4$	0.7 g	NaHCO$_3$	3.0 g
总体积	1 000 ml	pH	6.9

* SLA 溶液

FeCl$_2$·4H$_2$O	1 800 mg	MnCl$_2$·4H$_2$O	70 mg
CoCl$_2$·6H$_2$O	250 mg	ZnCl$_2$	100 mg
NiCl$_2$·6H$_2$O	10 mg	H$_3$BO$_3$	500 mg
CuCl$_2$·2H$_2$O	10 mg	Na$_2$MoO$_4$·2H$_2$O	30 mg
总体积	1 000 ml	pH	2~3

** VA 溶液（过滤除菌，保存于冰箱）

生物素	10 mg	烟酸	35 mg
盐酸硫胺素	30 mg	对氨基苯甲酸	20 mg
盐酸吡哆醇类	10 mg	泛酸钙	10 mg
维生素 B$_{12}$	5 mg	总体积	100 ml

酵母膏能促进大多数已知的紫色非硫细菌的生长，它作为一种生长因子，通常加入量为 0.05%。对于褐螺菌属和红螺菌属来说，加入 0.01% 柠檬酸铁能够促进生长。对于嗜酸红芽生

菌和万尼氏红微菌来说，pH 要调到 5.5。

②用于培养变形杆菌 α 亚纲的紫色非硫细菌的合成培养基：

$NaHCO_3$	3.9 g	醋酸盐	0.2 g
KH_2PO_4	0.5 g	丙酮酸盐	0.2 g
KCl	1.0 g	柠檬酸钾	0.5 g
$CaCl_2 \cdot 2H_2O$	0.05 g	甘氨酸甜菜碱	0.5 g
$MgCl_2 \cdot 6H_2O$	3.5 g	谷氨酸钠	1 g
Na_2SO_4	1.0 g	VA 溶液（同①）	1 ml
NaCl（取决于所需的盐度）	40～150 g	SLA 溶液（同①）	1 ml
脯氨酸	5.0 mol	总体积	1 000 ml
pH	7.0		

③上水大培养基（张道南，1988）：用于红螺菌科的培育。

CH_3COONa	3.0 g	KH_2PO_4	0.5 g
CH_3CH_2COONa	0.3 g	K_2HPO_4	0.3 g
$MgSO_4$	0.2 g	NaCl	1.0 g
$(NH_4)_2SO_4$	0.3 g	酵母膏	0.1 g
$MnSO_4 \cdot 7H_2O$	2.5 mg	蛋白胨	10 mg
$CaCl_2 \cdot 2H_2O$	50 mg	谷氨酸	0.2 mg
总体积	1 000 ml	pH	7.4

④R 培养基（刘军义，2003）：用于红假单胞菌属菌的培育。

CH_3CH_2COONa	3.0 g	NaCl	5.0 g
$NaHCO_3$	1.0 g	$FeCl_2$	0.005 g
NH_4Cl	1.0 g	$MgCl_2$	0.2 g
K_2HPO_4	0.5 g	总体积	1 000 ml
pH	7.4		

⑤Sawad 培养基（1975）：用于荚膜红假单胞菌的培养。

乙酸钠或丙酸钠	1.0 g	KH_2PO_4	1.0 g
NH_4Cl	1.0 g	酵母膏	1.0 g
$MnSO_4 \cdot 7H_2O$	0.4 g	或谷氨酸	0.1 g
NaCl	0.1 g	T.m 贮液（同1之②）	1 ml
$CaCl_2 \cdot 2H_2O$	0.05 g	生长素贮液*	10 ml
$NaHCO_3$	0.3 g	总体积	1 000 ml

*生长素贮液

生物素	1 mg	维生素 B_1	100 mg
烟酸	0.1 mg	对氨基苯甲酸	10 mg
蒸馏水	1 000 ml		

⑥富集红螺菌科的基础培养基（小林达治，1977）：

NaCl	0.5~2.0 g	$MgSO_4 \cdot 7H_2O$	0.2 g
$NaHCO_3$	1.0 g	NH_4Cl	1.0 g
K_2HPO_4	0.2 g	T.m 贮液（同1之②）	10 ml
CH_3COONa	1~5 g	生长素贮液（同⑤）	1 ml
总体积	1 000 ml	pH	7.0

⑦用于红假单胞菌属和红螺菌属富集的培养基（施安辉，2002）：

NH_4Cl	1.0 g	$MgCl_2$	0.2 g
K_2HPO_4	0.5 g	酵母膏	0.1 g
NaCl	2.0 g	CH_3CH_2OH	50 ml
$NaHCO_3$	5.0 g/50 ml H_2O	总体积	1 000 ml
pH	7.0		

⑧用于红假单胞菌属和红螺菌属的分离的培养基（施安辉，2002）：

NH_4Cl	1.0 g	$MgCl_2$	0.2 g
K_2HPO_4	0.5 g	酵母膏	2.0 g

NaCl	2.0 g	CH_3CH_2OH	50 ml
$NaHCO_3$	2.0 g/50 ml H_2O	$Na_2S \cdot 9H_2O$	1.0 g
总体积	900 ml	pH	7.0

⑨红球形菌配方：

甘露醇	1.5 g	NH_4Cl	0.4 g
葡萄糖酸盐	1.5 g	硫代硫酸钠	0.2 g
KH_2PO_4	0.4 g	SLA 溶液（同 3 之①）	1 ml
NaCl	0.4 g	VA 溶液（同 3 之①）	1 ml
$CaCl_2 \cdot 2H_2O$	0.05 g	0.1% 柠檬酸铁	5 ml
$MgCl_2 \cdot 6H_2O$	0.4 g	总体积	1 000 ml
pH	4.9		

⑩用于培养需盐红海菌和盐场红弧菌的复合培养基配方：

$MgCl_2 \cdot 6H_2O$	3.5 g	蛋白胨	1.5 g
KH_2PO_4	0.3 g	苹果酸钠	1.5 g
NaCl	100 g	SLA 溶液（同 3 之①）	1 ml
酵母膏	1.5 g	总体积	1 000 ml
pH	7.0		

三、光合细菌的大量培养

大量培养光合细菌的方式主要有两种：一种是全封闭式的厌气光照培养方式，另一种是开放式的微气光照培养方式。

（一）全封闭式的厌气光照培养

采用无色透光的玻璃容器或塑料薄膜袋，经消毒后，装入消毒好的培养液，接入 20 %～50 % 的菌种母液，使整个容器被液体充满，加盖扎口，造成厌气的培养环境，置于有光的地方进行培养，在适宜的温度条件下，一般经 5~10 d 的培养，即可达到指数生长期高峰，便可扩种或作为饵料。

（二）开放式的微气光照培养

一般采用 100~200 L 的白色塑料桶或卤虫孵化桶为培养容器，以底部成锥形并有排放开关的容器较理想。在底部装一气石,培养时微充气,在培养容器的上方装一灯光[约 40 μE/($m^2·s$)]。容器经消毒后,加入消毒好的培养液,接入 20％～50％的菌种母液,在适宜的温度条件下,一般经 7～10 d 的培养,即可达到指数生长期高峰,便可扩种或作为饵料。

(三) 培养流程

光合细菌的培养流程包括消毒灭菌(工具、容器、培养基)、培养基的配制、接种、培养管理。

1. 消毒灭菌

(1) 工具、容器的灭菌。

① 高压蒸汽灭菌:用 121℃蒸汽压力灭菌 20～30 min 即可。高压蒸汽灭菌后,玻璃器皿上常常带有水珠,可再用烘箱烘干。

② 干热灭菌:用烘箱,通常于 150～160 ℃灭菌 2 h。温度不可过高,超过 180℃时棉塞和纸等容易烤焦起火。玻璃器皿放入烘箱必须干燥,以免引起玻璃的破碎。器皿在烘箱内不宜过满,应留有一定的空隙。温度应从室温逐渐升至所需温度。结束后也应逐步降温直至低于 60℃时才可开门取出灭菌的器皿,否则玻璃可能因突然遇冷而破碎。

(2) 培养基的灭菌。

① 常压蒸汽灭菌:也称间歇蒸汽灭菌,用于在 100 ℃以上易于破坏的培养基的灭菌,如牛奶、明胶等。常压蒸汽灭菌也就是用蒸汽蒸。在灭菌器中温度升到 100 ℃时,在不加压力的情况下使水沸腾,即保持 100 ℃30 min。取出灭菌的培养基,放室温或保温箱中。第二、三日连续如上法于 100℃各灭菌 30 min。

② 过滤灭菌:用于不能用热灭菌的培养基,如某些易破坏或易挥发的物质。常用的除去细菌的过滤器有赛氏过滤器和微孔膜过滤器,微孔膜过滤器规格为 0.22～0.45 μm。使用前,将过滤器连同吸滤瓶等按无菌操作的要求装好,用纱布包好,高压蒸汽灭菌。使用时用真空泵抽气吸滤,不可将漏斗中的液体抽干。使用过的滤板需弃去。

③ 高压蒸汽灭菌:在高压蒸汽灭菌器中进行,利用提高蒸汽压力而使温度增高,从而提高蒸汽灭菌的效率。一般培养基灭菌时大多数使用 1 kg/cm^2,15～20 min,如灭菌器中装填较满,培养基装量较大(1 L 以上)或培养基污染杂菌较多时,可再延长灭菌时间 30 min。而且使用高压蒸汽灭菌时务必将其中空气全部排除,才能达到预期的效果。

2. 培养基的配制　培养光合细菌首先应选择一个能基本满足培养种的生理生态特性和营养要求、培养效果比较理想的培养基配方。如果培养的光合细菌是淡水种,菌种培养可用蒸馏水,生产性培养可用自来水或井水配制。如果培养的光合细菌是海水种,菌种培养则可用天然海水或人工海水配制。

按培养基配方把所列物质称量,逐一溶解,混合,配成培养基。也可把部分组分配成母液,使用较方便。

3. 接种　培养基配制好后,立即进行接种。光合细菌生产性培养的接种量比较高,一般为 20％～50％,即菌种母液量和新培养液量之比为 1/4,尤其微气培养接种量应高些,否则,光合细菌在培养液中很难占绝对优势,影响培养的最终产量和质量。

4. 培养管理

(1) 搅拌或充气。光合细菌的培养过程中必须搅拌或充气,其作用是帮助沉淀的光合细菌上浮获得光照,保持菌细胞的良好生长。

小型厌气培养常用人工摇动培养容器的办法使菌细胞上浮,可在接种前在培养容器中加入少量玻璃珠,摇动时易于搅起菌细胞。每天至少摇动3次,定时进行。也可使用磁力搅拌或间隔定时搅拌,搅拌时控制转速以液面微起波纹而无漩涡为适度。大型厌气培养则用机械搅拌器搅拌或使用小水泵使水缓慢循环运转,保持菌体悬浮。

微气培养是通过充气帮助菌体上浮的,因为培养液中溶解氧含量增加,光合细菌繁殖受到抑制,产量下降,所以必须严格控制充气量。一般采用定时断续充气,充气量控制在 $1\sim1.5$ L/(L·h),溶解氧含量保持在 1 mg/L 以下。

(2) 调节光照。培养光合细菌需要连续进行光照,在日常的管理工作中,应根据要求经常调节光照度。不同的培养方式所要求的光照强度不同。一般培养光照强度控制在 $40\sim100$ $\mu mol/(m^2 \cdot s)$,而生长繁殖快、菌细胞密度高的厌气培养光照强度以控制在 $100\sim200$ $\mu mol/(m^2 \cdot s)$ 为宜。

(3) 调节温度。在光合细菌培养中,最理想的是有效地控制最适宜的温度条件。光合细菌对温度的适宜范围很广,一般在 $23\sim39$ ℃的范围内均能生长。如果温度偏低,可以把培养容器放在恒温箱或密封的房中,利用加热设备等调节温度;如果温度偏高,可以开窗通风,或用空调、风扇降温。

(4) 调节酸碱度。在光合细菌培养过程中,必须注意酸碱度的变化。随着光合细菌的大量繁殖,菌液的 pH 会不断升高,当 pH 超过最适范围甚至生长的适应范围,菌类生长繁殖就会受阻。为了延长光合细菌的指数生长期,就必须采用加酸、采收或扩大培养等办法降低菌液的 pH。

(5) 检查生长情况。光合细菌生长情况的好坏是培养成败的关键。因此在培养中加强光合细菌生长情况的观察和检查十分重要。在培养中,可以通过观察菌液的颜色及其变化来了解光合细菌生长繁殖的大致情况,菌液的颜色是否正常,接种后颜色是否由浅迅速变深,均反映光合细菌生长是否正常以及繁殖速度的快慢。此外,通过测定菌液的光密度值及其变化情况,能准确地了解菌体的生长繁殖情况。

四、光合细菌的保藏

菌种保藏的目的就是把菌株的原始性状和优良性状保存下来,防止死亡、退化或杂菌污染。菌种保藏方法很多,现介绍几种。

1. 低温保藏法 固体斜面培养或液体培养的菌种用4 ℃左右低温冰箱保存,时间在 $30\sim60$ d,也可在棉塞上浸蜡,一般可保存 $3\sim4$ 个月,甚至半年之久。

2. 低温定期移植保存法 这是一种经典的简易保存法,即菌种接种于所要求的斜面培养基上,置最适温度下培养,至菌落形成后,置于低温、干燥处保存,每隔 $3\sim6$ 个月移植培养一次。

3. 液体石蜡法 选用优质纯净的液体石蜡,经 121 ℃高压灭菌 2 h,然后用 170 ℃干热处理 $1\sim2$ h,以除水分。冷却后加到斜面上,覆盖以超过斜面为宜,菌种用的试管用橡皮塞,并用蜡封上,放阴凉室温即可。

4. 冷冻干燥法　这是菌种保存比较理想的一种方法，它具有变异少、保藏时间长、输送贮存方便等优点。具体操作方法如下：

（1）先将内径 8 mm、长度 100 mm 以上的安瓿管消毒（2mol/LHCl 浸泡、水洗、烘干）干净，打印标签装入安瓿管，塞好棉塞，高压灭菌。

（2）将脱脂牛奶分装试管，高压灭菌、冷却。

（3）培养的菌种培养物分装到脱脂牛奶试管，制备菌悬液（$10^8 \sim 10^9$ 个细胞/ml）。

（4）用灭菌过的长的毛细滴管吸菌悬液（$10^8 \sim 10^9$ 个细胞/ml），滴入安瓿管 0.2 ml。

（5）安瓿管预冷冻（$-30 \sim -40$ ℃，0.3～1 h）。

（6）真空干燥（26.6 Pa，真空度：1.5 ％～3 ％含水量）。

（7）安瓿管高温下拉成细径，抽真空、封管，检查真空度，低温（4 ℃）保藏。

5. 氮超低温保藏　这是一种保藏菌种的好方法，国内外已广泛使用。具体方法是：将欲保藏的菌种悬液或菌块（常用保护剂为 10 ％甘油或 5 ％～10 ％二甲基亚砜）密封于安瓿瓶内，先控制冷速度，预冻后，贮藏于 $-150 \sim -196$ ℃液态冰箱中保存，保存期间需注意及时补充液氮。需恢复培养时，取出安瓿瓶急速放入 35～40 ℃温水中，使其迅速熔化后，打开，移种。

第三节　光合细菌的应用

一、光合细菌在水产养殖上的应用

（一）优化水质，改善养殖环境

目前在人工养殖水环境中，水生生物的密度大，是自然界的几十倍至数百倍，在这个人工造成的异常环境中，养殖池中由施肥、投饵及鱼虾排泄而造成的污染相当严重，使水中的有机物质增多，这些物质腐败后产生的氨氮、硫化氢等有害物质除直接污染水体及池底，直接危害养殖对象外，同时也是病原微生物的营养源，使病菌大量繁殖。这是导致养殖对象生长缓慢、饲料系数增高、中毒、发病甚至死亡的重要原因。以往改善水质，主要是依靠换水，但换水只能改善水体却不能改善池底，而 90 ％以上污染来源于池底，换水也受水源水质情况的限制，在解决水质问题上，效果往往不能令人满意。而光合细菌是光能异养菌，能在厌氧光照和好氧黑暗两种不同条件下，以水中的有机物作为自身繁殖的营养源，并能迅速分解利用水中的氨态氮、亚硝酸盐、硫化氢等有害物质，能分解水产动物的残饵及粪便，有利于藻类和浮游动物数量增加，起到保护和净化养殖水体水质的作用。

目前，光合细菌作为养殖水质净化剂，在国内外均已进入生产性应用阶段。日本、东南亚各国和我国的养虾池和养鱼池均已普遍地投放光合细菌以改善水质，并取得了明显效果。于伟君等（1991）以每平方米水面用 1.5 ml 的光合细菌，拌入泥沙后撒于虾池中，30d 后，氨态氮比对照组降低了 0.08～0.4 mg/L，并可减少换水量多达 30 ％。马述法等（1989）每天向无沙养鳖池中泼洒 2 mg/L 的光合细菌，可使氨态氮比对照组降低 21.33 mg/L，溶解氧增加 1.02 mg/L。何筱洁等（1997）每 10 天向花鲈池中泼洒一次光合细菌，浓度为 10 mg/L、20 mg/L、30 mg/L，结果，池中的亚硝酸盐含量比对照池降低 0.080～0.086 mg/L，氨态氮降低 0.100～0.125 mg/L。

王绪峨（1994）等在扇贝育苗期减少换水 1/3，每天泼洒光合细菌 2～6mg/L，氨态氮降低 0.004～0.012 mg/L，pH 降低 0.05～0.07。田晓琴等人（1998）报道了光合细菌在温室养鳖中的应用。试验用光合细菌菌液主要由球形红假单胞菌组成。每天在饲料中添加 4％ 的光合细菌菌液 20～40 ml/m³，结果试验池的溶解氧比对照池高，化学耗氧量、氨氮和硫化物比对照池低。试验组与对照组相比，稚鳖组氨氮降低了 0.9～1.07 mg/L，幼鳖组降低了 0.07～0.24 mg/L。据王育锋（1992）报道，使用浓度为 5.0×10^{10} 个细胞/ml 的红假单胞菌菌液作为饲料添加剂，每千克饲料加 0.4～0.8 ml 原液，每天 2 次加水，稀释后拌入多维饲料酵母配成的饲料中。每 25 天泼洒一次光合细菌液，使水中光合细菌的浓度为 3×10^6 个细胞/ml。结果，上午 8 时试验池的溶氧比对照池高 70.8％；17 时试验池的溶氧比对照池高 31.6％。

（二）作为动物性生物饵料的饵料

轮虫、枝角类、丰年虫等动物性浮游生物是养殖业中常用的饵料。由于光合细菌营养丰富，且个体较小，仅相当于小球藻 1/20，因此是枝角类和轮虫等饵料生物最适宜的饵料之一。

朱厉华等（1997）用光合细菌混以藻类培养轮虫，轮虫的增殖率明显高于单一的藻类、酵母培养组；小林正泰（1981）从光合细菌细胞的大小、营养价值、微量成分等优越性，以及对海、淡水的适应性比较酵母、小球藻和光合细菌三者对枝角类、轮虫的增殖效果，结果以光合细菌为好。王金秋等（1999）报道，投加光合细菌的养殖水体中的枝角类和昆虫因捕食光合细菌而生长繁殖速度加快，数量增加。张明等（1999）证明用光合细菌培养的枝角类数量是用干酵母、小球藻培养的 2～4 倍；培养出的溞和轮虫的氨基酸含量明显提高，品质也更加接近于天然生长的浮游动物。许兵（1992）用球形红细菌的新鲜培养物，混以青岛大扁藻喂养轮虫，轮虫的增殖率明显高于单用光合细菌、扁藻和海洋酵母，也高于光合细菌和海洋酵母混合。王鉴等（1994）用光合细菌作饵料添加剂投喂轮虫，日增殖率平均提高 3.5％。用光合细菌培养枝角类和轮虫，它们的氨基酸和蛋白质含量明显提高。

（三）用于鱼虾贝幼体培育

光合细菌可直接或间接作为鱼虾蟹类育苗中的初期饵料。一般对幼体的生长、变态和提高成活率有明显效果。如李光友等（1993）用光合细菌投喂对虾苗，虾苗成活率提高 30％，变态率提高 10％；郭庆文（1993）在大棚虾苗培育中应用光合细菌 1 个月，虾苗成活率提高 11％，体长提高 18.2％；刘中等（1995）用光合细菌投喂鲢鳙鱼苗，存活率提高 13.5％，体长提高 24％。据王育锋（1993 年）报道，用光合细菌培养鲢等夏花鱼种，鱼种每 667m² 产量提高 90.9％。丁美丽等（1993）报道从栉孔扇贝幼体开始的 12 d 补充光合细菌，幼体平均增长量为 5.91～6.6 μm，对照组为 4.8 μm，发育成稚贝数比对照组增加 43.2％～62.0％。庞金钊等（1994）应用光合细菌进行生产性河蟹育苗试验，变态率提高了 11.6％。日本东京大学农学系（1981）以光合细菌的培养液饲养孵化出 3 d 后的鲽鱼苗 50 d，实验组平均体长为 21.08 mm，对照组平均体长 17.04 mm，同时，实验组增重与成活率也优于对照组。

（四）作饲料添加剂

光合细菌作为优良的饲料添加剂，其菌体富含蛋白质（65％左右），还含有对动物生长发育起促进作用的生理活性物质（辅酶 Q 和相当完全的 B 族维生素等）。从氨基酸的组成来看，它含有丰富的蛋氨酸，从而具有与动物蛋白相似的性质，其消化率也与干酪素相同，特别是含有大量

维生素 B_{12} 及维生素 H，此外还含有大量的维生素 K，有很高的饲料价值，而且不含对动物有毒的成分。光合细菌拌入饲料后，可补充和增加饲料营养成分，降低饲料系数，刺激动物免疫系统，促进胃肠道内的有益菌生长繁殖，增强消化和抗病能力，促进生长。

用光合细菌作为水产饵料的添加剂可提高饵料效率，增加养殖动物的脂质和蛋白质。刘中等（1995）应用光合细菌作为成鱼养殖饲料添加剂，经 2 个月的投喂，出塘时试验池的鲤每 $667m^2$ 增产 11.7 %，罗非鱼每 $667m^2$ 增产 44.8 %。李勤生（1998）报道了以光合细菌作为饲料添加剂，饲养团头鲂、草鱼均取得了明显的促生长效果，团头鲂鱼种日增重率和总增重率分别是对照组的 4.71 和 5.1 倍，草鱼种日增重率和总增重率分别是对照组的 3.2 和 2.5 倍。黄钧等（2000）在养殖水体中泼洒光合细菌 1~2 mg/L，对虾产量增加 11.65 %~21.35 %；于伟军等（1991）用红假单胞菌作对虾的饵料添加剂，产量增加 21.7 %~34.7 %。战培荣（1995）用固定化或游离光合细菌 1.3 kg/m^3 条件下饲养鲤 30d，体重比对照组增加 21.3 %，体长增加 15 %，存活率提高 4.25 %。

（五）预防疾病

养殖池中有些相当令人困扰的细菌，它们能利用一些含氮物质，在污水环境中旺盛生长并且会造成鱼虾类感染疾病。使用消毒剂或抗生素来控制病原微生物的浓度，但大量、频繁使用抗生素易使病原微生物产生抗药性及增加药物残留。光合细菌能与其生长在同一水域中，竞争性地抑制病原菌。同时光合细菌含有抗病毒因子及多种免疫促进因子，可活化机体的免疫系统，强化机体的应激反应，能提高水产动物体内血清免疫球蛋白的含量和免疫力。光合细菌在代谢过程中产生和释放的辅酶是具有消炎作用的抗病因子，对水体中的致病菌，如嗜水气单胞菌、爱德华氏菌、霉菌等均具一定抑制作用，可防治烂鳃病、肠道疾病、水霉病、赤鳍病等多种疾病。

李勤生（1995）用光合细菌（稀释）浸泡患有烂鳃病的鲤、水霉病的金鱼 10~15 min，这些鱼都 100 %存活。日本学者北村博等（1984）发现在恶臭污水中的光合细菌体内含有抗病毒物质，能纯化和消除水中某些对动物和人类致病的病毒。小林正泰（1981）用从病鱼体上分离到的病菌感染鲤，试验组和对照组各 20 尾，结果是，对照组 3 d 内全部死亡，而投喂光合细菌的试验组 15 d 后仍全部成活。张道南等（1988）在实验室内采用了 5 株光合细菌对 3 株对虾的致病弧菌进行抑制作用的研究，结果也证实了部分光合细菌对致病弧菌有明显的抑制作用。崔竞进等（2000）报道，投喂光合细菌的中国对虾幼体肠道内致病菌少。王建文（1999）在斑节对虾养殖中施用光合细菌后，水面无"水皮"现象，在阴雨天气时，水中的 pH 稳定，虾很安定；另外，在海区"水星"（夜光虫）流行季节，预先施用光合细菌的虾池中无"水星"现象，而不施用光合细菌的虾池中有大量的"水星"，造成危害，坚持使用光合细菌时防病效果极佳。

二、在其他方面的应用

（一）在环保方面的应用

由于光合细菌能合成有机产物，吸收二氧化碳，固定分子氮，分解利用许多有机物，如有机酸、醇糖类及某些芳香族化合物，分解某些有毒物质，如硫化氢、非离子态的氨氮、亚硝酸盐等，使之成为动植物可利用的无毒盐类，所以光合细菌是目前世界上最具发展前景的净化环境的生物制剂。

(二) 在保健品方面的应用

自20世纪70年代以来，光合细菌因其含有丰富的营养成分和生物活性物质而被开发成多种保健食品、药品。据报道，1992年全美保健食品中有6.5%加有不同比例的光合细菌，其中最具代表性的当属新奥尔良的贝鲁薯斯潘有限公司生产的光合细菌浓缩液，由于含维生素、微量元素、氨基酸等营养成分，可调节机体内分泌，提高免疫功能，上市后至今畅销不衰。在日本，光合细菌饮料也因具有延缓衰老，防治心脏病、脑梗塞、癌症等方面的神奇功效而备受青睐。日本生物化学工业公司生产一种"紫色光合细菌保健食品"在日本、欧洲等申请专利，该保健食品采用光合细菌和乳酸菌的混合代谢产物，用于改善人体的健康状态。近年来我国也积极开展了光合细菌在保健品方面的应用研究。研究认为，光合细菌所含泛醌的异戊二烯侧链链长与人体细胞一样，容易进入细胞膜，使线粒体内的活性氧被氧化，使自由基（人的衰老因子）的生成减少，而自由基对人体内正常的生化反应具有破坏作用。有研究报道，光合细菌对自由基的清除率可达90%以上。

(三) 在药用方面的应用

近年来国内外已将5-氨基乙酰丙酸（ALA）作为一种无公害绿色除草剂、杀虫剂、抗微生物药剂、植物生长促进剂、治疗癌症与其他疾病的药用成分。由于光合细菌生物合成ALA工艺简单、产率高，具有工业化生产潜力而受到国内外研究者的关注。日本广岛大学工学部永井史郎等，根据紫色非硫细菌的特点，率先开始光合细菌生产ALA的研究。结果发现，紫色非硫PSB在挥发酸培养液中，可产生高浓度ALA（2.77 g/L）。

(四) 产氢作用

光合细菌产氢不放氧，产氢纯度高，对太阳光谱的宽响应范围及可与多种生物组建形成良好微生物体系的特点，被认为是很有希望的绿色氢来源之一，因此备受国内外研究者的关注。特别是20世纪80年代以来，各种新生物技术的渗入，使光合细菌产氢研究不断向实用化方向发展，90年代的温室效应和环境污染使人们的目光再一次投向可对环境做出贡献的生物制氢技术。迄今为止，已研究报道的产氢菌包括红螺菌属、红细菌属、红假单胞菌属、着红微菌属、色杆菌属、外硫菌属的不同菌株，光合产氢最经济的合适底物有各种糖类（包括葡萄糖和果糖）、糖醇（乙醇、甘油、山梨醇等）、有机酸（低分子直链脂肪酸、羟酸、酮酸等）、芳香类化合物（苯甲基乙醇、香草醛苯甲醛等）。有机废水含有大量的可被光合细菌利用的有机成分，以有机废水制氢，既回收能量又净化废水，可谓一举两得。

• 复习思考题 •

1. 光合作用有哪两种？二者有何异同？
2. 原核生物中，哪些能进行产氧光合作用？哪些能进行不产氧光合作用？
3. 不产氧光合细菌都是厌氧微生物吗？为什么？
4. 如何分离得到紫色非硫细菌？
5. 影响光合细菌大量培养的因子有哪些？如何管理？
6. 光合细菌在水产养殖上的作用有哪些？

（张德民　蒋霞敏）

第二章 微藻的培养

第一节 概 述

一、微藻培养的发展概况

微藻（microalgae）指那些单细胞或由数个细胞组成的微小藻类。人们认识和利用微藻已有较长的历史。早在 16 世纪西班牙人入侵墨西哥时，就在当地的市场上见到一种叫"Tecuitlatl"的干饼出售，它是当地阿兹台克人从 Texcoco 湖中采集螺旋藻（*Spirulina* sp.）晒干制成的食品。而微藻的培养则开始于 19 世纪末，荷兰微生物学家 Beijerinck 首先在琼脂平板上分离到了一种小球藻（*Chlorella* sp.）的纯培养物，另一位科学家 Warburg 于 1919 年将这一纯培养物在实验室里作为研究植物生理学的材料。微藻光能利用效率很高，经常被生物学家用来研究自养营养。同期获得纯培养的种类还有栅藻（*Scenedesmus* sp.）等藻类。作为水产动物饵料的微藻培养，其历史应追溯到 20 世纪初。由于小球藻含有高达 50% 左右的粗蛋白，第二次世界大战后，许多国家先后开展了小球藻培养研究，目的是想利用小球藻代替粮食和饲料，以期解决战后的饥荒问题。这期间，还利用小球藻的规模培养筛选抗菌物质。微藻生物技术发展迅速，究其原因，主要是微藻具有以下几点独特的优势：①微藻的整个生物体均可被利用，没有废弃的部分；②营养丰富，富含蛋白质、维生素、多不饱和脂肪酸等物质；③相比农作物，单位时间和单位面积的产量高；④生长周期短、繁殖快；⑤有的可利用海水进行培养，是开发利用海洋的有效途径；⑥微藻可进行自动化生产。

生物工程技术在微藻培养上的应用，使得近 20 年微藻培养技术发展更快，取得的成果更大。微藻的异养培养是在 20 世纪 80 年代末提出的，主要是利用现有工厂的发酵设备进行藻类工业化大规模培养，生产有用物质。

微藻事业在我国几经兴衰。20 世纪 50 年代后期，举国上下大搞小球藻培养，至今台湾的小球藻产业仍稳步发展，产品遍及世界许多国家和地区。螺旋藻自 70 年代后期引入我国，后经国家组织的"七五"和"八五"攻关，而今已形成 80 多生产厂家，年产数百吨能力的产业，并带动了食品、医药和饲（饵）料工业的发展。同时在我国还开展了盐藻的生产性试验。中国科学院水生生物研究所大量培养多变鱼腥藻（*Anabaena variabilis*）已有近 30 年的历史，并于 1985 年用开放式培养方法生产干藻 2 t，进行了用藻粉代鱼粉作鸡饲料的试验，获得良好效果。

在以色列、日本、墨西哥、中国台湾、泰国及美国，微藻（螺旋藻、小球藻和盐藻）的产业化发展很快。20 世纪 80 年代中期，年总产量大约为 1 500 t，零售总额约为 2 亿美元。制约微藻产业化发展的主要因子是藻细胞的采收。然而，随着技术的进步，微藻生产成本将下降。

目前，国内外水产养殖中，常用微藻主要隶属于 7 个门，几十个属（表 2-1）。

表 2-1 水产养殖中主要用于动物饵料培养的微藻

(引自 Borowitzka et al, 1988)

门	属	水产上的应用
蓝藻	螺旋藻属 (*Spirulina*)	对虾、双壳类、卤虫、轮虫
红藻	紫球藻属 (*Porphyridium*)	
隐藻	蓝隐藻属 (*Chroomonas*)	双壳类
	隐藻属 (*Cryptomonas*)	双壳类
	红胞藻属 (*Rhodomonas*)	双壳类
金藻	球石藻属 (*Coccolithus*)	双壳类
	球钙板藻属 (*Cricosphaera*)	双壳类
	等鞭金藻属 (*Isochrysis*)	对虾及淡水虾、双壳类、卤虫
	巴夫藻属 (*Pavlova*)	双壳类、卤虫、轮虫
	假等鞭金藻属 (*Pseudoisochrysis*)	双壳类、淡水虾
黄藻	异胶藻 (*Heterogloea*)	双壳类
	Olisthodiscus	双壳类
硅藻	辐环藻属 (*Actinocyclus*)	双壳类
	角毛藻属 (*Chaetoceros*)	对虾、双壳类、卤虫
	小环藻属 (*Cyclotella*)	卤虫
	细柱藻属 (*Cylindrotheca*)	对虾
	菱形藻属 (*Nitzschia*)	卤虫
	褐指藻属 (*Phaeodactylum*)	对虾及淡水虾、双壳类、卤虫
	骨条藻属 (*Skeletonema*)	对虾、双壳类
	海链藻属 (*Thalassiosira*)	对虾、双壳类
绿藻	卡德藻属 (*Carteria*)	双壳类
	衣藻属 (*Chlamydomonas*)	双壳类、卤虫、轮虫、淡水浮游动物
	小球藻属 (*Chlorella*)	双壳类及淡水虾、卤虫、轮虫、淡水浮游动物
	绿球藻属 (*Chlorococcum*)	双壳类
	盐藻属 (*Dunaliella*)	双壳类、卤虫、轮虫
	红球藻属 (*Haematococcus*)	
	微绿球藻属 (*Nannochloropsis*)	双壳类、轮虫、咸水桡足类
	扁藻属 (*Platymonas*)	对虾及鲍幼体、双壳类、卤虫、轮虫
	塔胞藻属 (*Pyramidomonas*)	双壳类
	栅藻属 (*Scenedesmus*)	淡水浮游动物、卤虫、轮虫

国外收集及提供微藻藻种的主要单位及网址：英国有 The Culture Collection of Algae & Protozoa (CCAP) (http://www.ife.ac.uk/ccap), The Fritsch Collection of Illustations of Freshwater Algae (http://www.ife.ac.uk/fritsch/); 德国有 Culture Collection of Algae at Goettingen University (SAG) (http://www.gwdg.de/~epsag/phykologia/epsag.html); 美国有 The Diatom Collection of the California Academy of Sciences (http://www.calacademy.org/research//diatoms), Provasoli-Guillard National Center for Culture of Marine Phytoplankton (CCMP) (http://ccmp.bigelow.org), UTEX Culture Collection of Algae at the University of Texas at Austin (http://www.bio.utexas.edu/research/utex/); 加拿大有 University of Toronto Culture Collection of Algae and Cyanobacteria (UTCC) (http://www.botany.utoronto.ca/utcc)。国内收集及提供微藻藻种的主要单位有上海水产大学、宁波大学、中国科学院水生生物研究所、中国科学院海

洋研究所、中国海洋大学等。

二、微藻培养的科技成就

蓝藻是地面上最早出现的自养生物，是大气中氧的提供者，也是大气层上部臭氧层形成的物质基础。浮游微藻数量的多寡，是水体生产力的主要指标。微藻也是石油的重要来源。微藻还有很大的经济价值，其应用涉及很多领域，主要表现在以下几个方面：

（一）作为食品及食品添加剂

作为营养食品和保健食品而大量培养的微藻主要是螺旋藻、小球藻和盐藻。它们含有丰富的蛋白质、各种维生素、生物活性多糖、多不饱和脂肪酸、叶绿素、类胡萝卜素及矿物质等，故具有优良的保健功能。概括起来，微藻的保健功能有：促进细胞和机体的生长发育，延缓衰老，提高机体免疫机能以及辅助治疗。

微藻在人类的食品添加剂中应用很广。把螺旋藻或小球藻粉添加到其他食品中，可以加工成面条、面包、饼干、糕点、糖果以及各种饮料及果冻，不仅营养丰富，还具有调色和调味的功效。除了直接用整细胞作添加剂外，更多的是从中提取藻胆素、叶绿素、类胡萝卜素、EPA、DHA以及多糖等作为食品添加剂。

（二）作为饵料和饲料添加剂

微藻可作为饵料，应用在水产动物的人工育苗阶段。不同水产动物以及它们的不同发育阶段对营养的需求不同，而单细胞微藻的种类与营养成分及其大小、运动、分布、生长和繁殖等对水产动物都有一定的影响，因此作为水产动物饵料的微藻要做一定的选择。如培养刺参常选用盐藻。小球藻主要用来培养轮虫。鱼虾类育苗中，用富含EPA/DHA的微藻强化轮虫、卤虫。

将微藻或其提取物添加到鱼类特别是观赏鱼类的饵料中，可以改善鱼的品质，增强鱼类对疾病的抵抗力，并使其色泽更加鲜艳。日本已利用螺旋藻作为锦鲤、金鱼、红罗非鱼的增色剂。微藻也可以作为虾、贝以及家禽家畜的饲料添加剂。

（三）提取生物活性物质

EPA和DHA对人类的心脏病、动脉硬化、风湿性关节炎、气喘和糖尿病等有明显的疗效，在医学方面有所应用。许多微藻都能产生EPA或DHA，且含量远远高于鱼油等中的含量，同时不含胆固醇。利用微藻培养生产EPA和DHA的研究始于20世纪80年代初，美国和日本的生产条件比较成熟。

微藻合成的色素主要是叶绿素、类胡萝卜素、藻红素和藻蓝素，现在均有各种提取的色素投放市场。螺旋藻是提取藻蓝素和类胡萝卜素的良好材料。红球藻属、小球藻属和盐藻属的一些品系也是类胡萝卜素的主要来源。某些品系的小球藻和红球藻可以产生虾青素。从三角褐指藻提取的藻褐素具有抗氧化的作用。盐藻可以生产大量胡萝卜素和甘油。酶抑制剂的提取是微藻生物活性物质的一个新的研究方向。此外，微藻中还有含半乳糖酯的高不饱和脂肪酸、控制水产微生物生长和行为的物质、植物间抑制物质和抗肿瘤的半乳糖双酰甘油等。

（四）其他应用

氢气是一种很有开发前途的洁净新能源。微藻中的一些蓝藻和绿藻在特定条件下可以产氢。

Markov et al 利用生物反应器在部分真空条件下培养鱼腥藻，测定光合放氢和二氧化碳吸收，将细胞固定化于由中空纤维组成的光生物反应器，每小时每克蓝藻产氢达 20 ml。该生物反应器可连续运转一年以上。绿藻门的布氏丛粒藻（*Botryococcus braunii*）最高含油量可达干藻重的 80%，一般为 30%～50%，这种藻分布广、产量高，是一种很有发展前途的能源微藻。

微藻可以提高土壤肥力。如蓝藻因能固氮常被用作化肥，小球藻干粉由于可促进土壤中有用放线菌的生长，也被用作化肥。一些微藻自身缺乏固氮能力，但与固氮细菌之间有共生的相互关系，也可以提高土壤肥力。

可利用微藻光合作用放出的大量氧气和吸收水中的富营养化成分来净化污水和保持良好的水环境。还可以利用微藻生产润滑剂和生物燃料等。小球藻或栅藻等的光合作用可以为太空飞行提供氧气，同时吸收二氧化碳。由于微藻的体形微小，繁殖快，在实验室可很方便地快速培养，许多微藻是遗传学研究的好材料。蓝藻由于具有革兰氏阴性细菌的遗传结构，为分子遗传学研究带来方便，集胞藻（*Synechocystis*）和聚球藻（*Synechococcus*）两属的蓝藻已成为光合基因研究最常用的材料。莱茵衣藻（*Chlamydomonas reinhardii*）为单倍体，突变型很多，是分子遗传学研究又一常用材料。近年来，对一些编码功能的藻类基因进行了分离、克隆、测序以及表达调控研究。秦松等（1996）利用基因工程生产的融合蛋白，可显著地抑制肿瘤、延长生命的生物活性，具有广阔的应用前景。

第二节　主要培养种类及其生物学

微藻种类繁多，全球有 2 万余种。它们形态多样，适应性强，分布广泛。水体是微藻存在的主要场所，潮湿的土壤、岩石，甚至沙漠、冰雪、空气中都有它们的踪迹。根据其生长环境，可分为水生微藻、陆生微藻和气生微藻。水生微藻又有淡水和海水之分；根据生活方式的不同，则可以分为浮游微藻和底栖微藻。微藻的营养方式大体上有三类：光自养、异养和兼养。绝大多数微藻是光合自养的。现在国内外大量培养的微藻种类分属于 7 个门：蓝藻门、绿藻门、硅藻门、金藻门、隐藻门、黄藻门和红藻门。

一、螺 旋 藻

螺旋藻（*Spirulina* spp.）是目前微藻规模化培养的典型代表，因具有高蛋白、易消化和采收方便等优点而深受重视，许多国家相继进行了开发。我国在 20 世纪 70 年代末期引进藻种，进行了培养、海水驯化、选种和应用等多方面的研究。水产养殖业可应用螺旋藻饲养对虾幼体和亲贝，而作为鱼、虾饲料的添加剂，效果显著。主要培养的藻种是钝顶螺旋藻（*S. platensis*）和极大螺旋藻（*S. maxima*）（图 2-1）。

1. 分类地位　属蓝藻门（Cyanophyta），蓝藻纲（Cyanophyceae），藻殖段目（Hormogonales），颤藻科（Oscillatoriaceae），螺旋藻属（*Spirulina*）。

2. 形态特征　藻体为单列细胞组成的不分枝的丝状体，无鞘，细胞圆柱形，呈疏松或紧密的有规则的螺旋状弯曲。细胞或藻丝顶部常不尖细，细胞横壁常不明显，不收缩或收缩，顶部细

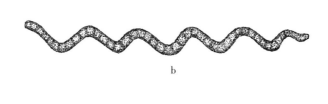

图 2-1 螺旋藻（*Spirulina*）

a. 钝顶螺旋藻（*Spirulina platensis*） b. 极大螺旋藻（*Spirulina maxima*）

（引自胡鸿钧等，1980）

胞圆形，外壁不增厚。无异形胞。有时藻丝细胞内有伪空泡，有时也形成"藻殖段"（hormogonium）。藻体的形状会因环境因素的不同而有变化。Bai 和 Seshaclri（1980）曾描述了三种典型的螺旋藻形态，分为"S"形、"C"形和"H"形。它们会在一定条件下相互转变。钝顶螺旋藻的螺旋宽和螺距较小，分别为 26~36 μm 和 43~57 μm，细胞横壁处无颗粒，而极大螺旋藻的螺旋宽和螺间距离较大，分别在 40~60 μm 和 70~80 μm，细胞横壁处有颗粒存在。另外还有一种叫盐泽螺旋藻（*S. subsalsa*），可以用海水进行驯化培养。

3. 繁殖方式　螺旋藻细胞行二分裂无性繁殖，结果使藻丝长度迅速增加，主要以藻丝断裂增加丝状体数量，有时也以藻殖段繁殖，无有性生殖。

4. 生态条件　藻体分布广泛，对极端环境的适应能力很强。在土壤、沙滩、沼泽、淡水、半咸水、海水和温泉中都有发现。大多数螺旋藻喜高温（28~35℃）、高碱（pH 8.5~10.5）和强光。实验室长期培养藻丝易变直。

（1）温度。在实验室条件下，螺旋藻最佳的生长温度为 35~37℃，最高生长温度为 40℃，最低为 15℃。

（2）盐度。钝顶螺旋藻可以在淡水中培养，也可通过逐步驯化适应在海水中生长，直到海水盐度达 35 也不产生藻体凝聚现象。

（3）光照强度。螺旋藻生长的最适光照强度为 600~700 $\mu mol/(m^2 \cdot s)$。

（4）酸碱度。螺旋藻生长的最适 pH 为 8.5~10.5。pH 过低，容易被其他藻类污染；pH 过高，可利用的二氧化碳量将受到限制。当 pH 接近 11.5，光照强度为 240$\mu mol/(m^2 \cdot s)$ 时，螺旋藻细胞会发生溶解现象。

二、小　球　藻

小球藻（*Chlorella* spp.）是第一个被人工培养的微藻。工厂化培养的小球藻主要是淡水种。具有培养价值的种类有小球藻（*C. vulgaris*）（图 2-2）、蛋白核小球藻（*C. pyrenoidosa*）及小球藻（*C. minutissima*）等。

1. 分类地位　属绿藻门（Chlorophyta），绿藻纲（Chlorophyceae），绿球藻目（Chlorococcales），小球藻科（Chlorellaceae），小球藻属（*Chlorella*）。

2. 形态特征　单细胞，小型，单生或聚集成群，群体内细胞大小很不一致，宽2～12μm；细胞球形或椭圆形；细胞壁厚或薄，较坚硬；色素体1个，周生，杯状或片状，大多数种类具1个蛋白核。其中小球藻（*C. vulgaris*）细胞直径稍大，5～10μm，但蛋白核有时不明显；而蛋白核小球藻的蛋白核显著。

3. 繁殖方式　繁殖时每个细胞分裂形成2、4、8或16个似亲孢子，孢子经母细胞壁破裂释放。

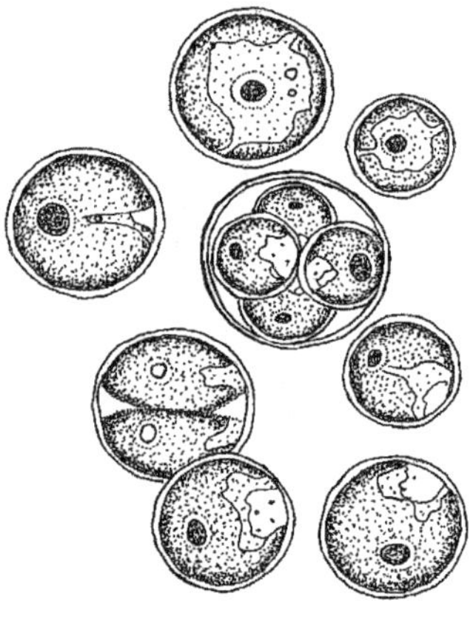

4. 生态条件　在淡水和海水中均有分布。有时在潮湿土壤、岩石、树干上也能发现。小球藻正常情况下悬浮在水中，当环境不良时，往往会产生下沉现象。

图2-2　小球藻（*Chlorella vulgaris*）
（引自胡鸿钧等，1980）

（1）温度。一般在10～36℃温度范围内都能比较迅速地繁殖，适宜生长温度在不同藻株之间存在差异，低温藻株的生长最适宜温度为25～30℃，高温藻株的生长最适温度为35～40℃。

（2）盐度。小球藻对盐度的适应范围很广，经驯化后可在淡水及盐度45的海水中生长繁殖。

（3）酸碱度。pH在5.5～8.0时有利于小球藻的生长。在异养培养体系中，多数情况下采用pH 6.0～7.0。

（4）光照强度。在适温条件下，小球藻的最适光强在60～200 μmol/（m²·s）之间。

三、盐　藻

盐藻（*Dunaliella salina*）又称杜氏盐藻，嗜盐，在高盐度水中培养，生长良好。盐藻细胞内能贮存大量的甘油和β-胡萝卜素等物质，β-胡萝卜素的含量可达干重的8%。常用于生产β-胡萝卜素和甘油，也是很好的饵料。有培养价值的种类还有巴氏盐藻（*D. bardawil*）、*D. primolecta*、*D. tertiolecta*等。

1. 分类地位　属绿藻门，绿藻纲，团藻目（Volvocales），盐藻科（Polyblepharidaceae），盐藻属（*Dunaliella*）。

2. 形态特征　藻体单细胞，前端凹陷处有2条等长鞭毛，鞭毛比细胞长约1/3；外形一般为卵圆形或椭圆形，无细胞壁，运动时体形可以产生变化，有梨形、长颈形、纺锤形等；单个杯状色素体，有一中央位的蛋白核；细胞上有1个橘红色的眼点；有1个细胞核，位于中央原生质中；细胞长12～21μm，宽6～13μm（图2-3）。

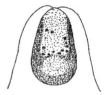

图2-3　杜氏盐藻
（*Dunaliella salina*）
（引自B.福迪，1980）

3. 繁殖方式　无性繁殖，在游动中直接进行纵分裂为两个游动的子细胞。在环境不良时行有性繁殖，为同配生殖，由具有2条长鞭毛的孢子结合，合子具厚壁，发育前形成 2~8 个游动细胞。

4. 生态条件

(1) 温度。盐藻对温度有较宽的适应范围。可耐受 -35℃ 的低温，在 -8℃ 的温度下，它仍可进行光合作用，最适生长温度范围为 20~35℃。

(2) 盐度。盐藻主要生存于海水、咸水湖或者高盐度的盐池，淡水中也有分布。在高盐度海水中生长特别好，最适盐度为 60~70。

(3) 光照强度。盐藻对强光的适应性强，适宜光照强度为 40~200 $\mu mol/(m^2 \cdot s)$，最适光照强度为 80~160 $\mu mol/(m^2 \cdot s)$。

(4) 酸碱度。盐藻对 pH 也有很广泛的适应性，可在高 pH 的碱性条件下生长，最适 pH 范围为 7.0~8.5。

四、栅　藻

1. **分类地位**　属绿藻门，绿藻纲，绿球藻目，栅藻科（Scenedesmaceae），栅藻属（Scenedesmus）。

2. **形态特征**　藻体常由 4~8 个细胞，有时 2 个或 16~32 个细胞组成真性定形群体（eucoenobia）；群体中的各个细胞以其长轴互相平行，排列在一个平面上，互相平齐或交替，也有排成上下 2 行或多行；细胞纺锤形、卵形、长圆形、椭圆形等；细胞壁平滑，或具颗粒、刺、齿状突起、细齿等特殊构造；每个细胞具 1 个周生色素体和 1 个蛋白核。常培养种类如斜生栅藻（S. obliquus）、四尾栅藻（S. quadricauda）（图 2-4）等，前者群体细胞均直立，后者群体两侧细胞的上下两端，各具 1 长或直或略弯曲的刺。

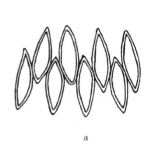
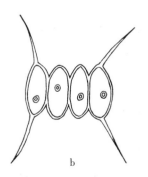

图 2-4　栅藻（Scenedesmus）

a. 斜生栅藻（Scenedesmus obliquus）　b. 四尾栅藻（Scenedesmus quadricauda）

（引自胡鸿钧等，1980）

3. **繁殖方式**　仅以似亲孢子行无性繁殖。似亲孢子释放时，排列成与母体定形群体形态相似的子群体。

4. **生态条件**　主要分布在淡水湖泊、池塘、水库中，静止且有机物较丰富的小水体更适合此属各种的生长繁殖。

(1) 温度。对温度的适应性很强。斜生栅藻中某些嗜温品系的生长适温在 31~32℃，最高可达 34~36℃；四尾栅藻的最适温度在 36℃ 左右。

(2) 盐度。栅藻为淡水种，一般只能在盐度为 10 以下的水中生存。

(3) 酸碱度。在硝酸盐培养基中，栅藻生长忍受的最低 pH 为 4.0~5.0，有的种类在 pH 为 5.5 时就很敏感。一般来说，栅藻在 pH 为 6.5 的情况下生长状况比碱性条件下好。

五、扁　藻

亚心形扁藻（*Platymonas subcordiformis*）是我国培养时间最早，应用很广泛的一种优良海产动物的微藻饵料（图 2-5）。在我国作为饵料培养的种类还有青岛大扁藻（*P. helgolandica tsingtaoensis*），国外作为大量培养的种类有 *P. tetrathele* 以及心形扁藻（*P. cordiformis*）。

1. 分类地位　在我国常用的分类系统中，亚心形扁藻属绿藻门，绿藻纲，团藻目，衣藻科（Chlamydomonadaceae），扁藻属（*Platymonas*）。国外多使用另一分类系统，该系统根据细胞前端的凹陷独立为一纲，即 Prasinophyceae、Prasinocladales、Prasinocladaceae、四爿藻属（*Tetraselmis*）。因此，*Platymonas* 与 *Tetraselmis* 为同属异名。

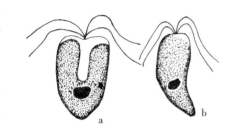

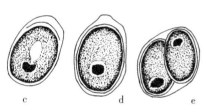

图 2-5　亚心形扁藻（*Platymonas subcordiformis*）
a. 腹面观　b. 侧面观　c~e. 休眠孢子
（引自陈明耀，1995）

2. 形态特征　藻体单细胞，两侧对称，一般扁平。细胞前面观为卵形，前端较宽阔，中间有一浅的凹陷。4 条鞭毛比较粗，由凹处伸出。细胞内有一大型杯状色素体，在基部增厚，蛋白核便位于其中，有一红色眼点比较稳定地位于蛋白核附近。细胞中间略向前色素体外的原生质里有 1 个细胞核。无伸缩泡。细胞外具有一层比较薄的纤维质细胞壁。细胞一般长 11~14μm，宽 7~9μm，厚 3.5~5μm。依靠鞭毛，在水中游动迅速，活泼。在我国作为饵料培养的种类还有青岛大扁藻，细胞个体比亚心形扁藻大，长 16~30μm，宽 12~15μm，厚 7~10μm，有时有多个红色眼点。大量培养可用于水产动物幼体饵料的种类有 *P. tetrathele* 以及心形扁藻（*P. cordiformis*）。

3. 繁殖方式　无性生殖，细胞纵分裂形成 2 个（少数情况下 4 个）子细胞。在环境不良时，可形成休眠孢子。

4. 生态条件

(1) 温度。亚心形扁藻对温度的适应范围广，在 7~30℃ 范围内均能生长繁殖，最适范围大约在 20~28℃ 之间。对低温适应性强，在我国南方冬天能正常培养生产。对高温的适应力则较差，温度上升到 31℃ 以上，生长繁殖就会受到较大的抑制，藻色变黄，因此在南方夏天培养比较困难。

(2) 盐度。亚心形扁藻对盐度的适应范围很广，在盐度为 8~80 的水中均能生长繁殖，最适盐度范围在 30~40 之间。

（3）光照强度。亚心形扁藻在光照强度为 20~400μmol/（m²·s）范围内都能生长繁殖，最适光强在 100~200 μmol/（m²·s）。对强光有背光性，对弱光有趋光性，生长良好时能形成云雾状。

（4）酸碱度。一般 pH 在 6~9 范围内均能生长繁殖。最适 pH 范围在 7.5~8.5 之间。

六、莱茵衣藻

莱茵衣藻（*Chlamydomonas reinhardii*）（图 2-6）因是单倍体，长期以来作为细胞遗传学和分子遗传学的材料。水产养殖中的大量培养以获取蛋白质以及用于双壳贝类等幼体和后期幼体的饵料。

1. **分类地位** 属绿藻门，绿藻纲，团藻目，衣藻科，衣藻属（*Chlamydomonas*）。

2. **形态特征** 衣藻和盐藻形状相似，藻体为游动单细胞；细胞球形、卵形、椭圆形或宽纺锤形，不纵扁；细胞壁平滑，不具或具胶被；细胞前端中央具 2 条等长的鞭毛，鞭毛基部具 1 或 2 个伸缩泡；具 1 个大型色素体，多数杯状，少数片状、"H"形或星状，常具 1 个大的蛋白核；眼点位于细胞的一侧，橘红色；细胞核位于细胞中央偏前端。

图 2-6 莱茵衣藻
（*Chlamydomonas reinhardii*）
（引自胡鸿钧等，1980）

3. **繁殖方式** 生长旺盛时以无性繁殖为主，繁殖很快，细胞分裂产生 2~16 个动孢子；遇不良环境时，形成胶群体；环境适合，恢复单细胞状态。有性生殖行同配或异配方式，个别种类为卵式生殖。

4. **生态条件** 衣藻主要分布在淡水中。对环境条件的适应性较强，在冬季能抵抗低温。过强的光照对它的生活是不合适的，能引起它的负趋光性。喜含有机质丰富的水，有显著的腐生性，能进行异养生长。

七、雨生红球藻

雨生红球藻（*Haematococcus pluvialis*）可大量培养用于提取虾青素（astaxanthin）。

1. **分类地位** 属绿藻门，绿藻纲，团藻目，红球藻科（Haematococcaceae），红球藻属（*Haematococcus*）。

2. **形态特征** 综合国内外对雨生红球藻（图 2-7）细胞形态及生活史的研究，将它以四种细胞形态来描述，比较客观和科学。

（1）游动细胞（motile cell）。指游动阶段除游孢子以外的细胞形式。细胞呈卵形或者椭圆形，具 2 条等长鞭毛。细胞壁和原生质体间有一定间距，有许多分支或不分支的细胞质连丝相连，其间的空隙充满胶状物质。原生质体卵形，前端具乳头状突起，并具 1 个叉状的胶质管穿过细胞壁。运动细胞具 2 条（少数 4 条）顶生、等长、约等于体长的鞭毛。伸缩泡数个到数十个，不规则地分散在原生质体内。色素体大，杯状，蛋白核1个、2个或数个，成熟时呈网状或颗粒状，以至叶绿体、蛋白核和伸缩泡都难以辨认。1个眼点，位于细胞近中部的一侧。细胞具单个细胞核，位于细胞中央，具有明显的核膜和核仁。直径大小5～50 μm，以20～30 μm为多。游动阶段的细胞多呈绿色，积累虾青素初期也会局部红色或者全部红色。

(2) 动孢子或游孢子（zoospore）。可以由游动细胞或不动孢子在适宜条件下以无性繁殖方式产生。母细胞分裂产生子细胞，细胞壁形成孢子囊（sporangium）壁，孢子囊逐渐膨胀，从一端破裂释放出能够游动的子细胞。在母细胞内产生，到释放出孢子囊为止的具有游动能力的子细胞称为游孢子。

(3) 静细胞或不动细胞（non‑motile cell）。指不动阶段除不动孢子（或静孢子）以外的细胞形式，在名称上与游动阶段的游动细胞相呼应。当虾青素大量累积后，大多游动细胞转变成不动细胞，鞭毛消失，体积增大，外观红色，在原有的细胞壁

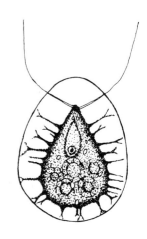

图2-7 雨生红球藻
（*Haematococcus pluvialis*）
（引自胡鸿钧等，1980）

内，原生质体又分泌新的厚壁。色素颗粒呈球形或者不规则的形状，或者形成大面积的色素沉积区，叶绿体等细胞器被色素颗粒挤压至细胞一侧而贴近厚壁，或者被色素颗粒所包围。

(4) 静孢子或不动孢子（aplanospore）。不动阶段细胞表面上不游动呈静止状态，但细胞不一定处于静止休眠状态。事实上，该期细胞仍然能进行细胞分裂，在母细胞内产生没有鞭毛的子细胞（孢子），发育至冲破细胞壁释放后也不能游动。这种由不动细胞以无性繁殖方式产生，到从孢子囊内释放时期的子细胞称为静孢子或不动孢子。

3. 繁殖方式　环境适宜时，游动细胞以无性繁殖方式产生2、4、8个游孢子。经一段时间的生长发育，游孢子突破孢子囊壁释放出来，成为新的游动细胞。不动细胞孢子母细胞和孢子囊，也属游孢子，短暂休整后成为能够自由运动的游动细胞。有性生殖为同配生殖。

4. 生态条件　生长在小水沟、小水坑或沼泽化的小水体中，而且水中有机物含量较丰富。

(1) 温度。最适合红球藻光合自养生长的温度为20～28℃，当温度高于30℃时，它的生长受到抑制。

(2) 光照强度。光照是红球藻生长的重要因素。最适于它生长的光照强度约为30μmol/(m²·s)，高于50μmol/(m²·s)的光照将抑制它的生长，已分裂的细胞也由营养生长转为休眠状态。红光比蓝光对红球藻的生长更为有利。

(3) 酸碱度。红球藻最适宜生长的pH为中性至微碱性（7.8）。虽然pH在11的条件下它仍然可以生长和存活，但其生长速率很低。

(4) 溶解氧。较低的溶解氧（如50%饱和度）有利于红球藻自养生长，而饱和的溶解氧则有利于它进行异养生长。

八、微绿球藻

微绿球藻（*Nannochloropsis oculata*）（图 2-8），也称眼点拟微球藻，在环境条件适宜时，繁殖迅速，容易培养。多应用于培养亲贝和轮虫。

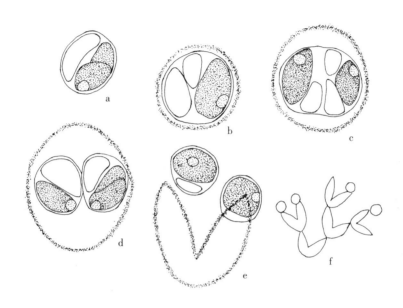

图 2-8 微绿球藻（*Nannochloropsis oculata*）
a～e. 细胞分裂阶段 f. "群体" 形成
（引自 Droop，1955；转引自湛江水产专科学校，1980）

1. 分类地位 属绿藻门，绿藻纲，四孢藻目（Tetrasporales），胶球藻科（Coccomgxaceae），微绿球藻属（*Nannochloropsis*）。也有将微绿球藻归为金藻门。

2. 形态特征 细胞球形，直径 2～4μm，单独或集合。色素体 1 个，淡绿色，侧生，仅占着周围的一部分。眼点圆形，淡橘红色。在生长旺盛的情况下，色素体颜色很深，不容易观察到眼点。在氮缺乏的条件下，色素体变淡，眼点明显。没有蛋白核。有淀粉粒 1～3 个，明显，侧生。细胞壁极薄，幼年细胞看不到，在分裂之前才变明显。分裂时，细胞壁扩大，与细胞之间形成空隙。

3. 繁殖方式 微绿球藻进行二分裂繁殖，细胞分裂为 2 个子细胞。细胞分裂后，子细胞由母细胞的细胞壁裂开处脱出，但有 1 个或 2 个子细胞附着在细胞壁上，互相连接成为 1 个松散的树枝状群体。

4. 生态条件 微绿球藻在含有机质多，特别是氮肥、氨盐丰富的水体中，生长极其茂盛。
（1）温度。微绿球藻在 10～36 ℃的温度范围内都能比较迅速地繁殖，最适温度为 25～30℃。
（2）盐度。微绿球藻对盐度的适应范围很广，在盐度 4～36 的范围内均能正常生长繁殖。

(3) 光照强度。在适温条件下，最适光照强度为 200μmol/（m²·s）左右。

(4) 酸碱度。适宜的 pH 范围为 7.5～8.5。

九、三角褐指藻

三角褐指藻（*Phaeodactylum tricornutum*）（图 2-9）是我国较广泛应用的一种微藻饵料，但因不适应在 25℃以上的高温环境下生长，培养和应用受到较大的限制。

1. **分类地位** 属硅藻门（Bacillariophyta），羽纹纲（Pennatae），褐指藻目（Phaeodactylales），褐指藻科（Phaeodactylaceae），褐指藻属（*Phaeodactylum*）。

2. **形态特征** 藻体为单细胞或连接成链状，细胞卵形、梭形或三出放射形，在不同的环境条件下这三种形态可以相互转变。如在正常的液体培养条件下，常见的是三出放射形细胞和少量的梭形细胞，这两种形态都没有硅质的细胞壁。三出放射形细胞有 3 个"臂"，臂长为 6～8μm，细胞长约为 10～18μm（两臂间垂直距离）。细胞中心部分有 1 个细胞核，

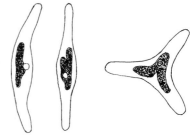

图 2-9 三角褐指藻
（*Phaeodactylum tricornutum*）
（引自陈明耀，1995）

有黄褐色的色素体 1～3 片。梭形细胞长 20μm 左右，有 2 个多少钝而略弯曲的臂。卵形细胞长 8μm，宽 3μm，有 1 个和桥弯藻科种类相似的硅质壳面，缺少另 1 个壳面，也没有壳环带，与具有双壳面和壳环带的一般硅藻不同。在平板培养基上培养可出现卵形细胞。

3. **繁殖方式** 一般是通过平行分裂成为 2 个形态相同的细胞。因细胞无硅质壳，故在分裂时也与一般硅藻不一样，藻体不会缩小。

4. **生态条件**

(1) 温度。适温范围为 5～25℃，最适温度为 10～20℃。即使在 0℃下仍有繁殖，超过 25℃就停止生长，最终大量死亡。

(2) 盐度。三角褐指藻对盐度的适应范围广，在 9～92 的范围内都能生活，最适盐度为 25～32，是海产耐盐性的种类。

(3) 光照强度。适应光照强度范围为 20～160μmol/（m²·s），最适光强为 60～100μmol/（m²·s），在小型培养时切忌直射阳光。

(4) 酸碱度。适应范围很广，pH 在 7～10 的环境下均能生长繁殖，最适 pH 在 7.5～8.5 之间。

十、小新月菱形藻

小新月菱形藻（*Nitzschia closterium* f. *minutissima*）（图 2-10），俗称"小硅藻"，是我国较早培养和应用的微藻饵料。

1. **分类地位** 属硅藻门，羽纹纲，双菱形目（Surirellales），菱形藻科（Nitzschiaceae），菱形藻属（*Nitzschia*）。

2. 形态特征　小新月菱形藻为单细胞,细胞中央部分膨大,呈纺锤形,两端渐尖,笔直或朝同一方向弯曲似月牙形。细胞长12～23 μm,宽2～3μm。细胞中央有1个细胞核。色素体黄褐色,2片,位于中央细胞核两侧。用作饵料培养的还有新月菱形藻（*Nitzschia closterium*）,细胞体长大约是小新月菱形藻的3～10倍。

3. 繁殖方式　主要行纵分裂繁殖。

4. 生态条件

(1) 温度。生长繁殖的适温范围为5～28℃,最适温度为15～20℃。当水温超过28℃,藻细胞停止生长,最终大量死亡。

(2) 盐度。对盐度的适应范围广,在18～61.5的盐度范围内均能生活,最适盐范围为25～32。

(3) 光照强度。最适光照强度范围为60～160μmol/(m² · s),小型培养时切忌直射阳光。

(4) 酸碱度。适应的pH范围在7～10之间,最适pH是7.5～8.5。

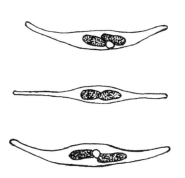

图2-10　小新月菱形藻
(*Nitzschia closterium* f. *minutissima*)
(引自陈明耀,1995)

十一、牟氏角毛藻

牟氏角毛藻（*Chaetoceros müelleri*）（图2-11）是我国南方斑节对虾及其他对虾育苗中溞状幼体主要的饵料硅藻,为耐高温种类,适合夏季培养。

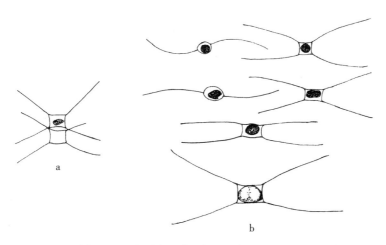

图2-11　牟氏角毛藻（*Chaetoceros müelleri*）
a. 群体　b. 休眠孢子
(引自金德祥等,1965)

1. 分类地位　属硅藻门,中心纲（Centricae）,盒形藻目（Biddulphiales）,角毛藻科（Chaetoceraceae）,角毛藻属（*Chaetoceros*）。同属作为饵料培养的种类还有钙质角毛藻（*C. calcitrans*）、纤细角毛藻（*C. gracilis*）和小型角毛藻（*C. minutissimus*）。

2. 形态特征　牟氏角毛藻细胞小型,细胞壁薄。大多数单个细胞,也有2～3个细胞相连组成群体。壳面椭圆形至圆形，中央略凸起或少数平坦。壳环面呈长方形至四角形。环面观一般细胞大小通常宽 3.45~4.6 μm，长 4.6~9.2 μm，壳环带不明显。角毛细而长，末端尖，自细胞壁四角生出，几乎与纵轴平行，一般长 20.7~34.5 μm。壳面观，两端的角毛以细胞体为中心，略呈"S"形。色素体1个，呈片状，黄褐色。

在培养过程中，细胞常变形。变形的细胞拉长或弯曲，或膨大为圆、椭圆及其他不同于正常状态的形状，角毛缩短或一个壳面的角毛完全消失。变形后的藻体都比正常的大。

3. 繁殖方式　一般为无性的二分裂繁殖。环境不良时可形成休眠孢子，一个母细胞形成一个休眠孢子，也能形成复大孢子。

4. 生态条件

(1) 温度。在 10~40℃ 的温度范围内都能生长繁殖。最适温度为 25~35℃。

(2) 盐度。牟氏角毛藻是沿岸性半咸水种类，可在盐度很低的水中生长，在较高盐度的海水中也能生长繁殖。适应盐度范围为 2.56~35，最适盐度范围为 22~26（陈贞奋，1982）或 10~15（袁国英，1988）。

(3) 光照强度。在 40~300μmol/(m²·s) 的光照强度范围内均能生长繁殖，在 40~160μmol/(m²·s) 的范围内，随光照强度增加，生长率不再加快。适宜光照强度为 120~200μmol/(m²·s)，最适光照强度在 160μmol/(m²·s) 左右。

(4) 酸碱度。适宜 pH 范围为 6.4~9.5，最适 pH 为 8.0~8.9。

十二、中肋骨条藻

中肋骨条藻（*Skeletonema costatum*）（图 2-12）为斑节对虾及其他高温育苗的对虾幼体的优良饵料，我国台湾省及南方甲壳类育苗中应用较广泛。

1. 分类地位　属硅藻门，中心纲，圆筛藻目（Coscinodiscales），骨条藻科（Skeletonemoideae），骨条藻属（*Skeletonema*）。

2. 形态特征　细胞为透镜形或圆柱形，直径 6~7μm。壳面圆而鼓起，周缘着生一圈细长的刺，与相邻细胞的对应刺相连接组成长链。刺的多少差别很大，少的 8 条，多的 30 条。细胞间隙长短不一，往往长于细胞本身的长度。色素体数目 1~10 个，但通常为 2 个，位于壳各向一面弯曲。数目少的色素体大，2 个以上的色素体则为小颗粒状。细胞核在细胞的中央。

3. 繁殖方式　一般为无性的二分裂繁殖。复大孢子，形状圆，直径为母细胞的 2~3 倍，经卵配形成，造精器和生卵器于同一群体上生成。复大孢子的形成与温度、盐度和光照强度有关，在 20℃ 时生成多。生卵器在 20 μmol/(m²·s) 以上的光照强度生成多，而造精器即使在 2~10μmol/(m²·s) 的条件下也常形成。在盐度 20~35 的条件下生成多，盐度低时生成少。复大孢子分裂时形成链状群体比原来母体粗，颜色也深，藻群衰退也较慢，饲养对虾幼体效果较佳。

图 2-12　中肋骨条藻
（*Skeletonema costatum*）
（自金德祥等，1965）

4. 生态条件

(1) 温度。在 10~34℃ 的温度范围内均可生存，最适温度范围在 20~30℃ 之间。

(2) 盐度。在盐度为 7~50 的范围内均可生存，最适盐度在 25~30 之间。

(3) 光照强度。光照强度在 10~200μmol/(m²·s) 的范围内均可生存。在 25℃ 时，饱和光照强度为 100μmol/(m²·s)。在 30℃ 时，200μmol/(m²·s) 的光照强度产生抑制作用。

(4) 酸碱度。最适 pH 范围为 7.5~8.5。

十三、球等鞭金藻

自 1938 年 Parke 分离获得单种培养并在水产动物育苗中应用后，众多实验证实，球等鞭金藻（*Isochrysis galbana*）是双壳类等水产动物幼体的优良饵料。1982 年，陈椒芬等（1985）在山东省海阳县海水中分离获得一种适应高温生长的球等鞭金藻，代号 OA-3011。另外还有适应低温生长的球等鞭金藻 8701（陈椒芬分离）、大溪地球等鞭金藻（适应高温生长，从英国引进）。经贻贝、海湾扇贝等多种双壳类以及刺参、对虾等幼体培养实验，效果良好。

1. **分类地位** 属金藻门（Chrysophyta），普林藻纲（Prymnesiophyceae），等鞭金藻目（Isochrysidales），等鞭金藻科（Isochrysidaceae），球等鞭金藻属（*Isochrysis*）。

2. **形态特征**

球等鞭金藻 OA-3011：为单细胞生活的个体，细胞裸露，形状多变，但大多数呈椭圆形，幼细胞有一略扁平的背腹面，故侧面观为长椭圆形或长方形。细胞前端生出 2 条等长的尾鞭型鞭毛，鞭毛平滑，无附着物和膨胀体，其长度为细胞的 1~2 倍。鞭毛基部有液泡。细胞内具 2 个大而伸长的侧生色素体，其形状和位置往往随体形而改变。1 个暗红色、卵圆形的眼点位于细胞中央，偶有靠近细胞前端。细胞核 1 个，通常位于细胞中央。贮藏物是油滴和白糖素，小油滴分布在细胞质中，白糖素位于细胞后端，一般为 2~5 个小块，随着细胞年龄的增长，白糖素块增大。一般活动细胞长 4.4~7.1μm，宽 2.7~4.4μm，厚 2.4~3μm（图 2-13）。

大溪地球等鞭金藻：为单细胞生活的个体，细胞裸露，形状多变，但幼年细胞大多为花生形，老年细胞常常鞭毛脱落，细胞成圆球形。

湛江等鞭金藻（*I. zhanjiangensis*）：是 1977 年从广东湛江南三岛分离获得的新种，曾定名为湛江叉鞭金藻（*Diorateria zhanjiangensis*），后来经过系统的研究，确认它是等鞭金藻属一新种。湛江等鞭金藻细胞较球等鞭金藻 OA-3011 稍大，为球形或卵形，虽同样无细胞壁，但超微结构表明它的细胞表面具几层体鳞片，在 2 条鞭毛中间具一呈退化态的附鞭（图 2-14）。

图 2-13 球等鞭金藻（*Isochrysis galbana*）
（引自 B. 福迪，1980）

3. **繁殖方式** 球等鞭金藻主要进行无性的二分裂繁殖。环境不良时一般形成特殊的孢囊——内生孢子，环境变好，内生孢子分裂成 16 个新的裸露的藻体放出。球等鞭金藻 OA-3011 在老培养液中，无鞭毛的不运动细胞增多，但未观察到典型孢囊存在。在较老的培养液中形成胶群相，这实际上是一种有性同配结合的生殖方式。

4. **生态条件**

(1) 球等鞭金藻 OA-3011。

①温度：在 10～35℃的温度范围内都能正常生长繁殖。温度到 40℃则不能增殖，并且细胞很快失去游动能力下沉。适宜温度为 15～35℃，最适温度在 25～30℃之间。

②盐度：球等鞭金藻 OA-3011 在纯淡水中不能生长，从盐度 0～10，生长率急剧上升达高峰，直到盐度 30，其生长率几乎无变化，超过 30 生长减慢。

③光照强度：光照强度在 20～200 $\mu mol/(m^2 \cdot s)$ 范围内，随光照强度增加，增殖加快，200 $\mu mol/(m^2 \cdot s)$ 已接近饱和光照强度。最适光照强度范围为 120～180 $\mu mol/(m^2 \cdot s)$。

④酸碱度：最适 pH 在 7.5～8.5 之间，当 pH 升至 8.75 及以上时，生长繁殖受到限制。

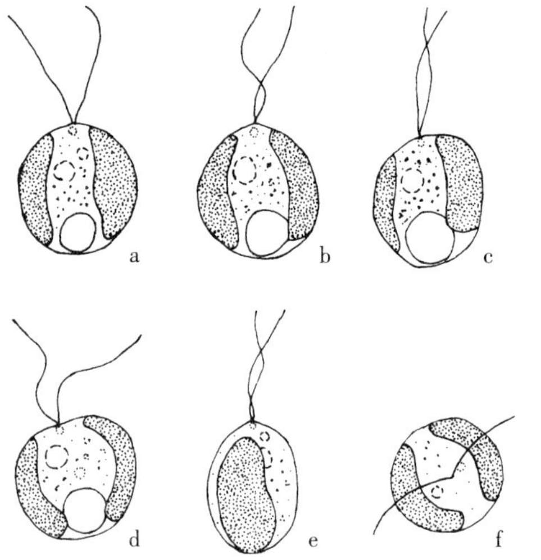

(2) 球等鞭金藻 8701。

①温度：球等鞭金藻 8701 对低温的适应能力较强，在昼夜平均温度为 0℃时就能繁殖，最适温度为 13～18℃，水温 27℃以上则不能生长。

②盐度：球等鞭金藻 8701 对盐度的适应能力很强。能适应 5～70 的盐度。最适盐度为 25 左右。

③光照强度：球等鞭金藻 8701 对强光照的适应能力较强。用三角烧瓶放在室外培养，每天光照 14 h 左右，晴天中午光照强度最高达 1 200 $\mu mol/(m^2 \cdot s)$，结果藻体正常，悬浮状态好，并未受强光的损伤。最适光照强度为 160 $\mu mol/(m^2 \cdot s)$。

(3) 湛江等鞭金藻。

①温度：生长繁殖的适宜温度范围为 9～35℃，最适温度范围为 25～32℃，37℃为致死温度。

②盐度：湛江等鞭金藻对盐度的适应范围广，在盐度为 10～50 的环境中均能正常生长繁殖。最适宜的盐度在 22.7～35.8 之间。

③光照强度：在 20～620 $\mu mol/(m^2 \cdot s)$ 的光照强度范围内均能正常生长繁殖，最适光照强度范围在 100～220 $\mu mol/(m^2 \cdot s)$ 之间。

④酸碱度：湛江等鞭金藻对 pH 的适应范围为 6.0～9.0，最适 pH 范围为 7.5～8.5。

图 2-14　湛江等鞭金藻（*Isochrysis zhanjiangensis*）
a～d. 腹面观　e. 侧面观　f. 顶面观
（转引自陈明耀，1995）

十四、绿色巴夫藻

绿色巴夫藻（*Pavlova viridis*）是 1982 年陈椒芬等（1985）从山东省海阳县海水样品中分离获得的新种，该藻适温范围广。适应在低光照强度下生长，适宜我国北方 3～4 月份培养。曾在中国对虾和海湾扇贝育苗中应用，效果良好。

1. **分类地位**　属金藻门，普林藻纲，巴夫藻目（Pavlovales），巴夫藻科（Pavlovaceae），巴夫藻属（*Pavlova*）。

2. **形态特征**　绿色巴夫藻无细胞壁。正面观圆形，侧面观椭圆形或倒卵形。细胞大小为 6.0μm×

4.8 μm×4.0μm。细胞中上部伸出 2 条不等长的鞭毛和 1 条附鞭（haptonema）。长鞭毛上有许多小的圆形鳞片覆盖，鞭毛长度是细胞体长的 1.5～2 倍，光学显微镜下明显可见。短鞭毛光滑，不发达，仅 0.3μm 长，向后弯曲成钩形。附鞭位于两鞭毛之间。色素体 1 个，裂成两大叶围绕着细胞。细胞核在细胞上部。细胞基部有 2 个梭形的发亮的光合作用产物——副淀粉，培养中能逐渐增大并能排出体外。无蛋白核和眼点。绿色巴夫藻的藻液呈淡黄绿色至绿色。有微弱趋光特性。

3. 繁殖方式　无性生殖，母细胞纵分裂成 2 个子细胞。

4. 生态条件

(1) 温度。绿色巴夫藻适应温度范围广，在-3℃不至于死亡，10～35℃都能生长。在 15～30℃之间的生长率变化很小。

(2) 盐度。绿色巴夫藻对盐度的适应范围广，在 5～80 的范围内都能生长，最适盐度范围为 10～40。

(3) 光照强度。绿色巴夫藻的最适光照强度范围为 80～200 μmol/（m²·s）。

十五、异 胶 藻

异胶藻对环境适应性强，繁殖迅速，容易培养。

1. 分类地位　属黄藻门（Xanthophyta），黄藻纲（Xanthophyceae），异囊藻目（Heterocapsales），异囊藻科（Heterocapsaceae），异胶藻属（*Heterogloea*）。

2. 形态特征　异胶藻（图 2-15）为单细胞，多为长圆形或椭圆形。1 块侧生的黄绿色色素体，几乎占细胞的大部分，藻液颜色会随着培养时间的延长从绿色变成黄色、土黄、土色。无蛋白核。细胞长 4～5.5 μm，宽 2.5～4 μm。

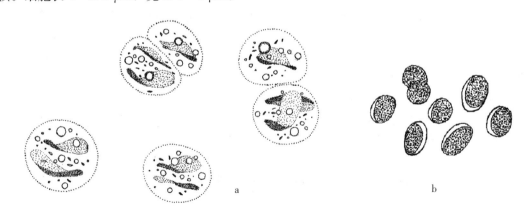

图 2-15　异胶藻（*Heterogloea*）

a. 异胶藻（*Heterogloea endochloris*）（引自 B．福迪，1980）　b. 一种海产异胶藻（*Heterogloea* sp.）

（引自陈世杰，1979）

3. 繁殖方式　依靠细胞一分为二的纵分裂进行繁殖。一年四季均可繁殖，且繁殖力强。

4. 生态条件　异胶藻属浮游性，不进行迅速运动，易为贝类幼体摄食。对光照、温度和盐度等生态条件的适应能力都比较强。

(1) 温度。一般在 8～35℃的温度范围内，均能正常生长繁殖，最适温度范围为 15～33℃。

（2）盐度。一般在盐度为 13~31.4 的范围内，均能正常生长繁殖。

（3）光照强度。对光照强度的适应范围在 20~160 μmol/（m²·s）之间。大面积培养可直接曝晒于阳光下。暗处理 2 周的藻细胞再在有光处培养，对生长繁殖也没有影响。

（4）酸碱度。对培养液的 pH 要求为 7.5~8.2。

十六、紫球藻

大量培养紫球藻（*Porphyridium cruentum*）主要用于提取胞外多糖及天然藻红素。

1. 分类地位　属红藻门（Rhodophyta），红藻纲（Rhodophyceae），红毛菜目（Bangiales），紫球藻科（Porphyridiaceae）紫球藻属（*Porphyridium*）。

2. 形态特征　紫球藻（图 2-16）藻体单细胞，常不规则地聚集在一起，外被一层薄胶膜，常在潮湿土壤及墙壁上形成红色或浅褐色的薄片，干时呈皮壳状；细胞多数球形，直径 5~24 μm，血红色，具 1 个轴生星状或不规则形状的色素体及 1 个无鞘蛋白核。

3. 繁殖方式　营养繁殖为细胞分裂。

4. 生态条件　紫球藻属淡水性藻，常生长在阴暗处且有机物较多而不洁的湿地上，或湿润的木料建筑物上。

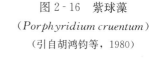

图 2-16　紫球藻
（*Porphyridium cruentum*）
（引自胡鸿钧等，1980）

（1）温度。在 10~35℃ 范围内均能生存，最适温度在 21~26℃ 之间，25℃ 时光合作用活性最大。

（2）盐度。紫球藻抗盐能力很强，对 0.5 或 2 倍海水浓度的盐度都能忍受。通常将紫球藻培养液的盐度调高至 35~46，从而避免因蓝藻等其他藻类的污染，而紫球藻可以很旺盛地生长。

（3）光照强度。紫球藻生长比较喜欢 12L∶12D 光周期，但在连续光照条件下，生长更快。对光照强度的适应能力很强，在高光强下没有发现它的生长被抑制。光照强度自 10 μmol/(m²·s) 升至 86 μmol/(m²·s)，紫球藻生长率增加 4 倍。

（4）酸碱度。紫球藻在 pH 为 5.2~8.3 的范围内可以生存，光合作用的最适 pH 为 7.5，当 pH 下降至 5.0 时，光合作用活性下降 67%。

第三节　微藻的培养方式与设施

一、培养方式

微藻自养培养的方式有多种分法，按培养基的形态可分为固体培养和液体培养；按培养的纯度可分为纯培养、单种培养和混合培养；按藻液的运动情况分为静止培养和循环流动水培养；按照气体交换方式分为充气和不充气培养；按采收方式分一次性培养、连续培养和半连续培养；按培养的规模分小型培养（一级培养）、中继培养（二级培养）和生产性培养（三级培养）等。按培养基的类型可分光能自养培养和异养培养。

1. 纯培养、单种培养和混合培养

(1) 纯培养（axenic culture）。纯培养即无菌培养，是指排除了包括细菌在内的一切生物的条件下进行的培养。

(2) 单种培养（unialgal culture）。在培养过程中不排除细菌存在的一种培养方式称为单种培养。

(3) 混合培养（mixed culture）。各物种混杂在一起的培养方式，特别是水样采集后单一藻种分离前的预备培养。

2. 敞开培养、半封闭式培养及封闭式培养

(1) 敞开和半封闭式培养。敞开式大池培养是既传统又简单的微藻培养系统，但存在着二氧化碳供给不足、难以控温、水分蒸发严重、易污染及生产不稳定等问题，因此难以保证产量和质量。培养池一般是浅水道系统，面积 1 000~5 000 m^2 不等，深约 50 cm，藻液深 15~18 cm，用水泥或黏土为底，或用塑料膜衬里覆盖，以自然光为光源和热源，借助风力或电力带动桨叶轮搅拌培养液，桨轮直径不等，也可通入二氧化碳或空气进行鼓泡式或气升式搅拌。半封闭式培养是在培养池上加盖塑料布，部分地解决了开放式培养的一些不利的问题，但覆盖材料也使单位池面积的投资费用增加 15%，长期使用还会使到达培养液的光线减少 40%~50%。

(2) 封闭式培养。光生物反应器培养微藻当属典型的封闭式培养。自 20 世纪 80 年代以来，国外光生物反应器的研究发展迅速，已设计并用于微藻培养的光生物反应器有各种形式和特点。封闭式光生物反应器主要有以下几种形式：管道式、平板式、光纤等光生物反应器。各种光生物反应器的主要特点为最大的表面积与体积比、最有效的光源系统、光能传递到微藻的光路最短、最有效的混合循环等。因此可进行高密度、高产和高效培养。

近年来，我国应用透明塑料薄膜袋、白色塑料桶进行封闭式培养，效果很好。具有方法简单、成本低、培养的藻细胞密度大、不易被污染、生产周期短等优点。

3. 一次性培养、半连续培养和连续培养

(1) 一次性培养（batch culture）。在各种容器中，配制培养液，把少量的藻种接种进去，在适宜的环境下培养，经过一段时间（一般 5~7 d），藻细胞生长繁殖达到较高的密度，一次全部收获。一次性培养是微藻培养最常用的方法。

(2) 半连续培养（semi-continuous culture）。半连续培养是在一次性培养的基础上，当培养的藻细胞达到或接近收获的密度时，每天收获一部分藻液并补充等量的培养液，继续培养。半连续培养也是微藻生产上常用的培养方法，每天的收获量根据育苗的需要来确定。

(3) 连续培养（continuous culture）。连续培养一般为室内、人工光源、自动控温、封闭式、充气培养。Droop（1975）把连续培养两种最普通的形式称为"恒浊培养"和"恒化培养"。"恒浊培养"时先确定收获藻液中的藻细胞密度，由光电仪器自动监测，当培养容器中藻细胞密度超过规定数值，藻液自动流出，新的培养液同时流入，自动化仪器不断地调整流出率，保持藻液细胞密度相对稳定。"恒化培养"时以一种重要的营养盐（例如硝酸盐）的浓度为指标，当这种营养物质的浓度降低到某一水平时，收获一定的藻液，同时加入等量的含有一定数量的营养物质的培养液，保持培养容器中藻细胞生长率的稳定。连续培养能使藻细胞生长繁殖的环境条件稳定，藻细胞始终处于指数生长期，生长迅速，产量高。

4. 一级培养、二级培养和三级培养

(1) 一级培养（小型培养）。目的是保种和供应藻种。用玻璃器皿（100～5 000 ml 的三角烧瓶等）作为培养容器，用消毒纸或纱布包扎瓶口，封闭式不充气一次性培养。

(2) 二级培养（中继培养）。目的是扩种，以满足生产性大量培养的需要。用透明尼龙薄膜袋（15～20 kg/袋）、白色塑料桶（50 kg/桶）等作为培养容器，用尼龙薄膜包扎桶口或袋口，封闭式充气一次性培养。

(3) 三级培养（生产性培养）。目的是大量培养以供给饵料。培养容器为大型玻璃钢水槽、大型水泥池等，以开放式或半封闭式充气一次性或半连续培养方式培养。

二、培养设施

1. 一级保种室 面积在 20～100 m², 要求室内光线充足，主要采光面应该向南或向北；通风良好，四周宽敞，避免背风闷热。室内主要设备为培养架（木、铝合金、钢筋水泥结构，2～3层）、培养容器和工具。配有显微镜、烘箱、冰箱、高压蒸汽灭菌锅、载物架、煤炉灶、电炉、天平等常用的仪器工具。在生产中常用的培养容器有：

(1) 三角烧瓶。常用的容量有 100、500、1 000、5 000 ml 等几种，主要在藻种的分离、保藏和藻种小型培养中使用。

(2) 细口玻璃瓶。容量为 10 000 或 20 000 ml，小型培养使用。

(3) 广口玻璃缸。一般商店通常使用装糖果、食品的广口玻璃缸，也称糖果缸。因价钱便宜、购买方便，在南方被普遍采用为小型培养微藻的容器。容量以 8 000～10 000 ml 较为适宜，玻璃质量以无色透明、无气泡的为好。

2. 二级培养室（棚） 一般用铁架玻璃钢瓦培养房或用白色透明的农用尼龙薄膜、彩条塑料编织布盖成的大棚。要求面积在 100～250 m²，光线充足，朝南坐北，通风良好，四周宽敞。配有茶水锅炉、1.1～2 kW 充气机等，在生产中常用的培养容器有：

(1) 透明尼龙袋。一般用透明农用薄膜制成，大小不等，袋口用 1 根直径为 3～5 cm，长 10～15 cm 的硬性塑料管固定，充气管和气头从中经过。尼龙袋最好一次性使用（图 2-17a）。

(2) 白色塑料桶。容量大小以 50 L 为宜，桶的上方用电烙铁钻 1 个小孔，孔径大小以充气管通过即可。桶口盖一层消毒过的透明尼龙薄膜，再用圆松紧带扎口，便于透光。一般育苗厂最好配备 200～500 只，可以消毒后反复使用（图 2-17b）。

(3) 光反应器。容量大小 20～50 L，可半连续培养。

3. 三级培养室（培养车间） 一般用铁架玻璃钢瓦培养房或用白色透明的农用尼龙薄膜、彩条塑料编织布盖成的大棚。要求面积在 200～1 000 m²，光线充足，朝南坐北，通风良好，四周宽敞。在生产中配有培养池、砂滤装置、消毒池等。

(1) 培养池。培养池一般 20～40 只，以面积 15～25 m²、池深 0.8～1 m 为宜。可采用混凝土现浇池，也可采用预制块砌、砖砌，混凝土外涂。池可以全埋式或半埋式，以半埋式为宜（图 2-18）。作为饵料培养池，最好靠近育苗池，且高于育苗池 50 cm 左右，可以通过管道自动化给饵。培养池上最好拉有遮阳布，这样可以调节光照和温度，以免夏天光线太强，影响藻的生长。同时每个池子上方要装日

图 2-17　透明尼龙袋和白色塑料桶培养
（照片提供　蒋霞敏）

图 2-18　三级培养室
（照片提供　蒋霞敏）

光灯来加强光照,也可以用白瓷砖砌池壁及池底来进一步增加光强,以免阴雨天光线不足。培养池也可以使用玻璃钢槽,玻璃钢槽一般圆形,槽深80 cm,一般容量为$2\sim 8\ m^3$,可以移动。

(2) 砂滤池与砂滤罐。自海区抽入的海水,首先在沉淀池沉淀 24 h 后,经砂滤或过滤装置以除去水中主要的生物或非生物的颗粒性杂质,再经过陶瓷过滤罐,除去微小的生物。通常采用二级砂滤池进行水的过滤。

砂滤池的大小、规格因育苗场各异,其中以长、宽为$1\sim 5$ m,高 $1.5\sim 2$ m,$2\sim 4$ 个池平行排列组成一套的设计较为理想。砂滤池底部有出水管,其上为一块 5 cm 厚的木质或水泥筛板,筛板上密布孔径大小为 2 cm 的筛孔。筛板上铺一层网目为 $1\sim 2$ mm 的胶丝网布,上铺大小为 $2.5\sim 3.5$ cm 的碎石,层厚 $5\sim 8$ cm。碎石层上铺一层网目为 1 mm 的胶丝网布,上铺 $8\sim 10$ cm 层厚、$3\sim 4$ mm 直径的粗沙。粗沙层上铺 $2\sim 3$ 层网目小于 100 μm 的筛绢,上铺直径为 0.1 mm

的细沙，层厚 60~80 cm。砂滤池是靠水自身的重力通过砂滤层的，过滤速度慢，必须经常更换带有生物或碎块的表层细沙。

砂滤罐由钢板焊接或钢筋混凝土筑成，内部过滤层次与砂滤池基本一致。自筛板向上依次为卵石（ϕ5 cm）、石子（ϕ2~3 cm）、小石子（ϕ0.5~1 cm）、沙粒（ϕ3~4 mm）、粗沙（ϕ1~2 mm）、细沙（ϕ0.5 mm）和细面沙（ϕ0.25 mm）。其中细沙和细面沙层的厚度为 20~30 cm，其余各层的厚度为 5 cm。砂滤罐属封闭型系统，水在较大的压力下过滤，效率较高，每平方米的过滤面积每小时流量约 20 m^3，还可以用反冲法清洗沙层而无需经常更换细沙。国外也有采用砂真空过滤，或硅藻土过滤。

（3）陶瓷过滤罐。砂滤装置中因细沙间的空隙较大，一般 15 μm 以下的微生物无法除去，还不符合微藻培养用水的要求，必须用陶瓷过滤罐进行第二次过滤。陶瓷过滤罐是用硅藻土烧制而成的空心陶制滤棒过滤的，能滤除原生动物和细菌，其工作压力为 1~2 kg/cm^2，因此需要有 10 m 以上的高位水槽向过滤罐供水，或者用水泵加压过滤。过滤罐使用一段时间水流不太畅通时，要拆开清洗，把过滤棒拆下，换上备用的过滤棒。把换下来的过滤棒放在水中，用细水砂纸把黏附在棒上的浮泥、杂质擦洗掉，用水冲净，晒干，供下次更换使用。使用时应注意防止过滤棒破裂，安装不严、拆洗时棒及罐内部冲洗消毒不彻底均会造成污染。在正常情况下，经陶瓷过滤罐过滤的水符合微藻培养用水的要求。

（4）消毒池。微藻生产性培养的用水，常用漂白粉处理，杀死水中的微生物。这种化学药物消毒海水的方法需要有 2~3 个专用海水消毒池，交替消毒和供水。消毒池深 1.5~2.0 m，其容量大小以能满足 1 d 的培养用水略有剩余为度。消毒池有条件可安装充气设施。

4. 供气系统　微藻生产性培养必须充气。一般育苗场都设有充气系统，统一使用，包括空气压缩机、减压阀、气流计及管道设备等。为了预防敌害生物通过空气污染，微藻培养使用的充气系统，必须配备空气过滤器。

5. 采收车间　针对不同的微藻可采用不同的采收设施。例如螺旋藻可采用自动化过滤方式进行采收，将过滤液返回培养池继续培养微藻，然后用稀酸清洗藻泥从而降低藻粉的灰分含量以提高质量。像小球藻等更小一些的微藻，收获往往采用离心或加絮凝剂的方式，花费较高，给后加工带来不便。这类微藻的采收已经成为工业化生产的瓶颈。

6. 干燥车间　一般来说，采收后的藻泥必须立即干燥，工厂化生产微藻中常用的干燥设施是自动喷雾干燥塔，优点是干燥迅速，对产品质量的影响较小。有气流式和离心式两种喷雾干燥塔。近年来发展了一种冷海水干燥法，是对螺旋藻的喷雾干燥法进行改进的一种较有效的工艺，特别适合于对高温敏感且易受氧化的螺旋藻产品。

干燥的藻粉应密闭保存在黑暗干燥处，以防止其受潮变质或发生某些营养成分的光解。因此还需要库存车间，包括药品和产品贮藏库以及藻泥的冷冻等。在饵料生物的培养过程中，如果供给的是新鲜藻液，一般来说，采收及干燥两车间就不需要了。

第四节　微藻培养的工艺流程

微藻培养的工艺流程包括消毒、培养液制备、接种、培养管理、采收等主要环节。

一、消　毒

为了防止藻类敌害生物的污染，培养用的容器和工具在使用之前都必须彻底灭菌或消毒。灭菌是指杀死一切微生物，包括营养体和芽孢，在微藻的纯培养中，所有容器、工具、培养液等都必须严格灭菌；消毒则只杀死营养体，不一定杀死芽孢，在微藻生产性的单种培养中，只需达到消毒目的就可以了。

(一) 容器与工具的消毒

1. 物理消毒法

(1) 加热消毒法。加热消毒法是利用高温使蛋白质变性以杀死微生物的方法。不能耐高温的容器和工具，如塑料、橡胶制品等不能用此法消毒。

①直接灼烧灭菌：接种环、镊子等金属小工具，试管口、瓶口等可以直接在酒精灯火焰上短暂灼烧灭菌。载玻片、小刀等则最好先蘸酒精，然后在酒精灯火焰上点燃，等器具上的酒精烧完，也就完成了灭菌工作。该方法可以直接把微生物烧死，灭菌彻底。

②煮沸消毒：把小型容器和工具用纱布包好，放入锅中，加水煮沸消毒，一般约煮沸 15～30 min，可杀死细菌的营养体，如果在水中加入 2% 碳酸钠可促使芽孢死亡，亦可防止金属器械生锈。对于容量较大的三角烧瓶，可在瓶内加少量淡水，在瓶口上放一只普通的玻璃漏斗，再在漏斗上放一称量瓶盖，等水加热煮沸 15～30 min，可使整个瓶壁消毒。然后倒出淡水，用消毒纱布或牛皮纸盖在瓶口上备用。煮沸消毒适用于小型容器的消毒。

③烘箱干燥消毒：此方法是实验室中常用的干热灭菌法。将清洗过的玻璃容器、金属工具等用报纸或牛皮纸包好，均匀地放入烘箱内，一般加热至 120～170℃ 维持 2 h 即可达到目的。注意用纸包扎的待灭菌物品不要紧靠烘箱壁。为防止玻璃制品遇冷空气爆裂，也为了防止烫伤，等温度下降到 60℃ 以下，才可以打开烘箱的门。

(2) 紫外线消毒法。紫外线杀菌力最强的波长是 226～256 nm 部分，200～300 nm 的紫外线也都有杀菌能力。紫外线灭菌是用紫外灯管进行的。这种方法对空气和某些大型物品的表面消毒效果较好，一般紫外线灯照射 20～30 min，即可起到消毒作用。紫外线难以透过玻璃，故对玻璃内部的物品不能用此法消毒。紫外线对人的皮肤和眼睛有损伤作用，应注意防护。

2. 化学消毒法

在微藻的生产性培养中，大型容器、工具、玻璃钢水槽、水泥池等，一般常用化学药品消毒。

(1) 酒精。酒精（乙醇，C_2H_5OH）是一种较理想的常用消毒药品，它能使蛋白质脱水变性以至凝固，故有杀菌作用。常用浓度为 70%～75% 的酒精来对皮肤以及器皿表面进行消毒。方法是用纱布蘸酒精在容器、工具表面涂抹，10 min 后，用消毒水冲洗 2 次。

(2) 高锰酸钾。高锰酸钾（$KMnO_4$）是一种强氧化剂，使蛋白质变性，杀菌能力很强。消毒时按 10～20 mg/L 浓度配制成水溶液，把洗净的容器、工具等放在该溶液中浸泡 5 min，取出，用消毒水冲洗 2～3 次。玻璃钢水槽和水泥池消毒，可用高锰酸钾溶液由池壁顶部淋洒池壁几遍，并泼洒池底，10 min 后再用消毒水冲洗干净。注意浸泡在高锰酸钾溶液里的时间不能过长，如果超过 1 h，容器、工具上有棕褐色沉淀物，很难洗去。高锰酸钾溶液一般应当天配当天使用，但如果消毒的容器不多，溶液还未变质，也可以使用 2~3 d。

(3) 石炭酸。石炭酸（苯酚，C_6H_5OH）主要破坏生物体的细胞膜，并使蛋白质变性。消毒时，按 3%~5% 的比例配制成溶液，把洗净的容器、工具等放在该溶液中浸泡半小时，再用消毒水冲洗 2~3 次。

(4) 盐酸。取工业用盐酸 1 份加淡水 9 份配成约 10% 的盐酸溶液，把洗净的容器、工具等放在该溶液中浸泡 5 min，再用消毒水冲洗 2~3 次。该法仅适用于玻璃容器用具的消毒，铁、铝等金属制品不能用盐酸消毒处理。盐酸可与水泥中的碳酸钙、硅酸盐发生化学反应，生成可溶性物质，对水泥有破坏作用，故不宜把盐酸用于水泥池的消毒。

(5) 漂白粉。漂白粉是一种强氧化剂，能使蛋白质变性，杀菌能力强，杀菌的主要成分是氯。常常将洗净的容器、工具等在 1%~5% 的漂白粉悬浊液中浸泡半小时，再用消毒水冲洗 2~3 次。一般来说，消毒效果随浸泡时间增加而增强。用于玻璃钢水槽、水泥池的消毒处理时，操作方法同高锰酸钾溶液消毒法。因漂白粉有氯臭味，消毒后最好晾干或停放 12 h 后使用，若急用可用硫代硫酸钠去氯。

(6) 洗液。用 200 ml 的浓硫酸加 15 g 的重铬酸钾配置，轻轻一搅拌，静放 30 min 左右，取上清液即成。该法仅适用于一级培养的玻璃容器用具的消毒。

(二) 培养用水的消毒

天然海水或淡水中生活着各种微生物，配制培养液的水必须经过消毒处理。在微藻培养中水的处理方法有下列几种。

1. *加热消毒法* 把经沉淀或沉淀后再经砂过滤的水，在三角烧瓶或铝锅中加热消毒。一般加温至 90℃ 左右维持 5 min 或达到沸腾即停止加温。由于水中含有一些对微藻生长有促进作用的有机物质，这些物质在高温下容易受到破坏，所以加热消毒水，在达到消毒目的的前提下，也应尽可能使那些对藻细胞生长有利的物质保存下来。该法仅适用于一级培养、二级培养。特别是一级培养为了延长保种，防止污染，有时还采用二次加热消毒法。

2. *过滤除菌法* 生产上常用的过滤除菌法不同于实验室中那样严格的无菌要求。它是把经沉淀的水，经砂过滤装置（砂滤池或砂滤罐）过滤，把大型的生物或非生物杂质除去，再经陶瓷过滤罐过滤，除去微小生物。该法常和漂白粉消毒法一起使用，适用于三级培养。

3. *漂白粉消毒法* 漂白粉消毒水是比较彻底的方法。生产上常用的具体做法是，用市售的漂白粉（含有效氯约 30%）以 80~100 mg/L 处理消毒 12~24 h，加入硫代硫酸钠（$Na_2S_2O_3$）60~80 mg/L，2 h 后即可使用。消毒用的漂白粉最好用小包装（1~2 kg/袋），因为大袋漂白粉一次性使用不完，容易吸水，降低有效氯而失效。使用时比较方便的做法是将漂白粉倒在尼龙筛绢袋（30~40 目）中，扎紧口，浸淹在池水中，沿池边一边摇晃一边走动，留下的渣反复搓洗。这样做既不会浪费漂白粉，也不会因为有效氯的散发而弄得乌烟瘴气，刺鼻难闻。

若使用漂白粉精，加量为有效氯 20 mg/L，充气 10 min，均匀分布后停气，经 6~8 h 消毒后，加入硫代硫酸钠（$Na_2S_2O_3$）25 mg/L，强充气 4~6 h，用硫酸—碘化钾—淀粉方法测定无余氯存在即可使用。

二、培养液制备

1. **培养液的选择** 不同的培养液配方所含的营养素不完全相同。同一种微藻在不同的培养液中生长效果不同。应根据各种微藻的生理需求选择合适的培养液（见本章第七节）。

2. **培养液的制备** 微藻的培养液是在消毒海水或淡水中加入各种营养盐配制而成。培养液的配制，首先按配方先后称量各种营养物质，可逐一溶解或一起溶解，遇到难溶的含金属的物质可以加热或与 Na_2EDTA 一起溶解，配方中的维生素一般等水温降至 60℃后再加，以免分解失效。生产上为了使用方便常将营养盐配方浓缩 1 000~2 000 倍配成母液，使用时可根据培养水体多少量取母液体积即可。一般 1L 培养水体加 0.5~1.0 ml 母液。

三、接　　种

接种就是把含藻种的藻液接入到新配好的培养液中的整个操作过程。接种过程虽很简单，但应注意藻种的质量、接种藻液的数量和接种的时间三个问题。

1. **藻种的质量** 藻种的质量对培养结果影响很大，一般应选取无敌害生物污染、生活力强、生长旺盛的藻种来接种培养。外观藻液的颜色正常，且无大量沉淀，无明显附壁现象发生。

2. **藻种的数量** 接种量和接种密度对提高产量甚为重要。接种量是指藻种的绝对数量；接种密度是指藻种接种后的密度。接种量，总的原则是"宜大不宜小"。接种的藻细胞数量多，一方面可使藻在培养液中占优势；另一方面又缩短了培养周期。这是培养成功的重要经验之一。在环境条件不很适合、藻细胞生长不良、敌害生物出现频繁的时间内，接种量大尤其重要。

室内利用三角烧瓶、细口玻璃瓶等进行藻种培养时，接种的藻液量与新配制的培养液量的比例为 1:2~1:4，一般一瓶藻种可接成 3~4 瓶。二级培养和三级培养由于培养容器容量大，藻种供应有时不足，接种量可根据具体情况灵活掌握，但最少不低于 1:50，一般以 1:10~1:20 较适宜。当培养池容量大且藻种量不足时，也可以采取分次加培养液的方法，例如第一次培养液量为总容量的 3/5，培养几天后，藻细胞增加到较大的密度，再加培养液至总容量，继续培养。生产上二级培养用白色塑料桶（50 L）时，一般加藻种 1 瓶（5 000 ml），培养 6~10 d 就可以进一步扩种；三级培养用水泥池（200 m^2）时，加藻种 6~10 桶（50 L），水位至 10~20 cm，3 d 后可以再加水位一半以上（20~40 cm）。

3. **接种的时间** 一般来说，接种时间最好是在上午 8~10 时，不宜在晚上。因为不少藻类晚上藻细胞下沉，而白天藻细胞有趋光上浮的习性，尤其是具有运动能力的种类更明显。上午 8~10 时一般是藻细胞上浮明显的时候，此时接种可以吸取上浮的且运动能力强的藻细胞作藻种，弃去底部沉淀的藻细胞（这些藻细胞往往是活力较弱的），起着择优的作用。当然，如果藻细胞在水层中分布均匀，接种温差不大，接种时间也就不受限制。

四、培养过程中的日常管理

封闭式光生物反应器系统的管理要方便得多,且培养效率高,无污染,无二氧化碳的丢失,生产周期可延长,占地面积小。但同时要与生物工程领域中各种传感器技术,如酸碱度、溶氧、温度、光照强度甚至营养盐监控等相结合,因此设计复杂,虽然目前开发的种类繁多,但投入大规模使用的不多,大多数还刚刚进入试验阶段。

露天开放的培养系统,其培养条件不易控制,全年的培养时间、温度、光照、培养液浓度、污染等使得藻类的生长和质量都受到一定的影响。要定期对藻类的生长情况进行观察和检查,找出影响藻类生长的原因,采取相应的措施使培养工作顺利进行。

1. 搅拌和充气　在开放式培养微藻时,搅拌和充气是十分必要的,当藻细胞密度高时更是如此。与静止培养相比,搅拌充气有很多优点,如防止微藻细胞沉降,减少附壁或沉底;使培养液中营养物质分布均匀,防止代谢产物在局部浓度过高;使细胞在培养液中分布均匀,有利于细胞充分利用营养物质和光照;能使培养液温度上下一致;有效地降低气体传导阻力,有利于光合作用放出氧气的解析和补充二氧化碳气体;防止水表面产生菌膜。搅拌的方式有人力搅拌、风力搅拌、空气搅拌和循环流动搅拌等。

在培养时可根据具体情况分别采用摇动、搅拌或充气方法。小型封闭式藻种培养用摇动培养瓶方法;大口玻璃瓶开放式中继培养用棒形工具搅拌;塑料薄膜袋封闭式培养、玻璃钢水槽和水泥池开放式培养用充气方法。摇动和搅拌每天至少 3 次,定时进行,每次半分钟。充气一般是通入空气,可 24 h 充气或间歇充气。有条件的,可通入含 1‰~5‰二氧化碳的混合空气,效果较好。

2. 养料与水分的补给　在连续培养过程中,要不断地补给养料。最基本的原则是根据培养物个体的数量以及繁殖速度来决定。个体数量少、繁殖速度不大时,少补给或不补给,反之则多补给。补给时间间隔短,每次的量可少些,否则多些。多次少量补给的方法要比一次性补给的方法效果好,藻体也易于吸收和利用养料。藻体生长的速度与水温、光照等有关,在水温低、光照弱时,生长较慢,应减少补给或不补给。补给养料的种类因培养种类的不同而异。

3. 注意酸碱度的变化　在藻细胞大量繁殖和快速生长时,二氧化碳被吸收利用,导致藻液 pH 上升;同时,由于藻细胞对某些离子的吸收较快,也会引起培养液 pH 变化。如果酸碱度的变化超过藻细胞的适应范围,会对藻类的生长繁殖产生不利的影响。因此,在微藻的培养过程中,必须通过监测,每天定时检测培养液的 pH,掌握变化规律,必要时通过加入新鲜培养水来调节。

4. 调节光照　除室内利用人工光源进行藻种培养外,我国大多数微藻培养都是利用太阳光源。极端易变是太阳光源的特点,所以在培养过程中,必须根据天气情况,不断调节光照强度,力求尽可能地适合于藻类培养的要求。一般室内培养可尽量利用近窗口的漫射光,避免强日光直射,光照过强时可用竹帘或布帘遮光调节。室外培养池一般应有棚式顶架,用活动白帆布(或彩条布蓬)调节光照强度。阴雨天光照强度不足时,可利用人工光源补充。用间歇光照射,可以取得比较好的培养效果。

5. 调节温度　对开放式培养系统来说无法控制温度，通常只能顺从自然温度的变化，在不同季节选择能适应或能基本适应当地温度变化条件的培养种。在夏季培养时，对开放式大池遮阴并通风，既可以避免强光直射，也能起到降温的效果。冬天在北方的室内应采取水暖、气暖等方法提高室温，同时还应防止昼夜温差过大。

6. 防虫和防雨　晚上，室外开放式培养的容器须加盖纱窗布，防止蚊子进入产卵及其他昆虫侵入，早上把盖打开。大型培养池无法加盖，可在每天早晨把浮在水面上的黑米粒状的蚊子卵块以及其他入侵的昆虫用小网捞掉。下雨时应防止雨水流入培养池。刮大风时应尽可能避免大量泥土和杂物吹入培养池。

7. 生长情况的观察与检查　藻类生长情况的好坏，是培养成败的标准。因此，加强对藻类生长情况的观察和检查十分重要。在日常培养工作中，每天上、下午必须定时做一次全面观察，必要时可配合显微镜检查，掌握藻类的生长情况。

藻类的生长情况，可以通过藻液呈现的颜色、藻细胞的运动或悬浮情况、是否有沉淀和附壁现象、有无菌膜及敌害生物污染迹象等来观察和了解。

除了日常观察并了解大概情况外，还必须配合显微镜检查。藻种的培养要求比较严格，一般1~2个月要进行一次全面检查。除了定期检查外，在日常观察中发现有不正常现象，应立即进行显微镜检查，务必弄清可能发生的原因。镜检的目的至少有两个：第一，从藻细胞的形态、运动或悬浮等情况来了解微藻的生长是否正常；第二，检查有无敌害生物的污染。

在掌握藻类生长情况的基础上，结合当时环境条件的变化进行分析，找出影响藻类生长的原因，采取相应的对策。影响微藻生长的原因很多，但经常影响生长的因子主要有敌害生物、光照强度、营养盐、温度和盐度等几个因素。通过不断地总结经验，克服不利因素，使培养工作有所前进，不断提高。

五、采　收

微藻的收获是值得探讨的问题。目前生产上常用的浮游微藻的收获方法一般采用水泵直接抽取藻液投喂。有两种抽取方法。其一是用自吸泵，将管子消毒后插入微藻培养池，直接抽取。这种方法容易污染。其二是池子排水闸门的下方放一塑料方桶等容器。再将潜水泵放入桶中。抽取藻液时，打开闸门，将藻液先排入桶中后抽取。这种方法必须有人控制流量，以免藻液溢出或抽干。对于丝状的螺旋藻及骨条藻，可用加密的过滤袋进行过滤收集。这一方面可脱水，去除营养液，另一方面可控制投饵量。对于雨生红球藻等微藻的采收，目前采用过滤、离心、絮凝和沉降等方法。絮凝和沉降法通常是用于去除废水处理中的藻体，因絮凝产物不能直接食用。采收的要求是尽量将生长量按采收的标准分离出来，藻细胞不破碎。

采收和干燥通常是一个统一的生物工艺过程。可以利用日光或低温来烘干，但这不适宜于食品级产品的干燥，因为此法脱水缓慢，藻体可能会发生降解，以至部分营养成分遭到破坏。目前食品级产品的干燥常采用喷雾干燥法和转鼓干燥法，而实验室内常采用冷冻干燥法。

干燥藻粉的贮藏应该防止受潮变质或发生营养成分的光解，藻粉通常在密闭后保存于黑暗处。

第五节　微藻在一次性培养中的生长特性

微藻在一次性培养中，藻细胞的生长繁殖表现出一特定的模式曲线，如图2-19所示，可划分为五个时期：

(1) 延缓期 (lag or induction phase)。在这个时期中，细胞数目不增加。

(2) 指数生长期 (expotential phase)。细胞迅速地生长繁殖，细胞数目以几何级数增加。

(3) 相对生长下降期 (phase of declining relative growth)。细胞生长繁殖的速度与指数生长期相比，逐步下降。

(4) 静止期 (stationary phase)。细胞数目保持稳定。

(5) 死亡期 (death phase)。藻细胞大量死亡，细胞数目迅速减少。

这五个时期，有时候某个时期可能持续时间很短，表现不明显。

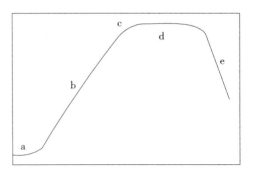

图2-19　一次性培养中，微藻生长的特有模式
a. 延缓期　b. 指数生长期　c. 相对生长下降期
d. 静止期　e. 死亡期
(引自Fogg，1965；转引自陈明耀，1995)

一、延　缓　期

在一开始接种培养后的一段时间内，藻类细胞数目无明显变化，表现出一暂时的静止状态，称延缓期。为什么在此时间内细胞数目不增加呢？其原因有种种解释，综合起来有如下三个方面。

1. 接种的藻种来自不良的环境，藻种"老化"　接种的藻种来自不良的环境，接种的细胞中大部分可能是没有繁殖能力的，只有小部分细胞能正常分裂繁殖，细胞数目增加不显著。所以在有生殖能力的细胞数量达到与总接种量相当数目之前，保持近乎静止的状态。

另一种可能是接种的藻细胞大部分是有繁殖能力的，但不是处于立即分裂状态，特别是当藻种处于"老化"状态，各种酶的活性不太活跃，代谢产物可能已减少到不足以进行细胞分裂的水平，因此在开始迅速生长繁殖之前，必须有一个再建时期。

对藻类延缓期研究最详细的是三角褐指藻 (Spencer，1954)。三角褐指藻和其他大多数微藻一样，其延缓期时间的长短依赖于接种时藻种所处的时期。如果接种指数生长期的藻种，就能缩短延缓期，甚至消除延缓期。如果接种已进入静止期的藻种，则延缓期明显。藻种在静止期所处的时间愈长，接种后延缓期时间愈长 (Fogg，1944)。这一事实和以上所谈的延缓期作为酶活性的增加和物质累积到迅速生长所需要的水平的一个时期的说法是相符合的。图2-20表示三角褐指藻在培养过程中不同的接种时期与延缓期长度的关系。

2. 藻类生长繁殖需要有一定数量的由其自身产生而溶解在培养液中的某些物质　如果接种

量小，甚至在指数生长期接种，也显示出一个延缓期。Gerloff *et al* (1950) 发现一些浮游蓝藻的培养仅由于大接种量获得成功。在某些情况下，细胞在老的培养液中再加入营养盐培养，延缓期较短。而相同的细胞在新的培养基中，延缓期较长。联系以上几种结果可以看出，某些由藻细胞自己产生的散布到水中的物质，对微藻的生长是有促进作用的。

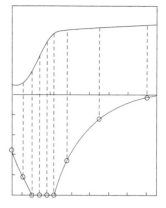

图 2-20　在19℃及连续光照和通气的情况下，培养三角褐指藻的延缓期时间依接种时期的变化

(引自 Spencer，1954；转引自陈明耀，1995)

可能某些浮游藻类在开始生长之前，培养液中必须有一定浓度的羟基乙酸（甘醇酸，$CH_2OHCOOH$）的存在。Tolbert & Zill (1956) 发现小球藻在光合作用中大量地释放羟基乙酸。Nalewajko *et al* (1963) 进一步发现细胞内、外之间羟基乙酸盐类可迅速地平衡，说明在新培养液中开始时首先必须是延缓期，直到培养液中羟基乙酸达到平衡。这个观点得到下列实验的支持，蛋白核小球藻的一个浮游品系在小接种量、弱光照条件下，由于在培养液中加入大约 1 mg/L 浓度的羟基乙酸而消除了延缓期，但加入同等的葡萄糖或其他的有机酸等并没有明显的效果。在饱和光照强度或大比例接种量的情况下，这个品系的小球藻的延缓期大大地减少，在这些条件下细胞能够迅速地辨别细胞外足够浓度的羟基乙酸。Paredes 发现在布氏双尾藻 (*Ditylum brightwelli*) 的纯培养中加入低浓度的羟基乙酸也可以消除延缓期（图 2-21）。

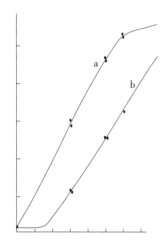

图 2-21　布氏双尾藻于人工海水培养液中，在 18℃ 和 60 μmol/($m^2 \cdot s$) 条件下纯培养的生长情况

a. 有 1 mg/L 甘醇酸　b. 没有甘醇酸（两者 pH 均为 7.5)

(引自 Fogg，1965；转引自陈明耀，1995)

3. 与老培养液比较，新培养液中某些物质的含量过高，藻类细胞由旧的环境转到新的环境中，环境条件变化太大　当藻类细胞移养于含有高浓度的某些特殊物质的培养液中，延缓期增长。Spencer (1954) 发现三角褐指藻细胞由老的缺磷培养液中移养到磷酸盐浓度增加较大的培养液中，其延缓期与相同的细胞在低磷酸盐浓度的培养液中相比，有明显的增加。当 *Anacystis nidulans*（一种组囊藻）被接种于含有半致死浓度抗生素的培养液中，延缓期延长（图 2-22），说明在环境改变时，细胞中各种酶活性的增加是必须的 (Kumar，1946)，或者是该种蓝藻对抗生素需要一段适应时间。

以上种种解释，虽然各有一定的依据，但看来还不够全面，某些解释还可能没有普遍意义。

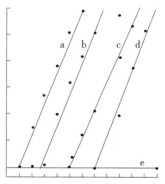

图 2-22　在不同浓度的氯霉素条件下，*Anacystis nidulans* 的生长情况

a. 1 mg/L　b. 2 mg/L　c. 4 mg/L　d. 6 mg/L　e. 8 和 10 mg/L

(引自 Fogg，1965；转引自陈明耀，1995)

在微藻的生产性培养中，要求接种后尽可能快地进入指数生长期，延缓期越短越好。因为在接种培养后，能否较快地进入指数生长期，在很大程度上决定着培养的成败，尤其是较大面积的水池培养更是如此。所以了解造成延缓期的原因，采取相应的措施，尽可能缩短延缓期有其重要的意义。

二、指数生长期

在指数生长期内，细胞迅速生长繁殖。细胞以几何级数增加。但从群体上来看，因为有许多细胞在进行分裂，步调不太一致，因此其细胞数是连续不断地增加，而实际生长率不断地加速。这种指数式的生长繁殖可用数学公式表示：

$$N_t = N_0 e^{Kt}$$

式中，N_t 和 N_0 是培养液中细胞的数目，N_0 是开始培养时的细胞数，N_t 是经过 t 时间后的细胞数；t 代表生长时间；e 是自然对数的底；K 是相对生长常数，表示生长效率。

从上式得

$$K = \frac{\ln N_t - \ln N_0}{t}$$

若以 10 为底的对数表示，则得

$$K' = \frac{\log_{10} N_t - \log_{10} N_0}{t} = \frac{\lg N_t - \lg N_0}{t}$$

而群体细胞总数增加 1 倍的平均倍增时间 G（h），从上式得

$$G = \frac{0.301}{K'} \times 24$$

同种藻类，在同一条件下培养，其相对生长常数是相当恒定的。藻类的生长繁殖，受种种生理学和生态因子的影响。其相对生长常数是温度、光照强度和其他因子的函数。在良好的环境条件下培养，生长繁殖迅速，相对生长常数值高，反之则低。

三、相对生长下降期

在这个时期内生长相对下降，因为在培养中指数生长由于种种原因，或迟或早必然逐渐下降以至停止（静止期），影响的因子主要有下列几个方面：

1. 营养的耗尽　培养液中的营养，经过藻细胞在指数生长期的大量消耗，迅速减少到不足的水平而限制生长。

2. 二氧化碳的供应不足　在藻细胞密度高、光合作用强、二氧化碳需要量大的情况下，二氧化碳供应不足，成为生长的主要限制因子。

3. 培养液酸碱度的改变　由于培养液中某些特殊成分被优先吸收和光合作用的结果，使酸碱度改变到不适于藻类生长的范围而影响生长。

4. 由于藻细胞相互遮盖使光照强度减少　藻细胞在悬浮液中，光透入的强度随着培养液深

度的增加，迅速减少。细胞密度大时，仅培养液表层的细胞能接受到光照以达到饱和光强，大部分细胞获得的光照是不足的，或者实际上处于"黑暗"之中。藻类细胞经过指数生长期的迅速繁殖，细胞密度增大后，光照强度成为生长的重要限制因子。

5. 自体抑制　某些藻类在它们的新陈代谢过程中，为了缓解生物量的急剧增加与营养物质供给不足的矛盾，产生出对它自己生长有不利影响的物质，这些物质积累到一定的数量，对生长起抑制作用，最后使指数生长停止。这样的自体抑制，对在生物进化中避免物种的灭绝有积极的意义。在微藻中已经报道的有点形念珠藻（Nostoc punctiforme）（Harder，1917）、小球藻的一个品系（Pratt & Fong，1940）和椿状菱形藻（Von Denffer，1948；Jorgensen，1956）等，但对这些物质的特性还未完全了解。

由于上述所谈论的种种原因，使藻类指数生长期不能长期持续下去而进入相对生长下降期，生长逐渐下降。

在指数生长期中，藻类细胞迅速生长繁殖，指数生长期愈长，藻液中藻细胞数量就愈多，单位水体的产量愈高。因此，在微藻培养生产中，如何延长指数生长期是具有重要意义的。所以必须研究造成指数生长下降的种种原因，加以改善。

连续培养方式由于新培养液不断加入，达到一定浓度的藻液不断流出，营养物质不断得到补充，藻细胞生长条件比较稳定，一般不会出现在一次性培养中造成指数生长下降的现象。半连续培养也有同样的结果。

四、静 止 期

在相对生长下降期内，生长逐渐下降，由于生长限制因子的作用不断增加，终于使生长停止而进入静止期。在静止期内藻细胞数目保持相对稳定。

五、死 亡 期

在死亡期内藻细胞大量死亡，细胞数目迅速减少。开始发生大量死亡的时间，依种类和培养条件而有所不同，静止期常常可以持续几周或更久。但有时在指数生长期的末期即立刻"灾难性"地死亡。例如在培养棕鞭藻（Ochromonas danica）时即如此，不显示静止期（Allen et al，1960）。

第六节　影响微藻生长的因子

微藻和所有其他的生物一样，与其生活的环境有着密切的关系。影响微藻生长的主要因素有光、温度、盐度、营养盐、酸碱度、碳源、有机营养物质和生物因子。

一、光

当营养和温度不限制微藻的生长时，光就成为光能自养微藻生长的限制因子。

1. 光源　太阳光是微藻培养的主要光源，其次也可利用人工光源。在室内小型培养和室外大规模培养，都可以有效地利用太阳光源，但极端易变是太阳光源的特点，这给在培养中控制最适光照强度带来了较大的困难。室内小型培养可利用白炽灯或白色日光灯等人工光源。白炽灯产生的温度很高，能使培养液水温上升，在夏天气温高时不宜使用。使用人工光源，光照时间和强度都容易控制，但成本高，生产上二级培养很少使用。

2. 光质　光质是指不同波长的光线，也即光的颜色。藻类植物在光合作用中吸收的光谱是不同的，不同的光质对藻细胞的生长繁殖和细胞物质的合成产生明显影响。盐藻在 300～700 nm 光谱区内，出现 436 nm 和 679 nm 两个吸收主峰和 470 nm 一个肩。三角褐指藻在红、黄、蓝、白和紫等五种不同的光质下的生长速度大小依次为蓝光、紫光、白光、红光和黄光，在蓝光下的生长常数约为 0.44，而在黄光下仅为 0.26；培养 8 d 时其叶绿素含量红光＞白光＞黄光＞蓝光＞紫光，其中红光比紫光高约 60%；培养 8 d 时其多糖含量在红光下最高。在光照强度低于 13.2 μmol/（m^2·s）时，螺旋藻的生物量在红光下最高。

3. 光在细胞悬浮液中的穿透　光线进入藻液中，由于藻细胞的吸收和散射，随着深度的增加，光照强度迅速降低。光透入深度的程度，取决于藻细胞的密度，密度愈大，光透入的深度愈浅。在高细胞密度下，仅表层细胞能吸收到可进行光合作用的饱和光照强度，而大部分细胞吸收到的光照强度是不足的，下层细胞实际上甚至处于"黑暗"之中。Emerson & Lewis 测定蛋白核小球藻悬浮液中光吸收的情况，在 1 g/L（以 DW 计）浓度下，在第一个厘米范围内，有 95% 以上的红光和蓝光及 60% 的绿光被吸收；在浓度为 10 g/L（以 DW 计）时，大部分光在第一个毫米范围内被吸收。

4. 光强　即光照强度。不同的藻类，各有其适宜的光照强度。当光合作用或细胞分裂速率达到最高值时的光照强度，称最适光照强度或饱和光照强度。由于藻体吸收的光能受藻液浓度、深度等影响而变化，浓的培养物一般要求强光照。超出适光范围，光照强度增加，光合作用反而减弱，甚至受到抑制。

在一定的光照强度下，光合作用产生的氧气量，和呼吸作用消耗的氧气量恰好相等，细胞只能维持基础代谢不能生长，这时的光照强度为光补偿点。不同藻类的光补偿点是不同的。藻类的适光范围必须高于补偿点的光照强度，否则是无法正常生长繁殖的。

5. 光周期　自然界光照有昼夜的明暗交替，在自然环境中生长的藻类，对这种昼夜变化规律已有很好的适应。每天的光照时间称日照时间，又称光周期。利用人工光源培养微藻，了解该藻在特定条件下合理的日照时间是必要的。田宫博等（1955）曾用一天 6、12 和 18 h 日照时间处理，研究其对小球藻生长的影响。发现日照时间较短时，生长率和日照时间成正比；温度较高或光照强度较低时，尽管日照时间较长，生长率和日照时间也成正比；但在较强的光照和较长的光照时间下，继续增加日照时间而生长率不增加，出现"光饱和"现象，过强和过长时间的光照还会引起光抑制。光抑制时间过长，藻体内叶绿素即发生光解而褪色，甚至变为黄白色。在低温时，光饱和点较低，此时藻体更容易受到强光的伤害。低温下弱光对微藻的生长更有利。

6. 间歇光的作用　光合作用的过程可分为光反应和暗反应两个阶段，碳水化合物的合成，主要是在暗反应中进行。Warburg（1919）用小球藻作实验材料，用强光间歇照射时，和间歇照射时间的总和相等的连续照射相比较，同化作用的效果要大很多，这就是间歇光效应。在高密度培养时，通过搅动培养液，使细胞交替向光和背光，也起到了间歇光的效果。

以上介绍了有关光的几个问题，但我们在分析光与藻类细胞生长的关系时，必须考虑到藻类对光的适应性和各环境因子之间有着复杂的关系。

二、温　　度

温度是一个极重要的生态因子。微藻的生长繁殖能正常进行的温度范围称为适应温度范围。在适应温度范围内，微藻生长繁殖最快、生命活动最旺盛的温度幅度，为最适温度范围。超出适应温度范围的低限和高限，微藻的生命活动就受到影响。

微藻的最适温度范围因种类的不同而有所差异。如某些蓝藻可在93℃下正常生活，而另一些绿藻则可在冰雪中生长。一般情况下，蓝藻、绿藻的温度适应范围较宽。

藻类的适温范围可以受培养液中某些物质浓度的影响而产生变化。Hutner et al（1957）在培养棕鞭藻时，由于在培养液中供给高于正常浓度300倍的硫胺素和维生素B_{12}，在35℃以上的高温中也能良好地生长，而这样的高温却是正常培养时所能忍受的最高温度。Maddux & Jones（1964）发现新月菱形藻和一种扁藻在连续培养中，当培养液中硝酸盐和磷酸盐的浓度相似于天然水时，其生长的最适温度较低；当培养液中硝酸盐和磷酸盐的浓度较高时，生长的最适温度则较高。

温度变化超出适温范围，就对藻类产生严重的伤害作用，以至死亡。但在高温的条件下影响更严重，死亡更快。一些生态学家认为高温对生物体的破坏是化学性的，而低温对生物体的破坏是机械性的，生物对低温的忍耐性较强。

温度还通过与其他因素的相互作用而影响微藻的生长，如在低温弱光时，藻类积累的色素和蛋白要比高温高光强时多，而糖类含量降低。微藻有时也能适应超出上、下限的温度，但通常要靠相当长时间的适应才能产生对温度变化的抵抗力。

由于微藻对低温的忍耐性较强，在一定的条件下产生的形态和生理变化是可逆的，因而可以利用低温使微藻呈休眠状态，做较长时间的藻种保存。把三角褐指藻浓藻液放入冰箱，在-20℃温度下冰冻20 d，取出培养，2 d左右即可恢复正常生长（郑严，1978）。在藻细胞低温保存前，最好加入低温保护剂，其作用是在冷冻过程中保持细胞的完整性。常用的低温保护剂有葡萄糖—甘油和二甲基亚砜（DMSO）。葡萄糖—甘油低温保护剂加入的方法如下：在浓缩藻液中，每隔10 min加入0.25%葡萄糖（体积分数）一次，直至加入到1%葡萄糖为止，在第40分钟时一次加入1%葡萄糖和2%甘油（体积分数），搅拌均匀，即可放在低温下保存。低温保存藻类浓缩液理论上是可能的，也有了初步的试验结果，但是要应用于生产，还必须做许多工作，如化学絮凝剂和低温保护剂的筛选，各种藻类的具体处理方法，有效的保存时间，应用效果等都应进行试验。

三、盐　　度

盐度对微藻的影响主要表现在渗透压方面。

微藻和其他水生生物一样,对生活环境的盐度变化有一定的适应范围和最适范围。适应能力常以能否繁殖为标准。不同微藻对环境盐度变化的适应能力不同,据此可分为狭盐性种类和广盐性种类。大多数海洋微藻都是广盐性种类。淡水藻类对突然的盐度升高十分敏感。

四、矿质营养

微藻需要从外界吸收无机矿质元素来制造有机物。微藻所吸收的矿质元素很多,其中有些是不可缺少的,称为必需元素。如果缺少,微藻的生长发育将发生障碍。

微藻营养所需要的必需元素,按其在体内的数量,分为大量元素和微量元素两大类。微藻对大量元素和微量元素的需求虽然有多寡之分,但它们都具有同样的重要性,而且不能相互替代,它们对微藻的生长和发育都各有一定的功能,各元素之间也存在着一些相互促进或颉颃的作用。

某种藻类所需要的每一种必需元素,如果低于最低量会影响其生长繁殖,但超过了一定的量,也会对藻类产生毒害作用,影响其生长繁殖,甚至使藻类死亡。两者都不能忽视,尤其是后者对藻类的危害甚至比前者更为严重,应充分注意。由此可见,微藻对每一必要的营养元素都有其适应范围,不足或超出对微藻生长都不利。适应范围的幅度依微藻种类和矿质元素的不同而有差异,需要特别注意的是微量元素的适量和致死剂量之间的幅度很小。

氮是微藻生长最重要的大量元素之一。一般以硝态氮或尿素为氮源,但是微藻也能吸收亚硝态的氮。氮源直接关系到藻的生长和蛋白质的积累,而过高的氮源,特别是氨态氮的浓度过高时,会对微藻产生毒害作用。一般在低氮情况下,叶绿素、藻胆蛋白等含量下降,而胡萝卜素、脂肪和糖的含量增加。铵盐和硝酸盐溶解在水中被微藻吸收后,培养液的pH会发生变化。铵盐常导致培养液呈酸性,硝酸盐的消耗会使培养液的碱度上升,而使用硝酸铵时,培养液的酸碱度比较稳定。

磷也是微藻正常生长所需的大量营养元素之一,各种无机磷酸盐都可以作为磷源。有些藻类在得到充分的磷时,能吸收远远超过它实际需要的量。总的来说,过剩的磷虽不是对所有藻类的生长都起作用,但对大多数藻类是有效的,它们能在被转到低磷环境时利用这些过剩的磷。藻体对磷的吸收还受到环境条件的影响,如光照能促进磷的吸收,特别是在缺二氧化碳的情况下。磷酸盐的吸收又与氮源的种类有关,用硝酸盐作氮源时,微藻对磷酸盐的吸收量常高于用铵盐作氮源时的吸收量。氮和磷有相互约束和相互促进的关系。氮、磷比不适宜时会抑制藻的生长,氮不足时也会影响到磷的吸收。

五、酸 碱 度

水的酸碱度取决于游离的氢离子(H^+)浓度,氢离子浓度用pH表示。

酸碱度的控制对微藻的生长及生产性培养极为重要,适宜的酸碱度不仅使藻类生长加快,对某些藻类同时也是控制污染的重要方法之一。各种微藻对酸碱度各有一定的适应范围。新配培养液的pH必须适合培养藻类的要求。但在培养过程中,由于藻细胞对二氧化碳和某些营养元素的优先吸收,导致pH的变化,有可能超出适应范围而影响藻类的生长。最常见的是大量吸收二氧化碳和重碳酸盐造成培养液的 pH 上升，碱度过高。有机酸的利用没有同等的阳离子吸收快，也会导致 pH 的上升，使培养液对生长不利（Hutchens，1948）。如果以铵盐作氮源，氨离子的优先吸收会引起 pH 下降，也影响藻类的生长。

在微藻的培养过程中，测定并了解 pH 的变化规律是十分必要的。当 pH 变化超出藻类细胞的适应范围时，应及时采取相应的措施。控制 pH 的最好方法是利用二氧化碳。

六、二氧化碳

光合作用的过程，也就是碳的同化过程。二氧化碳是微藻培养中的主要碳源供应形式，水环境中的二氧化碳以游离二氧化碳（CO_2）、碳酸氢盐（HCO_3^-）及碳酸盐（CO_3^{2-}）的形式存在并可互相转化：

$$CO_2 + H_2O \rightleftharpoons H_2CO_3 \rightleftharpoons H^+ + HCO_3^- \rightleftharpoons 2H^+ + CO_3^{2-}$$

通常，在 pH 为 7.8～8.2 的情况下，游离的二氧化碳在水中只占二氧化碳总量的 1%，碳酸氢根离子可占 90%，其余为碳酸根离子，至于未解离的 H_2CO_3，其量甚少。二氧化碳的各种存在形式，都按照质量作用定律互成平衡。当游离二氧化碳消失至大气中或被藻类利用时，即引起 H^+ 和 HCO_3^- 的结合而生成碳酸，再从碳酸中放出二氧化碳供藻利用，反应自右向左进行。

藻类在光合作用中对二氧化碳的吸收，一般认为是以游离的二氧化碳为主，其他形式的二氧化碳，能不能被直接吸收利用呢？Fogg（1953）认为，藻类在碱性条件下能迅速地吸收碳酸氢根离子进行光合作用。一些藻类（如栅藻）能够利用未解离的二氧化碳和碳酸氢根离子，后者被利用得更快；而另一些藻类（如蛋白核小球藻、螺旋藻）则不能利用碳酸氢根离子。这样从二氧化碳吸收的角度来看，微藻可分成两种类型。

通常天然水域中所有形式的二氧化碳总浓度是充足的，不会限制微藻的光合作用。但在人工培养微藻的情况下，藻细胞的密度很大，白天光合作用速率很快，二氧化碳的供应往往不足，成为光合作用的限制因子，从而影响藻细胞的生长繁殖。华汝成（1959）在培养小球藻时，补给二氧化碳和不补给二氧化碳，产量有较大差异。所以在微藻培养中如何保证二氧化碳的供应是值得重视的。

在微藻培养中，二氧化碳的补给，主要采取下列三种形式：

（1）通过搅拌增加水与空气的接触面，使空气中的二氧化碳溶解在培养液中。

（2）把普通空气从管道通入培养液中，通过微小气泡增加水与空气的接触面，使空气中的二氧化碳溶解在培养液中。

（3）把含 1%～5% 二氧化碳的混合空气，从管道通入培养液中，可少量连续充气或大量间歇充气。

上述三种补给二氧化碳的形式中，以第三种通入混合空气的效果最好，但设备较复杂、成本较高，只局限在实验室内使用。通入混合空气的量需根据温度、光照、酸碱度等具体情况来决定。一般在高温、高光强以及高密度培养条件下，微藻对二氧化碳的需要量也大，此时的生长代谢较旺盛。在培养液碱性较大时，二氧化碳的浓度可高一些，在相反的情况下，二氧化碳的浓度可低一些。二氧化碳通入量不能过大，否则，对藻细胞也有毒害作用。

目前，国内外微藻饵料培养普遍使用通入普通空气的方法补给二氧化碳。螺旋藻的培养则是通过加入大于 0.2 mol/L 的碳酸氢钠和在培养中后期通二氧化碳方式来提供碳源。

除上述无机碳源外，在微藻的培养中还有有机碳源，如葡萄糖等。有机碳源是异养和混养培养时的适宜碳源。

七、有机营养物质

有些微藻在得到有机质后，生长更适宜。多数微藻都能吸收葡萄糖。在黑暗中进行异养培养时，葡萄糖是常用的碳源。在有机酸中，最重要的是醋酸盐，它比任何脂肪酸或其他有机酸更有效，可以是异养培养时的良好碳源。尿素是较好的氮源之一。氨基酸对某些微藻的生长有促进作用，一方面可以提供部分氮源，另一方面又可以螯合阳离子。维生素中对微藻有较显著影响的是维生素 B 类。动物排泄物或其他动物性肥料、动植物的浸出液和蛋白胨等在配制大量培养的培养液时也较常用。总的来说，营异养生活或倾向于异养生活的藻类对有机养分有更大的需要。

八、生物因子

自然环境中，许多种生物总是混杂在一起生活的，各种生物之间有其相互依存的一面，而另一方面也存在着激烈的种间竞争。大多数情况下微藻培养中有细菌等其他生物存在。

Kain et al（1958）发现培养液中有细菌存在时，日本星杆藻（Asterionella japonica）长得好，否则就停止生长。Johnston（1963）发现即使是在各种海水中补充硝酸盐、磷酸盐、硅酸盐及螯合的微量元素，中肋骨条藻的生长也不好，而在同样的培养基中如果有细菌的存在，则生长明显好。这是培养中微藻与细菌相互依存的例子。

生物的种间竞争最明显的是直接吞食、寄生。除此之外，在藻类及其他微生物中还存在着另一种种间竞争的形式。Metting et al（1986）认为微藻能主动或被动地向周围环境释放各种不同的初级和次级代谢产物，有抗生素、杀藻剂、毒素、植物生长调节剂等。很多学者证明有些微藻产生异种克生性杀藻物质。Lefevre（1948）报道，栅藻能产生一种物质，抑制其他藻类生长，用培养栅藻的水去培养盘星藻，盘星藻就不能繁殖。Pratt（1943）用一种实球藻培养池中的水，去培养小球藻和菱形藻，它们都不能繁殖。Pratt（1944）和 Nielsin（1955）都认为小球藻能产生一种抗生素，叫做小球藻素（chlorellin），对细菌有抑制作用。Ryther（1954）认为小球藻产生的物质，对淡水大型溞有抑制作用。

第七节　微藻的培养液配方

各种藻类对营养的需要有很多共同点，所以一些培养液配方，能应用于多种藻类的培养。但同一种藻在不同的培养液中生长效果不同。只有较好地符合该藻营养需求的培养液配方，才可能获得较理想的培养效果。一个培养液配方的提出，首先必须了解这种藻类对营养的要求，要达到这点，进行一系列的试验是必要的。还必须在使用中验证配方的效果，并在实践过程中不断总结经验，加以改进，使配方达到更理想的水平。

本节介绍常用的培养液配方。

一、海洋微藻培养液配方

1. 一般用培养液配方

①"湛水101号"培养液（湛江水产学院）：

$NaNO_3$	0.03 g	维生素 B_1	200 μg
NH_2CONH_2	0.03 g	维生素 B_{12}	200 ng
KH_2PO_4	0.005 g	人尿	1.5 ml
$FeC_6H_5O_7$（1%溶液）	0.2 ml	海水	1 000 ml

培养绿藻类、金藻类、硅藻类等使用。在培养硅藻时应加入 0.02 g/L 硅酸钠。

②ASP_2 培养液（Provasoli et al，1957）：

NaCl	1.8 g	$MnCl_2$	0.12 mg
$MgSO_4 \cdot 7H_2O$	0.5 g	$CoCl_2$	0.3 μg
KCl	0.06 g	$CuCl_2$	0.12 μg
$CaCl_2$	10.0 mg	H_3BO_3	0.6 mg
$NaNO_3$	5.0 mg	维生素 B_{12}	0.1 μg
K_2HPO_4	0.5 mg	维生素溶液 S-3（见本节四）	1.0 ml
$Na_2SiO_3 \cdot 10H_2O$	15 mg	三羟甲基氨基甲烷	0.1 mg
Na_2EDTA	3.0 mg	纯水	100 ml
$FeCl_3$	0.08 mg		
$ZnCl_2$	15 μg	pH	7.4~7.6

培养绿藻类、金藻类、蓝藻类、隐藻类、涡鞭藻类使用。

③"宁波大学3号"配方（蒋霞敏，个人通讯）：

$NaNO_3$	0.1 g	Na_2EDTA	0.01 g
KH_2PO_4	0.01 g	维生素 B_1	6 μg
$FeSO_4$	2.5 mg	维生素 B_{12}	50 ng
$MnSO_4$	0.25 mg	海水	1 000 ml

培养海水绿藻类、金藻类、硅藻类等使用。在培养硅藻时应加入 0.02 g/L 硅酸钠，培养螺旋藻时应加 2 g/L 的 $NaHCO_3$。

2. 绿藻培养液配方

①"海洋三号"扁藻培养液（中国科学院海洋研究所，1960）：

$NaNO_3$	0.1 g	$2Na_3C_6H_5O_7 \cdot 11H_2O$	0.02 g
K_2HPO_4	0.01 g		
$Fe_2(SO_4)_3$（1%溶液）	10 滴	海水	1 000 ml

②亚心形扁藻培养液(湛江水产学院):

$NaNO_3$	0.05 g	维生素 B_{12}	200 ng
KH_2PO_4	0.005 g	人尿	2 ml
$FeC_6H_5O_7$ (1%溶液)	0.2 ml		
维生素 B_1	200 μg	海水	1 000 ml

培养亚心形扁藻及其他绿藻使用,多用于小型培养和中继培养,如能加入海泥浸出液20 ml,效果更好。

③亚心形扁藻培养液(厦门水产学院):

$(NH_4)_2SO_4$	200 mg
海泥浸出液V(见本节五)	20 ml
过磷酸钙[$Ca(H_2PO_4)_2 \cdot H_2O + 2(CaSO_4 \cdot H_2O)$]	30 mg
$FeC_6H_5O_7$ (1%溶液)	0.5 ml
海水	1 000 ml

过磷酸钙溶液的配制:取含有效磷为16%的普通二级过磷酸钙配成3%的母液,过滤,使用时每1 000 ml海水加入1 ml。培养过程中以追肥形式分两次加入0.2%人尿,效果更好。

④Butcher培养液(Butcher,1959):

$NaNO_3$	0.1 g	土壤浸出液(见本节五)	50 ml
K_2HPO_4	0.05 g	海水	1 000 ml

培养扁藻使用。

⑤盐藻培养液:

甲液:	K_2HPO_4	0.05 g	$FeC_6H_5O_7$	0.001 g
	NaCl	5~10 g	海泥浸出液V(见本节五)	20~30 ml
			海水	500 ml
乙液:	$NaNO_3$	0.5 g	海水	500 ml

使用时,将甲、乙两液混合。如果再加入0.2%~0.3%人尿,效果更好。

⑥Hutner培养液(Hutner,1950):

NaCl	0.25~4 g	K_2HPO_4	20 mg
$MgSO_4 \cdot 7H_2O$	0.25 g	醋酸钾	0.2 g
$Ca(NO_3)_2 \cdot 4H_2O$	15 mg	甘氨酸	0.25 g
EDTA	0.05 g	Zn	3.0 mg
Fe	0.6 mg	Cu	0.5 mg
Mn	1.0 mg	纯水	100 ml
Mo	1.0 mg	pH	7.5

培养盐藻使用。

⑦Ryther培养液(Ryther,1954):

NaCl	2.673 g	$Na_2HPO_4 \cdot 12H_2O$	2.0 mg
$MgCl_2 \cdot 6H_2O$	0.226 g	$Na_2SiO_3 \cdot 9H_2O$	2.0 mg

$MgSO_4 \cdot 7H_2O$	0.325 g	$FeC_6H_5O_7 \cdot 2H_2O$	0.1 mg
KCl	73 mg	KBr	5.8 mg
$NaHCO_3$	19.8 mg	H_3BO_3	5.8 mg
NH_4Cl	5.3 mg		
$CaCl_2$	115 mg	纯水	100 ml

培养微绿球藻和 *Stichococcus* 使用。

⑧SWM 培养液（Allen，1956）：

NaCl	29.2 g	$NaNO_3$	1.7 g
$MgSO_4 \cdot 7H_2O$	12.3 g	K_2HPO_4	0.174 g
KCl	0.75 g	A_8（见本节三）	3 ml
$CaCl_2$	1.11 g	纯水	1 000 ml

培养海产绿藻及紫球藻使用。磷酸氢二钾单独灭菌。

⑨屋岛改良培养液（平田八郎，1980）：

过磷酸钙[$Ca(H_2PO_4)_2 \cdot H_2O + 2(CaSO_4 \cdot H_2O)$]	50 g
硫酸铵（NH_4）$_2SO_4$	300 g
海水	1 m^3

大量培养海产小球藻使用。

3. 硅藻培养液配方

①Allen - Nelson 培养液（Allen & Nelson，1910）：

A 液	KNO_3	20.2 g	纯水	100 ml
B 液	$Na_2HPO_4 \cdot 12H_2O$	4.0 g	$CaCl_2 \cdot 6H_2O$	4.0 g
	HCl（浓）	2.0 ml		
	$FeCl_3$（熔融）	2.0 ml	纯水	80 ml

B 液的配制法：先把氯化钙 4 g 溶解于 40 ml 纯水中。另外把磷酸氢二钠 4 g 溶解于 40 ml 纯水中，再把三氯化铁熔融液 2 ml，缓慢滴入，摇动，产生白色沉淀，加热，缓慢滴入浓盐酸 2 ml，沉淀的白色沉淀即重新溶解。把以上两溶液混合。

使用时，取 A 液 2 ml、B 液 1 ml 以及 2.4 ml 0.5 mol/L Na_2CO_3 贮备液，加入 1 000 ml 海水中，充分混合后加热消毒，消毒后静置 24 h，然后将上层液倒出使用。

②Lewin 培养液（Lewin & Lewin，1960）：

$Ca(NO_3)_2 \cdot 4H_2O$	0.02 g	Zn	0.1 mg
K_2HPO_4	0.05 g	B	0.1 mg
$Na_2SiO_3 \cdot 9H_2O$	0.5 mg	Co	0.1 mg
胰蛋白	1.0 g	Cu	0.1 mg
维生素 B_{12}	1.0 μg	Mo	0.1 mg
Fe	0.3 mg	海水	1 000 ml

③Miquel 培养液（Miquel，1890—1893）：

A 液	$MgSO_4$	10 g	$NaNO_3$	2 g

	NaCl	10 g	KBr	0.2 g
	Na_2SO_4	5 g	KI	0.2 g
	NH_4NO_3	1 g		
	KNO_3	2 g	纯水	100 ml
B 液	$Na_2HPO_4 \cdot 12H_2O$	4 g	$CaCl_2 \cdot 6H_2O$	4 g
	$FeCl_3$（熔融）	2 ml		
	HCl（浓）	2 ml	纯水	80 ml

每 1 000 ml 海水中加入 A 液 2 ml，B 液 1 ml。

④Suto 培养液（Suto，1959）：

NaCl	24 g	$NaHCO_3$	0.168 g
$MgSO_4 \cdot 7H_2O$	8 g	Na_2SiO_3	0.004 g
KCl	0.7 g	P_1（见本节三）	1 ml
$CaCl_2 \cdot 2H_2O$	0.37 g	维生素 B_{12}	0.02 μg
$NaNO_3$	0.1 g		
$Na_2HPO_4 \cdot 12H_2O$	0.01 g	纯水	1 000 ml

培养中肋骨条藻用。

⑤廖氏改良培养液（转引自张立言等，1989）：

KNO_3	60 mg	Na_2SiO_3	10 mg
$Na_2HPO_4 \cdot 12H_2O$	10 mg	海水	1 000 ml

培养中肋骨条藻用。

⑥中肋骨条藻培养液（厦门大学）：

KNO_3	0.4 g	K_2SiO_3	0.02 g
$Na_2HPO_4 \cdot 12H_2O$	0.04 g	$FeSO_4 \cdot 7H_2O$	0.014 g
土壤浸出液（见本节五）	15 ml		
"920" 植物生长刺激素	4~5 IU	海水	1 000 ml

⑦硅藻培养液（湛江水产学院）：

$NaNO_3$	0.08 g	维生素 B_1	200 μg
K_2HPO_4	0.008 g	维生素 B_{12}	200 ng
$FeC_6H_5O_7$（1%溶液）	0.2 ml	人尿	1.5 ml
Na_2SiO_3	0.02 g	海水	1 000 ml

培养三角褐指藻、小新月菱形藻、钙质角毛藻、牟氏角毛藻使用。

⑧牟氏角毛藻培养液（黄海水产研究所）：

NH_4NO_3	5~20 mg	$FeC_6H_5O_7 \cdot 3H_2O$	0.5~2.0 mg
KH_2PO_4	0.5~1.0 mg	海水	1 000 ml

⑨小新月菱形藻培养液（朱树屏等，1964）：

NO_3-N	4 g	$Fe(FeC_6H_5O_7 \cdot 3H_2O)$	0.04 g
PO_4-P	0.4 g	海水	1 m³

⑩Hutner 培养液（Hutner，1948）：

NaCl	0.2 g	Mn	0.05 μg
$MgSO_4 \cdot 7H_2O$	0.25 g	Mo	5.0 μg
NH_4NO_3	50 mg	Zn	5.0 μg
$CaCO_3$	14 mg	Cu	5.0 μg
K_2HPO_4	40 mg	B	0.05 μg
$Na_2SiO_3 \cdot 9H_2O$	5 mg		
$Na_3C_6H_5O_7 \cdot 2H_2O$	100 mg	纯水	100 ml
Fe	0.5 mg	pH	7.2～7.5

培养三角褐指藻使用。

4. 金藻培养液配方

①E-S 培养液（Allen）：

$NaNO_3$	0.12 g	土壤浸出液Ⅰ（见本节五）	50 ml
K_2HPO_4	0.001 g	海水	1 000 ml

培养球等鞭金藻（*Isochrysis galbana*）使用。

②f/2 培养液（Guillard & Ryther，1962）：

$NaNO_3$	74.8 mg	"f/2"微量元素溶液（见本节三）	1 ml
NaH_2PO_4	4.4 mg	"f/2"维生素溶液（见本节四）	1 ml
$Na_2SiO_3 \cdot 9H_2O$	8.4～16.7 mg	海水	1 000 ml

小型培养金藻用。

③f/2 改良培养液（厦门水产学院）：

$NaNO_3$	74.8 mg	人尿	1.5 ml
NaH_2PO_4	4.4 mg		
海泥浸出液Ⅴ（见本节五）	20～60 ml	海水	1 000 ml

生产性培养金藻使用。

④等鞭藻 OA-3011 培养液（陈椒芬等，1987）：

$NaNO_3$	60 mg	维生素 B_{12}	0.5～1.5 μg
KH_2PO_4	4 mg	维生素 B_1	100～500 μg
$FeC_6H_5O_7$	0.5 mg	$NaHCO_3$	1 g
Na_2SiO_3	5 mg	海水	1 000 ml

⑤"湛水 107-13"培养液（湛江水产学院）：

$NaNO_3$	80 mg	维生素 B_1	200 μg
K_2HPO_4	8 mg	维生素 B_{12}	200 ng
$FeC_6H_5O_7$（1%溶液）	0.2 ml		
$NaHCO_3$	0.5 g	海水	1 000 ml

培养湛江等鞭藻、亚心形扁藻、钙质角毛藻使用。

⑥"湛水 107-18"培养液（湛江水产学院）：

$NaNO_3$	50 mg	维生素 B_{12}	200 ng
K_2HPO_4	5 mg	人尿	1.5 ml
$FeC_6H_5O_7$（1%溶液）	0.2 ml	$NaHCO_3$	0.5 g
维生素 B_1	200 μg	海水	1 000 ml

培养湛江等鞭藻、亚心形扁藻、钙质角毛藻使用。

⑦等鞭金藻9201培养液（周汝伦等）：

NH_2CONH_2	30 mg	维生素 B_1	0.2 mg
$NaNO_3$	30 mg	维生素 B_{12}	0.5 μg
KH_2PO_4	8 mg		
$FeC_6H_5O_7$	0.5 mg	海水	1 000 ml

培养等鞭金藻9201品系使用。

⑧绿色巴夫藻培养液（陈椒芬）：

$NaNO_3$	60 g	维生素 B_1	100 mg
KH_2PO_4	4 g	维生素 B_{12}	0.5 mg
$FeC_6H_5O_7$	0.5 g		
$Na_2SiO_3 \cdot 9H_2O$	5 g	海水	1 m^3

⑨异胶藻培养液Ⅰ（陈世杰，1979）：

$(NH_4)_2SO_4$	10～20 mg	$FeC_6H_5O_7$	0.1～0.2 mg
KH_2PO_4	1～2 mg	海水	1 000 ml

⑩异胶藻培养液Ⅱ（陈世杰，1979）：

人尿	3～5 ml	海水	1 000 ml

大量培养使用。

二、淡水微藻培养液配方

1. 一般常用培养液配方

①"朱氏10号"培养液（朱树屏，1942）：

$Ca(NO_3)_2$	0.04 g	Na_2SiO_3	0.025 g
K_2HPO_4	0.01～0.05 g	$FeCl_3$	0.008 g
$MgSO_4 \cdot 7H_2O$	0.025 g		
$NaCO_3$	0.2 g	淡水	1 000 ml

培养浮游藻类使用，以海水代替淡水可用于培养海产藻类。

②Knop改良培养液（Pringsheim，1949）：

KNO_3	1.0 g	$MgSO_4 \cdot 7H_2O$	0.1 g
$Ca(NO_3)_2$	0.1 g	$FeCl_3$	1 mg
K_2HPO_4	0.2 g	淡水	1 000 ml

2. 绿藻培养液配方

①"水生4号"培养液（黎尚豪等，1959）：

$(NH_4)_2SO_4$	0.2 g	KCl	25 mg
过磷酸钙	30 mg	$FeCl_3$（1%溶液）	0.15 ml
$[Ca(H_2PO_4)_2 \cdot H_2O + 2(CaSO_4 \cdot H_2O)]$			
土壤浸出液Ⅳ（见本节五）	0.5 ml	$MgSO_4 \cdot 7H_2O$	80 mg
$NaHCO_3$	0.1 g	淡水	1 000 ml

培养斜生栅藻（*Scenedesmus obliquus*）和蛋白核小球藻（*Chlorella pyrenoidosa*）使用。

②"水生6号"培养液（黎尚豪等，1959）：

NH_2CONH_2	0.133 g	$FeSO_4$（1%溶液）	0.2 ml
H_3PO_4	0.033 ml	$CaCl_2$	30 mg
$MgSO_4 \cdot 7H_2O$	0.1 g	土壤浸出液Ⅳ（见本节五）	0.5 ml
$NaHCO_3$	0.1 g		
KCl	33 mg	淡水	1 000 ml

培养种类同"水生4号"，使用"水生6号"培养液培养，藻细胞生长繁殖比使用"水生4号"迅速。

③Bristol培养液（Bristol，1920）：

$NaNO_3$	0.3 g	NaCl	0.05 g
KH_2PO_4	0.5 g	$FeCl_3 \cdot 6H_2O$	0.01 g
$MgSO_4 \cdot 7H_2O$	0.15 g		
$CaCl_2$	0.05 g	淡水	1 000 ml

培养绿藻类使用。

3. 硅藻培养液配方

①水生硅1号培养液（中国科学院水生生物研究所藻类研究室藻类应用组，1975）：

NH_4NO_3	120 mg	Na_2SiO_3	100 mg
$MgSO_4 \cdot 7H_2O$	70 mg	$CaCl_2$	20 mg
K_2HPO_4	40 mg	NaCl	10 mg
KH_2PO_4	80 mg	$FeC_6H_5O_7$	5 mg
$MnSO_4$	2 mg	淡水	1 000 ml
土壤浸出液Ⅳ（见本节五） 0.5 ml		pH	7.0

培养泉生菱形藻（*N. fonticola*）、椿状菱形藻（*N. palea*）、双尖菱板藻（*Hantzschia amphioxys*）、梅尼小环藻（*Cyclotella meneghiniana*）等使用。

②水生硅2号培养液（中国科学院水生生物研究所藻类研究室藻类应用组，1975）：

NH_2CONH_2	150 mg	Na_2SiO_3	100 mg
过磷酸钙	50 mg	$NaHCO_3$	100 mg
$[Ca(H_2PO_4)_2 \cdot H_2O + 2(CaSO_4 \cdot H_2O)]$			
$MgSO_4 \cdot 7H_2O$	50 mg	$MnSO_4$	3 mg
KCl	30 mg	EDTA-Fe	1 ml

| 土壤浸出液Ⅳ（见本节五） | 4 ml | 淡水 | 1 000 ml |

培养种类同水生硅1号，大量培养使用。

③Fogg培养液（Fogg，1956）：

$Ca(NO_3)_2$	0.08 g	Na_2SiO_3	0.025 g
K_2HPO_4	0.01 g	$FeC_6H_5O_7$	0.8 mg
$MgSO_4 \cdot 7H_2O$	0.025 g	土壤浸出液Ⅰ（见本节五）	20 ml
Na_2CO_3	0.02 g	纯水	1 000 ml

培养舟形藻（*Navicula pelliculosa*）使用。

4. 蓝藻培养液配方

①BGM培养液（Allen）：

KNO_3	2.02 g	K_2HPO_4	0.35 g
$MgSO_4 \cdot 7H_2O$	2.46 g	A_8（见本节三）	3.0 ml
NaCl	2.30 g		
$CaCl_2$	0.07 g	纯水	1 000 ml

培养一般蓝藻用。

②Zarrouk培养液（Pinnan Soong，1980）：

$NaHNO_3$	16.8 g	$CaCl_2 \cdot 2H_2O$	0.04 g
K_2HPO_4	0.5 g	$FeSO_4 \cdot 7H_2O$	0.01 g
$NaNO_3$	2.5 g	EDTA	0.08 g
K_2SO_4	1.0 g	A_5（见本节三）	1 ml
NaCl	1.0 g	B_6（见本节三）	1 ml
$MgSO_4 \cdot 7H_2O$	0.2 g	淡水	1 000 ml

培养螺旋藻最广泛使用的配方。

③CFTRI培养液（转引自何连金，1988）：

$NaHNO_3$	4.5 g	$MgSO_4$	0.2 g
$NaNO_3$	1.5 g	$CaCl_2$	0.04 g
K_2HPO_4	0.5 g	$FeSO_4$	0.01 g
K_2SO_4	1.0 g		
NaCl	1.0 g	淡水	1 000 ml

培养螺旋藻使用。

④M-Ssl培养液（转引自何连金，1988）：

$NaHCO_3$	4 g	$FeCl_3$（0.1%溶液）	0.2 ml
NH_2CONH_2	0.25 mg		
KH_2PO_4	0.05 g	海水	1 000 ml

室内小水体培养螺旋藻使用。

| $NaHNO_3$ | 2~4 g | $FeCl_3$（0.1%溶液） | 0.2 ml |
| NH_2CONH_2 | 0.214 g | | |

KH_2PO_4	0.042 g	海水	1 000 ml

室外大面积培养螺旋藻使用。

三、微量元素溶液配方

①A_5-B_6微量元素溶液（Holm-Hansen et al, 1954）：

A_5	H_3BO_3	2.86 g	$MnCl_2 \cdot 4H_2O$	1.81 g
	$ZnSO_4 \cdot 7H_2O$	0.22 g	$CuSO_4 \cdot 5H_2O$	0.08 g
	Na_2MoO_4	0.021 g		
	H_2SO_4（浓）	1 滴	纯水	1 000 ml
B_6	NH_4VO_3	229.6 mg	$Co(NO_3)_2 \cdot 6H_2O$	493.8 mg
	$NiSO_4 \cdot 6H_2O$	447.8 mg	Ti 溶液	20 ml
	$Na_2WO_4 \cdot 2H_2O$	179.4 mg		
	$Cr_2K_2(SO_4)_4 \cdot 24H_2O$	960.2 mg	H_2SO_4（0.05 mol/L）	1 000 ml

A_5与B_6微量元素溶液使用很广泛，A_5单独使用的例子很多。钛（Ti）溶液配法：把 736.6 mg 草酸钛，溶解于少量纯水中，加入氢氧化铵使成碱性，发生沉淀。用离心法将沉淀集中，用 0.05 mol/L 的硫酸 20 ml 溶解。用量：每 1 000 ml 培养液加入 A_5、B_6 溶液各 1 ml。

②Provasoli 的 P_8 微量元素溶液（Provasoli et al, 1957）：

羟乙基替乙二胺三醋酸酯钠	3 g	$Cu(Cl_2)$	2 mg
$Fe(Cl_3)$	200 mg	$B(H_3BO_3)$	200 mg
$Zn(Cl_2)$	50 mg	$Mo(MoO_3)$	50 mg
$Mn(Cl_2)$	100 mg		
$Co(Cl_2)$	1 mg	纯水	1 000 ml

每 1 000 ml 培养液加入 10 ml。

③M-F 微量元素溶液（Miller & Fogg, 1957）：

$B(H_3BO_3)$	0.2 g	$Cu(SO_4)$	0.02 g
$Mn(Cl_2)$	0.2 g	$Zn(SO_4)$	0.02 g
$Mo(MoO_3)$	0.2 mg	$Co(Cl_2)$	0.02 g
纯水	1 000 ml	H_2SO_4（浓）	1 滴

每 1 000 ml 培养液加入 1 ml。

④P_1微量元素溶液（Pinter & Provasoli, 1958）：

EDTA	1.0 g	$Co(Cl_2)$	0.001 g
$Zn(Cl_2)$	0.005 g	$Cu(Cl_2)$	0.04 mg
$Mn(Cl_2)$	0.04 g		
$Fe(Cl_3)$	0.01 g	纯水	1 000 ml

每 1 000 ml 培养液加入 3 ml。

⑤S-M 微量元素溶液（Sorokin & Myers, 1957）：

EDTA	50 g	MoO$_3$	0.7 g
H$_3$BO$_3$	11.4 g	CuSO$_4$·5H$_2$O	1.6 g
ZnSO$_4$·7H$_2$O	8.8 g	Co(NO$_3$)$_2$·6H$_2$O	0.5 g
MnCl$_2$·4H$_2$O	1.0 g	纯水	1 000 ml

每 1 000 ml 培养液加入 10 ml。

⑥ "f/2" 微量元素溶液：

ZnSO$_4$·4H$_2$O	23 mg	Na$_2$MoO$_4$·2H$_2$O	7.3 mg
MnCl$_2$·4H$_2$O	178 mg	CoCl$_2$·6H$_2$O	12 mg
CuSO$_4$·5H$_2$O	10 mg	Na$_2$EDTA	4.35 g
FeC$_6$H$_5$O$_7$·5H$_2$O	3.9 g	纯水	1 000 ml

每 1 000 ml 培养液加入 1 ml。

⑦ Allen 的 A$_8$ 微量元素溶液（Allen，1963）：

Fe	0.4 g	Mo(MoO$_3$)	0.001 g
Mn(Cl$_2$)	0.05 g	V	0.001 g
Zn(SO$_4$)	0.005 g	Co(NO$_3$)$_2$	0.001 g
Cu(SO$_4$)	0.002 g	H$_2$SO$_4$（0.05mol/L）	300 ml
B(H$_3$BO$_3$)	0.05 g		

每 1 000 ml 培养液加入 3ml。

四、维生素溶液配方

① 维生素溶液 S-3（Provasoli *et al*，1957）：

硫胺素盐酸盐	0.05 g	肌醇	0.5 g
尼克酸	0.01 g	叶酸	0.2 μg
泛酸钙	0.01 g	胸（腺）间氮苯	0.3 g
对氨基苯甲酸	1.0 g		
生物素	0.1 g	纯水	1 000 ml

每 1 000 ml 培养液加入 1 ml。

② Eversole 维生素溶液（Eversole，1956）：

硫胺素盐酸盐	100 mg	盐酸胆碱	200 mg
维生素 B$_6$ 醇	75 mg	叶酸	1 mg
泛酸钙	200 mg	生物素	0.05 mg
对氨基苯甲酸	5 mg	肌醇	1g
烟酸胺	75 mg	纯水	1 000 ml

每 1 000 ml 培养液加入 10 ml。

③ "f/2" 维生素溶液：

维生素 B$_{12}$	0.5 mg	生物素	0.5 mg

| 维生素 B_1 | 100 mg | 纯水 | 1 000 ml |

每 1 000 ml 培养液加入 1 ml。

五、土壤浸出液

土壤浸出液含有微藻细胞所需的微量元素和辅助生长的有机物质，加入培养液中，一般能获得良好的效果。

土壤浸出液的制作虽然简单，但处理方法各不同。现将常用的方法介绍如下。

1. 土壤浸出液Ⅰ　取土壤 1 kg，加纯水 1 000 ml，煮沸 60 min，在暗处放置 2 d，过滤，以滤液 600 ml 加纯水 400 ml 使用。

2. 土壤浸出液Ⅱ　取土壤 1 kg，加纯水 1 000 ml，再加入氢氧化钠 2～3 g，煮沸 120 min，冷却后过滤，滤液直接使用。

3. 土壤浸出液Ⅲ　取土壤 1 kg，加自来水 2 000 ml，煮沸煎浓，把上部泥浆倾入烧杯中澄清，静置一昼夜后，次日吸取上层清液，再煮沸煎浓。第三天再如法煎煮，最后倾入三角烧瓶中，加棉花塞，煎浓，直至得到 1 000 ml 的深褐色的土壤浸出液。每次使用后，煮沸灭菌保存（朱树屏，1964）。

4. 土壤浸出液Ⅳ　取田园土壤 1 kg，加水 2 000 ml，搅拌均匀，浸泡，用前吸取上清液，煮沸灭菌后使用（黎尚豪等，1959）。

5. 海泥（或土壤）浸出液Ⅴ　取海滩上沙质较少，有机质较多而又不是过分淤黑的上层软泥（或田园土壤），清除其中的小树枝和小石块等杂物，以容量计算一份泥加两份水，充分搅拌均匀，静置 1～2 min，待粗沙、小石下沉后，把上层泥浆倾入铝锅中，弃去底部粗沙、小石等杂物，按每 1 000 ml 泥浆加入 1 g 的量加入 NaOH，煮沸 20～30 min，煮时需不断搅拌。煮后静置 24 h，吸取上清液使用。海泥抽出液吸出后，除当天使用外，可以装入大烧瓶中再经煮沸 1～2 次（每天 1 次），可较长时间保存，使用时再经煮沸。

不同地点取的土壤或海泥制成的土壤浸出液或海泥浸出液的营养成分和数量是不同的，这是由于不同地点的土壤或海泥所含物质的成分和数量存在着差别的缘故。因此在取用土壤或海泥时，必须固定地方，不要经常变换，对其培养效果及合适的使用量，均应通过培养试验，才能了解掌握。

第八节　藻种的分离和保存

微藻的培养，首先需要藻种。藻种最初都是从天然水域中，运用一定的方法筛选分离出来，获得单种培养，并保存下来，供培养使用。

一、藻种的分离

(一) 采样

分离藻种，首先要采集生长有所需要分离的藻种水样。个体较大的浮游藻类，可用浮游生物网在水中捞取。通过浮游生物网的过滤，可获得数量很大的藻类样品。但在水产动物的人工育苗中所需要的饵料藻类，一般是个体很小的几微米到十几微米的微型藻类，用浮游生物网无法采集到，需要把水样采回，在室内通过超滤、离心等方法处理。

水样可取自天然水域，无论是开敞的水面或小港湾都可以采集。但应特别注意海岸上存留下来的小水洼。这些小水洼可能只在大潮时有海水淹没，有一段时间和大海隔绝，盐度略高于当地海区海水，尤其在盐场地区类似的小水洼很多。在这些小水洼中，往往生长有适于静水体培养的藻类，且种类比较单纯，一种或数种藻类占优势，容易分离。还有，培养水生生物或贮水的各种容器、水池，均可能生长大量浮游或附着藻类，也是采样的理想场所。如要分离底栖微型硅藻，可刮取潮间带的"油泥"，加海水搅拌后，弃去沉淀的泥沙，用网目数较大的筛绢滤去大型藻类和杂质，即可获得藻细胞浓度很高的水样。也可以把附着在大型藻类（如海带、马尾藻等）藻体或其他物体上的附着藻类洗刷下来作为分离的水样。

水样采回来后，进行显微镜检查。如果发现有需要分离的藻种，而且在水样中的生物量较多时，可立即进行分离；若生物量很少，分离困难时，必须进行预培养，待其生物量增多后再分离。

（二）预备培养

用作预备培养的培养液，各门藻类应该是不同的，一般绿藻、硅藻和金藻的培养液较常见。对一些难以培养的藻类，最好加入土壤浸出液。预备培养的营养盐浓度应低些，一般只用原配方的 1/2、1/3 或 1/4。如果水样中藻类的种类较多，就应使用几种不同的培养液，使各种不同的藻类在适合于它们繁殖的培养液中生长起来。因此，为了培养好各种藻类，有必要准备各种适宜的培养液，特别是对于不容易得到的贵重样品，应该使用多种预备培养液培养。

预备培养的容器，通常用 250 ml 容量的三角烧瓶。在瓶中加入 100 ml 培养液，把 50 ml 水样接种进去，放在室内较弱光线下培养。在预备培养过程中，如果要分离的是浮游性的藻种，应每天摇动一次容器；如果是附着种类，容器可静止不动。因为藻种不同，其生态类群的行为可能不一样，所以，类似预备培养中的操作就有可能获得比较单一种类，或虽达不到单一纯种，但混杂生物的数量少，容易分离。

有的藻类在普通培养液中完全不能繁殖或繁殖非常困难，在此情况下，可通过改变培养液的浓度，或加入葡萄糖、蛋白胨等有机营养物，或补充微量元素与生长辅助因子，或加入土壤浸出液等办法，有可能获得较好的效果。

在预备培养过程中，要经常观察。如发现培养液呈现出淡淡的颜色，即进行显微镜检查。如果有所需要分离的藻类，且数量占优势，应立即进行分离。如果没有所需要分离的藻类，或者有但数量不占优势，且分离困难，可再培养一段时间，等待优势种发生更替。或者再接种到不同的培养液中培养，有可能在新的培养液中形成优势。总的来说，在预备培养中，要勤观察，勤检查，掌握时机，及时分离。

（三）分离方法

常用的分离方法有以下几种：

1. 离心法　将混合藻液放入离心管中离心，水中不同藻类和微生物都向离心管底部下沉，但下沉的速度不一样，可将藻类分开。把不同时间下沉到管底的藻体取出镜检，选定含所需藻类较多的沉淀物,加培养液再离心,多次反复上述操作,可以获得具有一定纯度的所需藻种,但难以得到单一纯种。

2. 趋向运动法 某些藻类具有趋向性,在用光照射时,就会向光照处集中,这时即可把集中的藻体取出而移入另一容器中。对于有鞭毛的或具游动孢子的种类,如衣藻、盐藻、扁藻等,都可以利用此特性来分离藻种。将第一次获得的藻体部分,移入已消毒的培养液中,再反复利用这种方法来分离,结果可得到有一定纯度的藻体。这种分离方法效果较好,但只能用于运动型微藻。

3. 稀释法 用已消毒的试管5根,第一管中装培养液9 ml,第2~5管各装4.5 ml,高压蒸汽灭菌冷却后,向第1管中加入1 ml混合藻液,充分振荡,使均匀稀释。用灭过菌的吸管自第1管中吸取0.5 ml混合液移入第2管中,振荡使均匀稀释。同法依次移入第3~5管中,并都充分均匀稀释。然后把5个已盛有灭过菌的琼脂培养基的培养皿,加热使培养基溶解,待冷却而尚未凝固时,将5个试管中的藻液各1 ml分别加入5个培养皿中,再用力摇动培养皿,使藻液和培养基混合均匀。待凝固后,将培养皿放在漫射光下培养,一直到出现藻群落为止。一般来说,在20℃左右,约10 d即可出现藻群落。如果藻群落仍不纯,可以反复进行若干次。此法操作比较简单,容易成功。

4. 平板分离法

(1) 平板培养基的制备。

①调配:按分离种类的需要,选用合适的配方配制培养基,加入1%~1.5%琼脂。

②熔化:把培养液加热,不断搅拌,使琼脂全部熔化。在加热过程中,水分蒸发,在加热完毕时加入淡水补足因蒸发而损失的水分。

③分装:稍冷后即分装于培养皿中,培养基厚度约0.5 cm。

④灭菌:采用高压蒸汽或间歇蒸汽法灭菌。

(2) 喷雾和划线法分离。

①喷雾法:在无菌条件下用经消毒的培养液把水样稀释到适宜浓度,装入消毒好的医用喉头喷雾器中,打开培养皿盖,把水样喷射到培养基平面上,使水样在培养基平面上形成分布均匀的一薄层水珠(图2-23)。盖上盖,放在合适的条件下培养。水样稀释到合适的程度是指水样喷射在培养基平面上必须相隔1 cm以上才有一个生物(或一个藻细胞),将来生长繁殖成一群体后容易分离取出。稀释不够,将来生成的藻细胞群落距离太近,不容易分离。

②划线法:水样不用稀释,取一金属接种环在酒精灯火焰上灭菌后,在液体培养基中冷却,蘸取水样轻轻在培养基上做第一次平行划线3~4条,转动培养皿约70°,用在火焰烧过并冷却的接种环,通过第一次划线部位做第二次平行划线,用同法再做第三次和第四次划线。主要划线部位不可重叠。由于沾到接种环上细胞较多,在第一划线部分,藻细胞群落密集分离不开,但在第三、第四划线部分,可能分离出孤立的藻类群落。

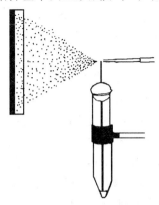

图2-23 喷雾法示意图
(引自James,1978)

喷雾和划线接种后，盖上培养皿的盖子，放在适宜的光照条件下培养。一般经过 20 d 左右的培养，就可以在培养基平面上生长出相互隔离的藻类群落。通过显微镜检查，寻找需要分离的藻类群落，然后用消毒过的纤细解剖针或玻璃针把藻细胞群落连同一小块培养基取出，移入装有培养液的试管或小三角烧瓶中，加棉花塞，在光照、温度等适宜的条件下培养。培养中每天轻轻摇动 1~2 次，摇动时避免培养液沾湿棉花塞。经过一段时间培养，藻类生长繁殖数量增多，再经一次显微镜检查，如无其他生物混杂，才达到分离的目的。如还有其他生物混杂，则再分离，直到获得单种培养为止。

5. 毛细吸管法　选直径约 5 mm 的玻璃管，在酒精喷灯上加热，待红，快速拉成口径极细的微吸管。微吸管的另一端套接一条长约 30 cm 的医用乳胶管，乳胶管另一端用脱脂棉堵住（注意不能堵得太死），以控制吸取动作。将稀释的水样，置浅凹载玻片上，在显微镜下观察、挑选要分离的藻细胞，吸取时把微吸管口对准藻细胞，由于毛细管的表面张力，藻细胞随同水被微吸管吸入。接着把吸入的水滴放在另一凹载玻片上，显微镜检查这一滴水中是否只有吸出的藻细胞，如有其他生物混杂，再反复做，直至达到单种分离的目的。然后把分离出的藻细胞移入预先装有培养液的试管中，管口塞上棉塞，在光照、温度等适宜的条件下培养。每天轻轻摇动一次，待培养液呈现出藻颜色，再经显微镜检查，如无其他生物混杂，才达到分离的目的。待藻生长到一定量时，再移入小容器中培养或保藏。

微吸管分离法操作技术难度大，往往吸取一个藻细胞要反复几次甚至十几次才能成功。该方法适于分离个体较大的藻类，较小的藻类用此法分离较为困难。

一旦藻种分离成功，获得单种培养后，可供实验和生产性培养使用；另一方面可把藻种作较长时间的保藏，需要时可随时取出使用。具体培养方法同前。

藻种在培养过程中必须定期进行显微镜检查，确保藻种的纯度。

二、藻种的保存

单种培养是不容易的，要花费很多精力和时间，有些藻种是选育出来的，因此藻种的保存显得更加重要。藻种的保存有固体保存和液体保存两种方法，通常更适合用固体琼脂培养基保存藻种，在低温、弱光条件下培养，接种一次可保藏半年到一年。

1. 固体培养基的制备　作为保藏藻种用的固体培养基的营养物质浓度应按配方增加 1 倍。保种用的容器有试管、三角烧瓶、克氏扁瓶等，以 15 ml 试管和 250 ml 三角烧瓶最常用。试管的培养基分装量约为试管长度的 1/5，三角烧瓶和克氏扁瓶的培养基分装厚度为 0.5~0.8 cm。分装时应避免培养基沾在管口或瓶口上，分装后，试管口和瓶口须塞上棉花塞，再用纸包扎。培养基经高压蒸汽灭菌后，取出，试管斜置以形成斜面，三角烧瓶和克氏扁瓶则平放，自然冷却，即成固体培养基。注意在制备琼脂培养基时，琼脂含量不宜过大，斜面也不可过于扩大，以减少蒸发。

2. 接种　一般将需保藏的藻种直接接种在固体培养基上。在超净工作台中，把试管的包扎纸和棉塞取下，用灭菌的接种环蘸取藻液在培养基斜面上做"之"形划线接种，再把棉塞塞好，贴上标签，绑紧包扎纸。三角烧瓶和克氏扁瓶可用接种环或喷雾器法接种，利用医用喉头喷雾器把藻液均匀喷射在培养基平面上。

保藏的藻种，也可以在固体培养基上加培养液然后接种，称双相培养基，此法最理想是使用三角烧瓶为容器。在固体培养基上加入比固体培养基体积多2倍的培养液，然后接种少量藻液。利用双相培养基保藏藻种，可避免固体培养基因水分蒸发而干涸的问题，保藏效果比单用固体培养基好，为通常采用的方法。

3. **培养和保藏** 单用固体培养基保藏的藻种，接种后首先放在适宜的光照条件下培养，待藻细胞生长繁殖达到较高的密度，在平板上可看到颜色明显的条状或块状的藻细胞群，再移置低温、弱光的条件下保藏。双相培养基保藏的藻种，接种后可直接移置低温、弱光的条件下保藏。低温、弱光的条件，通常是指放在冰箱内，温度控制在4～5℃之间，冰箱内装一支8 W的日光灯管，开关设在冰箱外，每天照明1～2 h，也可以长期连续照明。

藻种保藏的目的是使藻种能在较长的时间内保存下来。因此，藻种必须在低温、弱光的条件下培养，使藻细胞在培养基上慢慢生长繁殖，让培养基的营养慢慢地消耗。应特别强调，藻种保藏不能没有光。在弱光的条件下保藏培养，接种一次可保存半年，甚至更长。但如果不给予光照，保存在完全黑暗的条件下，则保藏时间大大缩短。无论如何，保存期间要不断地进行转接，防止藻种衰退和死亡。

微藻的超低温冰冻保存是从低温培养技术发展起来的，可以保存更长的时间。该技术包括：控制适宜的降温速度（每分钟降0.5～1.0℃）；当温度降到－60℃再投入液氮中；选择适宜的保护剂及其浓度；快速融冰复温，提高藻类的存活力等。

第九节 敌害生物的防治

在微藻培养过程中，常会发生敌害生物污染。污染生物对微藻培养的危害十分严重，常常会导致培养功亏一篑。敌害生物的污染和危害是造成当前微藻培养质量不稳定的主要原因之一，而且防治问题至今还没有彻底解决。

一、敌害生物对微藻培养的危害作用

1. **掠食** 一些较大型的敌害生物，如轮虫（Rotifera）、游仆虫（*Euplotes* sp.）、尖鼻虫（*Oxyrrhis* sp.）、变形虫（*Amoeba* sp.）等，直接吞食藻细胞。因为藻细胞生长繁殖速度快，如果敌害生物的数量不多，吞食量不大，影响并不显著。但当敌害生物繁殖数量增多且吞食量也增大时，则对藻类培养的危害就严重了。尤其是轮虫，它的吞食量大到惊人的程度，在二三天内可以把藻细胞吃光，使藻液变清。

2. **通过分泌有害物质对微藻起抑制和毒害作用** 敌害生物通过分泌某些有害的胞外产物对藻细胞产生抑制和毒害作用，是敌害生物对培养藻类危害的又一方面，它往往比直接吞食的危害程度更严重。当敌害生物分泌的有害物质较少时，培养的藻类表现为生长繁殖缓慢。当敌害生物繁殖数量较大，且分泌的有害物质多时，即造成藻细胞大量下沉死亡。敌害生物分泌的有害物质对藻类毒性大小，依不同种类而异。

一种敌害生物对藻类的危害作用，可能是上述某一方面的，也可能同时具有两个方面的危害作用。

二、敌害生物污染的途径

在微藻的生产性培养中,敌害生物可以通过下列途径污染:

1. 水　天然水中生活着种类繁多的生物。在微藻培养过程中,配制培养液的淡水和海水以及清洗容器与工具后的用水,如果不经过有效的处理或处理不彻底,难以除去或杀死水中的生物,就会造成敌害生物的污染。从水这一途径污染的敌害生物,往往数量大,在较短的时间内即能对藻类培养产生严重的危害。

目前我国在微藻的生产性培养中,藻种培养及小型培养都用加热法来消毒水是十分有效的。但也不能忽视,如果加热温度不够或持续时间不长,都可能达不到彻底消毒的目的。在大量培养中,水经过砂滤后用次氯酸钠处理或用陶瓷过滤罐做第二次过滤处理都是有效的。但应用次氯酸钠处理水,不测定次氯酸钠的有效氯含量以及处理时间不够,或应用陶瓷过滤罐,因滤棒破裂、安装不严以及拆洗时棒与罐内部冲洗消毒不够,都可能造成消毒不彻底,而导致敌害生物的污染。

如果只使用砂滤池过滤水直接培养微藻,因砂滤池对大小在 15 μm 以下的微生物无法除去,致使生物污染无法避免。

2. 空气　微生物通过空气污染是经常发生的,而且难以避免。开放式培养,藻液与空气的接触面大;通气培养,大量空气进入藻液中。这样,一些 2~3 μm 大小的微生物(其中多数是单细胞绿藻类),可以借风力随尘土在空气中飞扬而污染藻液。除过滤空气外,目前还没有防止微生物从空气中污染培养微藻的有效方法。

3. 容器、工具　容器和工具消毒不彻底,容易引起敌害生物污染。
4. 肥料　肥料不清洁,消毒不干净,也容易引起敌害生物污染。
5. 昆虫　蚊子在培养池中产卵以及其他水生昆虫侵入,都会把敌害生物带进培养池而引起污染。
6. 操作不严　工作人员进行操作前,手未经消毒,操作时不遵守操作规程,也易引起敌害生物的污染。

三、防治敌害生物的措施

对待敌害生物的污染和危害应遵守以防为主、防治结合的原则,尽可能减小其危害程度。

(一) 预防措施

1. 思想重视,严格防止污染　在微藻的培养过程中,敌害生物污染的可能性时刻存在。而敌害生物对微藻培养的危害,又是目前微藻饵料培养中存在的最突出问题,关系到培养的成败。因此,培养工作人员应充分认识培养工作中这一主要矛盾,加强责任感,在工作中时时、事事、处处严防敌害生物的污染。

在生产性培养流程中,防止污染的重点应该放在藻种培养这一级上。因为藻种培养在室内进行，培养容器为玻璃瓶，防污染条件比较好。只要藻种级没有敌害生物污染，扩大培养到水池，生产周期不是很长，即使发生污染，对藻类培养的影响也不大。因为，敌害生物还需要一段生长、繁殖的时间，才能达到一定的数量。也就是说，只有藻种极"纯"，扩大培养才有成功的保证。因此在藻种级的培养中应该特别注意严格防止污染。

2. 做好藻种的分离、培养和供应工作　在培养工作中严格防止污染是重要的，但从目前微藻培养的水平来看，在长期的培养过程中，绝对防止敌害生物的污染是不可能的。因此，污染必然会或迟或早地发生，并在适宜的条件下，敌害生物大量繁殖，最后导致培养的失败。要从根本上解决这个问题，就必须不断地补充新的"纯"藻种来取代在长期培养过程中已经受污染的藻种，这才有可能使培养较顺利进行。所以，进行藻种的分离、培养和供应工作十分重要。

3. 保持培养藻类的生长优势和数量优势　培养的藻类长势良好及在藻液中数量的绝对优势，对防止和减轻敌害生物的危害有着重要的作用。长期的培养经验告诉我们，当培养的藻类生长良好、繁殖迅速时，敌害生物的严重危害情况就较少出现。有时尽管藻类已经受到污染，但经过一段时间的培养，污染生物的数量并没有增加，甚至减少乃至消失。所以保持培养藻类良好的生长及其数量上的绝对优势，通过分泌较多的胞外产物对敌害生物起抑制作用是培养成功的原因之一。

保持藻类的良好长势，首先接种的藻种必须取自指数生长期，其次在环境条件方面尽可能地满足藻类生长的要求，使藻类生长旺盛。藻种的接种量大，从培养一开始，藻类在培养液中即占有数量上的绝对优势。

(二) 清除、抑制或杀灭敌害生物的方法

通常采取下列三个方法来清除、抑制或杀灭敌害生物。

1. 使用过滤方法清除大型敌害生物　饵料藻类都很小，对污染的大型敌害生物（如轮虫等），可以用过滤方法清除。通常清除轮虫可用网孔小于 $60\mu m$ 的筛绢过滤，经一次过滤可以清除轮虫的成体，而轮虫卵和正在发育的幼小个体不能完全清除，所以必须连续过滤 3d，每天 1 次。待第一次过滤后存留下来的卵和幼小个体发育成成体后，在第二次和第三次过滤时即可清除。

2. 使用药物抑制或杀灭敌害生物　用于抑制或杀灭敌害生物的药物，有化学药品和中草药两大类。

国内许多单位都进行过药物杀灭藻液中敌害生物的试验，但效果不理想。但是培养亚心形扁藻和湛江等鞭藻出现尖鼻虫危害时，在藻液中加入 0.03% 的医用浓氨水，可有效杀灭尖鼻虫而不影响藻细胞的生长繁殖。

如果在藻液中细菌大量繁殖，致使藻细胞生长缓慢、大量下沉，可使用（1×10^4 IU/L）青霉素，可有效抑制细菌的生长。

3. 改变环境条件杀灭敌害生物　使用改变环境条件杀灭敌害生物的方法，必须了解培养藻类和敌害生物对环境因子的适应范围，然后根据具体情况，以培养藻类之长攻敌害生物之短，改变某一环境因子达到杀灭敌害生物而又保存培养藻类的目的。

根据亚心形扁藻能耐高盐度的特性，使用提高盐度的方法杀灭敌害生物。其方法是在被污染的藻液中，加入食盐，把藻液盐度提高到 73.1～78.3，游仆虫等敌害生物可被杀死，盐度对亚

心形扁藻虽有一定的影响，但经1~2次稀释培养，即可恢复正常生长。当盐藻培养受到变形虫危害时，可以利用盐藻嗜盐的特点，在1 L藻液中加入食盐70~100 g，不仅能杀死变形虫，而且能杀死尖鼻虫、游仆虫及个体较小的原生动物。一般在加盐处理后的第15~18天，被污染的盐藻培养液由黄绿色转为鲜绿色，藻细胞游动活泼，生长旺盛（徐淑凤等，1990）。

当亚心形扁藻、湛江等鞭藻藻液中有尖鼻虫、游仆虫、麒虫（*Stylonychia* sp.）、漫游虫（*Lionotus* sp.）等敌害生物出现时，可以采用盐酸酸化藻液的办法进行杀灭。方法是在1 L藻液中，加入1 mol/L盐酸溶液3~4 ml，边加边充分搅拌，同时测定pH，待藻液pH降到3时，停止加盐酸溶液，酸化0.5~1 h，即可将上述原生动物杀死，然后用1 mol/L氢氧化钠溶液将藻液中和至原pH。酸化中和后的亚心形扁藻和湛江等鞭藻细胞经23~25 h后，就可全部恢复游动，再经过一段时间的培养，藻细胞能恢复正常生长繁殖（刘志芳等，1983）。

第十节　微藻培养应用实例

一、螺　旋　藻

工业化大量培养的螺旋藻有极大螺旋藻和钝顶螺旋藻两个种。螺旋藻生产对温度、光照要求较高，光合作用能力很强，光能转化率高达18%，光合效率达43%，分别是一般农作物的3倍和1.4倍以上。对开放式培养来说，在不同的地点、不同的季节选择不同的藻种搭配进行生产是一项保持稳定产量的重要措施。

（一）培养条件

Zarrouk配方是培养螺旋藻的经典配方，其营养液成分全面，维持藻的生长时间长，可达20 d。但该配方药品价格昂贵，成本高，生产上难以应用。因此，一般都采用改良的Zarrouk配方。国内外都有利用海水、盐碱水及沼气池废液养殖螺旋藻的报道，其中C、N、P等营养元素的添加对螺旋藻干品的产量、化学组成及含量均有显著影响。

1. 营养液配方　螺旋藻自养培养时，可直接利用空气中的二氧化碳作碳源，但二氧化碳必须先溶于水，它主要以HCO_3^-的形式被利用。二氧化碳的利用率与培养液的酸碱度有关，这主要由二氧化碳的溶解情况来决定。在一定范围内，培养液的pH越高，二氧化碳的利用率也越高。二氧化碳的供给通常是通过向培养液中鼓泡来实现。气泡的大小及其在培养液中停留的时间影响二氧化碳的溶解，从而也就影响到它被利用的程度。HCO_3^-也可作为螺旋藻的碳源，碳酸氢钠往往是培养液中的主要成分。0.2 mol/L的碳酸氢钠是保持螺旋藻单种培养的最低浓度，不仅提供碳源，也使培养液有很强的缓冲能力。常志州等（1998）的实验结果表明，维持培养液中每升10 g碳酸氢钠的浓度，可以获得较高的螺旋藻生物量，在碳酸氢钠施用量相同的条件下，上午添加与下午相比，螺旋藻对碳酸氢钠的利用率在上午较高。螺旋藻在行异养和混合营养时，还可以利用有机碳源。葡萄糖能提高螺旋藻的生长速率，但10 g/L的高葡萄糖浓度对螺旋藻的生长有抑制作用。

硝酸钠、亚硝酸钠、硫酸铵、尿素都可以作为氮源。提高氮水平，螺旋藻的生物量、蛋白质和叶绿素的含量都有所增加。硝酸盐是螺旋藻的主要氮源，在35℃以上使用高浓度的硝酸盐，螺旋藻的生长速度和产量都增加。铵盐作为氮源时，浓度不能过高，当氨态氮浓度超出 0.4 mol/L 时，就会对螺旋藻产生毒害作用。因此，铵盐往往只作为补充氮源和其他的氮源一起使用。缺氮时，首先受影响的是饱和脂肪酸与不饱和脂肪酸的比例，氮水平高时，总脂含量低，C_{16} 和 C_{18} 脂肪酸含量高。在处于对数期时，加入碱金属的硝酸盐和铵盐作为氮源，可以使 γ-亚麻酸的含量累积。

磷酸盐的浓度和种类也影响螺旋藻的生长和生化组成。缺磷时，螺旋藻中可溶性蛋白质和结构蛋白减少，脂肪酸的组成也有所改变。N/P 对螺旋藻的生长也有一定的影响。N/P 为 5.5∶1 时，在 Fe-EDAT 存在的条件下通入 1.5% 二氧化碳，用 Zarrouk 培养液培养的螺旋藻生物量高。

微量元素的增减对螺旋藻的生长没有明显的影响，但对其生化组成影响显著。如培养液中 $CoCl_2$ 含量从 8.9 g/L 增加到 60.8 g/L，$NiSO_4$ 含量从 9.9 g/L 增加到 104.4 g/L 时，螺旋藻中的维生素 B_{12} 含量增加了 2.3 倍。所以，在螺旋藻的培养液中加入适量的粗海盐也是一种提供生长所需微量元素的方法。

稀土元素对螺旋藻的净光合放氧有明显的促进作用。加入不同稀土元素后，在生长初期影响不明显，随着培养时间的增加，当 La^{3+} 为 30.0～40.0 $\mu mol/L$ 时，螺旋藻的生长速率相对最快，且随着培养时间的延长，这种趋势更加明显，但当 La^{3+} 浓度高于 40.0 $\mu mol/L$ 时不利于螺旋藻细胞的生长。

经过驯化，螺旋藻也可以在海水中正常生长，由于海水含有大量的镁、钙和微量元素，经过驯化的螺旋藻可以比淡水中长得快。海水培养基的配制所需的碳源（$NaHCO_3$）、氮源的量要比淡水配方少，而且不需添加微量元素，大大降低了生产成本。吴伯堂等（1988）对钝顶螺旋藻进行海水驯化的步骤如下：

（1）将原藻种接种在最低一级浓度的 NaCl（分析纯）配制的培养液中培养，经一段时间后通过显微操作挑选正常螺旋藻再接种到 NaCl 浓度较高的培养液中培养。以此类推，直到 NaCl 的浓度达 3.5%。

（2）经过 NaCl 培养液逐步驯化获得的正常丝状体，用海盐（食用粗盐）配制的培养液再进一驯化，顺序过程同上。

（3）将上述经海盐驯化过的螺旋藻，以上述同样的顺序过程和方法以自然海水培养，直到海水盐度达 35，若螺旋藻仍能正常生长，不再产生任何程度的凝聚现象，驯化即获成功。

2. 温度、光照和 pH

（1）温度。螺旋藻的最适生长温度为 28～35℃，最高生长温度为 40℃，最低为 15℃。室内培养比室外培养对温度更敏感。有研究表明，保持夜间温度 >12℃，日间温度 20℃，仍可维持螺旋藻的正常生长。温度与藻的生长率有直接的关系，特别是白天的温度最为重要，生长率一般随温度的上升而增加，而黑暗时适当降低温度，可以减少呼吸，降低能耗，有利于藻的生长和生物活性物质的积累。在 36～38℃下培养的螺旋藻，其总脂类、叶绿素、糖脂含量都大于 25～27℃下培养的螺旋藻。大多数情况下，提高培养温度，脂肪酸含量增加，多不饱和脂肪酸含量减少；降低培养温度，磷脂含量增加，但将抑制糖脂和叶绿素的积累。

温度还通过与其他因素的相互作用而影响螺旋藻的生长。在高温、高光强条件下培养的螺旋藻，碳水化合物含量特别高，是低温弱光培养的30倍，但蛋白质、核酸、叶绿素a、胡萝卜素和藻蓝素含量则较低。

(2) 光照。螺旋藻的最适光强为700～800 μmol/（$m^2 \cdot s$）。藻细胞对光吸收的多少是光照强度、光照时间和细胞密度的函数。螺旋藻的生长率和生物量随着光照强度和温度的增加而增加。光照强度还影响螺旋藻的色素含量及混合生长。脂肪酸组成以及饱和与不饱和脂肪酸的比例也受到光照条件的影响。静止时表面的藻细胞受强光直射，会有光抑制现象发生。低温下，光抑制作用更明显，高温有利于光抑制的解除。

在刚接种时，由于细胞浓度低，过高的光强会使藻细胞受伤害，导致叶绿素分解，藻体变黄，甚至死亡。因此，在培养初期，以较弱的光照为宜，最好有遮光设施。接种时间宜在傍晚进行，接种后应遮光2～3 d，以后随着生长，藻细胞密度增加而逐步提高光照强度。在培养过程中，当光照太强时，要遮光、增加搅拌次数或间歇性充气，若短期内受到强光的伤害，可将受害的藻体移至弱光处，1～2 d内可恢复正常。光质对螺旋藻的生长也有影响，特别是在光照强度低于13 μmol/（$m^2 \cdot s$）时，光质的作用更大，这与捕光色素——藻胆蛋白的捕光性质有关，波长620～650 nm的红光最适合于螺旋藻的生长。

间歇光对螺旋藻的化学组成有影响。采用光—暗循环培养的螺旋藻，γ-亚麻酸含量增加。在黑暗条件下培养的螺旋藻，其γ-亚麻酸含量比一般光照条件下培养的高50%。

(3) pH。目前作为大规模培养的螺旋藻，都需要较高的碱性培养条件，最适范围为pH 8.5～9.5。pH过低，容易被其他藻类污染，pH过高，可利用的二氧化碳量将受到限制。螺旋藻对酸碱度的逐渐改变有很好的耐受性，但pH的突然改变对其有害。培养液中虽然加入了碳酸氢钠，有一定的缓冲作用，但在培养过程中，由于碳酸氢钠不断被利用，pH会不断上升，有可能超出适应范围，最好的控制方法是利用二氧化碳。常在藻液中通入含2.5%二氧化碳的混合空气，在102 h内pH由8.6上升到9.2，而后在96 h内pH无变化，相当稳定。用海水培养，由于海水自身就是一种良好的缓冲液，pH的升高及对藻体的影响没有用淡水培养那样突出。

3. 流动培养　静止培养的螺旋藻，由于上层细胞对光线的吸收、阻挡和散射，随着深度的增加，光强急剧减小。上层的藻细胞可能发生光抑制，而下层的藻细胞可能获得的光照不足。流动培养时，细胞在表层时吸收光能，在表层以下利用这些光能，以这种方式不断更换占据在表层的藻细胞，可以使藻细胞更好地利用间歇光效应。流动培养还可以防止藻体下沉，同时能减小营养物质、代谢产物和气体等的梯度，在藻细胞密度高时尤为重要。

流动培养中的搅拌装置有叶轮、重力流循环泵、空气提升搅拌系统、螺旋桨、喷射器等，还有人工搅拌。叶轮是开放式浅水道中最普遍使用的，密闭系统中则使用各种泵。

(二) 培养系统

世界上第一家螺旋藻工厂1968年在墨西哥Texcoco湖建成。当时是开放式的培养系统。封闭式光生物反应器和异养培养系统都是在20世纪80年代提出的。

1. 开放式培养　开放式大池培养是既传统又简单的培养系统，一般是浅水道设计，藻液深15～40 cm，安装有叶轮搅动藻液，或将池体隔成跑道式，用泵使藻液循环以加强液体的流动。但这种培养方式存在二氧化碳供给不足，难以控温控光，水分蒸发严重，易污染及产量不稳定，占地面积大等问题。

2. 封闭式培养　封闭式光生物反应器系统具有培养效率高，培养条件易控制，无污染，无二氧化碳的丢失，生产周期长，占地面积小等优点。主要有以下几种形式：管道式光生物反应器、扁平箱式和平板光生物反应器、光纤光生物反应器。缺点是造价高，培养后期会产生受光不均、藻体粘壁、溶氧蓄积等问题。

3. 异养培养　异养培养是可以利用有机碳（葡萄糖、醋酸盐等）作为惟一碳源和能源进行的培养。它可以解决封闭式光生物反应器系统培养时存在的问题，具有以下优点：很容易灭菌，不需要光源，易于进行纯种培养，可实现培养条件的自动控制，可直接利用成熟的发酵工艺。

（三）培养及管理

要检测藻种的纯度，及时更换新的高活力藻种。在刚接种后，应给予弱光照，随着藻细胞密度的增加，逐渐提高光强。封闭式光生物反应器系统和异养培养时，培养条件容易控制，在开放式培养时则要经常监测培养液的酸碱度、氮、磷等主要营养元素的变化情况，采取措施保持一定的水温。当在正常培养条件下出现螺旋藻结团下沉，多为氨中毒，应降低氨的成分，而发现藻体变黄绿色时，提示出现缺氮症状，应及时添加氮素，补肥后可恢复生长。

开放式培养时还要注意虫害问题。危害严重的害虫有轮虫、原生动物、水蝇等，其中以轮虫最可怕，轻则减产，重则绝收。施用碳酸氢铵（NH_4HCO_3）可以杀死轮虫和原生动物（冯伟民等，1999），还可以作为肥料。施用量为每升水体 150～250 mg，在实际使用时应根据藻体的生长状况和天气情况而定。具体要点：①若平时生产中氮肥用量较少，碳酸氢铵量可大些；②高温季节，碳酸氢铵易造成氨中毒，用量可适当低一些；③杀虫时，碳酸氢铵应大面积同时施用，以防止交叉污染和轮虫的此起彼伏；④施用碳酸氢铵后应停施氮肥数天；⑤若要使杀虫效果更好，7 d 后全部再施一次。使用上述方法 0.5～1 d 后，轮虫可全部杀死，而藻体生长几乎不受任何影响。

水蝇的繁殖速度远不及轮虫，但也不能掉以轻心，否则越来越多，不易驱赶和消灭。要减少和杜绝水蝇的产生，应以预防为主、捞除为辅。在每年生产前对培养池附近的草丛、阴沟等水蝇滋生地进行喷药和清理。在小面积的扩繁期间，对藻液中出现的水蝇幼虫和蛹应及时捞除并加以妥善处理。在采收过程中，应以 40 目以上的过滤网去除藻液中的幼虫和蛹，以减少藻泥中水蝇的数量和其他杂质（冯伟民等，1999）。

（四）采收和加工

当藻液呈墨绿色时即可收获。藻细胞内的蛋白质含量在早晨最高，傍晚最低，如果培养的目的是获取蛋白质，那么采收工作应在清晨完成。采收有离心法、沉降法、化学絮凝法和过滤法，在生物饵料的培养过程中，使用较普遍的采收方法是过滤法，虽然效率低，但经济实用。

最常用的是用 200～300 目筛绢做成的宽约 40 cm，长约 80 cm（或其他规格）的袋子，取一条口径为 3.3 cm 的水管把培养池内的藻液虹吸出来，水管的排水口一端伸入袋内用绳子在袋口处扎紧。也可用小型潜水泵把池中的藻液抽入袋中。利用重力和一定的压力作用，滤去水分，可获得浓厚的藻泥。如果采收的数量较多，可用钢筋焊成漏斗状架子，把筛绢袋放在其上过滤。

如果在育苗场培养螺旋藻是用作饵料使用，则根据需要在投饵料前过滤，直接用过滤后的藻泥投喂，浓度也不必太大。在藻液过滤后，必须把滤液回收，再补充一部分营养元素，重新使用，可节约肥料，降低成本。池养螺旋藻一般采用半连续培养方式培养，不是一次全部采收，回收的滤液也因过滤不彻底留有藻丝作为藻种，继续培养。

过滤后的螺旋藻藻泥含有培养液中较多的盐分，特别是用海水培养的螺旋藻含盐量更高，因此必须要用 0.01 mol/L 稀硫酸处理，然后再用自来水洗涤 2～3 次，再收集藻体干燥。

干燥有冷冻干燥、太阳光直接干燥以及自动喷雾干燥。冷冻干燥虽产品质量很高，但因需要昂贵的仪器设备，且难以大批量的干燥，通常只是在实验室或制药厂里使用；太阳光干燥，虽然经济，但晒的时间长，产品成片状或条状，质量较差，不适宜用于食品级的干燥，通常可用于饲料级的干燥；喷雾式干燥又有气流式和离心式两种，是工业上较常用的干燥方法，因高温烘干只在短短的 12～16 s 内完成，基本不破坏其营养成分，出来的产品呈粉状，所以质量也很高，适用于工业化、大批量食品级藻粉的生产。

干燥的藻粉可直接食用，也可以进一步加工，如制成片剂，提取藻蓝素、多糖等。

（五）应用

螺旋藻主要用于营养食品、保健食品以及食品添加剂，在饲（饵）料及饲（饵）料添加剂中应用也很广。在长毛对虾育苗中用螺旋藻单一投喂，或作为基础饵料，单位水体出苗量提高 5.5%～33.7%。以螺旋藻代替其他微藻饵料，兼投轮虫、卤虫无节幼体进行中国对虾育苗，成活率大大提高（张志恒，1988）。在中国对虾幼体的 Z_1～M_2 阶段，以螺旋藻代替豆浆加轮虫，或以螺旋藻加豆浆加轮虫与豆浆加轮虫比较，实验组生长快、成活率高（顾天青等，1989）。陈立人等（1990）的研究表明，糠虾期幼体对螺旋藻的摄食消化良好，排便正常，螺旋藻和卤虫混合投喂能提高仔虾成活率，用 80% 的螺旋藻加 20% 的卤虫饲喂糠虾到仔虾期，取得了与全用卤虫一致的育成率，大大降低了成本。吴琴瑟（1994）用螺旋藻作为锯缘青蟹溞状中后期饵料，与常规饵料比较，幼体成活率高，活力强，幼体发育快 1～2 d。

应用螺旋藻培育泥蚶亲贝，经 2 周实验，成活率为 100%，性腺发育好。用这批亲蚶进行人工催产，催产率达 98%，受精率 95.2%，孵化率 92.7%，幼体发育正常，其效果比用甘薯粉或其他微藻饵料粉好（何连金，1988）。季梅芳等（1990）用螺旋藻配合饵料喂养幼鲍，成活率达 100%，日平均增长和增重分别超过日本进口饵料 10.64% 和 16.78%，超过天然海藻饵料 54.65% 和 94.66%。周百成等（1990）用螺旋藻为主要原料研制成扇贝亲贝配合饲料，进行了 2 次生产性试验，所繁殖的 D 型幼体比对照组分别提高 40.6% 和 34.7%，表明螺旋藻配合饵料有利于亲贝成活和性腺发育，提高孵化率。

由于螺旋藻类胡萝卜素含量高，鱼、虾摄食后，体色格外鲜艳（何培民等，1997）。日本也已利用螺旋藻作为锦鲤、金鱼、对虾等的增色剂。神尾寻司（1982）指出，用螺旋藻进行观赏鱼喂养，不论是红色系的鱼（如鲤、金鱼、虹鳟、新月鱼），还是非红色系的鱼，体色同样变得鲜艳美丽，且生长、繁殖能力明显增加。用混入 20% 螺旋藻的干燥饲料喂养的天使鱼，产卵次数增加，一年内产卵 20 次以上，锦鲤在 15 d 内产卵 4 次，孵化率也高。用螺旋藻作为鳗鲡饵料的添加剂，喂养 1 个月，体重由原来日平均 1.51 g/个，增加到 2.11 g/个，体重增重达 37.9%，生长较整齐，状态良好，体形、体色、体表都发生显著的变化。

螺旋藻的应用还表现在以下几个方面：提取生物活性物质，特别是药用活性物质；污水处理以及利用废水、废物、废气培养螺旋藻；用于美容与化妆品业；生产新能源，如产氢和产甲烷，目前还处于研究阶段。

二、盐 藻

培养盐藻的主要目的是用于提取β-胡萝卜素和甘油。盐藻作为健康食品及其潜在的治疗学价值的研究正在兴起。

(一) 培养条件

1. **碳源** 盐藻是一种光能自养的微藻，需要无机碳作为碳源，多以二氧化碳的形式提供，绝大多数种类在黑暗中不能利用醋酸盐和葡萄糖进行生长。在高盐的海水中，无机碳的溶解量和含量很低，它的供给可能是盐藻生长的最大限制因子，因此需要补充碳源以维持盐藻的旺盛生长。盐藻对低浓度的二氧化碳有特异的适应性，其表观光合作用常数K_m（CO_2）为2 μmol/L，这种适应与碳酸酐酶的富集有关。该酶有耐盐的特性，在低二氧化碳浓度下表现出较高的生物活性，促使HCO_3^-转变为CO_2，故可以利用HCO_3^-，但是不能直接利用CO_3^{2-}。与其他微藻的规模培养不同，向培养液中通空气时，盐藻细胞的生长是受到抑制的，并且β-胡萝卜素的含量也降低。盐藻（*Dunaliella tertiolecta*）中的一些品系可以行异养生长。

2. **氮源** 硝酸盐是盐藻培养中最常使用的氮源。$NaNO_3$是盐藻（*D. tertiolecta*）最好的氮源，但藻细胞在对硝酸盐和亚硝酸盐的吸收利用时需要光照，同时这一过程受到溶液缓冲能力的影响。一般不使用氨态氮作氮源，因在高浓度或高温的条件下，氨态氮对藻体产生毒性，抑制藻体的生长甚至引起死亡，但低浓度的铵盐和硝酸盐一起使用会促进盐藻的生长。有机氮源如尿素、谷氨酰胺一般不如无机氮源有效，以具强缓冲能力的海水或卤水为溶液时，尿素的培养效果也不错，但要注意尿素经过一系列反应会产生氨。低浓度氮的供给是获得最高β-胡萝卜素产量的简便途径。

3. **磷** 磷酸盐是盐藻生长最好的磷源。相当低的无机磷酸盐浓度（低于0.1 mmol/L）对盐藻的最佳生长是必需的，如盐藻（*Dunaliella viridis*）生长的最适磷浓度是0.02～0.025 g/L（K_2HPO_4），当浓度高于5 g/L时会抑制它们的生长。当转入缺少磷酸盐的培养基中，细胞就利用贮存的磷酸盐，在磷限制出现之前将进行几次分裂。培养池内存在着钙和磷酸盐时，特别是当pH超过8，会导致磷酸钙的快速形成并沉淀，藻的生长速率将明显下降。在培养池中磷浓度常维持在相当低的水平，经常监测并严格控制其实用浓度对于盐藻的大规模培养十分重要。N/P比对盐藻生长也有一定的影响，在比值小于25时，氮是盐藻生长的主要限制因子，当比值大于25时，磷是限制因子。生产β-胡萝卜素时，该比值最好不要超过15。

4. **无机离子** 盐藻生长所需的最适钙、镁离子浓度分别为0.1 mmol/L和1 mmol/L。在一般的海水和卤水中已有足够的量供其生长所需，盐藻（*D. tertiolecta*）生长所需的最佳Mg^{2+}/Ca^{2+}为4。对盐藻（*D. viridis*）而言，Mg^{2+}/Ca^{2+}在0.8～20之间不会对其生长产生影响。络合态的铁如EDTA结合的铁或柠檬酸铁比三氯化铁和硫酸铁要好，盐藻（*D. viridis*）生长的最适铁离子浓度为1.25～3.75 mg/L，高浓度的铁离子对其生长有抑制作用。在盐湖、盐沼中进行养殖时，铁常常成为盐藻生长的限制因子，在铁盐浓度为2.88 mg/L时，β-胡萝卜素积累最多。缺乏硫酸根和氯离子时，盐藻的生长会被大大抑制，氯离子取代硫酸根离子会促进β-胡萝卜素的积累，盐藻生长的Cl^-/SO_3^{2-}最佳比值是3.2，而最利于β-胡萝卜素积累的比值是

8.6。培养盐藻大多数使用的是 J/L 培养基，另外，较常用的培养基还有 f/2 培养液、ASP 改良培养液、加海水培养液等。在工程规模培养时，可依据当地海水、卤水等具体情况，对营养盐适当地调整，配制最佳培养液。

5. 盐度、温度、光照和 pH　盐藻有淡水、海水和适应于盐田、盐湖等高盐等各种环境下的种类。大规模生产中淡水种类很少应用。盐藻最适盐度范围为 60~70，最高盐度可达 350，高盐浓度培养时几乎没有其他生物的污染，β-胡萝卜素的积累也较多。盐藻也可以培养在正常盐度的海水中，实验室可培养在饱和的食盐溶液中。盐藻对渗透胁迫的这种强适应性，是通过快速增加或降低细胞内甘油含量，与外界的培养液形成渗透平衡实现的。绝大多数商业化盐藻培养采用新鲜水、海水或通过添加盐以达到培养基理想的盐浓度。收获藻后的培养液又可以循环回池。

盐藻能够耐受很宽的温度变化范围，可在 4~40℃ 温度下生存，最适温度范围在 25~35℃ 之间，有报道在 -8℃，它仍可进行光合作用。通常在温度高于 35℃，或细胞受到剧烈的机械力作用时，盐藻的细胞膜会失去完整性或甘油渗漏到培养基中。甘油从细胞的渗漏与温度对细胞膜的作用有关。低于 25℃ 时培养基中几乎没有甘油，高于 25℃ 时，甘油从细胞内释放速率随温度升高而逐渐增加，暴露于 50℃ 中所有甘油流失进入培养基中。盐藻的其他种对盐度、温度的适应范围各不相同，适宜的 pH 也因种而异，一般在 6~10 之间。盐藻（$D.\ viridis$）的最适 pH 为 9 左右，该值也是积累胡萝卜素的最佳值。盐藻对光的适应性强。β-胡萝卜素对高光辐射具有一定的抗性保护作用，它的积累与光强成正比。在光强最高、生长速率受到限制时，β-胡萝卜素产量最高。影响 β-胡萝卜素积累的因子中，光强的作用最重要，其次是盐度、氮浓度、磷浓度和温度，它们的影响作用依次递减。

（二）培养方式

盐藻的培养模式类似于螺旋藻和小球藻的生产技术。目前工业化生产大多仍是在开放浅水道中或在天然咸水湖中生产。这种生产方式以自然界风力搅拌或靠液体蒸发使培养液混匀。都是一次性培养，产量很低，当然成本也很低。

对于大规模的敞开式培养，培养池一般为跑道式，可以是水泥池，也可以是塑料薄膜池。带有叶轮式搅拌装置的培养池一般每个池面积为 1 000~4 000 m^2，而非混合池面积可达 5 000 m^2。由于盐藻没有细胞壁，它对水流的剪切力极其敏感，因此离心泵、气泡提升等方式都不适合盐藻的搅拌，只有长臂慢速的叶轮式搅拌适用于盐藻。盐藻也采用浅层培养，其原因是当藻液浓度达到 $3×10^8$~$8×10^8$ 个细胞/L 时，能使藻进行光合作用的有效光透过深度不能超过 5 cm。因此要获得较高的细胞浓度，并使盐藻细胞尽量获得较高的光照强度，必须保持较浅的水深。然而从流体力学考虑，水深小于 10 cm 时，难以用叶轮进行搅拌，所以适宜的培养液深度为 10~25 cm。

利用光生物反应器生产有许多优点，但受光源、气体传递（特别是氧气的解析）等条件限制，很难做到大规模的高密度培养，30 L 的培养容器已经是较大的了。相对而言，采取两种或两种以上的技术串联，充分发挥每种培养方式的优点，是生产上比较可行的措施。如采用光生物反应器技术高密度培养细胞，筛选快速增殖，特别是适宜于小规模培养的藻种的 1~3 级扩增。然后采用跑道式反应池进行规模化培养，获得大量生物体。最后，改变培养条件，完成胡萝卜素或甘油的大量积累。

(三) 控制管理

盐藻培养时只需添加无机盐作为其营养物质。藻类采收后的培养液又可以循环回池培养，池中只有少量的有机物污染。粗放式培养时，不进行搅拌，为了减少污染，常采用接近饱和的高盐度进行培养。在这种盐度下，藻类生长缓慢，产量也较低，优点是操作费用低。用高盐度的卤水进行培养，不消毒也几乎没有原生动物的污染，并且细胞的生长和 β-胡萝卜素的积累甚至比消毒后的还要高。集约化管理时，对所有影响藻类的生长因子尽量进行人为控制，包括各种营养盐的浓度、pH、盐度、细胞密度、混合强度等。

与螺旋藻和小球藻不同，培养盐藻的目的在于获得大量的 β-胡萝卜素和甘油。高盐、低氮和强光照均是不利于藻生长的条件，但有利于盐藻积累 β-胡萝卜素。因此在生产中可采用不同培养法来解决这一矛盾，即先用低盐条件使藻增殖到一定的细胞密度，然后再提高盐度使藻积累 β-胡萝卜素。该方法的缺陷是，在低盐浓度下，原生动物及其他一些不积累 β-胡萝卜素的盐藻种类会与培养种类产生竞争，同时，这一生产方式的周期也较长。

另一种较为理想的生产方式是在藻细胞生长和 β-胡萝卜素积累都处于亚适宜条件下进行连续或分批培养，这样可在同等的时间内获得相对较高的 β-胡萝卜素产率。

(四) 收获与加工

相对于螺旋藻来说，盐藻的细胞要小得多，且没有细胞壁，很容易受损破裂，并且藻液的浓度也相对较低。因此，常规的动力离心、过滤和自然沉降法均不能有效地收集到藻体。收集藻体常用的方法是连续流分批离心和化学絮凝法。使用的絮凝剂有铝盐、铁盐、石灰石和聚合电解质等。但在高盐浓度下，由于电屏蔽的影响，常用的絮凝剂需较高的浓度才能有效，这加大了生产的成本；收集藻体后，必须冲洗去掉絮凝剂；还要防止絮凝剂流入培养池。因此，最近又有新的采收工艺被开发出来，如用硅藻土作滤剂的高压过滤法，依赖盐度的上浮收集法，碱絮凝法，利用藻的趋光性收集，利用与盐度相关的疏水黏附性用硅化微玻璃珠吸附法等。生产上常将几种不同的方法结合起来，最大限度地发挥每种方法的优点，提高藻体的收获率，降低成本，是比较可行的措施。藻泥的脱水干燥可以采用喷雾干燥、真空干燥和冷冻干燥。

提取 β-胡萝卜素常用的工艺是有机溶剂提取法，可以从湿的藻泥中提取。尽管 β-胡萝卜素是脂溶性物质，但盐藻细胞中包裹 β-胡萝卜素的脂质球却被水相介质完全包围。因此，用非极性溶剂提取得率极低，一般采用极性有机溶剂（如丙酮），或极性溶剂与非极性溶剂混合提取，如丙酮—己烷混合提取法。用植物油作溶剂也可以取得较好的效果。以超临界二氧化碳作为提取溶剂具有使用安全，减少光、热、氧等因素对胡萝卜素分子的破坏等优点，保持了产品的纯天然性，提取效率可达99%以上，产品浓度也很高。但该方法还处于实验阶段。加工过程中常用抗氧化剂、惰性气体、隔离光等有效手段来保护 β-胡萝卜素产品。

三、小 球 藻

小球藻是最先获得纯培养的微藻，也是目前规模最大的工业化生产的微藻之一。

(一) 培养条件

1. 营养条件

(1) 碳源。自养培养时可利用二氧化碳和碳酸盐作碳源。二氧化碳是小球藻最普通的碳源。培养基 pH 的变化会影响气体二氧化碳、碳酸根和碳酸氢根在培养基中的平衡。有研究表明，在输入气体中二氧化碳的浓度在 0.56%～4.43% 之间时，蛋白核小球藻的生长速度变化不大。当二氧化碳浓度较低时，需加快气体的供应速度，以维持培养基中二氧化碳浓度与输入气体中二氧化碳浓度的平衡；当向高浓度的培养物输入气体时，气体中要含有高浓度的二氧化碳，以保证细胞的需求。一般二氧化碳的浓度维持在 5%，而更高的二氧化碳浓度并不能促进小球藻的生长。培养基中二氧化碳浓度太高，还会降低蛋白核小球藻的生产率和生物体产量。

在无光条件下，小球藻还可以利用糖或其他有机化合物作为能源和碳源进行异养生长。有机碳源包括糖、有机酸和醇类等，如葡萄糖、半乳糖、醋酸盐、乙醇、乙醛和丙酮酸等均可作为惟一碳源支持小球藻的生长。醋酸盐和葡萄糖是异养和混养培养时的普通碳源，最适合小球藻异养培养的有机碳源是葡萄糖。当在光下利用醋酸盐进行混养培养时，其生长速率接近自养与异养生长速率之和。

(2) 氮源。硝酸盐一直是培养小球藻的一种普通氮源。Rodriguez-lopez *et al* 的研究结果表明，小球藻 8H 藻株合成蛋白质时，铵盐是比硝酸盐更好的氮源。如果用铵盐取代硝酸盐作为氮源，藻的产量要高些。当铵盐和硝酸盐同时存在时，藻优先利用氨离子。在培养的过程中，由于硝酸盐和铵盐的利用，会导致培养液的 pH 发生变化，人们开始寻找合适的有机氮化合物作为氮源。有研究表明，甘氨酸和尿素是良好的有机氮源，且尿素不容易引起污染生物的生长。尿素作氮源还有别的优势：消耗等量的氮，尿素作氮源可以产生更多的生物量；引起 pH 的变化较小。极端氮饥饿状态下，藻细胞中的脂肪含量可以极大地提高。过高的氮源对小球藻的生长有抑制作用，培养基中的含氮量应低于 2.0 g/L。

(3) 矿物质营养。藻类需要的营养液组分与高等植物很相近，最大的差别是藻类对钙的需要量比较小。一些微量元素虽然不是必需的，但在低浓度下能促进藻的生长。如 1 mg/L 的镉能促进小球藻叶绿素 a、叶绿素 b、α-胡萝卜素、β-胡萝卜素和叶黄素的合成；而在高浓度下（30 mg/L），便抑制这些色素的合成，还会引起细胞形态、大小的改变和生物量降低。培养小球藻常用 Basal 和 Kuhl 培养基。

(4) 络合剂。如果不加络合剂，会发生微量元素的沉淀和吸附，特别是铁离子和亚铁离子等。但络合剂本身并不是藻类生长所必需的成分，它对藻类生长的促进作用是因为它能同微量元素形成一种复合物，从而就像一个微量元素库，而同样浓度的游离微量元素也许会表现出毒害作用。常用的络合剂是 EDTA 钠盐。蛋白核小球藻对 EDTA 钠盐铁钾有很高的忍耐性，即使其浓度高达 80 mg/L，也没有对生长产生抑制作用。

2. 温度　小球藻的适宜温度为 25℃。通过遗传育种技术，人们已筛选到有各自最适温度不同的藻株，如高温藻株生长的最适温度为 35～40℃。变温条件也影响小球藻的生长，如蛋白核小球藻在白天 25℃、夜间 15℃ 条件下培养，比恒定在 25℃ 培养有更高的产量。除影响小球藻的生长速度外，温度还影响代谢产物的形成，如高温强化可以提高胡萝卜素的产量。

3. 光照　小球藻的最适光照强度在 200 $\mu mol/(m^2 \cdot s)$ 左右。和其他的微藻一样，它有光饱和现象和光抑制现象，在低温下，光抑制现象更明显。间歇光效应在大量培养时很重要，采取湍流来利用间歇光效应时，入射光的强度至少是能满足小球藻最大生长速率所需光照强度的

10倍。

4. pH　一般来说，pH在5.5～8.0时有利于小球藻的生长。pH能影响藻细胞中胡萝卜素的形成。在培养过程中会发生pH的改变，特别是在使用铵盐作氮源而pH又没有控制的培养系统中，藻细胞对氨离子的快速利用会导致pH的急剧下降，甚至导致藻的死亡。在异养培养体系中，培养基中使用的有机碳源种类及浓度对藻细胞生长的最适pH均有影响，例如当培养基中以醋酸盐为碳源时，如果浓度从0.025 mol/L增加到0.41 mol/L，最适pH就从6.0提高到7.5。

(二) 培养系统

1. 敞开和封闭式池塘培养系统　敞开式池塘培养系统造价和运转费用低，并且可以与污水处理及水产养殖相结合，但不能进行纯培养，环境因子也无法控制，一般细胞浓度低，采收和加工的费用高。封闭式大池培养系统只能部分地克服上述缺陷，还会带来光照不足和增加单位面积的费用等问题。但由于光生物反应器系统昂贵的造价和运转成本，池塘培养系统仍是目前主要的培养系统。

2. 光生物反应器系统　最常见的是管道式光生物反应器系统，和螺旋藻的培养系统差不多。包括培养容器和各种条件的控制系统。它能很好地控制培养条件，因此可以获得比大池培养更高的细胞浓度，后加工花费低。对场地和培养季节都没有严格要求，但投资和运转成本高。

3. 异养培养系统　异养培养时不需要光照；可以借用现有的发酵设备和微生物异养培养中的工艺，如分批培养技术、流加培养技术、连续培养技术等；很容易灭菌和防止污染；培养条件也很容易控制；可以获得更高的细胞浓度。目前异养培养的最大问题是藻株问题，能进行异养培养的种类不多，对它们的培养条件和生长代谢规律也没有很好了解。异养培养也无法获取光照代谢产物，常利用二阶培养法来获取光照代谢产物，就是将异养培养的高浓度藻液在光照下培养几天，促进光代谢过程。另一种就是将发酵罐和透明的管道相通，培养液可以在它们之间循环。

日本和中国台湾的小球藻工业正采用添加醋酸盐或葡萄糖进行异养培养。小球藻利用醋酸盐和葡萄糖的效率约为30%～50%。小球藻在开放池中的浓度很高，而在一个完全人工控制的异养培养系统中用葡萄糖作碳源时，小球藻的细胞密度还将提高十多倍，该水平在无机碳自养下是不可能的。小球藻的某些种适宜异养培养。

(三) 应用

小球藻的应用主要有以下几个方面：生物饲料营养食品、保健食品及食品添加剂；饲(饵)料和饲(饵)料添加剂；提取生物活性物质；污水处理——水产养殖联合体系中的应用；高效氧化塘处理废水和生产微藻等。

四、红 球 藻

红球藻含有很高含量的虾青素，是一种很有开发前景的微藻。目前红球藻的培养主要还处在实验室阶段。由于红球藻生长较慢，大池培养很容易受污染，现在有许多人在对红球藻的适宜生长条件进行研究。防治污染、虾青素积累条件和提取工艺的改进都是需要研究的内容。

(一) 培养条件

1. 培养基的优化　用于红球藻培养的配方比较多，主要有 A_9、BBM、PHM-1、Z_8、MCM、BG-11 等。这不仅说明了红球藻的生存能力比较强，也显示了人们对红球藻生长的适宜条件还没有摸索清楚。培养基的组分直接影响红球藻的生长和虾青素的积累，其配方的改进也处在不断的发展之中。根据藻种的特性和培养目的，可以添加适量的生物活性物质。

碳源一般是二氧化碳，在培养液中二氧化碳的溶解量很低，常常要靠充二氧化碳气体来补充，也可以添加碳酸氢钠来补充碳源。醋酸盐是混合培养和异养培养时的较好碳源，不仅有利于红球藻的生长，对细胞内虾青素的积累也非常有利。氮源一般是硝酸盐，也有人认为，在有铵盐存在时，红球藻优先利用氨离子，但高浓度或高温情况下，铵盐对藻会产生毒害作用。尿素经过一系列反应也会生成氨。高浓度的氮有利于藻的生长，而低浓度的氮有利于虾青素的合成。低浓度的磷酸盐也可以促进虾青素的合成，且不抑制红球藻的生长。一定的大量元素和微量元素也会影响到虾青素积累，如较高的亚铁离子浓度（22.5 mmol/L）有利于虾青素的合成。淡水中由于微量元素比较少，添加微量元素是必须的。在培养基中添加维生素 B_1 和 B_{12} 可显著提高藻的生长速率。

2. 光照　红球藻的最适光强为 150 μmol/（m^2·s）左右，高于 240 μmol/（m^2·s）的光照将抑制其生长。无光照时，藻细胞可以利用有机碳源（如醋酸盐和葡萄糖）进行生长，但生长速率比较慢。在低光照强度下，连续光照有利于红球藻的生长，而连续的高光照会明显抑制藻的生长，但促进单位细胞的虾青素的合成。不同形态和状态的红球藻对光的需求和抵抗力是不同的，不动细胞的光饱和点大于游动细胞，大量积累虾青素的红色藻体大于绿色藻体。在红光与蓝光中，红光对红球藻的生长更有利，而蓝光则有利于虾青素的合成。

3. 温度　红球藻光合自养的最适温度为 20～28℃。高于 30℃ 的温度就会抑制红球藻的生长。在混合营养或异养生长时，较高的温度（如 30℃）有利于红球藻利用有机碳源，对虾青素的合成也更有利。红球藻的生长还受温差的影响，较低的晚间温度对藻的生长没有不利影响。

4. 其他环境条件　红球藻生长的最适 pH 为中性至微碱性（7.8）。由于生活在淡水中，对 pH 的缓冲能力比较弱，随着红球藻的培养，pH 会很快升高，常常成为生长的限制因子。较低的溶解氧有利于红球藻自养生长，而饱和的溶解氧有利于藻进行异养生长。盐度增加不利于红球藻的生长但有利于虾青素的积累。过快的搅拌速度（过高的切变力）会阻碍红球藻的生长，但促进虾青素的合成。

(二) 培养方式

开放式大池培养的红球藻很容易被其他微生物污染，红球藻的生长速度也很慢。而采用封闭的管道培养红球藻可以克服污染的问题。气升式反应器利用气流上升使细胞悬浮起来，适宜于红球藻的培养，但培养成本相对较高。利用生物发酵的方法可以利用有机碳源进行无光异养或光照混合培养。生产虾青素可利用二阶培养法，先利用红球藻的最适生长条件促进红球藻细胞的生长，然后改变培养条件使红球藻能快速合成虾青素。

(三) 虾青素的提取

1. 虾青素的生理功能和应用　虾青素具有很强的抗氧化功能，能清除体内的自由基和减轻紫外线造成的损伤；能显著促进淋巴结抗体的产生；对红球藻本身也有自我保护作用，使得红球藻能适应某些极端环境。目前，虾青素主要用于三文鱼饲料添加剂。除了改善三文鱼的体色，还能改善三文鱼的生理功能，显著促进三文鱼的生长，提高三文鱼的抗病能力。

2. 虾青素的提取、分离和纯化　虾青素的提取和其他天然色素的提取一样，最常用的方法是溶剂萃取。虾青素含量高的细胞，其壁比较厚，通常要先机械破碎，再用有机溶剂提取。常用的溶剂有二氯甲烷、丙酮、二甲亚砜等，最近有应用超临界液体二氧化碳提取虾青素，效果很好，保持了产品的纯天然性，提取效率可达99%以上，产品浓度也很高，但需要耐高压的设备，一次性投入的资金比较多。

在提取虾青素的同时，还会有其他一些色素成分被一起提取出来，须对它们进行分离纯化。常用的分离纯化方法是层析法，如薄层层析和柱层析。

五、紫 球 藻

紫球藻的培养较容易，是研究光合辅助色素的良好实验材料。藻体颜色常成为该属的分类标准，尽管环境条件会引起藻体颜色的轻微改变，但即使在单色光的照射下，不同种的藻体颜色也有显著不同。

(一) 培养条件

1. 营养条件　紫球藻的培养基一般都是在海水中加入无机盐或卤水。为了减少其他生物的污染，培养液可以用较高的盐度（35～45）。采用的培养基种类也比较多，常用的有 Allen 培养基（1956），Eyster - Brown - Tanner - Hood 培养基（1957），Pringsheim 培养基（1960）和 Vonshak 培养基（1988）。和其他微藻一样，二氧化碳是紫球藻生长的适宜碳源。紫球藻不能营异养生活，不能在黑暗条件下利用蔗糖作碳源，有一些品系甚至受 D-木糖和 D-核糖的抑制。在光照条件下通入含有二氧化碳的空气时，藻体生长较快。在 88 $\mu mol/(m^2 \cdot s)$ 的光照条件下，通入含有1%二氧化碳的空气，藻体的代时为 10 h，比直接通空气时的 20 h 减少了一半。藻体也可以利用 HCO_3^- 作辅助碳源。

培养紫球藻的常用氮源为硝酸盐。低于 2 mmol/L 的硝酸盐会限制紫球藻的生长。用氨作氮源时，藻也能正常生长。除 L-天冬氨酸外，简单的 L-氨基酸并不促进藻的生长。Goluke et al（1962）报道在海水中加入盐分，用 300 mg/L 的尿素作氮源时，藻也能很好地生长。而 Birdsey & Linch（1962）认为紫球藻不能利用尿素、尿酸等作为氮源。

硫源一般为 $MgSO_4$、Na_2SO_3、$Na_2S_2O_3$，含量在 5.4～27.0 mmol/L 之间时，藻体生长良好。

2. 温度、光照、盐度和 pH　紫球藻能在较宽的温度范围内存活（10～35 ℃），最适温度为 21～26 ℃，此时的代时可短于 10 h。

一般情况下，连续的光照可以获得较快的生长速度，但有一些品系在 12 L∶12 D 的光周期下比 18 L∶6 D 的培养情况下长得更好。没有发现光抑制现象，也没有发现溶氧的光抑制。紫球藻在光强由 11 μmol/(m²·s) 增至 86 μmol/(m²·s) 时，生长速度增加了 4 倍。但色素含量随着光强的增加明显减少。在强的光照下培养的藻体，因藻胆蛋白的相对含量降低而显绿色，叶绿体体积显著减小，液泡含量增加。

紫球藻对盐度也有较宽的适应范围（正常海水盐度的 0.5~2 倍）。pH 的适应范围为 5.2~8.3。紫球藻的最适 pH 为 7.5，当 pH 降到 5.0 时，光合作用效率降至 1/3。

（二）大量培养

紫球藻的大量培养通常采用开放型跑道式大池培养，和小球藻、螺旋藻的培养方式差不多。紫球藻可以在户外长期培养而没有明显的其他生物的污染。

最初的封闭式培养，是用玻璃柱内装泡沫颗粒来进行的。将含 2% 二氧化碳的空气从柱底部通入，气泡经过柱子时二氧化碳便溶解在培养液中。此外还有一个加料和回收系统。刚开始的几天内，几乎测不到藻的光合作用，后来存活的紫球藻开始快速分裂，以至整个泡沫充满了藻体，光合效率也和在液体培养时的指数期差不多。到达稳定期后，光合效率保持在一个较低的水平，这时藻体能积累大量多糖。如果减少氮的供给，生长速率会更慢，但会积累更多的多糖，这种状况可以维持几周。

也有人用管式光生物反应器进行紫球藻的培养。反应容器由许多玻璃管组成，每个直径约 3 cm，长约 1 m，用间歇光照射。也有用塑料管（直径 6 cm，长 20 m）来作反应容器的。用泵来使培养液循环流动。在管的出口和泵的入口之间，让培养液经过一个柱子，从该处通入含二氧化碳的空气和消除溶解氧。

和其他微藻一样，可以采用离心、过滤、絮凝等方法收集藻体。

（三）用途

紫球藻的花生四烯酸（ARA）含量约占总脂的 36%，是人类的必需脂肪酸。提高温度和光强可以增加 ARA 的产量。紫球藻还能分泌胞外水溶性多糖。培养的紫球藻在相对较短的时间内就能达到一个高的细胞浓度并开始释放大量的多糖到培养液中。多糖的浓度在静止期达到最高，培养液的黏度也很高。氮饥饿的条件能增加多糖的产量。在光、暗条件下，释放的多糖含量没有显著差异。溶解的多糖可以通过十六烷基氯化吡啶法沉淀分离。紫球藻含有光合辅助色素系统——藻胆体，含有丰富的藻胆蛋白。由于安全红色素（非人工合成）的大量需要，利用紫球藻生产藻红蛋白的潜力很大。

六、用于生产 EPA 和 DHA 的微藻培养

二十碳五烯酸（EPA）和二十二碳六烯酸（DHA）对人体有重要的生理和保健功能。对防治心脏疾病、动脉硬化、癌症、气喘、风湿性关节炎和糖尿病有明显效果。在水产养殖上应用也很广。虽然对某些动物来说，EPA 和 DHA 并不是必需的，但在饵料中添加这些物质，可以改善水产动物的质量，提高生长速率和存活率。对许多鱼类、对虾和双壳类等的幼体来说，它们是必需脂肪酸，关系到幼体的生长发育和存活。EPA 和 DHA 的传统来源为鱼油，但鱼油的产量波动很大，同时 EPA 和 DHA 的纯化工艺复杂，难以除去鱼腥味。还有一些细菌和真菌也能合成 EPA 和 DHA，但 EPA 和 DHA 的含量在一些微藻中达到最高，并且藻细胞内脂肪酸组成简

单,易于提纯分离。藻类因含有较高的蛋白质、微量元素、维生素及抗氧化等物质,可以直接利用。

对脂肪酸含量进行过测定的藻种已有上百个种及其品种,不仅不同藻种的 EPA 和 DHA 含量差别很大,即使同一藻种的不同品系之间也有很大的差别,因此筛选合适的微藻品系是完全必要的。特别要注意的是,异养的隐甲藻（*Crypthecodinium cohnii*）体内,将近 50% 的脂肪酸成分均为 DHA,而且不含其他的多不饱和脂肪酸,是理想的生产藻株。筛选富含 EPA 和 DHA 的藻种,选择合适的培养条件和方法,改进提取工艺,对大规模生产 EPA 和 DHA 是很有必要的。主要培养方式有开放式大池培养、密闭式光生物反应器和异养培养。

EPA 和 DHA 的分离纯化过程：藻体收集→藻泥干燥→EPA 和 DHA 的萃取→分离纯化。藻体收集的方法和一般微藻的采收一样,有过滤、离心、絮凝和沉降。干燥一般采用冷冻干燥。萃取主要是将藻粉与正己烷溶剂混合、粉碎,利用连续萃取过程进行提取。萃取的成分再经过浓缩、分级和加工,使之达到工业标准要求。

七、底栖硅藻

鲍、蛏、蚶、蛤及海参等水产经济动物的幼体自卵孵出后,只有一短暂的浮游阶段即下沉过底栖生活,需要提供底栖性饵料。底栖性微藻以硅藻类最为理想,它具有个体微小、营养丰富的优点,还有较好的附着性能,易被舔食,对水产经济动物幼体的生长速度和成活率有直接的影响。底栖硅藻的培养方法与浮游藻类有较大的不同。陈世杰等（1977）在鲍鱼育苗中采用的底栖硅藻培养方法,在国内已广泛应用。

（一）藻种及来源

现在对底栖硅藻藻种的分离技术水平还未达到浮游藻类的程度,各地培养用的底栖硅藻种,多直接取自本地海区,因而达不到单种培养。由于藻种采自当地海区,一般来说对当地环境的适应能力强,基本能满足对藻种的要求。藻种的采集方法有：

1. 海区挂板附片　在海区浮筏下,悬挂各种类型的附着器（如文蛤壳、塑料板、玻璃片等）,悬挂深度为 0.5 m 左右。两三天后取回,冲洗去附着器面上的杂物,再把附着的底栖硅藻洗擦下来,收集为藻种。

2. 刮沙淘洗　在海滩的中潮线附近,自然繁殖的底栖硅藻在沙滩的表面形成黄绿色至黄褐色的密集藻群落。可以在最低潮时刮取有密集藻群落的表面细沙,放入盛有清洁海水的容器内,搅拌和清除杂物,静置后将上层茶褐色的藻液倒入新的清洁的海水中,再经粗筛绢过滤,可以得到浓度很大的底栖硅藻藻液。

3. 刷洗养殖器材上的浮泥　吊挂在海上的某些养殖器材,如扇贝笼上的浮泥中附着有底栖硅藻,把这些浮泥刷洗下来,经过沉淀,取其上清液用筛绢过滤,去掉杂质,也可以得到底栖硅藻藻种。

4. 刷洗大型海藻　大型海藻如海带、裙带菜、马尾藻的藻体上往往附着有底栖硅藻。将大型海藻从海区取回,用过滤海水反复洗刷,静置片刻,取上清液用筛绢过滤,也可得到底栖硅藻藻种。

5. **刷洗贮水槽** 某些贮水槽，特别是经常流水的水槽，常附有数量可观的底栖硅藻。故可以刷洗这些水槽壁，获得底栖硅藻藻种。

6. **注入自然海水培养** 海水中有不少底栖硅藻，把自然海水注入水池中，施加营养盐，投放附着器，经过一定时间的培养，也可采到底栖硅藻。

用以上几种方法采集到的藻种是多种混杂的，而且不同海区常见的底栖硅藻优势种类有所不同。如福建省东山海区的优势种主要有阔舟形藻（*Navicula latissima*）、东方弯杆藻（*Achnanthes orientalis*）、双眉藻（*Amphora* sp.）、卵形藻（*Cocconeis* sp.）等。采自海区的混杂藻种，由于没经过筛选，不一定都合乎要求。较理想的是分离、筛选优良藻种进行单种培养。

（二）培养装置

1. **培养容器** 培养容器有玻璃缸（用于藻种培养）、水族箱（用于中继培养）和水泥池（用于大量培养）等。其中水泥池的池底部和内壁最好能铺上白瓷砖，池深约 30～40 cm，不宜宽，一般为 90 cm 左右，池长一些无妨，一般都设计成长条状，长 8～10 m。

2. **附片装置**

（1）附片材料。玻璃或有机玻璃片、聚乙烯薄膜、玻璃钢或透明塑料波纹板等均可作为附片材料。

（2）附片架。见图 2-24。

①木架：在长方形木框（50 cm×25 cm）的两条边上，等距离每隔 2～3 cm 有一 45°角的斜缝，每架可斜插入硬质附片 12～18 片。

②竹架：用经过海水充分浸泡过的细竹扎成规格为 70 cm×50 cm×40 cm。在每两条长边每隔 2～3 cm 穿扎成双的胶丝线绳，便可按一定角度夹插入聚乙烯薄膜片，每架可斜夹插入附片 20～25 片。亦可用长条的聚乙烯薄膜片直接沿线绳张成锯齿状。

③"目"形塑料框：在"目"形塑料框（或用外套塑料管的粗铁线制成）的横杠上，粘上一端游离的塑料薄膜，因塑料薄膜密度小，在水中能朝上张开。

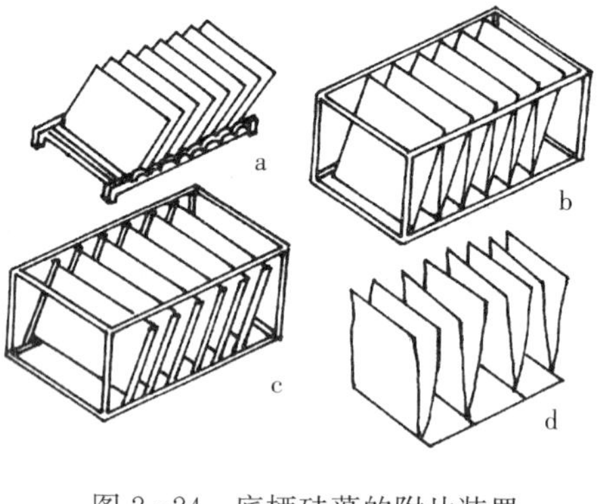

图 2-24 底栖硅藻的附片装置
a. 木架，斜插上玻璃片　b. 竹架，张上聚乙烯薄膜片
c. 竹架，斜夹上有机玻璃片　d. "目"形塑料框，粘上一端游离的聚乙烯薄膜片
（陈世杰，1977；转引自陈明耀，1995）

（三）培养及管理

1. **培养液** 底栖硅藻的培养用水，不必像培养浮游微藻那样进行消毒处理，但也必须进行沉淀和砂滤。

在培养过程中，如果经常更换新鲜海水或用流动海水培养，虽不再追加营养盐，底栖硅藻的生长繁殖仍然正常进行，但速度较缓慢。为了加速底栖硅藻的生长繁殖，在海水中增加一些营养盐是必要的。植物生长调节物质对底栖硅藻有促进生长繁殖的作用，施加 0.5 mg/L 的 α-奈乙酸 3 d 内细胞增殖 4.4～22.5 倍，而且附着密度大，均匀，无老化现象，培养周期由 5～7 d 缩短为 3～5 d；而未加 α-奈乙酸者，细胞增殖倍数仅为 2.9～8.3。福建鲍鱼试验站在培养底栖硅藻中使用的培养液配方如下：

NH_4NO_3-N	10~25 mg	$Na_2SiO_3 \cdot 9H_2O$-Si	1 mg
KH_2PO_4-P	1~2.5 mg	维生素 B_{12}	0.25μg
$FeC_6H_5O_7 \cdot 3H_2O$-Fe	0.1 mg	海水	1 000ml

一般在早晨换水之后，按培养液配方的营养盐成分和数量，加入培养池的海水中，并轻轻搅拌使之均匀。

2. 接种　把培养容器或培养池和附片装置清洗消毒干净，将附片装置放入培养容器或培养池中，加满过滤海水。

把采集到的底栖硅藻藻液用目数较大的筛绢反复过滤2~3次，倒入培养池中，搅拌均匀。静置1d，利用底栖硅藻在静水中沉降并附着的特性来附片。24 h后，硅藻藻种已比较均匀地附着在附片上面，用水轻轻冲洗附片，附片上的硅藻不脱落时，即可全部换水，加入新鲜海水并增加营养盐，开始培养。培养2~3 d后，可将附片装置翻转，再一次接种附片，即得双面附片。双面接种后继续培养。

3. 管理　培养底栖硅藻的管理工作主要有换水、施肥、充气、调节光照强度、观察和检查等。

(1) 换水。换水量的大小与水温有关。水温较低时，换水量可以小，3~4 d换水1次，每次换1/3~1/2。如果水温较高，则要加大换水量，最大换水量为每天全部换水1次。换水一般在早晨进行，静止培养中，换水时的温差一般是3℃以内。用流水的方式也可以起到换水的作用，但效果不如换水，靠近进水口的地方，底栖硅藻生长很好，其他地方则明显差。另外，采用流水方式，用水量也大。换水时应注意把底部的污物冲走，并把蚊子幼虫和腹毛类原生动物等敌害生物冲走，附片上的敌害生物也必须轻轻地冲洗除去。

(2) 施肥。每次换水之后，一部分或者全部尚未吸收的营养盐随水排掉，加入新海水后，营养盐浓度大为降低。故每次换水后都需要根据换水量的大小施加营养盐。补充的营养元素主要是氮、磷、铁、硅和维生素B_{12}等。每次添加营养元素后，轻轻搅拌培养海水，使之较均匀地分散溶解。

(3) 充气。充气不仅可以补充培养液中的二氧化碳，而且可以促进培养液的流动，有利于底栖硅藻对营养物质的吸收。可以连续充气，也可以间歇充气，但连续充气效果较好。

(4) 调节光照强度。室内培养底栖硅藻，需要比较充足的光照条件。培养室应面向南、北，有较大的采光面积，屋顶有玻璃天窗，装配有窗帘，以便调节光强。在培养过程中，在注意防止过长时间的直射光照射的情况下，尽可能地让培养的藻类获得较强的漫射光。在阴雨天可利用人工光源补充。光照强度控制在50~60 $\mu mol/(m^2 \cdot s)$，如果过大，则会使喜强光照的绿藻大量繁殖，影响底栖硅藻的增殖。室外池需要有空架式屋顶和活动彩条布蓬，以便调节光强。室外池培养底栖硅藻主要防止过长时间的直射光照射。

(5) 翻转附着器。附着器上部光照充足，底栖硅藻增殖较快，而下部却增殖缓慢，并且随着上部底栖硅藻密度的增加，下部增殖得更为缓慢，因此附着器上部和下部底栖硅藻的密度差异很大。为了使整个附着器底栖硅藻的密度相对均匀，要适时将附着片从框架上抽出，翻转180°后重新插入，继续培养。这一操作在生产上俗称"翻板"或"翻片"。

(6) 检查与观察。从藻种附片后开始培养的过程中,每天用肉眼进行观察,必要时利用显微镜检查,了解藻种的生长繁殖情况。底栖硅藻生长、繁殖情况的好坏,归纳起来有如下六个方面(表2-2)。

表2-2 底栖硅藻生长、繁殖情况的观察与检查内容
(引自陈世杰等,1977)

观察与检查内容	底栖硅藻的生长、繁殖情况	
	好	坏
附片颜色	整片均匀由浅黄逐渐加深变为黄褐色	出现斑痕,变为灰白色或转为紫蓝色
冲洗结果	用海水缓慢冲洗也不脱落	冲洗时脱落或因培养过久老化而成片脱落
产生气泡	晴天时经常产生许多微小气泡,气泡能陆续上升	附片转为紫蓝色后,产生黄豆大的气泡,悬浮于附片上
镜检结果	硅藻色素体完好,色褐	色素体变形或移位,有时由褐色转为淡绿色
附片上细胞密度	单位面积的细胞数量不断增加	单位面积的细胞数量不增加或出现许多空白
敌害生物	未见到或很少有敌害生物	发现许多敌害生物

(7) 防治虫害。桡足类是底栖硅藻常见的敌害生物,对底栖硅藻的影响较大,应加强防治。预防的方法是培养用水必须经过严格过滤。另外,可以利用桡足类趋光性,在换水时将其排出池外。如果不易排出,可用 1~2 mg/L 的敌百虫杀灭,效果很好。

(四) 收获及供饵

底栖硅藻大约培养1周后就可以收获,繁殖速度较快的种类,在适宜的培养条件下,4~5 d 就可以收获。供饵的硅藻附着密度,根据不同的水产经济动物幼体而有所选择。供饵方式为活藻投喂,主要有两类:一种是将附片装置清洗干净后整个移入育苗池,培养的水产经济动物幼体直接以附片上的底栖硅藻为饵料。在光照比较强的育苗池中,适当追施少量肥料,附片上的硅藻可以继续繁殖,大大延长了供饵时间。另一种是将硅藻从附片上洗刷下来,经过滤后投入育苗池。

另外,Tanaka(1988)推荐一种用玻璃圆筒为底栖硅藻的培养容器,用人造纤维刷为附着基的培养方法,产量较高。现介绍如下:

培养装置:培养装置由圆柱形的玻璃筒、具不锈钢轴的尼龙刷和不锈钢环组成。玻璃圆筒内径 10 cm、长 100 cm,上、下有密封盖子,下盖中央有一进水管,上盖中央有一排水管,排水管两旁各有一小孔,供两条不锈钢环的轴伸出玻璃筒外。尼龙刷的直径也是 10 cm,长 100 cm,由约 70 000 条纤维丝组成,纤维丝直径为 0.22 mm,每个刷的表面积大约是 $3 m^2$。不锈钢环 4 个,环直径约 7 cm,每隔 20 cm 一个环,均匀排列,两旁用两条不锈钢轴焊接固定,不锈钢轴的顶端从玻璃圆筒上盖两旁的小孔伸出。

培养方法:藻种可从本地海区采集,也可以用经筛选的种类进行单种培养。培养前,先把培养装置清洗消毒,然后把包含有数克硅藻(湿重)的 8 L 硅藻悬浮液接种到容器中,30 min 之后,接种的硅藻附着在刷子的纤维丝上。此时可控制经沙过滤的天然海水至少以 40 L/h 的速度不断地由下盖中央管流入培养圆筒,再由上盖中央管流出。在自然光条件下培养。

硅藻在培养中迅速生长,当培养达到 7~10 d 时,由于高密度的硅藻附着,尼龙刷成为黑褐色,这时可进行第一次收获。收获时,上、下拉动不锈钢环,将刷子纤维上的藻细胞刷下,藻细

胞随水流出集中。收获之后，在尼龙丝上通常保留着小部分硅藻，因此，不需要再接种即可继续培养。此后，每隔 3 d，又可收获一次。每月最大产量大约是 350 g 湿重硅藻。该培养装置是以长流砂滤海水培养附着硅藻的，不用施肥。Tanaka（1984）曾用此法培养新月菱形藻与加入 Erd-Schreiber 培养液进行比较，两者生长率基本一致。

如果藻种采自海区，收获的硅藻组成有季节性变化，然而，主要的种类总是几种菱形藻（*Nitzschia* sp.）、几种舟形藻（*Navicula* sp.）、一种斜纹藻（*Pleurosigma* sp.）和一种双眉藻（*Amphora* sp.）。Tanaka（1987）描述海洋附着生物群落在新基质上附着的顺序依次为细菌、有活动能力的单个硅藻、无运动能力的群体硅藻、大的固着植物和动物。在该装置中培养的主要是能动的单个硅藻群，由于接种和间歇地收获，打破了在天然海区中附着生物群落的顺序性发展，而保持了能动的单个硅藻群占优势。

在该装置连续运行之下，尼龙刷纤维丝上的绿藻和蓝藻逐渐地增加，它们似乎抑制硅藻生长，并牢固地粘在纤维丝上，无法被不锈钢环的上、下运动所除去。因此，每隔 3～4 个月，需要更换一个新尼龙刷。

第十一节　微藻培养的新进展与展望

一、微藻育种

微藻的生长习性和天然产物有着广泛的遗传变异，也蕴藏着潜在的经济价值，但要获取大量的天然产物和便宜的培养条件以及快速的生长，都依赖于微藻的遗传育种。

1. **选择育种**　人工选育是在培养过程中，不经过特殊处理，利用自然变异，有目的地定向选择优良性状（如生活力强、生长快、繁殖迅速、抗病、抗逆境胁迫和特殊生物活性物质积累量高）的藻种。虽然微藻的有性生殖不易诱导和控制，还有的不进行有性生殖，但微藻的遗传变异比较丰富，生长比较快，经过人工选择可以获得一定的目标品系，经典的遗传学方法在微藻品种选育中仍然有用。Chabarri 对一种扁藻（*Platymonas suecica*）进行选育，使该种的生长比选择前增加了 50% 以上。Lopez-Alonso 在等鞭金藻和三角褐指藻的脂肪酸遗传变异中发现，天然种群中脂肪酸的遗传力为 0.31～0.43，而经过人工选择的种群遗传力为 0.68～0.99。Running 利用小球藻进行 L-抗坏血酸生产，通过品种选育结合培养工艺的改进，其维生素 C 的胞内含量比亲本高 60 倍。

2. **诱变育种**　诱变育种是人为地利用物理的或化学的因素，诱发微藻产生遗传变异，通过对突变体的选择和鉴定，培育出有利用价值的新品种或新的种质资源，是创建生物良种的主要方法。对于丝状微藻，如螺旋藻，一般先制备出单个细胞或短的片段，再进行诱变，这样可以更方便地进行筛选。主要原因可能有，螺旋藻完整的 DNA 修复系统及细胞壁所含的抗辐射多糖，使其对电离辐射和化学诱变剂均有较强的抗性，而机械作用具有去除细胞壁，甚至可能破坏 DNA 修复系统的生物学效应；螺旋藻藻丝中即使有个别细胞发生了有益突变，也会因与大量的非突变细胞混杂在一起而难以得到表达并被筛选出来。

物理诱变有 γ 射线、紫外线和 X 射线等方式，化学诱变常用的药品有 EMS（乙基甲烷）、

MNNG（甲基硝基亚硝基胍）和 NaN$_3$（迭氮钠）等，有时运用物理和化学诱变的复合处理，比用单一诱变因子处理更能提高诱变敏感性和诱变率。一般认为，利用不同性质的诱变因子处理生物体，可在减轻损伤的同时，使各种诱变因子的特异作用相互配合，从而提高产生有利突变的频率。对产生突变体的筛选通常在两个水平上进行：个体水平上的直接观察；生理生化水平上的正、负筛选法。汪志平等通过 γ 射线诱变获得了钝顶螺旋藻耐低温超长突变体，藻丝长达 1 cm，收集极为方便，产量也提高了 11.7%。Sivan 用 MNNG 处理紫球藻获得了抗除草剂 Diruon 和抗光系统 II 抑制型除草剂 Atrazine 的突变型株。

3. 原生质体融合和基因工程育种　原生质体融合是指两个或两个以上的原生质体融合成一个融合体。诱导融合通常是在制备出原生质体后，加入某些诱导剂或用其他方法促使两亲本的原生质体融合。原生质体的制备包括：材料的选择和预处理；酶解或超声波制备原生质体；原生质体的纯化。一般来说，幼嫩细胞比老化细胞更适合用于制备原生质体。融合可以是种内、种间和属间，甚至是科间的融合。融合有自发融合和诱导融合，而诱导融合又分为化学诱导融合和物理诱导融合。化学诱导融合最常见的是聚乙二醇诱导融合，物理诱导融合主要是电诱导融合。对雨生红球藻的抗抑制物突变体之间进行原生质体融合，所产生的杂交株中类胡萝卜素的形成能力比亲本和野生型高 3 倍。

微藻的基因工程育种目前主要集中在蓝藻和衣藻的研究上。主要是引入外源基因在微藻内表达，以改良微藻的遗传品质。建立一种既有用又有效的藻类表达系统，要考虑以下几点：宿主微藻能大量培养，或能用反应器高密度积累生物量；外源基因的表达要高效、稳定；最好能直接利用工程藻本身，或有较方便地提取重组产物的方法；工程藻或重组产物对人体健康及生态环境具有安全性。如日本学者将鲑生长激素基因，通过质粒转化导入集球藻（*Synechococcus*）PCC7002 细胞中，实现了转基因藻的表达。Marsac *et al* 成功地在模式藻——组囊藻中表达了芽孢杆菌杀蚊幼毒素基因，建立了一个杀蚊幼工程蓝藻的模型，我国徐旭东等在鱼腥藻 PCC7120 中表达了类似基因，其中杀蚊幼工程鱼腥藻具有生产应用价值。相信不久就可以像高等植物一样，将基因工程这一先进技术用于微藻的品质改良。

二、微藻细胞的固定化

微藻细胞的固定化是指将游离的微藻细胞固定或包埋在载体上，用于包埋的载体通常具均匀的网状结构。固定化细胞培养是一种接近自然状态的培养方法，细胞处于相对静止状态，而培养液为流动态。从 20 世纪 80 年代开始，Musgrave *et al* 对具固氮能力的鱼腥藻进行了固定化研究，随后又开展了固定化藻处理污水的研究，至此，藻类细胞固定化的研究十分活跃。与流体培养相比，其优点是可重复使用，减少培养时间，进行连续化培养；产物与藻细胞容易分开回收；固定在载体中的藻细胞浓度高，促进了反应速度；工作稳定性好；固定化藻类细胞的体积和所占的场地小，易于控制；可节省资金等。因此，固定化微藻培养是从微藻中获取有用物质的最好的培养方式。

1. 固定化藻类细胞的制备

（1）吸附法。用载体直接吸附活的微藻细胞，如用聚氨基甲酸乙酯泡沫塑料、聚乙烯泡沫塑料和玻璃珠。吸附法操作简单，藻细胞不受损伤，但藻细胞容易从载体上脱落。泡沫塑料法是把泡沫塑料制成小颗粒（切成 5 mm³ 小块），加入培养基让泡沫塑料吸收，经消毒后，加入微藻细胞液，游离的藻细胞便可吸附在泡沫塑料的颗粒上进行生长。

（2）包埋法。包埋法是将微藻细胞用物理的方法包埋在各种载体中，如琼脂、琼脂糖、角叉菜聚糖和海藻酸盐等。海藻酸盐法先配制一定浓度的海藻酸盐溶液，经消毒在室温下与微藻细胞混合，用注射器或滴管慢慢将上述细胞液滴入 0.1 mol/L 氯化钙溶液中，形成小球，停留 15～30 min，经培养液洗涤后，可进行培养。角叉藻聚糖法先要加热，在 30～35℃ 下与藻细胞混合，滴入 0.3 mol/L 的氯化钾溶液中，形成小球。琼脂糖法一般制备 3% 的琼脂糖溶液，冷至 25～30℃ 与藻细胞混合，凝固后经过一合适孔径的金属网，挤压分离成小颗粒，洗涤后可进行培养。琼脂法与琼脂糖法差不多，只是凝固点温度高一些，对细胞不利。

2. 反应器的类型　目前用于培养固定化微藻细胞的反应器有 4 种类型：填充床反应器、流动床反应器、平行板式反应器和气升式反应器。在前两种反应器中充气，光照和固定化微藻细胞的接触常常会出现不均匀的情况。第三种反应器有利于日光能的有效利用。第四种反应器具有提供均匀的反应系统的优点，为实验室经常采用。

3. 固定化藻类细胞的用途

（1）生产生物活性物质。固定化培养使盐藻甘油的分泌增加了 80.97%，海洋蓝藻的氨基酸增加了 2 倍，其谷氨酸的比例为 73%，鱼腥藻的产铵量提高了 6 倍。Gudin et al 把紫球藻固定化后连续生产多糖超过 17 个月，产生的多糖为 0.7 g/(m²·d)。

（2）生产肥料。主要是生物固氮和产氨。固定化的藻种有满江红鱼腥藻、柱胞鱼腥藻和层理鞭枝藻等。固定化藻细胞在 40 d 后，固氮酶活力仍然很高，而游离藻细胞的固氮酶活力没有被测定出来，固定化藻细胞的固氮效果也比游离的藻细胞要好。

（3）污水处理。固定在角叉藻聚糖中的弯曲栅藻和斜生栅藻能从废水中吸收 90% 的氨和 100% 的磷酸盐。固定在琼脂中的佐夫原盖藻去除溶液中烃类化合物的效率类似于活性炭。

（4）其他。固定化微藻产氢可作为燃料、发电和合成氨的来源。把鱼腥藻包埋于琼脂中，在光照条件下释放的氧通过一个反应器中的好气菌（枯草杆菌）利用掉，由该藻产生的氢通过光化学燃料电池系统，氢转化为电流的比例为 80%～100%。丛粒藻是用于固定化细胞产生石油烃类的主要藻种之一。Yang et al 把该藻固定在纱布上产烃量为 0.8 g/L 左右，为藻细胞干重的 20% 以上。

三、生物反应器技术

生物反应器是连接原料和产物的桥梁，它直接关系到产品的生产成本和质量、产率。微藻是光合自养生物，因此生物反应器与生物发酵的最大区别就是给予光照，因此也叫光生物反应器。当然藻类也可以异养培养或混合培养。

光生物反应器从广义上说，还包括大面积室外养殖的设施，如室外培养盐藻生产 β-胡萝卜素。真正意义上的光生物反应器，是指具有可灭菌的反应容器，配备光照和循环装置、传感器的高精密培养设备，有些实现了计算机在线控制，对温度、酸碱度、溶解氧、流速等进行监控，以及附加气体交换器和热量交换器等。光生物反应器的一般原则是最大限度地增加表面积和体积比，调节光传递、分布，气体交换和介质平衡来适应不同的培养对象和培养要求。

本小节所述的光生物反应器与固定化微藻细胞的反应器不同，培养的藻可以直接采收。光生物反应器有多种划分方式，按藻液与外界的接触程度来分，包括开放式生物反应器、半封闭式光生物反应器和密闭式光生物反应器。前两种光生物反应器通常用螺旋桨推动搅拌实现循环，由于只有在特殊条件下才能维持藻类的单种培养，并且受环境制约的因素比较大，使得密闭式光生物反应器更具优势，在细胞的繁殖和提取有用物质方面更是如此。图2-25为开放式的浅水道生物反应器的示意图。

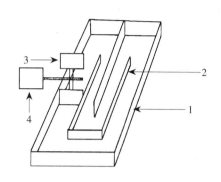

图2-25 开放式的浅水道生物反应器示意图
1. 池壁 2. 隔板 3. 桨轮 4. 发动机
（引自李志勇等，1998）

在开放式浅水道池体上方覆盖一些透光物质，使之成为封闭池，则为半封闭式光生物反应器。狭义的光生物反应器是指密闭式光生物反应器，它包括反应容器、循环装置、光源系统、超滤/渗析器（加料和收集器）、控温系统、溶氧排除系统、培养参数控制系统。对不同的培养对象和培养目的，有时要增加一些装置，如在培养螺旋藻时，不仅需要充足的碳源，还必须维持较强的碱性，因此常利用富含二氧化碳的空气或纯的二氧化碳作为补充碳源，这就需要一个二氧化碳供料装置。特别要注意的是循环装置，离心泵、气升式搅拌、叶轮等不同的循环搅拌装置适宜于不同微藻的培养。如盐藻只适宜用剪切力小的长臂慢速的叶轮式搅拌。

管道式光生物反应器的培养容器是利用玻璃或有机玻璃制成的透明管道；光源为外部自然太阳光或人工光源。其他加工设备很容易与培养管道相配套，整个过程可以实现自动化，如图2-26所示。管道可以制成各种形状，如垂直管式、水平管式、倾斜可调管式。Torzillo设计和建造的密封双层管道式生物反应器用于螺旋藻的室外大规模培养。它是双层管道培养系统，总液量145 L，采用气升循环，培养参数如温度、盐碱度、溶解氧和光强等，可以通过电极、传感器及探头

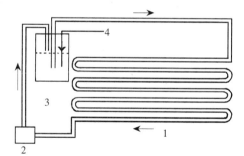

图2-26 管道式光生物反应器的示意图
1. 反应管道 2. 泵 3. 贮液箱 4. 气体
（引自刘晶璘等，1999）

由计算机自动监控。为了达到高采光率，管道常采用窄管径，这在高密度培养时，不可避免地存在着藻细胞受光不均、循环不畅、粘壁及溶氧蓄积等限制因素。

罐式光生物反应器可同时利用内外部光源（图2-27），最常用的循环方式为气升式，也可利用机械搅拌和鼓泡式循环。最近，溢流喷射装置也被采用，可以同时实现藻液的循环、搅拌和通气。培养过程中pH、温度、溶氧等的变化由相应的测控系统在线检测。罐式光生物反应器也可用于混合培养。其最大的优点是有效地利用了占地面积和可利用现有的发酵设备。缺点是光照面积与体积比较小。

扁平箱式光生物反应器的培养容器是由扁平长方形箱式反应器串级而成，利用气升鼓泡搅拌。多个扁平箱相互串联，可组成多级箱式光生物反应器。该反应器的培养容器为若干块平板玻璃制成，可以根据光源来调节采光方向，通过调节不同的反应器厚度维持短的光通路，保证液层充分、有效地受光。这类光生物反应器具有高的采光面积、短的光通路和气流强烈湍动，是实现高密度培养的有利条件，但结构庞大复杂，动力消耗高，限制了它的发展和应用。

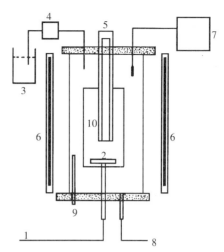

图 2-27　罐式光生物反应器的示意图
1.气体入口　2.气体分布板　3.培养液贮槽　4.泵
5.内部光源　6.外部光源　7.计算机监测系统
8.出料口　9.热量交换器　10.导流筒
（引自曾文炉等，2001）

按光源的利用情况，光生物反应器可分为 3 类：①利用外部光源，如日光灯、冷白荧光、高压汞灯等；②利用内部光源，如卤素光源，通过光纤传输及光分散系统作为内部光源；③利用内外部光源，可以有效增大罐式光生物反应器的光照面积与体积比。

按藻液的循环方式，光生物反应器可分为机械搅拌式、气升式、鼓泡式、中空纤维膜式。按操作则可分为分批培养系统、连续培养系统和连续灌注系统。

四、微藻工业化培养的展望

微藻的工业化生产在食品及食品添加剂、饲（饵）料及饲料添加剂、医药工业上都有很好的应用前景。限制其规模的主要原因是生产成本过高。减少基本投资，提高微藻产量，将使微藻产业有更光明的未来。改进的方面主要有以下几点：

（1）研制廉价培养基配方和选择合适培养条件。配制培养基时尽量利用盐碱水、海水、养殖及工业废水中的盐分和无机离子，并与驯化、筛选相结合，研制出适合在廉价培养基上生长的种类。还可以将微藻培养与生物富集技术相结合，在保留原有的营养及活性成分的基础上，更加提高微藻的营养及医疗保健价值。

（2）改良与筛选相结合，以获得含有高浓度目标产物的优良工程藻株。可以通过自然选育、诱变育种及遗传工程改造现有的藻种，提高藻种的光饱和值，抗光抑制，以及抗逆、抗污染能力，也可利用微藻表达外源基因。通过培养工艺的改进，也能增加目标产物的含量，如能使盐藻的 β-胡萝卜素或螺旋藻的 γ-亚麻酸含量显著增加，必将使盐藻或螺旋藻的市场相应拓宽。

（3）改进光生物反应器系统，或开发更有效的生产系统，使太阳能辐射的利用率大大提高，在全年获得高而稳定的产量，是降低成本的最重要的因素。异养化微藻的生产养殖系统值得特别注意，应大力研究。

（4）改进采收及加工工艺。开发高效率的干燥系统，使采收、干燥和加工一条龙，系统实现自动化。

在对现有的微藻生物技术改进的同时，开辟新的资源和开发新的微藻产品，可以进一步拓宽微藻的应用领域，使微藻产业迈上一个新的台阶。值得注意的是提取新的微藻生物活性物质，特别是有药用价值的生物活性物质，将有一个更广阔的前景。

•复习思考题•

1. 微藻具有哪些独特优势使其生物技术研究发展迅速？
2. 目前可规模化培养的微藻在分类学上各属于哪些门？它们在形态结构上各具有什么特征？
3. 试用检索表将本章所涉及的主要微藻分门别类。
4. 什么是纯培养？什么是单种培养？它们有什么区别？
5. 一次性培养、半连续培养与连续培养三者之间有何异同？
6. 敞开式的工厂化生产微藻应具备哪些基本设施？
7. 微藻培养的工艺流程包括哪些环节？试简述之。
8. 微藻在一次性培养中的生长具有哪些特征？试简述之。
9. 光是如何影响微藻生长的？
10. 温度、盐度与酸碱度对微藻的生长有什么作用？
11. 氮、磷、碳元素是如何影响微藻生长的？
12. 微藻的全培养液配方应包含哪些成分？
13. 在配制微藻培养液的过程中应注意些什么？
14. 从自然界中如何分离获得目的藻种（株）？
15. 微藻藻种应如何保藏？
16. 微藻培养中，敌害生物是如何污染的？应怎样防治？
17. 以螺旋藻、小球藻、盐藻、紫球藻为例谈谈限制微藻工业化生产的可能因素有哪些，未来的发展趋势又如何？

（周志刚　蒋霞敏）

第三章　轮虫的培养

轮虫（Rotifer）是一群微小的多细胞动物，种类繁多，广泛分布于淡水、半咸水和海水水域中，是淡水浮游动物的主要组成部分。由于轮虫具有生活力强、繁殖迅速、营养丰富、大小适宜和容易培养等特点，是鱼类、甲壳类的重要的天然饵料生物，历来受到人们的重视。人们对轮虫的生物学、人工培养和应用进行过许多的研究，其中以半咸水种类——褶皱臂尾轮虫的研究最为深入。现在，已在世界范围广泛培养和应用。

1960年，日本Ito发现褶皱臂尾轮虫（*Brachionus plicatilis*）作为仔鱼饵料的价值，并进行大量培养技术的探索。1967年，Hirata和Mori发现面包酵母是轮虫的适合饵料，至70年代，在轮虫的大量培养中面包酵母被广泛使用。然而，随着酵母饵料的应用，发现轮虫缺乏鱼类必需的高不饱和脂肪酸（n3 HUFA）而造成培育仔鱼的死亡，因而又研究采用了强化营养的方法。

与此同时，各国学者对轮虫的生物学和培养方法也进行了大量的研究。我国在20世纪60年代初，傅素宝等（1962）对壶状臂尾轮虫（*Brachionus urceus*）进行了研究。1972年，青岛海洋水产研究所在《人工养殖对虾》中，介绍了轮虫的培养方法。至70年代后期，解承林（1978）、郑严等（1979）、王堉（1980）、何进金等（1980，1981）、何连金（1982）、张道南等（1983）、陈世杰等（1984）、张学成等（1993）、王金秋（1997，1998）、杨家新（2000）、席贻龙等（2000）等，发表大量的有关轮虫的生物学和培养方面的研究论文。1991年，中国科学院海洋研究所和青岛海洋大学的科研人员利用化学诱变剂和激光技术成功地筛选出1种体长为$185\mu m$的小轮虫品系。该品系生长速度快，易培养，抗逆性强，为小型优质鱼类理想的开口饵料。接着又选育出耐低温品系，在15℃条件下的增殖率比对照品系在25℃条件下的增殖率高（张学成等，1993）。

至今，轮虫已成为一种极为重要的生物饵料，在世界范围内广泛培养，至少在60种海洋有鳍鱼类和18种甲壳动物幼体的培育中应用。

虽然轮虫已在世界范围广泛培养和应用，但从目前的情况看，还存在一些问题，应作为今后的研究方向，进行研究解决。

（1）进一步探明轮虫两性繁殖的机制，为轮虫的稳定性培养和育种提供理论依据。

（2）选育和引进优良轮虫品系，如能培育出小于$100\mu m$的小型轮虫和$500\sim1\,000\mu m$的大型轮虫，就可以用轮虫把仔鱼一直培育到能够摄食鱼、贝碎肉及配合饲料阶段。

（3）进一步探讨轮虫增殖过程中增殖率突然下降的原因、机制，使培养生产建立在稳定可靠的基础上。

（4）探讨应用室外土池稳定生产轮虫的技术措施。

（5）开发具有水质和增殖情况监测和过滤采收装置，生产稳定、效力高的连续培养系统。

（6）建立轮虫培养技术的规范，使培养方法标准化，培养工序系统化。

(7) 探讨轮虫强化培养机制、方法和原理。

第一节 轮虫的生物学

一、作为生物饵料培养的主要轮虫种类

轮虫在分类学中的位置，意见并不统一。目前，欧美许多国家将轮虫归属于袋形动物门的轮虫纲（Rotatoria or Rotifera）。近年我国把轮虫独立定为一门——轮虫动物门（Rotatoria or Rotifera），下分单巢纲（Monogononta）和双巢纲（Digononta），单巢纲分为游泳目（Ploima）和簇轮虫目（Flosculariacea）（郑重等，1984），世界上90%的轮虫，大于1 600种属于单巢纲的种类。

作为生物饵料培养的轮虫，大多属于游泳目，臂尾轮虫科（Brachionidae），臂尾轮虫属（*Brachionus*）的动物。其主要种类有：

1. 壶状臂尾轮虫（*Brachionus urceus*） 壶状臂尾轮虫是最普通的种类之一，被甲长196～240 μm，宽152～202 μm（图3-1）。在我国分布很广，除广泛地分布于淡水水体外，还出现在河口等半咸水水体，最适宜的生活环境是沼泽和池塘等小型水体，以及中小浅水湖泊的沿岸带。在大型深水湖泊，即使出现，个体也不会太多，而且个体出现的期间往往只限于春夏两季。壶状臂尾轮虫适应有机质多的水体，常在池塘等环境大量繁殖形成优势种群，是淡水池塘培养的主要种类之一。

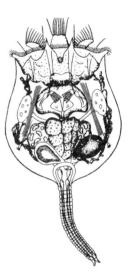

图3-1 壶状臂尾轮虫
（*Brachionus urceus*）
（引自王家楫，1961）

2. 萼花臂尾轮虫（*Brachionus calyciflorus*） 萼花臂尾轮虫也是最普通的种类之一，被甲全长300～350 μm，宽180～195 μm，中间一对前突起长70～120 μm，后突起长10～45 μm（图3-2）。在我国分布很广，除广泛地分布于淡水水体外，还出现在河口等半咸水水体，但不出现在酸性水体。是淡水湖泊、池塘的主要轮虫种群之一，常大量出现，形成优势种群。萼花臂尾轮虫在天然环境中是能够终身出现的种类，它每年的繁殖力有春季和夏季两个高峰，是淡水池塘主要培养种类之一。

3. 褶皱臂尾轮虫（*Brachionus plicatilis*）和圆型臂尾轮虫（*Brachionus rotundiformis*） 是海水培养的主要种类，在鱼虾蟹的育苗中应用最广泛。最早将两种轮虫统称为褶皱臂尾轮虫的两个亚种，前者个体较大，被甲长平均238 μm，宽171 μm，通常称为L型轮虫（图3-3），后者个体较小，被甲长117～162 μm，宽100～121 μm，称为S型轮虫（图3-4）。由于这两种轮虫在形态、染色体数目、同工酶以及遗传方面显著不同，已归属两个种，分别为褶皱臂尾轮虫（L型）和圆

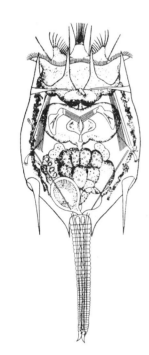

图3-2 萼花臂尾轮虫
（*Brachionus calyciflorus*）
（引自王家楫，1961）

型臂尾轮虫（S型）（Fu et al 1993；Goehm et al 1995，1998，2000）。褶皱臂尾轮虫是冷水、广盐性种类。圆型臂尾轮虫是热带种类，根据其适应盐度的不同又区分为两个亚种，SS型（适于高盐度培养）和SM型（适于低盐度培养）。

图3-3 褶皱臂尾轮虫
（雌体被甲形态）
(*Brachionus plicatilis*)
（引自 Jung Min-Min）

图3-4 圆型臂尾轮虫
(*Brachionus rotundiformis*)
（引自 Jung Min-Min）

褶皱臂尾轮虫与圆型臂尾轮虫在形态上除了大小以外的差别以外，最主要的区别是前者头冠部被甲的前棘状突相比后者较为钝圆。

褶皱臂尾轮虫与淡水产的壶状臂尾轮虫极相似，其区别在于被甲的形状：

（1）褶皱臂尾轮虫被甲背面前缘中央1对棘刺与其他2对棘刺长度差别不明显；壶状臂尾轮虫明显比其他2对棘刺长和大。

（2）褶皱臂尾轮虫被甲腹面前缘有3个凹痕，分为4个片，每片比较平或稍拱起；壶状臂尾轮虫为1对长而大的棘状突起。

（3）褶皱臂尾轮虫的被甲背面后半部不膨大成壶状；壶状臂尾轮虫膨大成壶状。

4. **角突臂尾轮虫**（*Brachionus angularis*） 角突臂尾轮虫是最普通的轮虫之一，被甲全长110～205 μm，宽85～165 μm（图3-5）。个体相对较小。在我国分布很广，主要生活在小型湖泊、沼泽和池塘等有机质较多的水体。在同一个水体内，一年都能看到角突臂尾轮虫的存在，但个体数量不大，每年有两个高峰，一个高峰在春季，一个高峰在秋季。由于其体形相对较小，是鱼类优良的开口饵料，也是淡水池塘轮虫培养的主要种类。

图3-5 角突臂尾轮虫
(*Brachionus angularis*)
（引自王家楫，1961）

5. **裂足轮虫**（*Schizocerca diversicornis*） 裂足轮虫是典型的浅水池塘的浮游动物。被甲（不包括前后突起）长175～210 μm，被甲宽90～170 μm；前端侧突起长35～60 μm，后端右突起长55～80 μm（图3-6）。一般在长江中下游冲积平原的中小型浅水湖泊内，3 m左右深的湖中心，不会有它的踪迹。只有在很浅的湖汊或小湾，水生植物比较繁茂而有机质相当多的区域，才有可能找到这一种类的个体。在大型湖泊及深水湖泊更不会遇见它的踪迹。杭州西湖不但水位很浅，而且水生植物和有机质都比较多，就成为裂足轮虫最适宜的栖息环境。裂足轮虫不是终年常见的种类。个体一般出现于春夏两季，每逢出现，数目总是很多。

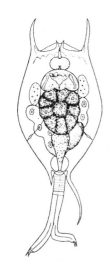

图3-6 裂足轮虫
(*Schizocerca diversicornis*)
（引自王家楫，1961）

二、轮虫的主要特征

轮虫是一群很小的多细胞动物，体长一般为100～500 μm，最大的也只有 2 mm。它的主要特征有三点：在身体前端扩大成盘状，上面生有一定排列的纤毛，称头冠（corona），身体的其他部位没有纤毛；消化道的咽喉特别膨大，变为肌肉发达的囊，称为咀嚼囊（mastax），囊具有咀嚼器（trophi），根据轮盘和咀嚼器的存在与否，就可以把轮虫和其他动物区别开来；体腔的两旁有一对原肾管，原肾管末端有焰茎球。

（一）外部形态

轮虫的体形变化很大，有球形、椭圆形、锥形和圆筒形等，全身为一层白色和淡黄色的表皮所包裹。身体一般可分为头、躯干及足三个部分（图 3-7）。

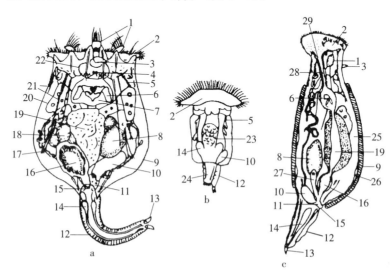

图 3-7 臂尾轮虫体制模式图
a. 雌体 b. 雄体 c. 雌体侧面横切图
1. 棒状突起 2. 纤毛环 3. 背触毛 4. 眼点 5. 原肾管 6. 咀嚼器 7. 咀嚼囊 8. 卵巢 9. 被甲 10. 膀胱 11. 泄殖腔 12. 尾部 13. 趾 14. 吸着腺 15. 肛门 16. 肠 17. 侧触手 18. 卵黄腺 19. 胃 20. 消化腺 21. 肌肉 22. 脑 23. 精巢 24. 阴茎 25. 体腔 26. 表皮 27. 输卵管 28. 咽 29. 口
（引自陈明耀，1995）

1. 头部　轮虫的头部较宽而短，位于身体的最前端，和躯干部一般没有明显的界线，只有极少数种类具有一个像颈一样的紧缢部分。

头部具有头冠，头冠的形状变化很大，常分为两叶或数叶。头冠基本构造可比拟为"漏斗"，漏斗底部为口，其边缘上生有两圈纤毛。一般里面的一圈较粗壮称纤毛环（trochus），外面一圈较细弱称纤毛带（cingulum）。纤毛圈常在背面或腹面断开，而不成为完整的一环。内外纤毛之间是纤毛沟，生有极细的纤毛，并常有分叶的突起。突起上也生有纤毛。这样在头冠内形成了纤毛群。其中一些纤毛愈合成刚毛状的触角器。口常位于偏腹面的纤毛沟内。由于周围纤毛群的不断运动，食物被陷集在漩涡中心流入口内。多数种类在头部还有单个或成双的眼点。

头冠也是轮虫的运动器官，由于生活时纤毛带和纤毛环上的纤毛不停地做协调的旋转摆动，而在水里激起一个向后的涡状水流，使轮虫本身在水中沿螺旋轨道向前运动。轮虫头冠随种类而异，它们与习性和食性有密切的关系。常见的头冠形式有：须足轮虫形头冠、旋轮虫形头冠、晶囊轮虫形头冠、巨腕轮虫形头冠。头冠的形式是轮虫分类的主要依据之一。

2. 躯干部　头冠的下方即为躯干部，是身体最长最大的部分，一般腹面扁平或稍许凹入，背面隆起凸出的居多。有些种类躯干部的表皮层具有环形褶皱，开成一定数目的"假节"。很多种类的表皮高度硬化形成坚硬的背甲（lorica）。有些种类被甲上还具有刻纹、隆起、斑或点和相当发达的棘刺。

躯干部具有3个突起，称为"触手"（antenna），在躯干部的前面有1个背触手，后面两边各有1个侧触手。有些无背甲的种类，在躯干部有长刺状的附肢，有强大的肌肉连接结，用以跳动或游泳。

3. 足　足位于身体的后端，大多成柄状，有时有假节，能自由伸缩。有的种类无足。足的末端通常具有左右对称的趾（toes）1对。在足的基部有1对足腺（pedal gland），有细管通到趾。足腺能分泌黏液。趾以足腺分泌的黏液附着在其他物体上，这在底栖种类较为发达。足和趾是一种运动器官，虫体借以固着或爬行，在游泳时还可以起到"舵"的作用。在营浮游生活的轮虫，足部经常退化，甚至完全消失。例如，晶囊轮虫（$Asplanchna$ sp.）就没有足部和趾。

（二）内部构造

轮虫的内部器官比较复杂，已经具备了消化、排泄、生殖、神经、肌肉等器官系统。

1. 体壁　轮虫的体壁由一层表皮细胞和皮下肌肉以及由表皮细胞分泌出的骨蛋白稍许硬化形成的皮层所组成。体壁外面和外界的水相接触，里面为体液，因而氧气可以直接通过这层细胞渗透到体液中，二氧化碳也靠同样的方法扩散到体外。因此，轮虫没有特殊的呼吸器官。头冠上纤毛的运动，使身体周围的水不断更新，很易交换气体，以完成呼吸作用。

2. 假体腔　轮虫具有假体腔。这个腔位于体壁的下方，消化管及其他内部器官之间。假体腔充满液体，在腔内还有分支的变形细胞联合为多核体而组成的疏松网。在胚胎发育过程中，这些细胞来自形成表皮的同一细胞。因此，被认为是属于外中胚层的类型。它们可能具有吞食和排泄的功能。

3. 消化系统　轮虫的消化系统包括口、咽头、咀嚼囊、食道、胃和肠。肠直通泄殖腔，肛门（泄殖孔）开口于躯干部末端靠近足的基部。

口一般在头部腹面的中央，常被纤毛冠包围。口下通有细的生有纤毛的咽头，咽头长度因属而异。凶猛种类的口，直接与咀嚼囊相通，没有咽。咀嚼囊是厚的肌肉壁，其中着生一个构造复杂的咀嚼器，这是磨碎食物的器官。它的构造是鉴定种类的主要根据。咀嚼器分成砧板和槌板两部分，由7块小板组成。砧板由1片砧基（fulcrum）和2片砧枝（ramus）组成。槌板左右各一。每一槌板包括1片槌钩（uncus）和1片槌柄（manubrium）。根据这些小板的不同形态，可将咀嚼器划分为若干类型，比较普通的有槌型（malleate）、杖型（virgate）、枝型（ramate）和砧型（incudate）。柄往往纵长或略弯曲，其前端总是和钩的后端相连接。咀嚼器连接有强大的肌肉，动作很灵活。附在咀嚼器两旁有2～7个唾液腺。食物经过钩与砧枝之间切断或磨碎后进入管状食道，再进入一个膨大的胃，胃后端逐渐细削成肠。肠和胃之间没有明显的界线。胃是消化道最发达的部分，呈膨大的袋形或管状，食道和胃的内部都生有纤毛。胃前端和食道连接处常有一对消化腺或胃腺（gastric gland）。肠成管状或少许膨大为囊状，内壁一般也有纤毛。肠的末端又称泄殖腔（cloaca），排泄器官和输卵管均开口于泄殖腔。肛门即泄殖孔，位于足的基部背面，有排粪、排废和排卵的作用。有些种类无肛门，它们将未消化的残渣从口吐出。整个消化道都靠肌肉与体壁连接。

4. 排泄系统　轮虫的排泄系统由1对位于身体两侧的具有焰茎球（flame bulb）的原肾管（protonephridial tubule）和1个膀胱（bladder）组成，原肾管一般细长而扭曲，分出许多的小支，支末端着生焰茎球。2条原肾管到身体末端通入一个共同的膀胱。膀胱通泄殖孔。焰茎球自管状到扁三角形，形式多样，每一种类有固定的数目，通常每侧有4~8个，但有些种类可多达50个。焰茎球内有许多纤毛组成的颤膜，颤膜不断地颤动，如同火焰，借此颤动激动原肾管内的水流。原肾管从假体腔内吸收废物，经焰茎球的作用运向后方的膀胱，再由膀胱排出泄殖腔外。膀胱每秒约收缩1~6次，按种类和环境条件而不同。

轮虫的排泄器官不仅具排泄作用，同时具有调节渗透压和排水的作用。外界水分不断地渗透到体内，因而需要经常排出多余的水分，以保持体内渗透压的均衡。

5. 神经系统与感觉器官　轮虫的脑位于咀嚼器的背面，由一背神经团节组成，以脑直接分出若干条或若干对神经到眼点、吻、背触手以及头冠上的感觉刚毛，一对较长的咽喉神经也直接自脑的腹部分出，向后伸展到咀嚼器的两侧，由此分派出内脏神经，通到胃和其他部分的消化系统。一对主要的腹神经索，从脑的两旁沿着腹部前端两侧，向后伸展一直达到足部和其他器官（图3-8）。

轮虫具有相当发达的感觉器官和感觉细胞，它们主要集中在前端的头冠部分。最普通的感觉器官是触手，有感觉的功用。触手是能动的乳头状突起，末端有1束或1根单独的感觉毛，有神经通此。触手一般有3个：2个在身体中部两侧，称侧触手；1个在身体前端背部，称背触手。大多数的轮虫有眼点存在，一般有1个眼点，有1对的比较少，眼点常含红色素。

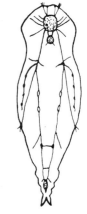

图3-8　轮虫的神经系统
（引自何志辉，1982）

6. 生殖系统　轮虫是雌雄异体的动物，但通常所见的大多是雌体。雄性轮虫不常见到，如果出现，只在一个很短促的时间内生存。

雌性生殖系统：除了双巢纲的种类外，雌性轮虫的生殖系统由单一的卵巢、卵黄腺（vitellarium）和输卵管构成，位于假体腔的腹部。输卵管通到泄殖腔。卵巢内已经成熟的卵，经过卵黄腺和输卵管进入泄殖腔，再由泄殖腔送出体外，粘在足的基部，即在被甲后端孔的周围。胚胎发育，在母体外面环境中进行。蛭态亚目轮虫雌性生殖器官的构造，基本上和上述情况相似，只是卵巢、卵黄腺和输卵管都是成对的。

雄性生殖系统：单巢纲雄体的生殖系统包括1个单独的精巢、输精管及可能和输精管相连接的交配器。精巢成梨形、圆球形或囊袋形，占据了假体腔的绝大部分。不具备交配器的种类，则输精管自体内突出代行交配作用。蛭态亚目的轮虫尚未发现过雄体，只靠雌体不断地进行孤雌生殖。

三、轮虫的变异

众所周知，轮虫类是形态变异极大的动物，就是同一品系也有大小和形状的变化，即多形性

(polymorphism)。王家楫（1961）认为轮虫有区域性和周期性的变异，表现在其被甲大小和被甲棘状突长短的改变。Alstrom（1934）统计了世界 21 个不同地区的萼花臂尾轮虫体形大小，结果是不同地区平均长度相差 124~300 μm。萼花臂尾轮虫的周期性变异，表现在被甲后半部的有无侧棘状突和侧棘状突的发达程度。矩形龟甲轮虫被甲后端两侧的棘状突出，亦有区域性的变异。王堉等（1980）在培养褶皱臂尾轮虫过程中也发现一些形态上的变异，从实验还看出，温度对其变异有显著作用。可以确认，水温变化、饵料的质和量、增殖密度等环境条件，是引起轮虫大小和形态变化的主要原因。

四、轮虫的繁殖习性

（一）轮虫繁殖生物学研究现状

对于轮虫繁殖生物学的研究，直至 20 世纪 40 年代以后才引起轮虫学家的广泛关注。通过对轮虫生活史的观察和研究，一致肯定了轮虫的世代交替模式并初步阐述了环境因子对轮虫的世代交替过程的诱导和调控作用。但对诱导轮虫有性生殖出现的原因争议颇多。因而生物学工作者分别从不同角度对其研究：密度，温度，pH，盐度，溶解氧，渗透压，光照，食物的种类、大小和丰度等都成为轮虫学家关注的问题。从此诸多有关轮虫繁殖的研究文献日渐增多。对于轮虫繁殖生物学的研究国外起步较早，并且大部分研究都集中在单因子对轮虫两性生殖的诱导作用上。

轮虫繁殖生物学的研究早期主要以水轮虫属（*Hydatina*）为研究对象，后来则集中在个体较大、分布广泛、较易培养、具一定的应用价值的单巢纲种类，绝大部分研究者都选择一些普生性的种类进行研究。并且主要以臂尾轮虫属（*Brachionus*）、晶囊轮虫属（*Asplanchna*）、椎轮虫属（*Notommata*）的一些种类为主。近年来椎轮虫属已用得很少，臂尾轮虫属主要偏重于萼花臂尾轮虫、红臂尾轮虫（*B. rubens*）、壶状臂尾轮虫、角突臂尾轮虫。晶囊轮虫属中又以西氏晶囊轮虫（*A. sieboldi*）、卜氏晶囊轮虫（*A. brightuelli*）、中型晶囊轮虫（*A. intermediate*）和盖氏晶囊轮虫（*A. girdoi*）为主。随着海洋渔业的发展，咸淡水种类褶皱臂尾轮虫日益引起人们的注目，也成为轮虫繁殖生物学研究的主要材料。

（二）轮虫的繁殖方式

轮虫的生殖方式有单性生殖和两性生殖两种，两种生殖方式交替进行。

1. **单性生殖** 单性生殖又称孤雌生殖（parthenogenesis）、非混交生殖（amictic reproduction）。休眠卵发育成双倍体的雌性轮虫，称非混交雌体（amictic female）。非混交雌体经有丝分裂产生双倍体的非需精卵（amictic egg）。非需精卵又称夏卵或非混交卵，卵形，卵壳薄而光滑，成熟后无需受精，就能够迅速发育成双倍体雌性轮虫，又经有丝分裂产生双倍体的非需精卵，一代接一代，这就是单性生殖世代。褶皱臂尾轮虫非需精卵长径 56~130 μm，短径 48~96 μm。

所有的非需精卵都是在卵巢中成熟后，通过卵黄腺注入卵黄，垂下输卵管，从泄殖腔总排卵口产出，最初是不定形的卵，靠总排卵口两侧的卵壳腺形成第二次卵膜，卵才能完成固定的形状。产出的卵到孵化成仔虫之前，靠一条短的带状物连接在母虫体上，看起来好像附着背甲后缘一样。这一带状连接物是在产卵时从一对杆腺（stylegland）分泌出的黏液硬化形成的。

一个雌虫产卵的频度和一生所能产夏卵的数目因种类和环境条件而有很大差异。如褶皱臂尾轮虫初孵化的非混交雌体在最适条件下，大体间隔 4 h 可以产卵 1 次。每尾雌体平均产 21 个卵，个体最高产卵数为 24 个；其后随着日数的增加，产卵的间隔也延长，最终变为完全不产卵。繁殖持续时间为 6.7 d（Korstad，1989）。萼花臂尾轮虫平均仅产 5 个卵。食物种类和数量对其产卵量的影响显著。席贻龙（2000）以蛋白核小球藻（*Chlorella pyrenoidosa*）、斜生栅藻（*Scenedesmus obliquus*）和蛋白核小球藻与斜生栅藻混合培养萼花臂尾轮虫时，其每尾轮虫平均产卵量分别是 5.83、3.58 和 4.75 个，投喂蛋白核小球藻轮虫产卵量最大；以 9.0×10^6、6.0×10^6、3.0×10^6 和 1.5×10^6 个细胞/ml 浓度的斜生栅藻培养时，其产卵量平均为 4.1、6.7、6.8 和 5.1 个。壶状臂尾轮虫平均产 22 个卵。温度、食物的种类和数量对壶状臂尾轮虫的产卵量有显著的影响。在 15、20、25 和 30℃ 下培养时，其每尾轮虫平均产卵量分别是 18、21.8、24.8 和 21.7 个，即在 25℃ 时其产卵量显著高于其他各温度下的产卵量，在 18℃ 时其产卵量最低。以椭圆小球藻（*Chlorella ellipsoidea*）、尖细栅藻（*Scenedesmus acuminatus*）和椭圆小球藻与尖细栅藻混合培养壶状臂尾轮虫时，其每尾轮虫平均产卵量分别为 15.6、4.4 和 6.4 个，椭圆小球藻培养时产卵量最大；以 7.5×10^5、1.5×10^6、3.0×10^6 和 5.0×10^6 个细胞/ml 浓度的椭圆小球藻培养时，其产卵量平均为 9.7、16.7、21.4 和 8.2 个。椎尾水轮虫平均能产 45 个卵，一般来说大约在 10~20 个之间。

轮虫以单性生殖方式进行繁殖，群体数量增殖速度很快，有人称谓"爆发式的增殖"。

2. **两性生殖** 两性生殖（bisexual reproduction）又称混交生殖（mictic reproduction）。当外界环境恶劣不适宜轮虫生存时，如温度骤然升降、种群密度过高、pH 和 DO 剧变、食物的种类改变和数量补充受到限制，种群开始出现混交雌体（mictic female）。混交雌体经减数分裂产生单倍体需精卵（mictic egg）。需精卵即未受精冬卵，个体较小，只有夏卵一半大，也很透明，数目多。如果混交雌体在年轻时不与雄体交配，不论以后有无交配混交卵均不受精，发育为单倍体的雄体。如果混交雌虫在年轻时交配，混交卵受精，精子和卵子结合为双倍体的受精卵，受精卵再形成厚壳的休眠卵（resting egg）（Snell，1987；吕明毅，1991）。休眠卵又称为冬卵。休眠卵在休眠期间，可以抵御外界高度的干燥低温和高温以及其他化学因子的剧烈变化等恶劣的环境条件。经过不同阶段的滞育，待温度、食物、pH、DO 等外界环境条件适合时休眠卵萌发形成子代新个体，进入非混交雌体世代，进入新一轮孤雌生殖。轮虫行有性生殖，产生休眠卵以渡过不良环境，对维持其种族的生存、繁衍有极重要的生物学意义。

雄体大多数是个体小而退化，只有雌体的 1/8~1/3。其头冠、被甲、消化道、排泄器官等较简单或已退化。不少种类雄体消化器官完全消失，也不具膀胱，其后端也无口和肛门。内部主要是一个特别发达的单独精囊，交接器大而弯曲。雄体不吃任何东西，行动非常迅速，遇到雌体就进行交配，将精子注入雌体泄殖腔内或穿过雌体不同部位的体壁使精子进入卵巢而受精。如果没有机会找到雌体，雄体也仅能生存 2~3 d。晶囊轮虫的少数种类的雄体寿命能延续 4~7 d。单巢纲迄今仅有 1/10 的种类已经发现雄体。在四季都能生存的种类，雄体常于春秋两季出现；而所谓"夏季种类"雄体总在秋末冬初出现；少数所谓"冬季种类"雄体通常在春天出现。

混交雌体和非混交雌体外部形态没有明显差别，但内部生理机制明显不同，目前只有根据它们携带卵的类型和后代个体来区分。Sudzuki（1964）根据轮虫的系统发育过程提出：轮虫的雌体类型可分为 5~6 种：即 ?♀ 不产卵的雌体（NE）；♀♀ 产非需精卵的雌体（AE）；♀♂ 产雄卵雌体（ME）；P♀产伪性卵（pseudosexual egg，PE）；B♀双性雌体（amphoteric），该雌体既可产混交雌体又可产非混交雌体；D♀为只产休眠卵的雌体。Ruttner-Kolisko（1964）和Gilbert（1978）证实B♀为双性雌体。

休眠卵从母体排出沉入水底或留在死亡后的母体内，大小和夏卵相近，卵壳很厚不透明，形状多样，壳上常有壳纹或长短不一的刺。褶皱臂尾轮虫的休眠卵长130μm，宽88μm，约为雌体成体体积的60%，弓形，具有较厚的卵壳，卵的一端卵黄和卵壳之间有较大的空隙，卵黄呈橘红色，但有时因饵料的质量原因，变得近白色。休眠卵因亲体的营养条件和亲体的状态，其形状和大小有很大的变异。轮虫休眠卵在产出至萌发期间，皆有一个固有的最短休眠期。萼花臂尾轮虫SR80品系，在25℃下其自然休眠期至少为1 d。Pourriot（1983）认为褶皱臂尾轮虫的休眠期可达1个月甚至更长。金送笛等研究发现，角突臂尾轮虫、萼花臂尾轮虫、褶皱臂尾轮虫和晶囊轮虫休眠卵的自然休眠期分别为9、6~7、12 d以上和8~11 h，见表3-1。一般认为轮虫的休眠卵需经过1~6个月才能正常萌发。可见，轮虫休眠卵最短休眠期的长短常因种而异，同种轮虫不同品系间也存在着差异。

休眠卵经休眠后，当环境适宜时，发育成第一代不混交雌体，又以单性生殖方式繁殖。这就是单性生殖及其与两性生殖交替的过程。

然而，Maraelmen（1985），James & Aburezeq（1990）发现，某些单性繁殖系（克隆），仅仅有单性生殖，没有两性生殖。

表3-1　几种轮虫休眠卵的最短休眠期

（引自金送笛，1996；Pourriot，1983）

种类或品系	来源	温度（℃）	最短休眠期（d）
Brachionus angularis	Cretail lake	18	3~10
Brachionus angularis	大连	18~21	9
B. budapestiensis	St Remy lake	18	3
B. calyciflorus CR79	Cretail lake	18	6
B. calyciflorus SR80	St Remy lake	18	2
B. calyciflorus	大连	18~21	6~7
B. rubens CH77	Chatrainvilliers pool	18	14
B. rubens R79	Romainville pool	18	14
B. plicatilis GS74	Garcines Sud	18	28
B. plicatilis S80	Sete lagoon	18	29
B. plicatilis	大连	18~21	>12
Epiphanes senta U76	Ullis pool	10	10
Notommata copeus S74	Senart forest pool	18	90
Notommata copeus L79	Lyon Univpool	18	55
Asplanchna sp.	大连	18~21	8~11（h）

（三）生活史

单巢类轮虫的生活史，分单性生殖世代和两性生殖世代，两世代交替循环，见图3-9。

（四）休眠卵的产生及意义

轮虫以单性生殖方式繁殖，群体数量迅速增长。人工培养轮虫的目的是生产大量的生物饵料，因此，维持单性生殖方式是最理想的。而两性生殖的出现，则意味着轮虫群体数量增长减慢，甚至在产生大量休眠卵后，虫体大量死亡，造成培养的"崩溃"。但是，从另一角度来看，休眠卵适于贮存和运输，也有利用价值。查清和控制诱发两性生殖的因子，在培养生产中，维持单性生殖方式繁殖，当需要的时候，则可以主动地创造条件，诱发两性生殖，采收和贮存休眠卵，这是极为重要的问题。

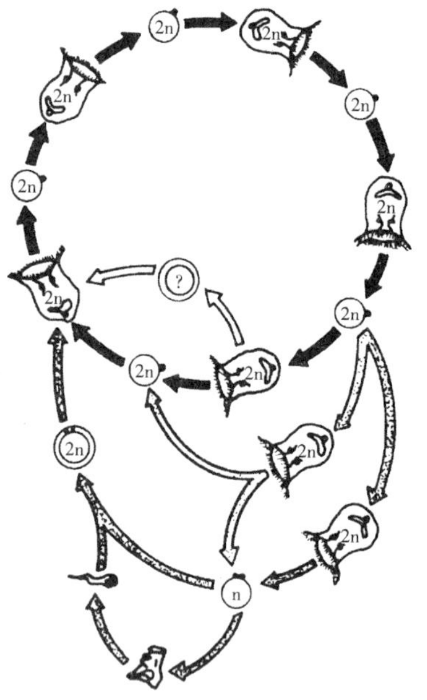

单巢纲轮虫的休眠卵是真正的两性生殖的产物。在轮虫的种群累积培养过程中，休眠卵的产生需经过以下五个步骤：随着轮虫孤雌生殖的进行由非混交雌体产生混交雌体；未受精的混交雌体产生雄轮虫；雄轮虫与混交雌体交配；受精；受精后的混交雌体产生休眠卵。目前已知，一系列内源性和外源性因素皆可通过影响轮虫种群中混交雌体的百分率和受精率以及受精的混交雌体的产卵量，从而影响休眠卵的形成。

1. 诱发两性生殖的因子 混交雌体的产生是轮虫由孤雌生殖向两性生殖转变及休眠卵形成的第一步，它受众多的外源性及内源性因素的影响和制约。

图 3-9 单巢类轮虫生活史模式图
（引自 King & Snell, 1977）

（1）外源性因素。对影响轮虫混交雌体产生的外源性因素的研究已有近 1 个世纪的历史，但大多数结果不仅不确定甚至是相互矛盾的。已确定的外源性因素主要有：

生育酚：Gilbert（1974）报道，低剂量的 α-生育酚（主要成分是维生素 E 及其类似物）的摄取可诱导卜氏晶囊轮虫和西氏晶囊轮虫形成混交雌体。α-生育酚可能直接作用于轮虫胚胎发育的后期而诱导混交雌体的形成。

种群密度：密度的自我调节是种群保持稳定的一个重要特点，生物为了其种群的自身生存与发展，在环境条件改变时，各种不同形式的调节方式就开始起作用了。对于具有世代交替现象的轮虫来讲，在适合的环境下，以快速、便捷的孤雌生殖扩大种群，迅速占据空间对种群十分有益，当种群密度接近环境最大负载力时，种群开始出现雄性个体与混交雌体交配进行有性生殖。无疑，这种方式使得种群轮虫以休眠卵形式离开种群使密度得到了控制。

Gilbert（1963，1974）的研究结果表明，几种臂尾轮虫种群密度的高低与其后代中混交雌体百分率间具有明显的正相关性，高密度的种群诱导产生较高比例的混交雌体的机理目前尚不清楚；轮虫在幼体阶段通过排泄、分泌等方式向环境中释放某种化学物质，随着种群密度的增加，该化学物质也随之积聚，当其达到一定水平时即可诱导混交雌体的产生。而 Clement et al（1980）则认为，轮虫自孵化后同时向环境中分泌两种相颉颃的物质，分别被称为促增长因子（AFm - substance）和降低因子（DFm - substance）。这两种物质的消长决定着种群中混交雌体的数量。尽管这两种观点皆因为化学物质的难以确定而缺乏直接的证据，但 Carmona et al（1993）却用实验方法证实了化学中介诱导作用的存在。他们预先在培养液中培养褶皱臂尾轮虫 5 d，当种群密度由 1 个/ml 增至 22、86.3 或 96.5 个/ml 时，移去轮虫，将培养液经微孔滤膜过滤后用于轮虫的培养研究。结果发现，这种经预处理的培养能明显提高轮虫种群中混交雌体的百分率，提高的幅度与预处理时轮虫的终止种群密度呈正相关。从而为种群密度诱导作用的化学机理的存在提供了证据。日野（1976）报道，当使用极少量培育水进行高密度的褶皱臂尾轮虫培育或一尾一尾分开培育时，混交雌体的出现率很高。在进行高密度培育时，频繁换水的组，混交雌体的出现受到抑制。由此推断，诱因可能是在培育轮虫的过程中某种物质的积蓄有密切的关系。

也有人认为密度的诱导效应实际上是食物丰度变化的结果。因为，随着密度的增加轮虫的饵料生物却在大幅度减少。自然环境中轮虫休眠卵和混交雌体的峰值与种群峰值具有同时出现的趋势，与此相反，环境中食物的生物量随着种群峰值的增加而呈下降趋势。

食物：食物资源的组成、丰度和食物的成分对轮虫混交雌体的形成具有明显的诱导作用。

不同种类的食物对轮虫混交雌体的产生具有不同的影响。Sohansson（1987）对自然水体中轮虫种群中雄体和混交雌体的产生与食物种类和丰度间相互关系的研究表明，随着水体中生物演替过程的进行，轮虫的适口饵料会被其他种类所替代，由此导致轮虫种群中雄体和混交雌体的产生。杨家新等（1998）分别以椭圆卵囊藻（Oocystis elliptica）、蛋白核小球藻及由两者所组成的混合藻为食物培养萼花臂尾轮虫，发现后代中混交雌体百分率依次降低。席贻龙（2000）分别以斜生栅藻、蛋白核小球藻及由两者所组成的混合藻为食物培养萼花臂尾轮虫时，其休眠卵主要形成阶段中混交雌体的百分率分别为27.38%、26.38%和13.27%。Pourriot等（1979）的研究结果表明，以微绿球藻（N. oculata）为食物的褶皱臂尾轮虫比以杜氏藻（Dunaliella sp.）为食物时形成的混交雌体比例高。

食物对轮虫混交雌体的诱导还表现在其可得性及其适口性上。轮虫适口饵料的大小为2～18 μm左右，过大过小对轮虫来讲都是不利的，都有可能诱导混交雌体的产生。Johansson（1987）在调查自然环境中疣毛轮虫（Synchaeta sp.）的生活史时发现，当食物以硅藻为主，食物大小超过30 μm时，种群中会出现大量雄性个体。轮虫食物丰度的变化对混交雌体的诱导效应没有较大的分歧，一般认为，在一定的范围内，随着食物浓度的增加混交雌体的比例减少，但当食物浓度高于上限或低于下限时，种群出现有性生殖的可能性都较大。过大的食物饵料和不合适的饵料浓度都将导致混交雌体的形成。

食物中的某些成分对混交雌体具诱导作用。绿色植物和藻类中所含的维生素E对晶囊轮虫属的不同种类具有间接的诱导作用，并能与种群密度协同作用促使混交雌体百分比明显升高。西氏晶囊轮虫休眠卵萌发出的第一代轮虫均为个体较小的囊形（saccate）非混交雌体，用含维生素E成分的草履虫和在富含维生素E的培养液中培养的萼花臂尾轮虫作为食物投喂晶囊轮虫，结果发现后代出现两种不同的形态，十字形（cruciform）和倒钟形（campanulate）。十字形个体比囊形个体大，体壁的前、后端和两侧向外突出，形成瘤状突出物——BWOs（body wall outgrowths），BWOs的突起程度随pH、DO和环境渗透压的改变而发生变化。该型所产后代个体中混交雌体的比例较高，并与BWOs的突起程度呈正相关。同时，这种形态的个体后代混交雌体百分率不再受其他环境因子的影响。含维生素E或具同类性质的物质诱导囊形和十字形个体产生倒钟形个体，这种个体体形较大且头冠与身体不成比例，该型雌体也是典型的非混交雌体。也有部分个体体形介于十字形和倒钟形之间。卜氏晶囊轮虫对含维生素E食物的反应与西氏晶囊轮虫接近，但BWOs的突起程度不如西氏晶囊轮虫发达，后代没有倒钟形个体。

同一种藻类食物，其生长状况的不同会影响轮虫混交雌体的形成。通过操纵藻类食物的生长状况可诱导褶皱臂尾轮虫的有性生殖。Ben-Amotz et al（1982）以在盐度高于或低于36的培养液中生长的微绿球藻为食物培养轮虫时发现，即使在100%海水中生长的轮虫也会进行有性生殖；而当藻类培养液的盐度达54或更高时，轮虫的有性生殖达最大数量。对此，他们推测，较高盐度下生长的藻类可能产生了一些目前尚未确定的因子，它们诱导并控制有性生殖的发生及其程度。

同一种藻类食物，其年龄（老化程度）的不同也会对轮虫混交雌体的形成具有不同的影响。Lubzens（1988）研究结果表明，褶皱臂尾轮虫后代中混交雌体的百分率随着藻类食物老化程度的增加而提高。

藻类食物浓度的不同对轮虫混交雌体的产生具有不同的影响。杨家新（1998）以$1.0\times10^6\sim2.0\times10^6$个细胞/ml浓度的蛋白核小球藻为食物培养萼花臂尾轮虫时，其后代中混交雌体的百分率相对较低，低于该浓度时皆可明显提高混交雌体的百分率。Snell（1988）通过研究确定了褶皱臂尾轮虫有性生殖发生的杜氏藻临界食物浓度值为1.53×10^4个细胞/ml。

温度：温度对轮虫混交雌体形成的百分率有显著影响。Hino & Hirano（1984）研究水温与褶皱臂尾轮虫两性生殖率的关系，把轮虫培养在15、20、25和30℃条件下，结果在低于25℃的较低温度下，两性生殖率增加，而在25～30℃之间，则无明显区别。席贻龙（2000）以20、25和30℃培养萼花臂尾轮虫时，20℃时的平均混交雌体的百分率显著地大于25℃和30℃时。不同种类的轮虫形成混交雌体的最适温度范围有显著差异。

环境温度的改变，特别是生物不可预测的骤然剧变，常常影响水生生物的生殖活动。温度刺激对轮虫混交雌体的形成具有重要作用。Ruttner Kolisko（1964）曾经做过这方面的实验：第1组，把携带卵的红臂尾轮虫从正常温度移入预先冷却到6℃的培养介质中，在低温条件下经历2 h，该组作为急剧降温刺激组（sudden cold stimulus，SS）。第2组，把轮虫培养介质在1 h内从常温降至6℃，并在该条件下维持1 h，记作缓降温刺激组（gradual cool stimulus，GS）。第3组，为对照组，温度控制在23℃（control，C）。前两组经历2 h后均移到23℃下和第3组一起进行培养。比较它们后代个体（F_1）的混交雌体占所有后代个体总数的比例。结果发现，SS比例最高，GS次之，C最低。统计结果表明，SS与GS和C之间存在明显差异，后两者之间没有差异。杨家新（1996）研究结果也表明，对实验前的萼花臂尾轮虫和红臂尾轮虫进行低温刺激可明显提高其后代中混交雌体的百分率。Gilbert（1993）认为，轮虫的雌体类型是在胚胎发育的早期决定的，此时温度的急剧下降可诱导混交雌体的形成。今村（1979）把低温条件下培养的轮虫放到加温至29～30℃的培养液中，每2 d反复操作1次，通过温度突变的刺激，可以人为地促使轮虫形成大量受精卵。在自然环境下，即使温度变化较缓的季节仍然会发生两性生殖现象。由此可见，温度的突变对混交雌体的形成具有明显的刺激效应。

光照：光照对轮虫混交雌体的形成具有诱导作用。光照昼夜光长变化、光谱成分和光照强度，对不同种类的轮虫种具有不同程度的作用。Laderman & Guttman（1963）在研究中发现，持续光照可以诱导雄轮虫频频出现。在全黑暗条件或至少保持42h的全黑暗状态见不到雄轮虫。若把该轮虫放到有光的条件下稍加刺激又出现雄性个体。在此之后的阶段继续用光诱导时又没有发现雄性个体。由此他们认为光是必不可少的"触发刺激"（triggering stimulus）。若把上述研究对象换成晶囊轮虫属时却很难发现上述效应。臂尾轮虫属的种类对光的反应存在种间差异。红臂尾轮虫对光的诱导反应与椎轮虫相似，而萼花臂尾轮虫对光刺激没有反应。尽管如此，但绝大多数人确信，光照时间的长短对萼花臂尾轮虫两性生殖的出现虽然没有直接的诱导作用，但光照却无疑是有利的。Pourriot et al（1963，1972，1973）研究发现，持续的光照或每天 15 h 的光照可诱导龙大椎轮虫（Notommata copeus）和微趾椎轮虫（N. codonella）产生混交雌体，而持续黑暗或每天 9 h 的光照则不能使之产生混交雌体。具诱导作用的光照周期可能改变了非混交雌体的生殖行为以至于使一些卵发育成混交雌体。当母体的种群密度较高时，光照周期的诱导作用更为明显。光的特定波长和强度对晶囊轮虫混交雌体百分率的高低也有明显的影响。一般情况下，波长在 300～700 nm 内，混交雌体百分率最大时的波长为 425～475 nm。波长继续增加，混交雌体百分率又迅速下降。

盐度：盐度是影响咸水性种类褶皱臂尾轮虫混交雌体形成的主要外源性因子之一。褶皱臂尾轮虫在 100% 的海水（30℃时盐度为 38）中无混交雌体形成，即使种群密度大于 40 个/ml 时也一样。在 50% 或 25% 的海水中时，90%～100% 的个体产生混交雌体。Lubzens et al（1985）研究盐度对褶皱臂尾轮虫两性和无性生殖的影响，把轮虫（克隆）培养在盐度为 2～40 的环境中，关于无性的指数生殖率（G）（试验生长系数）的反应，可分为三种情况：①在盐度为 35 或更高的环境，没有混交生殖发生，G 值低于 0.30/d；②在盐度为 2 和 30 的环境，有低水平的混交生殖，G 值在 0.40～0.50/d 范围；③在盐度为 4～20 的环境，有高的混交生殖，G 值在 0.50～0.85/d 之间。有关盐度影响褶皱臂尾轮虫混交雌体形成的机理，目前尚不清楚。Pourriot（1983）推测，较高的盐度可能阻止了混交雌体的出现，而当培养液盐度一旦降低时，这种阻止作用便消除，混交雌体便在其他一些环境因子的诱导下形成。

pH：pH 的高低直接影响轮虫混交雌体的产生。Mitchell（1992）以不同碱性的培养液培养萼花臂尾轮虫时发现，pH 为 7.5 和 8.5 时萼花臂尾轮虫的混交百分率为 5% 和 10%，pH 为 9.5 和 10.5 时均为 20%。较高的 pH 培养轮虫时，其混交雌体产生的百分率相对较高。

（2）内源性因素。

遗传因素：混交雌体的形成常因同种轮虫不同品系间的遗传差异而存在较大的差异。Hino（1977）通过对褶皱臂尾轮虫 20 个品系的研究发现，有些品系在有性生殖进行到第 25 代后仍无混交雌体产生，而另一些品系则几乎每代都有混交雌体产生。Pourriot（1977）通过对龙大椎轮虫三个品系在不同的种群密度、集群（grouping）和母体（祖母）年龄情况下混交雌体形成的比较研究后发现，每一个品系都可形成混交雌体，但形成的比例却在品系间存在明显的差异。混交雌体的产生在一定程度上由遗传控制，混交雌体的产生是由遗传决定的，环境因子对其具有调节作用。

母体的年龄：母体的年龄与轮虫混交雌体的形成有密切的关系。Pourriot et al（1976，1977，1979）研究发现，萼花臂尾轮虫和红臂尾轮虫母体的年龄与其后代中混交雌体的比例呈显著的负相关。非混交雌体在其一生中的最初几天内，所产卵的 80%～90% 发育成混交雌体；随着母体年龄的增大，该百分率下降。进一步的研究表明，在特定的环境条件下，母体年龄对混交雌体的影响随着培养液更换频率增大到每天一次而消失。Clement et al（1980）研究发现，龙大椎轮虫母体的年龄对后代混交雌体的形成也具有相似的影响，这种影响甚至涉及祖代雌体（祖母）的年龄。

轮虫孤雌生殖的累积世代数：Hino et al（1977）通过对褶皱臂尾轮虫的研究发现，轮虫的有性生殖至少经两个阶段完成。第一个阶段是获得产生混交雌体的能力，这种能力往往在轮虫孤雌生殖进行一代后即可自然形成；第二个阶段是外源性因子，如高种群密度的作用，这种作用只有对经过了第一阶段的轮虫才有效。因此，轮虫孤雌生殖世代数的积累对轮虫混交雌体的形成具有诱导作用。

2. 混交雌体的受精率　即使当种群中混交雌体被诱导产生并随之出现雄性个体，受精作用也并非一定会发生，休眠卵也并非一定会形成。就轮虫本身而言，受精作用的发生主要与以下几个方面有关。

（1）雌雄相遇及交配的可能性。雌雄相遇的可能性与种群密度有关，但交配的可能性则取决于雄体对雌体所产生的、与交配有关的一种糖蛋白的接触化学感受能力（Gilbert，1974；Snell，1988，1985）。同一品系雌雄交配的可能性占相遇概率的71%，而不同品系之间交配的可能性仅占20%。他们认为品系间在休眠卵产量方面的差异是由于交配行为的差异引起的（Snell，1983）。

（2）雄轮虫的受精力。雄轮虫的年龄与其受精力有关。随着雄轮虫年龄的增大，精子的数量和运动能力降低，从而导致雄轮虫的受精力降低。母体的摄食对F_1代雄体的受精力也起着重要的作用；混交雌体在轮虫种群的对数增长期所产之雄体比在稳定期具有较多的精子数量和较强的运动能力。

（3）雌体是否易于受精。雌体欲被受精，就必须吸引雄体并进行交配。Snell et al（1993）研究发现，不同品系间雌体对雄体的吸引力不同。显然，如果雌体在对雄体的吸引力方面存在差异，它们在受孕率方面也将存在差异。交配概率取决于雌雄两个方面，雌雄相遇并进行交配的可能性的34%取决于雌体的吸引力。雌体是否易于受精，也与雌体的年龄有关。西氏晶囊轮虫的混交雌体只在出生后的4 h内可与雄体发生受精作用，褶皱臂尾轮虫在出生后的9h内可与雄体发生受精作用。

3. 受精的混交雌体的产卵量　环境因子对轮虫受精的混交雌体产卵量有明显的影响。温度、碱度和食物的种类是重要的环境因素。温度的升高使受精的混交雌体的产卵量增大。Hagiwara et al（1988）对褶皱臂尾轮虫受精的混交雌体在15～30℃下产卵量的研究表明，15℃下其产卵量最大。Mitchell（1986）认为在碱性条件下，萼花臂尾轮虫受精的混交雌体在pH为8.5时的平均产卵量最大，为2.5个；其次是pH为7.5和10.5时，为2.0个；pH为9.5时为0个。席贻龙（2000）以斜生栅藻、蛋白核小球藻和斜生栅藻与蛋白核小球藻混合培养萼花臂尾轮虫，其混交雌体每6天的产卵量分别为712.45、164.33、584.00个/（10ml），斜生栅藻和斜生栅藻与蛋白核小球藻以1∶1混合均能显著地提高休眠卵的产量。

4. 影响休眠卵形成效率的因素　目前已知，影响休眠卵形成效率的因素主要有遗传因素、温度、食物种类和浓度、培养液的盐度、pH等。

Hagiwara（1991，1994）比较了褶皱臂尾轮虫的30个品系和圆型臂尾轮虫的37个品系的休眠卵形成情况，发现两者中分别有3个和11个品系可以形成休眠卵。两种轮虫的休眠卵形成效率与温度间也具有明显的相关性，前者在较低的温度（23.1℃）下休眠卵形成效率较高，而后者则在较高的温度（28.2～30.6℃）下休眠卵形成效率较高。

食物种类的不同对褶皱臂尾轮虫休眠卵的形成效率也具有显著的影响。Lubzens et al（1980）发现，当褶皱臂尾轮虫以扁藻或褐指藻为食物时，所产之休眠卵显著少于以小球藻（*Chlorella stigmatophora*）为食物时。Snell et al（1985）的研究表明，以酵母或以酵母和藻类的混合物为食的褶皱臂尾轮虫所产的休眠卵显著多于以藻类为食时。Hamada et al（1993）的研究也发现，当褶皱臂尾轮虫和圆型臂尾轮虫以微绿球藻为食时，其休眠卵产量显著高于以普通小球藻、纤细裸藻（*Euglena gracilis*）或啤酒酵母为食物时，其中以新鲜的微绿球藻为食物时休眠卵的产量最高。席贻龙（2000）以斜生栅藻、蛋白核小球藻和斜生栅藻与蛋白核小球藻混合培养萼花臂尾轮虫时，休眠卵的形成效率以斜生栅藻为食物时最高。轮虫休眠卵的形成率与食物种类有密切关系。

Lubzens et al（1993）研究特定品系的褶皱臂尾轮虫的休眠卵只在 9 和 18 两种盐度的培养液中形成，形成的量受食物量的影响。

休眠卵的形成效率与培养液的 pH 有密切的关系。席贻龙（1999）认为 pH 为 7.5 时，萼花臂尾轮虫休眠卵的形成效率最高。

五、轮虫的发育

席贻龙、黄祥飞（1999，2000）将轮虫的个体发育划分为 4 个阶段，即胚胎发育期、生殖前期、生殖期和生殖后期。

1. **胚胎发育期** 即卵的发育时期，指卵的产出到幼体的孵出所经历的时间。
2. **生殖前期** 又称幼体阶段或胚后发育，指幼体孵出到其产出第一个卵所经历的时间。
3. **生殖期** 指第一个卵产出到最后一个卵产出所经历的时间。
4. **生殖后期** 又称衰老期（senility phase），指从轮虫最后一个卵产出到其死亡所经历的时间。

我国通常培养的褶皱臂尾轮虫的雌体，生长至被甲长达 140 μm 时，即开始产卵繁殖，此即为生物学的最小型。开始产卵雌体的大小也因品系的不同和环境因子的影响而有变异。非需精卵初产出时较小，随着卵的发生，短径膨大。塚岛等（1983）报道，卵产出到幼体的孵出所经历的时间，受温度的影响甚大，15℃为 1～2 d；20℃为 1～1.5 d；25℃为 0.5～1 d；30℃为 6～18 h。刚孵出的仔虫形态即和成虫相似，平均被甲长 96 μm，被甲宽 72 μm。仔虫在水中活泼游泳，摄取饵料，并迅速生长。孵化后的仔虫生长发育至成虫所需的时间，受温度、饵料、水质等条件的影响，在饵料、水质等条件基本满足的情况下，15℃为 2～3 d，20℃为 1～2 d，25℃为 0.5～1.5 d，随着水温升高而缩短。

萼花臂尾轮虫各发育阶段的发育历时与环境因子有密切的关系。食物的种类和浓度以及培养的温度均对萼花臂尾轮虫的幼体发育阶段经历的时间有显著的影响。以蛋白核小球藻、斜生栅藻和蛋白核小球藻与斜生栅藻混合培养萼花臂尾轮虫，其各阶段的发育历时见表 3-2。萼花臂尾轮虫幼体阶段经历的时间，斜生栅藻组和混合组显著大于蛋白核小球藻组。以 9.0×10^6、6.0×10^6、3.0×10^6 和 1.5×10^6 个细胞/ml 浓度的斜生栅藻培养时，萼花臂尾轮虫的各主要发育阶段经历的时间见表3-3。食物的浓度对其幼体发育阶段历时有极显著影响，而对其他各主要发育阶段经历的时间无显著影响。轮虫各主要发育阶段经历的时间皆随着温度的升高而极显著地缩短。

表3-2　不同藻类食物培养萼花臂尾轮虫时各主要发育阶段经历的时间（h）

（引自席贻龙，2000）

发育阶段	蛋白核小球藻	斜生栅藻	混合藻
生殖前期	20.42	24.21	23.96
生　殖　期	30.00	25.88	29.67
生殖后期	21.75	19.58	23.38

表3-3　不同藻类食物浓度培养萼花臂尾轮虫时各主要发育阶段经历的时间（h）

（引自席贻龙，2000）

发育阶段	9.0×10^6个细胞/ml	6.0×10^6个细胞/ml	3.0×10^6个细胞/ml	1.5×10^6个细胞/ml
生殖前期	30.75	18.75	19.67	24.33
生　殖　期	34.17	46.75	58.00	53.00
生殖后期	31.25	30.00	29.58	29.25

壶状臂尾轮虫各发育阶段的发育历时与环境因子也有密切的关系。在15、20、25和30℃下培养壶状臂尾轮虫，其各发育阶段的历时随着温度的升高而缩短，见表3-4。在15～30℃范围内，轮虫的胚胎发育时间（D）和温度（T）间的回归方程为 $\ln D = 11.667\,23 - 4.264\,79 \ln T + 0.426\,203\,(\ln T)^2$（$r = 0.806\,6$，$P < 0.05$）。壶状臂尾轮虫的各发育阶段的历时与其食物的种类和浓度有关。以椭圆小球藻、尖细栅藻和椭圆小球藻与尖细栅藻混合投喂时，壶状臂尾轮虫各主要发育阶段历时见表3-5。食物类型的不同对该种轮虫的胚胎发育时间无显著影响，但椭圆小球藻组轮虫的生殖前期显著短于尖细栅藻组和混合组，椭圆小球藻组轮虫的生殖期显著长于尖细栅藻组，轮虫的生殖后期以尖细栅藻组最长。以椭圆小球藻的浓度高于3.0×10^6个细胞/ml培养时，壶状臂尾轮虫的生殖前期显著缩短。

表3-4　不同温度下壶状臂尾轮虫各主要发育阶段经历的时间（h）

（引自席贻龙，2000）

发育阶段	15℃	20℃	25℃	30℃
胚胎发育期	26.00	15.33	11.67	8.67
生殖前期	55.33	33.00	24.67	13.67
生　殖　期	188.00	173.33	111.33	88.67
生殖后期	62.00	55.33	36.67	18.00

表3-5　不同藻类培养壶状臂尾轮虫时各主要发育阶段经历的时间（h）

（引自席贻龙，1999）

发育阶段	椭圆小球藻	尖细栅藻	混合藻
胚胎发育期	16.21	17.83	17.33
生殖前期	43.50	53.17	50.88
生　殖　期	128.33	69.08	89.42
生殖后期	27.42	56.58	28.75

六、轮虫的寿命

自然环境中轮虫的寿命变化很大,从几天到几周不等,见表3-6。

表3-6 自然环境中轮虫的平均寿命

(引自何志辉,1982)

轮虫种类	平均寿命 (d)
萼花臂尾轮虫	6
花甲腔轮虫	7.4
椎尾轮虫	8
前翼轮虫	5.5
须足轮虫	21
矩形龟甲轮虫	22
嗜食箱轮虫	42
蛭态目轮虫	21~24

褶皱臂尾轮虫的寿命长短,受温度、饵料以及其他环境条件的影响,不同的品系也有不同。一般来说,温度高,寿命短,温度低,寿命长;环境条件(特别是饵料质量)好,寿命长,环境条件不好,寿命短。我国培养的褶皱臂尾轮虫的寿命,大约为7~10 d,如环境条件不好,只活3~4 d。Korstad et al(1989)报道,单纯用等鞭藻饲喂轮虫,在20~22℃的条件下,雌虫的平均寿命为10.5 d;繁殖持续时间为6.7 d;每个雌体平均产生后代21个。

萼花臂尾轮虫的寿命与环境因子有密切的关系。随温度的增加其平均寿命缩短。在20、25和30℃下培养时,其寿命分别为168、118和60 h。温度越高,轮虫的寿命越短。

温度和食物的浓度对壶状臂尾轮虫的寿命有明显影响。席贻龙(1999,2000)用椭圆小球藻培养壶状臂尾轮虫时,当食物浓度高于$3.0×10^6$个细胞/ml或低于$1.5×10^6$个细胞/ml时,轮虫的平均寿命显著缩短;在15、20、25和30℃下培养壶状臂尾轮虫时,其平均寿命分别为305、262、173和120 d,其平均寿命也随温度的升高而缩短。

七、轮虫的生态条件

轮虫广泛分布于温、热带地区的海水和半咸水和淡水水域中,湖泊、水库、池塘和沿海港湾均有分布。

1. 温度 不同的种类和品系,对温度的适应范围差别较大。何进金等(1980)报道,水温在5℃时,褶皱臂尾轮虫停止活动和繁殖,因此5℃是生活的最低温度;10℃是繁殖的临界低温,在10℃时还有极低的繁殖能力和缓慢的活动能力;温度为15℃和20℃时,褶皱臂尾轮虫虽能繁殖,但速度较为缓慢;水温为25、30和35℃时,繁殖速度随着温度的升高而加快,25~35℃是繁殖的适温范围;40℃是褶皱臂尾轮虫生活和繁殖的临界高温,虽然在40℃能繁殖,但培养到第6天时,就出现大量死亡。王堉等(1980)报道,在5~40℃的实验温度范围内,褶皱臂尾轮虫都能生长繁殖,较适宜的繁殖温度为25~40℃,而以30~35℃条件下繁殖最快。此结果与何进金的报道基本一致,但略偏高。日本大上(1977)报道,褶皱臂尾轮虫和圆型臂尾轮虫对温度的适应范围差别较大,圆型臂尾轮虫在 34℃ 的条件下,一天的繁殖率最高达 250%,而褶皱臂尾轮虫在 25℃ 的条件下,一天繁殖率为 170%,高于 25℃ 繁殖率下降;在 15℃ 以下的较低温度条件下,圆型臂尾轮虫几乎不繁殖,而褶皱臂尾轮虫在 10℃ 的条件下,还大量繁殖。在大量培养池中,能取得最高繁殖速度的水温,两个品系也不相同,圆型臂尾轮虫近 30℃,褶皱臂尾轮虫则为 12~15℃。在热带地区池水水温为 23~37℃(年平均水温为 27~30℃),褶皱臂尾轮虫能良好生长(Shirota,1967)。在昼夜温差较大的环境下培养轮虫,繁殖很慢(陈世杰,1984)。

在不同温度下培养萼花臂尾轮虫时,其种群增长参数如内禀增长率(r_m)、周限增长率(λ)、净生殖率(R_0)和世代时间(T),见表 3-7。萼花臂尾轮虫 30℃ 下轮虫种群的 r_m 最大,T 值最小。因此,萼花臂尾轮虫种群增长最快的温度是 28~32℃。萼花臂尾轮虫种群增长的临界高温是 36~40℃(王金秋,1995)。

表 3-7 不同温度下萼花臂尾轮虫的种群增长参数

(引自席贻龙,2000)

温度(℃)	r_m (d^{-1})	λ (d^{-1})	R_0(个)	T (d)
20	0.537 5	1.711 7	5.483 4	3.166 0
25	0.785 4	2.193 3	7.416 8	2.551 2
30	1.476 4	4.377 2	6.999 4	1.318 0

在不同温度下培养壶状臂尾轮虫时,其种群增长参数见表 3-8。由表 3-8 可知,壶状臂尾轮虫 25℃ 下轮虫种群的 r_m 最大,T 值最小;其次为 30℃;15℃ 时轮虫的 r_m 最小,T 值最大。该温度下轮虫种群增长最快。因此,25℃ 下壶状臂尾轮虫种群增长最快。

表 3-8 不同温度下壶状臂尾轮虫的种群增长参数

(引自席贻龙 2000)

温度(℃)	r_m (h^{-1})	λ (h^{-1})	R_0(个)	T (h)
15	0.018 225	1.018 392	17.694 45	157.654 4
20	0.024 461	1.024 763	21.750 03	126.162 0
25	0.045 854	1.046 922	24.500 00	69.757 8
30	0.042 172	1.043 074	21.166 67	76.664 5

2. 盐度 褶皱臂尾轮虫为广盐性生物,其最适盐度范围,不同品系不同,也依原生活环境盐度的不同而略有差别,但对盐度的突然变化耐力较低。王堉等(1980)报道,褶皱臂尾轮虫能在 2~50 的盐度范围内生长繁殖,但其适宜的繁殖盐度为 10~30,而尤以 15~25 为宜。何进金等(1980)的试验表明,在 5.5~52 的盐度范围内,轮虫都能繁殖,培养轮虫的适宜盐度在 5.5~20 之间;盐度在 26 以上,盐度越高,轮虫的增殖量越少。褶皱臂尾轮虫在盐度为 3.8 的养鳗池中能生长繁殖,在盐度为 9 的咸水池中能大量繁殖(伊藤,1955)。在热带地区,轮虫在盐度高达 43.1 的水中也能正常生活(Shirota,1967)。Hoff & Snell(1989)认为褶皱臂尾轮虫

忍受盐度范围为 1~60，而 10~20 时生长最好。他们讨论了圆型臂尾轮虫和褶皱臂尾轮虫两个亚种的耐盐性，其最适宜于培养生产的盐度分别为 20 和 30。在盐度 30 的海水中的 L 型轮虫，含有最高的 n3HUFA；而在盐度 15~20 的海水中圆型臂尾轮虫含有较高的 n3HUFA。褶皱臂尾轮虫对盐度较大幅度的突变的忍耐力较低，把盐度为 3.8 的养鳗池中的轮虫直接移到盐度为 18 以上的水中，一天后全部死亡。但如果采取逐渐加大盐度的办法，通过 1 个月 4 次提高盐度的过程，到盐度为 32.5 的海水中培养，获得的最高密度值（225 个/ml），仅比相同条件的热带天然水池的最高密度值略低（伊藤，1960）。

3. 光照　在暗条件下和光条件下，褶皱臂尾轮虫均能生长繁殖。室内培养轮虫多利用人工光源照明，可连续照明，也可间隔照明，40 $\mu mol/(m^2 \cdot s)$ 是常用的光强度。Hoff & Snell (1989) 建议，光∶暗周期为 18L∶6D。何进金等（1980）分成全暗、64、88、128 和 200 $\mu mol/(m^2 \cdot s)$ 进行试验，结果如表 3-9 所示。从全暗到 200 $\mu mol/(m^2 \cdot s)$ 范围内，轮虫都能正常繁殖，但轮虫在光照条件下比全暗条件下繁殖迅速，光照强度不同，轮虫的繁殖速度也不同，轮虫繁殖的适宜光照范围为 88~200 $\mu mol/(m^2 \cdot s)$。

表 3-9　轮虫繁殖与光照的关系

（引自何进金，1980）

培养天数	光照 [$\mu mol/(m^2 \cdot s)$]									
	64		88		128		200		全暗	
	pH	轮虫数	pH	轮虫数	pH	轮虫数	pH	轮虫数	pH	轮虫数
1	7.99	2.5	7.99	2.5	7.99	2.5	7.99	2.5	7.99	2.5
2	8.12	0	9.50	0	9.70	0	9.70	0	7.7	0
3	8.10	38	8.00	71	8.05	83	7.61	64	7.71	38
4	7.78	59	7.15	182	7.15	266	7.15	239	7.70	30

王金秋（1997）认为，光照对萼花臂尾轮虫种群的增长是必要的，但光照强度在 2~240 $\mu mol/(m^2 \cdot s)$ 范围内，对萼花臂尾轮虫增长的影响不显著。

光照对轮虫生长的效应有直接和间接的两个方面。王金秋（1997）选用了有光合作用能力的蛋白核小球藻和无这一能力的啤酒酵母两种饵料进行试验，结果表明，有光照的轮虫种群增长速度要比无光照下要快，这说明光照对轮虫有直接的作用。Fukusho (1989) 认为光照对轮虫有益的效应是间接因素，很可能是刺激水槽中光合细菌和微藻的生长，从而促进了轮虫的增长。光照促进轮虫繁殖的机理，尚未清楚。

综上所述，可以肯定，在光照条件下培养轮虫比全暗的条件下培养好。光照强度对轮虫种群增长的影响效果与种的属性有关。

4. pH　褶皱臂尾轮虫对环境 pH 的适应范围较广，在 pH5~10 的范围内，均能正常生长繁殖。而伊藤（1980）和 Fukusho (1989) 报道的适应范围则为 pH5~9。Hoff & Snell (1978) 发现在 pH6.5~8.5 之间，轮虫群体生长没有差别。何仲森（1987）报道，在 pH6~9 的范围内，轮虫的生长速度无明显差别。关于褶皱臂尾轮虫生长繁殖的最适 pH 范围，有下列报道：pH7.5~8.5 (Hoff & Snell, 1989)；pH7.5~8.0（何仲森，1987）；pH7.0~7.5（古川等，

1973); pH8.0 左右（平山等, 1972）。Furukawa & Hidaka (1973) 认为褶皱臂尾轮虫的最适 pH 范围可能随饵料类型的不同而变化。在投喂微藻饵料的轮虫池水, 开始 3 d pH 随光照强度增加而升高, 见表 3-9, 培养 3 d 后, pH 又随轮虫的数量增加而降低（何进金等, 1980）。Yu & Hivayama (1986) 报道, 轮虫密度高时的 pH 为 7.3~7.8。北岛等 (1981) 实验的结果表明, 如果添加小球藻培养轮虫, 开始培养时 pH 略有升高, 但在以后的培养过程中 pH 通常低于一般海水, 在 pH7.5~8.1 范围内, 轮虫密度最高。

萼花臂尾轮虫在 pH5.5~10.5 时均能正常生长, pH7.5 时种群增长最好, pH3.5 和 11.5 分别是该轮虫存活的下限和上限。

以上报道关于轮虫对 pH 的适应范围和最适范围不完全一致, 其原因与轮虫不同品系的适应性存在着差别, 还与轮虫的培养方法（单个或群体培养）、培养液的体积及其 pH 调节方法的不同有关。

5. 溶解氧　轮虫对水环境中溶解氧含量的适应范围很广。以小球藻为饵料, 培养褶皱臂尾轮虫时, 在溶氧量为 5~7 mg/L 时, 轮虫生长繁殖正常；以油脂酵母为饵料, 在溶氧量为 2 mg/L 时, 轮虫繁殖良好；褶皱臂尾轮虫对低氧含量甚至短时间缺氧的耐受力很强, 把轮虫放到以氮置换氧（即缺氧）的海水中, 经过 6 h, 半数轮虫死亡, 经过 12 h, 全部死亡, 把达半数致死的轮虫恢复充气 48 h, 轮虫又能正常生长繁殖（安部、长野等, 1982）。

在培养轮虫过程中, 溶氧量应保持在 1.5 mg/L 以上, 因氧的消耗受温度、饵料类型和轮虫的密度影响甚大, 所以在培养中应根据具体情况, 调整充气量, 以维持水中溶氧量在应有的水平以上。仅用微藻作为饵料, 充气量比用酵母为饵料时要小, 甚至不需充气。因为对于藻类, 只要提供足够的光照, 即可产生大量氧气, 而酵母和细菌则是耗氧的。Hoff & Snell (1989) 建议, 培养中采用"适中的低充气"。通常, 在 1 个 5 m³ 水槽中装 1 个散气石, 充气量为 12~13 L/min, 另装 1 个气举泵, 充气量为 15 L/min。又如, 在 1 个 10 m³ 水槽中装 8~10 个散气石, 每个散气石以 8 L/min 的气量充气。Fushimi (1989) 报道, 用油脂酵母培养褶皱臂尾轮虫的后期阶段, 轮虫密度近乎 1 000 个/ml, 每百万轮虫每天投喂酵母 1.2 g, 必须提供 60~100 L/(min·m³) 的充气量。

6. 非离子氨　非离子氨对水生生物的毒性很高。在轮虫培养过程中, 轮虫的排泄物及残饵的分解, 造成培养池水中非离子氨的积累。非离子氨水平是影响褶皱臂尾轮虫增长的限制因素。褶皱臂尾轮虫对 ($NH_3+NH_4^+$) 含量的可容忍范围为 6~10 mg/L。建议在轮虫培养过程中, 非离子氨的浓度不宜超过 1 mg/L。

八、轮虫培养的饵料

轮虫一般为滤食性动物, 借助于轮盘部的纤毛带的颤动所引起的水流, 滤食水中的颗粒饵料。轮虫食性广泛, 可食多种饵料, 包括细菌、酵母、微藻、小型原生动物、有机碎屑、微生物团絮（人造有机碎屑）乃至微颗粒饲料等。关于饵料的颗粒大小问题, Hino et al (1980) 测定轮虫摄食的饵料的最大直径为 22~30 μm。伊藤 (1964) 则认为以 10~12 μm 为好。而一般来说, 轮虫的饵料大小宜在 25 μm 以下, 尤以 15 μm 以下为理想。饵料的营养成分, 尤其是 n3HUFA

的含量，直接影响轮虫的营养价值。据分析，海水小球藻和油脂酵母含有较高的 n3HUFA。各种饵料的营养成分差异很大，其他营养成分对轮虫营养价值的影响，尚缺少深入研究。

1. 微藻　各种大小适宜的微藻，大多数都是轮虫的良好饵料，以微藻培养的轮虫，营养价值高。微藻的种类对轮虫种群增长有显著影响。以浓度为 0.3 mg/ml 的椭圆小球藻、尖细栅藻和两者以 1∶1 组成的混合藻在 26±1℃下对壶状臂尾轮虫进行培养时，种群内禀增长率和净生殖率均以小球藻组最高，见表 3-10。用蛋白核小球藻、斜生栅藻和两者以 1∶1 组成的混合藻在 27±1℃下对萼花臂尾轮虫进行培养时，种群内禀增长率和净生殖率也均以小球藻组最高，见表 3-11。日本在培养褶皱臂尾轮虫时应用得最多的是海水小球藻，因为它含有丰富的 n3HUFA。微藻饵料培养褶皱臂尾轮虫，种群内禀增长率和净生殖率普遍认为绿藻优于金藻，金藻又优于硅藻。绿藻中普遍认为小球藻是轮虫培养的较好的饵料。

表 3-10　不同藻类培养壶状臂尾轮虫时的种群增长参数

（引自席贻龙，1999）

食物种类	r_m (h^{-1})	λ (h^{-1})	R_0（个）	T (h)
椭圆小球藻	0.024 89	1.025 2	15.549 8	110.247
尖细栅藻	0.013 43	1.013 5	4.425 8	110.755 6
混合藻	0.017 48	1.017 6	6.001 9	102.521 3

表 3-11　不同藻类培养萼花臂尾轮虫时的种群增长参数

（引自席贻龙，2000）

食物种类	r_m (d^{-1})	λ (d^{-1})	R_0（个）	T (d)
蛋白核小球藻	1.018 3	2.768 5	5.444 4	1.664 1
斜生栅藻	0.675 8	1.965 6	3.333 4	1.781 6
混合藻	0.793 7	2.211 6	4.166 7	1.798 1

微藻的浓度对轮虫种群增长有显著影响。微藻饵料的密度同摄饵率之间呈正相关关系，但也不是微藻饵料愈多愈好，饵料密度过高，对轮虫生长繁殖有一定的抑制作用。在培养过程中，必须按轮虫的密度，掌握好投饵量。轮虫的摄食量很大，据北岛等（1976）实验，当褶皱臂尾轮虫密度超过 100 个/ml 时，12 h 可把 $1.6×10^7$ 个细胞/ml 的小球藻吃掉一半。24 h 差不多可以全部吃光。

以小球藻饲喂褶皱臂尾轮虫，在 20、25、30、35℃的条件下，最有效的投饵密度，分别依次为 $1.6×10^6$、$1.8×10^6$、$2.0×10^6$ 及 $2.2×10^6$ 个细胞/ml。以亚心形扁藻为饵料，褶皱臂尾轮虫的接种密度为 1 个/ml 时，适宜的投饵量为 $1.0×10^4$～$1.5×10^4$ 个细胞/ml。褶皱臂尾轮虫接种密度为 2.5 个/ml，亚心形扁藻的日投饵量为 $2.0×10^5$～$10.0×10^5$ 个细胞/ml，开始培养 3d 内投 $2.0×10^5$ 个细胞/ml，此后逐渐增加。异胶藻的投饵量为 $1.5×10^7$～$2.0×10^7$ 个细胞/ml。$7.5×10^5$ 个细胞/ml 的椭圆小球藻是壶状臂尾轮虫生存和繁殖的最低浓度阈值。壶状臂尾轮虫种群增长的适宜微藻饵料浓度范围为 $1.5×10^6$～$3.0×10^6$ 个细胞/ml。斜生栅藻培养萼花臂尾轮虫时，萼花臂尾轮虫种群增长最适宜的微藻饵料浓度为 $6.0×10^6$ 个细胞/ml。

用微藻培养轮虫，存在的最大问题是需要许多水池来培养微藻，花费大量设备和人力。例如日本一个海产鱼类种苗场各种水池的容量比,大体上育苗池∶轮虫培养池∶小球藻培养池为1∶0.5～1.8∶1.5～2.1。因此,在实际生产中,多采用酵母类和单细胞藻类配合使用的方法代替单一使用微藻饵料培养轮虫。其次,单纯使用微藻培养轮虫,轮虫密度不大,在生产性一般密度高的也只有40～60个/ml的水平,难以适应生产性苗种培育的需要。

2. 酵母类 作为轮虫饵料的酵母,有面包酵母、啤酒酵母、油脂酵母、活性干酵母等。1947年,日本平田·森以面包酵母作为代替海水小球藻为饵料饲喂褶皱臂尾轮虫取得成功。现在用酵母和海水小球藻配合饲喂轮虫,已成为一项规范化的技术。

面包酵母主要用于制面包,一般以糖蜜或麦芽汁为原料,在好气性条件下培育而成。商业生产用的菌株是属于啤酒酵母(*Saccharomyces cerevisiae*)。酵母是在培养后,经离心分离集菌,再经真空过滤器脱水,用压榨成型机成型的。一般以鲜菌状态,在4℃条件下保存、运输到消费者手中。面包酵母不耐盐,在海水中存活时间不长。因此,在培养褶皱臂尾轮虫时,应采用分次投饵和控制投饵量。酵母作为饵料,成功地使褶皱臂尾轮虫培养达到400～600个/ml,甚至1 000个/ml以上的高密度。而且,酵母具有供应稳定、易于贮藏、投喂简便等优点,从而大大简化了培养微藻的设备和人力,降低了成本。

但是,人们发现在对真鲷、石鲷仔鱼连续投喂用酵母培养的褶皱臂尾轮虫7～10 d后,鱼苗会出现食欲减退、游泳缓慢、腹部膨胀等症状,并在2～3 d内全部死亡。而投喂用酵母和藻类混合饵料培养的轮虫则没有此类情况。通过对海水小球藻和面包酵母两种饵料以及用这两种饵料培养的轮虫的主要营养成分进行测定分析,发现两种饵料的差异主要是酵母缺少海产鱼类生长发育所必需的n3HUFA。用海水小球藻培养的轮虫,体内EPA的含量为总脂肪酸含量的27%～28%,而用海水小球藻和面包酵母混合培养的轮虫,体内EPA含量为11%～12%,单用面包酵母培养的轮虫,体内EPA含量仅为1%～2%。进一步的研究又发现,如将酵母培养的轮虫在投喂前用小球藻进行二次强化培养,则EPA的比例随培养时间延长而增加,如强化培养2天就可达到单纯用小球藻培养的水平,即EPA含量达到27%,而在生产上强化6～12 h,便足以能防止由于缺少必需脂肪酸而导致仔鱼死亡。目前生产上主要采用营养强化的方法提高轮虫的营养价值(见第十章)。

3. 微生物团絮 所谓微生物团絮就是人工制成的有机碎屑。是用葡萄糖为碳源,用尿素、磷酸钾为辅助原料,以海水中生成的微生物群为主体的有机悬浮物。团絮中主要的生物种是酵母和细菌。多贺、安田等(1979,1980)用微生物团絮作为轮虫饵料。今田等(1982)用酒精发酵母液作为微生物团絮的有机物源,应用于轮虫培养,获得了较好的效果。

第二节 轮虫的分离和培养

一、轮虫种的分离

目前使用的轮虫种最初都是从天然水体中分离出来的,这些轮虫品系一般都经过长期研究和实际使用证明具有优良的品质,因而生产所用的轮虫种一般不需自己分离,可从有关科研、教学单位获得。轮虫种的分离并不困难,需要时可以自己进行分离。春天,当水温升高达15℃以上时，在海边高潮区的小水洼、小水塘等小型静水体中，尤其水质较肥，浮游藻类繁生的水中，常有轮虫的生活。可用网目为120 μm左右的浮游生物网在这些小水体中捞取，最好是在清晨日出之前，轮虫向水表层游动时捕捞，效果更佳。把捞取的样本，先用网目300 μm的尼龙网滤掉小鱼、杂物，再集中于容器中放置数小时。利用轮虫对于缺氧或恶劣环境抵抗力强的特性，待桡足类及其他浮游动物等死亡沉于水底时，再用纱布或滤纸平放水面，使浮在水上层的轮虫黏附其上，取出纱布或滤纸把轮虫冲洗入另备容器中，即可得到较纯的轮虫。按此方法再经2~3次分离之后，可得到纯种轮虫。也可把采集的水样在解剖镜下，用吸管将轮虫吸出。轮虫个体较大，很容易用吸管分离。在分离过程中应测定轮虫原生活环境的条件，培养轮虫用水的盐度应该与原生活环境的条件相近。待分离培养成功后如需要改变培养盐分，必须经过逐渐驯化过程。

二、休眠卵的孵化

已有的文献资料表明，休眠卵的萌发率与萌发时的环境状况、休眠卵形成时母体的生长状况、休眠卵的保存状况以及形成休眠卵的母体的遗传因素等有关。

(一) 休眠卵的萌发形式

大多数种类轮虫的休眠卵萌发皆具有两类形式。一类为零星萌发形式，意指轮虫的休眠卵在较长的一段时间内或多或少地以有规律的时间隔离而零星地萌发；另一类称为同步萌发形式，意指大量的休眠卵在休眠期后的短时间内（如几天）同时萌发。在水产养殖业或生态毒理学的研究中，轮虫休眠卵的同步萌发至关重要。因此探明轮虫休眠卵同步萌发的条件成为轮虫休眠卵萌发机理研究的重点之一。

(二) 休眠卵的孵化方法

可用各种玻璃培养缸、小水族箱为孵化容器，容器在使用前应清洗、消毒，再用过滤海水冲洗干净，然后加入孵化用海水。为了避免敌害生物的危害，清除小型甲壳动物，休眠卵孵化及培养仔虫的海水，需要用300目的密筛绢网过滤。并加入淡水调节盐度至最适范围。

把少量轮虫休眠卵放入海水中孵化。孵化容器放置在靠近窗口或有人工照明的位置。孵化期间每天需搅拌1~2次。如果条件适宜，一般在3~7d的时间内，即可孵化。

(三) 影响休眠卵萌发因素

1. 保存方法和时间对休眠卵萌发率的影响　休眠卵保存方法主要有冷冻和干燥两种。Lubzens et al（1980）比较了冷冻（至-10℃）和干燥保存方法对褶皱臂尾轮虫休眠卵萌发率的影响。结果表明，冷冻几周后休眠卵的萌发力没有丢失，冷冻至16周后休眠卵的活力降低了40%。而干燥保存的休眠卵，如在萌发前进行低能量的超声波预处理后，其萌发率可达100%。Persoone et al（1993）对萼花臂尾轮虫和褶皱臂尾轮虫休眠卵进行处理和干燥保存，不仅解决了休眠卵带水保存时所遇到的活力丢失问题，而且还可使保存达6个月以上的休眠卵萌发率达50%以上。金送笛等（1996）通过对角突臂尾轮虫、萼花臂尾轮虫、褶皱臂尾轮虫新产休眠卵进行缺氧、适度阴干或冷冻处理后发现，这三类方法都可提高轮虫新产休眠卵的萌发率。Hagiwara et al（1989）发现，5℃下保存的褶皱臂尾轮虫休眠卵的同步萌发率和累积萌发率皆显著高于15~25℃保存的休眠卵。

近年来，Balompapueng et al（1997）采用对冷冻（-30℃）干燥后的休眠卵在48～61 kPa大气压下进行听装保存，使保存达6个月之久的休眠卵的萌发率不会降低，从而为休眠卵的保存找到了一个最为可靠的方法。

2. 萌发时的环境状况对休眠卵萌发率的影响

温度：温度对休眠卵萌发时间有明显的影响。在5～35℃的范围内，褶皱臂尾轮虫休眠卵都能萌发，但萌发时间随温度的不同而有明显的差异，最适的萌发温度是20～25℃。李永函（1985）报道，萼花臂尾轮虫和角突臂尾轮虫的休眠卵萌发的温度下限为10℃，上限为40℃，萌发时间以38℃最短，在10～38℃范围内，萌发时间随温度的升高而缩短，二者成负相关，休眠卵发育的生物学零度为10℃。Pourriot（1983）认为，就特定种群而言，休眠卵萌发的最适温度往往在该种群的适宜增长温度范围内。

光照：光照对轮虫休眠卵萌发率的影响常因种而异。Lubzens（1980）报道，光对于红臂尾轮虫休眠卵的快速、批量萌发是绝对必需的，但对角突臂尾轮虫和蒲达臂尾轮虫（Brachionus budapestiensis）却无影响，对萼花臂尾轮虫有益但并非必不可少。Hagiwara（1989）认为，光对于褶皱臂尾轮虫休眠卵的萌发也是必需的。金送笛等（1996）研究发现，光照是角突臂尾轮虫、萼花臂尾轮虫、褶皱臂尾轮虫和晶囊轮虫新产休眠卵萌发的必要条件。产生上述差别的原因可能是由于新产休眠卵和经过一定时间保存的休眠卵对光的敏感性存在一定的差异造成的。

pH：萼花臂尾轮虫和角突臂尾轮虫休眠卵在pH4.5～11.5的范围内可以萌发。pH 8时休眠卵孵化时间最短。

溶氧：萼花臂尾轮虫和角突臂尾轮虫休眠卵正常萌发的临界氧量为0.3 mg/L。

此外，最近的研究还表明，使用波长为320～380 nm的超声波（UVA）对休眠卵进行辐射处理，可有效地提高休眠卵的孵化率。卵暴露于过氧化氢或前列腺素中可使滞育的胚胎开始发育，即使在黑暗的环境条件下也一样。

在实际生产中，为了贮存休眠卵"种子"，把休眠卵置于休眠状态是抑制其萌发的必要条件，贮存条件与促进休眠卵萌发的条件恰恰是一对相矛盾的因子。必需光照者需被置于暗处；喜暖性种的休眠卵则需要贮存在低温处，或把嗜寒种的休眠卵置于高温下。

3. 休眠卵形成时的环境状况对其萌发率的影响　休眠卵形成时母体的生理状况、环境条件对轮虫休眠卵的萌发率具有较大的影响。

受精的混交雌体的摄食也影响其所产休眠卵的萌发率。因为休眠卵形成时所需的能量远多于非需精卵，因此，母体的摄食对休眠卵的组成成分和生理状况有特别的影响。Hagiwara et al（1990）发现，以衣藻（Chlamydomonas sp.）为食物的褶皱臂尾轮虫形成的休眠卵，其萌发率远低于以扁藻（P. tetrathele）为食物时。Gilbert（1990）研究发现，以裸藻（Euglena）为食物的萼花臂尾轮虫形成的休眠卵，其萌发率达96%，而以酵母为食物时则为83%，且前一种休眠卵的萌发更快、更稳定。母体摄取的食物种类还影响褶皱臂尾轮虫休眠卵萌发时对光的敏感性。

Pourriot et al（1983）比较了不同食物、温度和光照条件下形成的休眠卵的萌发过程，发现休眠卵形成时的环境状况并不能改变其萌发形式，但却能影响萌发时的环境因子与萌发率间的相互关系。通过改变休眠卵形成时的环境状况，可改变休眠卵萌发的最适温度以及在该温度下的最大萌发率。休眠卵形成时培养液的盐度影响其萌发时所需的最适盐度。

4. 品系或克隆间的差异　Pourriot et al（1983）研究发现，同种轮虫的不同克隆所产的休眠卵，不仅在形态上存在差别，其萌发形式也互不相同。Hagiwara et al（1990）对不同品系的褶皱臂尾轮虫在同样条件下形成和保存的休眠卵的萌发率研究也表明，休眠卵的萌发率常因品系的不同而异。

三、轮虫的培养方式

（一）依培养条件的人为控制程度分

1. 粗养（extensive culture）　培养池为室外 50 m³ 以上的大型水泥池或 600～1 500 m² 的土池，对其环境条件难以人为控制。培养达到的轮虫密度较低。以半连续培养方式培养，每天、隔天或根据需要采收部分轮虫。

粗养轮虫的成本低，虽然培养的密度不高，但由于培养水体大，总收获量也很大。缺点是培养不够稳定。我国以粗养方式培养轮虫比较普遍。

2. 精养（intensive culture）　培养池为室内小型池，一般 0.5～1 m³，大的 5～10 m³。严格控制培养条件，培养达到的密度高，一般达 500～1 000 个/ml。精养轮虫的效率高，稳定。但要求的设备条件高，成本也高。我国目前还较少采用。

（二）依培养和收获的特点分

1. 一次性培养（batch culture）　在轮虫培养池中，先培养微藻饵料，待浓度较大后，接种轮虫进去，补投酵母饵料培养，经 4～7 d，繁殖达到一定的密度，一次全部采收。采收后再清池重新培养。若干个轮虫池按计划培养，轮流采收，见图 3-10。一次性培养的轮虫培养池较小，一般 10 m³ 以下，但近年用较大型池进行一次性培养也逐渐增多。

一次性培养是最常用的培养方式。但因培养中，经常清池、接种，工作量较大。

2. 半连续培养（semi-continuous culture）　半连续培养又称间收法培养。典型的半连续培养，除轮虫培养池外，还需要容量较大的专用微藻饵料培养池，培养大量藻类备用。在轮虫培养池中，首先培养藻类饵料，后接种轮虫，培养中补投酵母饵料。待轮虫繁殖达一定密度后，每天将一部分轮虫用虹吸法采收。采收后，把藻类培养池的藻液抽入轮虫培养池，补回采收的部分，恢复原来水位。继续培养，继续每天采收。约经 15～25 d 的培养，粪便和残饵积累，水质逐渐恶化，此时需全部收获，清池，重新培养。

半连续培养一般使用室外 50 m³ 以上大型池，大多以粗养方式培养，是目前培养轮虫最常用的方式。

3. 连续培养（continuous culture）　连续培养装置为室内封闭式系统，培养条件严格控制，提供高质量饵料，采用 Droop（1975）描述的"恒化器"（chemostat）原理自动控制采收。James & Abu-Rezeq（1989，1990）采用 1 L 和 100 L 容量的"恒化器"式轮虫连续培养装置，

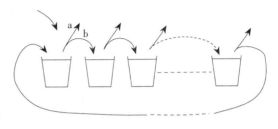

图 3-10　用换池接种法一次性培养轮虫示意图
a. 收获　b. 接种
（引自 Yoshida，1989）

以微绿球藻和面包酵母为饵料,培养 S 型轮虫,获得 3.08×10^9 个/($m^3 \cdot d$) 的最高产量和最好的饵料转换效率。他们认为该系统适宜于大规模轮虫生产。连续培养目前基本上还处于实验室试验阶段。

四、一次性培养

1. **培养容器、培养池** 培养轮虫对容器并没有严格的要求,因培养规模不同可选不同大小的容器。各种玻璃培养缸、水族箱、玻璃钢水槽、水泥池,都可以用来培养轮虫。室内培养种轮虫以及进行各种培养试验,一般使用小型玻璃容器、玻璃缸、水族箱等。生产性培养一般使用玻璃钢水槽和水泥池。一次性培养用的水泥池,大都较小,水深 80cm 左右。这些容器在使用前都需要用有效氯或高锰酸钾进行化学消毒,小型培养容器也可进行高温消毒。

2. **培养用水** 培养轮虫用水,需经砂滤器或 300 目的筛绢网过滤以除去小型甲壳动物等敌害生物。如果需要在轮虫池先培养微藻饵料,则必须再用有效氯 20 mg/L 的次氯酸钠处理后使用。

3. **培养微藻饵料** 室内小型培养,多用微藻为饵料,可先使用专门培养微藻的设备培养好微藻备用。生产性培养,一般先在轮虫培养池培养微藻,待其生长繁殖达到一定浓度,小球藻为 $1.0 \times 10^7 \sim 3.0 \times 10^7$ 个细胞/ml,亚心形扁藻为 $2.0 \times 10^5 \sim 3.0 \times 10^5$ 个细胞/ml 时,即可接种。

4. **接种** 轮虫的接种量应根据轮虫种的多少而定,一般来说,接种量大些好,接种密度越大,繁殖速度越快,可缩短培养时间。

如单纯以藻类为饵料培养褶皱臂尾轮虫,接种轮虫密度为 0.1~0.5 个/ml 时,经 7~10 d 培养,可达到收获的密度,接种的数量少些,除了需要较长的培养时间外,其他并无不良影响。

用面包酵母为饵料培养褶皱臂尾轮虫时,接种量必须大。张道南(1983)认为,在 25℃ 的条件下,轮虫的接种量以 14~70 个/ml 适宜。

5. **投饵** 室内小型培养轮虫,多用微藻为饵料。一般每天投饵 2 次,除参考各种微藻的合适投饵量外,主要靠观察水色调整,投饵后水应呈现出淡的藻色,一次投喂量不宜过多。饵料被吃光时,水变清,呈淡褐色,应及时补投饵料。

生产性培养轮虫,多以微藻和面包酵母混合投喂,或以酵母为主,甚至全部投喂酵母。典型的一次性培养,是先在轮虫池培养藻类饵料,达到一定浓度后接种轮虫进池,池中轮虫除消耗池中藻类饵料外,每天投喂面包酵母 2 次,日投饵量为每 1×10^6 个轮虫投 1~1.2 g。根据轮虫的摄食情况适当调整。

以酵母饵料为主,甚至全部投喂酵母饵料培养的轮虫,由于营养上存在缺陷,应进行营养强化。

6. **搅拌或充气** 小型培养,在每次投饵后需轻轻搅拌,一方面使饵料分布均匀,另一方面也可增加水中的含氧量。生产性培养,水容量较大,必须充气。单纯投喂微藻饵料,由于藻细胞在光合作用过程中放出大量氧气,充气量可小些,或间歇充气,甚至可完全不充气。而酵母饵料则是耗氧的,用酵母饵料培养轮虫必须连续充气。一般来说,充气量应适中,不宜过大。但是用油脂酵母为饵料培养褶皱臂尾轮虫,轮虫密度近 1 000 个/ml 时,必须提供 60~100 L/(min·

m^3）的充气量（Fushimi，1989）。

7. **生长情况的观察和检查** 轮虫生长情况的好坏和繁殖速度的快慢是培养效果的反映，所以在培养中需经常观察和检查轮虫的生长情况，以便针对存在的问题及时采取措施，不断改进培养方法。每天上午，用1个小烧杯取池水对光观察，注意轮虫的活动状况以及密度的变化。如果轮虫游泳活泼，分布均匀，密度加大，则为情况良好。如果活动力弱，多沉于底层，或集成团块状浮于水面上，密度不增加甚至减少，则表明情况异常。对轮虫的密度变化，最好能进行定量。除肉眼观察外，应吸取少量水样于小培养皿中，在解剖镜或显微镜下检查。生长良好的轮虫，身体肥大，胃肠饱满，活泼游动，多数成体带非需精卵，少的1～2个，多的3～4个（但用酵母培养的轮虫一般只带卵1～2个，很少有3个），不形成休眠卵。如果轮虫多数不带非需精卵或带休眠卵，雄体出现，轮虫死壳多，沉底，活动力弱等，都是不良现象。通过镜检还可以了解轮虫胃含物多寡，及时调整投饵量。

8. **收获** 一般经过3～7 d的培养，粗养方式下轮虫密度达到100～200个/ml或精养方式下轮虫密度达到400～600个/ml，即可收获。一次性培养是一次全部收获的。收获时，可用网目小于100 μm的筛绢制成约40 L容量的网箱，网箱高40 cm，外有一方木框支撑，网箱捆紧在木框架内，张开。把网箱连同木框架放在一高为20 cm的大塑料盆内，用虹吸法把池水用管吸出，流入网箱内过滤。待网箱内轮虫密度大时，用塑料勺舀取作为饵料投喂或作为种轮虫继续培养。

五、半连续培养

半连续培养是目前培养轮虫常用的方式，以下介绍一种典型的用水泥池为容器的半连续培养方式。

1. **培养池** 分轮虫培养池和微藻饵料培养池两种，均为室外水泥池，两种池的容量大约以1∶2的比例配套使用（轮虫池为1，微藻池为2）。轮虫培养池的容量为40或50 m^3，池深1.2 m。微藻培养池的容量为80～100 m^3。

2. **培养微藻饵料** 把轮虫培养池和微藻饵料培养池清洗，消毒，灌水，施肥，培养微藻饵料。

3. **接种** 当藻类饵料繁殖达到较高浓度时，以每毫升水体接入轮虫种30～50个的数量，把轮虫种接入轮虫培养池。

4. **培养** 接种轮虫后，充气培养。除培养微藻饵料外，还投喂面包酵母，每天投量为每100万个轮虫投喂酵母1～1.2 g，分上、下午2次或多次投喂。先把酵母在桶中加水搅拌均匀后再泼入池中，如果是用活性干酵母投喂，需用电动搅磨机把团粒状的酵母加水搅打成分离的单个酵母细胞再投喂。

5. **采收** 培养4～5 d后，轮虫的密度超过100个/ml时，根据轮虫的繁殖率，每天采收水容量的1/5～1/3。采收方法同一次性培养。采收后立即从微藻饵料池抽取藻液入轮虫培养池补回采收的水量，并继续喂酵母，充气培养，又每天继续采收一部分。

由于轮虫培养池中的残饵、轮虫粪便等物质会随着培养天数的增加而增多，使水质逐渐恶化，每次培养时间一般能维持15～25 d，最多达30 d，最后全部采收，清池，开始新一轮的培养。

六、大面积土池培养

土池培养实际上也属于半连续培养方式。利用土池培养轮虫技术较易掌握，成本低，收获量大，轮虫质量好。多用于褶皱臂尾轮虫的培养。

1. **培养池** 培养池的选址，要求排灌水方便，在盐度较高的海区最好有淡水源，在必要时可调节海水盐度。

培养池的面积大小和数量，主要依育苗生产的需要决定。一般年产 2 亿尾中国对虾虾苗的育苗场，配 4~5 口面积为 1 000 m² 左右的轮虫培养池。如育苗数量大，也可以用面积为 0.7~1 hm² 的养虾池培养轮虫。

池的底质以不渗漏的泥质或泥沙质为好，要求池底平整，围堤坚固。池的有效水深为 1~1.2 m。可采用水泵动力提水，也可在闸门安装 250 目或 300 目密筛绢的过滤网，涨潮时海水经过滤后进入池内，纳水时注意控制水量，让海水小量缓慢流入，避免过滤网损坏。

2. **清池** 清池方法有两种。一种为干水清池，把池水排干，在烈日下曝晒 3~5 d，即可达到清池目的。如果认为有必要，可再用清池药液，部分或全部泼洒池底和池壁。另一种为带水清池，即培养池连池水一起消毒，按水体量加入药物杀死敌害生物，在没有池水浸泡到的池壁，则用清池药液泼洒消毒。

常用的清池药物有：

（1）漂白粉。漂白粉的有效氯含量为 25%~30%，贮存时间太长会失效，因此在使用前必须测定其有效氯含量。清池的漂白粉用量为 60 g/m³，使用时先加少量水调成糊状，再加水稀释泼洒。漂白粉清池可杀死鱼类、甲壳动物、藻类和细菌。清池后药效维持 3~5 d，即可消失。

（2）氨水。农用氨水含氨量为 15%~17%，清池的氨水用量为 250 mg/L，使用时稀释后泼洒。氨水清池可杀死鱼类、甲壳动物及其他动物，并有肥水作用。清池后 2~3 d 药效消失。

（3）五氯酚钠。清池的五氯酚钠用量为 2~4 mg/L，用水溶解后均匀泼洒。可杀死鱼类、甲壳动物、螺类和水草。药效消失时间为数小时。

（4）其他药物及用法。参考相关资料。

3. **灌水** 清池药效消失之后，即可灌水入池。灌入池中的海水，必须通过 250 目或 300 目的密筛绢网过滤，以清除敌害生物。一次进水不宜过多，第一次进水约 20~30 cm，随后再逐步增加。

4. **施肥培养微藻饵料** 灌水后即施肥培养微藻饵料。采用有机肥和无机肥混合使用的方法，可使轮虫培养池在相当长的时间内维持肥效，以供应藻类大量繁殖的营养需要。有机肥的种类很多，但以发酵鸡粪的效果较为理想，鸡粪必须经过发酵，尽量避免使用新鲜鸡粪。近年，随着工厂化养鸡业的发展，一些单位将鸡粪筛选、高温干燥后制成以鸡粪为主的鱼用饲料，如能使用这种鸡粪，效果更佳。一般每公顷池施发酵鸡粪 1 500~2 250 kg 为基肥。如果是鸡粪发酵饲料，施肥量可减少 1/3。施肥时，先将 1/2 的鸡粪肥均匀撒于池内，其余 1/2 堆在池塘四周，依靠雨水使肥分缓慢地流入池中或作日后追肥用。施好基肥后每公顷再施 30 kg 尿素和 7.5 kg 过磷酸钙。

在清池过程中，除杀死轮虫的敌害生物之外，单细胞藻类也被杀死。施肥培养微藻饵料需要有藻种，有条件的可以接种人工培养的优良藻种（如海水小球藻、扁藻等）入池培养。但由于土池的面积大，需要藻种的数量很大，一般难以解决。因此，在土池培养轮虫多利用在纳入天然海水时同时带进来的各种混杂的藻类作为培养种。所以就是带水清池的培养池也需要纳入部分海区的新鲜海水，以解决培养的藻种问题。

施肥培养微藻饵料，一般经 4~7 d 藻类即可繁殖起来。当藻类数量太大，池水透明度低于 20 cm 时，可隔天加水 5~10 cm。当池水水位升到 50 cm 时，即可接入轮虫种。在培养过程中，根据藻类生长情况，每隔 5~7 d，以同样的量追施化肥 1 次。

5. 接种　轮虫的接种量，一般以 0.5~1 个/ml 较为适宜。可以把经不断扩大培养的种轮虫或把轮虫繁殖已达高峰的培养池的轮虫，连池水带轮虫抽入池中接种。

6. 维持藻类饵料的数量在适宜的范围　土池培养轮虫，一般是不投饵的，轮虫主要摄食施肥培养的藻类饵料。由于培养的藻类饵料的增殖有一定限度，轮虫的密度不能过高，否则培养的藻类饵料很快被吃光，因缺乏饵料而导致轮虫的大量死亡。为了平衡两者的关系，一般控制轮虫密度在 5~20 个/ml 之间，每天将超出部分轮虫收获，另一方面通过施追肥，维持藻类的增殖，以补充轮虫的消耗，使藻类饵料的增殖量和轮虫的消耗量基本保持平衡，培养才能正常进行。

7. 采收　轮虫的采收方法，可用 200 目筛绢做成拖网，沿池边拖曳采收。也可在池面上设一浮筏，其上安装 1 个用 200 目筛绢制成的网箱，用一小型水泵，把池水抽入网箱过滤。

也可利用轮虫趋光的特点，利用光诱，使轮虫大量聚集在强光处，轮虫集中的地方呈褐红色，可用水桶直接舀取。

七、池塘轮虫的增殖

许多池塘沉积物中蕴藏着相当丰富的轮虫休眠卵，数量从每平方米几万至几百万个不等。实验表明。它们在水温 5~40℃，pH4.5~11.5，溶氧大于 0.3 mg/L 的条件下可以萌发，若能采取人为激活措施，其萌发速率还可提高。但最终能否获得更高的生物量，则取决于对轮虫增殖条件的满足程度。

1. 池塘选择　先对池底表层沉积物进行轮虫休眠卵浮选、定性和定量，凡大型臂尾轮虫（萼花臂尾轮虫、壶状臂尾轮虫或褶皱臂尾轮虫）休眠卵量大于 1.0×10^6 个/m^2 者均可考虑作为轮虫培育池。但晶囊轮虫休眠卵过多者最好不用。符合以上条件者多是一些底质腐泥化程度极高或多年饲养底层鱼类的池塘，至于那些新筑池塘或多年饲养鳙的池塘或水体交换频繁的池塘中则很难找到太多的轮虫休眠卵。轮虫培育池通常以水深 1.5~2 m，面积 0.20~0.30 hm^2 为宜。为便于饵料池的设置和水质调控，培育池最好毗邻大型水体，切忌把单独水体选为轮虫培育池。

2. 排水冻底　秋末排水令其自然冰冻越冬，可促进休眠卵的萌发，还可冻死敌害，特别是那些难以用药物杀灭的底栖敌害生物如才女虫等。

3. 清塘晒底　对于那些冬季不结冰的低纬度地区的培育池，用药物实施排水清塘，晾晒 5~7 d，可以起到清除敌害和激活休眠卵萌发的作用。

4. 注水搅底　初注水量以 20~30 cm 为宜，随着轮虫密度的增加，可逐步增加水体容积。

最终平均水深以 1.5～2 m 为宜，紧接着便可借助机械或人力搅动底泥。此举可使沉积于底质中的休眠卵上浮或沉落于泥表以获得萌发所必需的溶氧、光照等。因为无论冻底、清塘晒底，都只有注水后轮虫休眠卵才能萌发，因此，生产上可以用注水时间来控制池塘轮虫达到高峰期（1.0×10^4 个/L）的时间。此高峰期的早晚主要取决于轮虫休眠卵量和水温。通过表 3-12、表 3-13 的经验数据可大致了解。

表 3-12　不同休眠卵数量达到轮虫高峰期（1×10^4 个/L）的时间（水温 20～25℃）

（引自李永函）

休眠卵量（$\times10^6$ 个/m^3）	达到高峰期时间（d）*
<1.0	>10
1.0～2.0	10～8
2.0～4.0	8～5
>5.0	5～3

*自注水日计算。

表 3-13　不同水温轮虫达到高峰期（1×10^4 个/L）的时间

（引自李永函）

温度（℃）	达到高峰期时间（d）
20～25	10～8
17～20	15～10
15～17	20～15
10～15	25～20
5～10	>30
<5	∞

注：池中休眠卵量 1.0×10^6～2.0×10^6 个/m^2。

5. 水肥度调控　轮虫培育前期，水肥度调控的原则是"先瘦后肥"，即在轮虫数量 <1 000 个/L 时，不用施肥，让浮游植物利用池塘固有肥力自然繁殖起来，通常池水透明度可保持 30～40 cm，pH<9.5，溶氧也适中，可避免高 pH、高溶氧以及藻类浓度过大对轮虫繁殖的不利影响；当轮虫密度大于 1 000 个/L 时，施肥使池水透明度降至 20～30 cm，这时即使出现短暂的高 pH、高溶氧现象，但整个水质也会因轮虫与浮游植物间的互相制约而得以平衡。

6. 投饵　培养池轮虫开始大量繁殖，进入指数增长期后，便要考虑补充饵料的问题。其总的原则是浮游植物、有机碎屑（粪肥、豆浆等）和菌类（光合细菌、酵母等）食物混合投喂。当池水中浮游植物量极大，透明度小于 10 cm 时，pH 往往偏高，溶氧过饱和不利于轮虫的增殖，此时补充有机碎屑或菌类食物，可有效地降低过高的 pH 和溶氧；当浮游植物量较少，透明度大于 30 cm 时，应首先考虑补注富含浮游植物的肥水，同时补充上述食物。此时补充碎屑和酵母还可减小轮虫对浮游植物的压力，以长期保持池水的肥度和良好的水质。

能否保证足量的微藻是轮虫培育成败的关键。初步估算，当轮虫密度大于 1.0×10^4 个/L 时，由本池繁殖起来的浮游植物量，只能提供其饵料的一半左右，其余全靠外源。即设置专门浮游植物培养池，通常按 1∶1 比例可大体满足轮虫池对微藻的需求。难点是如何防止轮虫和其他敌害动物对微藻池的"污染"。

7. 增氧 调节好水体肥度，使其始终存留一定数量的浮游植物，利用生物增氧是保障轮虫池溶氧的最重要手段。但在轮虫数量大于 $2.0×10^4$ 个/L 时，池水溶氧很难保持，或是因浮游植物被滤尽而造成全天候缺氧；或是虽存留一定数量大型个体的浮游植物可在晴朗白昼保证溶氧，但在阴雨天和凌晨照样缺氧。因此，轮虫池补充溶氧是使轮虫持续高产的重要措施。方法是安装增氧机，此举在增氧的同时还可起搅水均匀食物、避免轮虫群游等多种作用。增氧机启动时间主要在深夜和阴雨天，保证池水溶氧大于 3 mg/L。

8. 敌害防治 轮虫的主要敌害包括：甲壳动物、摇蚊幼虫、多毛类幼体、大型原生动物和丝状藻类等。对此应以防为主，即彻底清塘，严格滤水。一旦发生可分别采取措施：

(1) 甲壳动物（包括桡足类、枝角类、虾、钩虾等）和摇蚊幼虫。可用 $0.5\sim1.2$ g/m^3 的晶体敌百虫全池泼洒。具体浓度依敌害种类、水温、水质而异。一般情况下，枝角类 0.5 g/m^3，虾、钩虾和摇蚊幼虫 1.0 g/m^3，桡足类 $1\sim1.2$ g/m^3。上述浓度对轮虫影响不大。

(2) 多毛类。沿海池塘中常出现一种海稚虫幼虫，体长约 1 mm 左右，此种多毛类大量存在时严重影响轮虫的繁殖，对其生活史研究表明，它以成虫或卵在不冻的浅海或池塘底泥中越冬，早春幼体或卵随注水而进入轮虫培育池，所以凡经过冻底的池塘，只要注水时用大于 150 目的密筛绢网严格过滤，则可得到有效控制。一旦发生，使用茶饼水泼洒亦有效果。

(3) 大型原生动物。直径小于 20 μm 的小型原生动物往往可以作为轮虫的食物，但直径大于 50μm 的大型纤毛虫，如游仆虫等常常是轮虫的敌害。这类原生动物的大量发生必须依赖于极其丰富的有机碎屑，一般在室内大量投喂酵母时最易繁殖，所以工厂化高密度培养轮虫时，游仆虫是一大害。在室外土地培养轮虫，如果以微藻为食物时，这类原生动物很难形成优势种群，危害不大。若投喂酵母，则很可能出现游仆虫，其危害程度视原生动物与轮虫的相对密度而不同。据观察，二者相对密度小于 3∶1 时，将同步增长，对轮虫繁殖影响不大，超过此值则轮虫受到抑制。在这种情况下应停止投喂酵母而补注富含浮游植物的肥水。食物成分和水质改变后，以腐生性营养为主的游仆虫的繁殖速度锐减，轮虫加速增殖，池塘生物群落逐渐改善。据此理，欲使池塘生物组成中，原生动物始终不成为优势种群，首先必须控制施肥和投饵的种类与时间，采用先施化肥培养非鞭毛微藻，等轮虫数量大于 1 000 个/L 后，再追施有机肥和投喂酵母的办法，可收到良好效果。对于像游仆虫这样的原生动物可投入体长 $5\sim7$ mm、密度 $500\sim1\,000$ 个/L 的卤虫，经 $1\sim2$ 昼夜可基本清除池水中的游仆虫而轮虫数量有增无减，原生动物清除后应将卤虫用密网捞出或用 1 g/m^3 的敌百虫杀掉，以免影响水的肥度。如果池塘面积不大，亦可将卤虫置于孔径小于 1 mm 尼龙筛绢网箱中，沉入水体，待原生动物清除后将网箱取出即可。

(4) 丝状藻类。包括丝状绿藻（水绵、刚毛藻等）、丝状蓝藻（螺旋藻、颤藻等）、丝状硅藻（角毛藻、直链藻等）。其危害是丝体长大（>50 μm），很难被轮虫滤食且消耗营养盐，有极强的抑制其他藻类生长的作用。一些特大型种类（大螺旋藻、丝状绿藻等）还会在抽滤轮虫时一起被滤在网中而无法排除。目前对混生于轮虫池中的丝状藻类尚无选择性杀伤药物，但以下方法可预防丝状藻类的发生或干扰：①保持适当的浑浊度，可预防水绵、刚毛藻等底栖丝状绿藻的发生。池水的浑浊度主要靠微藻、轮虫以及悬浮物维持，所以施肥、投饵和搅动底泥都是行之有效的。②轮虫的灯光诱捕。利用丝状藻类分布的不均匀性和轮虫的趋光性，晚间选择合适位置用灯光诱捕轮虫可排除大型丝状藻类的干扰。③网捞。对池边零星的大型丝状绿藻（刚毛藻、水绵等）可用手网捞出，对遍布池塘的大型丝状绿藻可用小孔径大拉网捞取。对于那些悬浮于水层中的丝状硅藻、蓝藻、裸藻等，因为它们主要是抑制小型微藻的滋生，所以只要强化有机碎屑和菌类食物的投喂即可保证轮虫的繁殖，而且由于这些绿色植物的存在还为轮虫提供了宝贵的溶氧。

9. 抽滤与换水　轮虫密度达 $2.0×10^4$～$3.0×10^4$ 个/L 时，用 4 英寸*泵和 150 目筛绢网抽滤，通常水深 1 m，每 0.067 hm^2 水体用 1 台 4 英寸泵每天抽滤 2～3 h，其抽出量与繁殖量大体平衡；如果用于土池育苗，则可将富含轮虫的培育池水直接注入育苗池，同时向轮虫池补注大致等量的富含浮游植物的肥水，此举可起到更换轮虫池水，改善其水质的作用。为此，必须另备浮游植物培养池，专供补换水用。由于池塘中轮虫分布不均匀，所以必须选择轮虫密度较大的位置和水层架设水泵，否则抽滤效果不好。

10. 保护卵资源　休眠卵是内源性轮虫培育池的物质基础，其质和量直接影响培育的成败。由于春季从休眠卵孵出的第一代轮虫，主要来自年前沉积于泥层的隔年休眠卵，这批卵的多寡十分重要。保证的最好办法是在春季停止抽滤或轮虫高峰期消落后，立即采取措施，包括投饵、施肥等，强化培育一批轮虫，使其达到高密度并产生大量休眠卵为下一个生产周期奠定好基础。

以上措施主要针对沉积物中贮有大量轮虫休眠卵的池塘。如果选用新建池塘或底泥中很少休眠卵的水体，则必须引种，其方式有三种：

（1）沉积物移植。选富含（>$5.0×10^6$ 个/m^2）轮虫休眠卵的水底沉积物，挖出后加入生石灰调节 pH 近中性，兑成浆均匀泼洒于培养池中，此法的优点是既引卵又施肥，缺点是劳动量大。

（2）休眠卵移植。将事先收集好的轮虫休眠卵装入 300 目筛绢制成的袋中，置于水下 10～20 cm 处，待轮虫孵出后再解袋放虫。如有足够的休眠卵此法省力省工。

（3）虫体移植。将室内或室外其他池塘正处于指数增长期的轮虫，按 100～1 000 个/L 的密度，一次性投放培养池中，投放密度视水体肥度而定，透明度大于 30 cm，投放密度 100 个/L；透明度小于 25 cm，投放密度为 500～1 000 个/L。其原理除食物外，主要是肥水 pH 和溶氧较高，大量的轮虫可在短时间内吃掉相当数量的浮游植物，减少因强烈光合作用带来的高 pH 危害。如能保证种源，此法成功率高，且速度较快。

第三节　轮虫的保种和休眠卵的保存

轮虫一般采用保存冬卵的方式进行保种。在秋冬季冬卵往往大量出现于轮虫培养池，从池底的沉淀物中可收集大量的轮虫休眠卵，稍加阴干，装瓶蜡封，也可不阴干，放入冰柜保存。由于将轮虫休眠卵与池底污泥分离开来比较困难，也可直接将含有轮虫卵的底泥放入冰柜保存。

一、休眠卵的诱发

对诱发轮虫两性生殖的因子，已在本章第一节介绍。目前，在生产中诱发两性生殖形成休眠

---

* 英寸为非法定计量单位，1 英寸＝2.54 cm。

卵的方法，是以高的种群密度和饥饿刺激相结合进行。即先以常规方法培养轮虫，不采收，待轮虫数量达高峰时，突然停止投喂饵料并停止充气，池中饵料很快耗尽，即会出现两性生殖，产生大量休眠卵。其次，还可以改变盐度或温度，促进轮虫产生休眠卵。今村等（1979）把低温条件下培养的轮虫放到加温至 29~30℃ 的培养液中，每 2 d 反复操作 1 次，通过温度刺激，可以人为地促使轮虫产生大量休眠卵。

二、轮虫休眠卵的采集、分离和定量

每池设 2~4 个点，用体积为 600 cm³ 的长圆筒形有机玻璃采泥器，即休眠卵采集器（图 3-11），垂直插入泥底，采取约 10 cm 厚的底泥，并切取上部 5 cm 高度的泥层置容积为 1 000 ml 的盛泥钵中，加水稀释到 600 ml，搅拌均匀后取出 10 ml，注入 50 ml 的烧瓶中，准备分离。

分离前先在用精盐调成的饱和食盐水中，加入其质量 20% 的蔗糖，配制成糖盐高渗液。此方法主要用于海水轮虫休眠卵的分离。

分离时，将高渗液徐徐加入上述盛泥浆水的烧瓶中，用玻璃棒搅动 1 min，静置 20 min，等泥沙下沉后再搅动，并再加高渗液，使液面略突出于瓶口，这时休眠卵逐渐上浮。20 min 后即可计数。

计数时，先用计数框在突出瓶口的液面上黏取上浮休眠卵，随即置低倍镜下观察并计数，一般黏取 3~4 片即可将上浮休眠卵取尽。

休眠卵的数量可按下式计算：

$$N = \frac{V \times P_n}{U \times S}$$

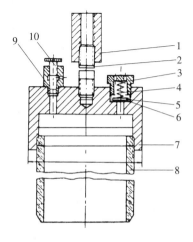

图 3-11 休眠卵采集器
1. 螺母 2. 提杆 3. 压盖 4. 弹簧 5. 圆盘 6. 热片 7. 盖 8. 圆筒 9. 气阀座 10. 放气阀
（引自李永函，1985）

式中，N——休眠卵数量（个/cm² 或 1×10^4 个/m²）；

P_n——观察到的休眠卵数量（个）；

V——被稀释后的泥水体积（ml）；

S——采泥器底面积（cm²）；

U——所取泥浆水样体积（ml）。

三、轮虫休眠卵的形态和鉴定

1. **萼花臂尾轮虫休眠卵** 见图 3-12。卵状肾形。大型，长径 150 μm 左右，短径约 100 μm。外卵壳表面具凹凸不平的条状棘突，镜下呈不规则弯曲的粗线纹，壳缘棘突明显。胚胎位于小端，钝圆。隔年休眠卵或经高渗液处理通常具一大气室。在池塘中，当该种轮虫密度大于 1×10^4

个/L时，常大量产生休眠卵，每个产休眠卵的雌体一般带卵1~2个，产出后先挂于虫体被甲末端之足孔两侧，不久脱落而沉没水底。据测，1t肥厚的鱼池淤泥中可蕴藏上亿个萼花臂尾轮虫的休眠卵。

2. **壶状臂尾轮虫休眠卵**　见图3-13。卵状肾形。大型，卵径与萼花臂尾轮虫休眠卵接近，但卵形更为尖细，具一明显的卵盖。壳面线纹较细，壳缘棘突不清。胚胎偏于卵之小端，先端常平齐。休眠卵形成与分布和萼花臂尾轮虫类同，惟出现率稍低，对盐度的适应性更广，有时在半咸水中发现其踪迹。

3. **褶皱臂尾轮虫休眠卵**　见图3-14。卵状肾形。大型，卵径和卵形颇似萼花臂尾轮虫休眠卵，但壳纹更为细腻，壳缘无棘突。胚胎位于卵之大端，末端多平齐。在内陆盐水水域或沿海富营养化程度较高的水体中，该种轮虫常大量繁殖，对"拥挤效应"似有极强的适应性。通常种群密度超过 $2×10^4$~$3×10^4$ 个/L时才有休眠卵形成，每个雌体一次产休眠卵1~2个，罕为3个，离体后一律沉积水底。底泥层中的休眠卵量有时可高达 $1×10^7$~$2×10^7$ 个/m^3。在这类富含休眠卵的池塘中，如果用机械或铁链拉拽搅动底泥，可使休眠卵上浮水面，有时在池边或四隅能见到一层微红色的卵浮膜，将之采出便可作为移植其他水体或室内培养的"种源"。在室内培养达高密度（>$1×10^5$个/L）时，如果改变其生活条件，可获大量纯度极高的休眠卵，亦是室内集约化培养轮虫的重要采"种"方式。

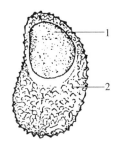 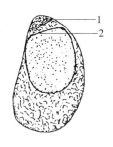 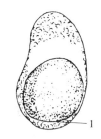

图3-12　萼花臂尾轮虫休眠卵　　　图3-13　壶状臂尾轮虫休眠卵　　　图3-14　褶皱臂尾轮虫休眠卵
　1. 胚胎　2. 壳纹　　　　　　　　1.卵盖　2.胚胎先端　　　　　　　1. 胚胎末端
　（引自李永函，1991）　　　　　　（引自李永函，1991）　　　　　　（引自李永函，1991）

4. **角突臂尾轮虫休眠卵**　见图3-15。卵状肾形。中型，长径约100 μm，短径60~70μm，卵盖清晰，外卵壳表面具蜂窝状装饰物，镜下呈稀疏分布的颗粒状花纹。胚胎位于卵之小端，先端平齐。休眠卵的形成与分布类似萼花臂尾轮虫，但出现时间更早，在冬季出现的种群中，早春即可见到大量的休眠卵。

5. **矩形臂尾轮虫（*B. leydigi*）休眠卵**　见图3-16。椭球形。大型，长径约120μm，短径80~100 μm，呈黑褐色。外卵壳表面装饰物呈峰状。棘突或尖或钝，或高或低，镜下呈网络状，壳缘突起明显。该种常间生于其他臂尾轮虫种群中，很少单独形成优势种。在池塘浮游轮虫群落数量极大时，该种的数量即使不多也会出现休眠卵。

6. **卜氏晶囊轮虫休眠卵**　见图3-17。球形。大型，卵径平均160μm，最大可逾200μm。外卵壳表面具泡状装饰物，镜下呈比较规则的半球形壳纹，其间有点状花纹。刚形成的休眠卵色淡，半透明，成熟后色泽加深，不透明。该种系卵胎生，休眠卵形成后亦不产出体外（贮存），随母体死亡而沉积水底。当水温 15℃以上时才大量萌发，故繁殖盛期在春末夏初，休眠卵亦在此时形成。鉴于其捕食的特性，所以它是其他轮虫的敌害。其休眠卵大量存在的池塘，不宜用来培养其他轮虫。在盐度大于 8 的半咸水池塘中晶囊轮虫不能生存，淤泥中也找不到它们的休眠卵。

图 3-15 角突臂尾轮虫休眠卵
1. 卵盖
（引自李永函，1991）

图 3-16 矩形臂尾轮虫休眠卵
（引自李永函，1991）

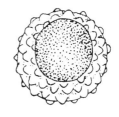

图 3-17 卜氏晶囊轮虫休眠卵
（引自李永函，1991）

7. 尖尾疣毛轮虫（*Synchaeta stylata*）休眠卵　见图 3-18。近似球形或球形。中型，卵径 60~80μm，卵壳半透明，具刺，刺长 20~30 μm，渐尖。该种广泛分布于池塘、水库、湖泊。其温幅、盐幅较广，一年四季均可出现。休眠卵在春夏季出现。但在泥层中尚未找到，从具长刺的结构看，其休眠卵可能属浮性卵。

8. 针簇多肢轮虫（*Polyarthra trigla*）休眠卵　见图 3-19。卵形。中型，长径约 80μm，短径约 60μm。卵壳厚，半透明，其上分布着 2~3 层骨条状饰纹。该种系典型的广温适冷种，高峰期多出现于冬季或早春，但低温下很少有休眠卵。

9. 螺形龟甲轮虫（*Keratella cochlearis*）休眠卵　见图 3-20。椭球形。中小型，长径约 70μm，短径约 50μm。卵壳装饰物网络状，其间具刺，壳缘刺稀疏（约 30~40 个），呈不规则弯曲。分布广，在鱼池、水库中随时都能找到该种的雌体，当密度不太大时（每升几千个）就可能出现休眠卵。休眠卵在底泥层中零星分布。

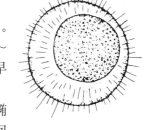

图 3-18 尖尾疣毛轮虫休眠卵
（引自李永函，1991）

10. 矩形龟甲轮虫（*K. quadrata*）休眠卵　见图 3-21。椭球形。中型，长径约 80μm，短径约 60μm，壳面除网络状结构还具粗短突起，镜下呈粗细不均的颗粒状花纹。壳缘粗颗粒约 30~40 个，但无棘突。休眠卵的产生与分布同螺形龟甲轮虫。

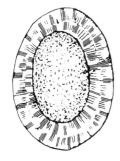

图 3-19 针簇多肢轮虫休眠卵
（引自李永函，1991）

11. 曲腿龟甲轮虫（*K. valga*）休眠卵　见图 3-22。椭球形。中型，长径约 80μm，短径约 60μm，形态颇似矩形龟甲轮虫，但壳缘波折，壳面网络状结构不清，周边具骨条状饰纹（约 20 条）。生态分布近似其他两种龟甲轮虫，底泥中很少发现其休眠卵。

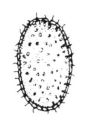
图3-20 螺形龟甲轮虫休眠卵
（引自李永函，1991）

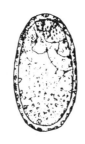
图3-21 矩形龟甲轮虫休眠卵
（引自李永函，1991）

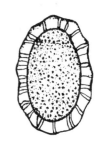
图3-22 曲腿龟甲轮虫休眠卵
（引自李永函，1991）

12. 长三肢轮虫（*Filinia longiseta*）休眠卵 见图3-23。卵形。中型，长径约100 μm，短径约80μm，外卵壳上具大型泡状装饰物，泡状突起分布不均，常使卵形不对称。该种分布极广，与多肢轮虫一样，温幅广，即使在冰下水体中亦可形成优势种，但休眠卵多出现于春末夏初。从形体看此种休眠卵似适于浮水，但试验表明，初产者仍迅速沉没。

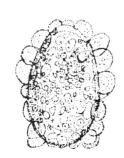
图3-23 长三肢轮虫休眠卵
（引自李永函，1991）

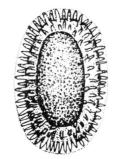
图3-24 前额犀轮虫休眠卵
（引自李永函，1991）

13. 前额犀轮虫（*Rhinoglena frontalis*）休眠卵 见图3-24。椭球形。中型，长径约100 μm，短径约70 μm。卵壳上布满钝刺状饰物，壳缘刺100余个，排列整齐，刺长约为短径的1/8～1/5。休眠卵宿存，随母体死亡而下沉或黏附于杂物上。

四、休眠卵的保存

装瓶封装的轮虫休眠卵，放在低于5℃的冰箱内保藏，可保存1～2年之久。日野研究室有历时8年以上仍保持孵化能力的休眠卵，可见休眠卵耐受恶劣环境的时间相当长。

休眠卵也可以不吸出，保留在原培养容器或原池中。原池水不能排去，也不能更换新水。若需要再培养时，把原池水排掉大部分（注意保留底部休眠卵），换入新鲜海水，并加入少量藻液，池中的休眠卵即孵化，而获得大量种轮虫。但原池保存休眠卵，由于病、敌害生物的危害，存活率不高。

• 复 习 思 考 题 •

1. 简要叙述轮虫一次性培养、半连续培养和大面积土池培养方法。
2. 试述轮虫土池增殖的技术要点和意义。
3. 简要叙述轮虫的生活史。
4. 试述诱发轮虫两性生殖的主要因子及其特点。

5. 轮虫的发育过程可划分为哪些阶段?
6. 简要叙述轮虫的生态条件。
7. 图示5种轮虫休眠卵的主要结构。
8. 简述轮虫休眠卵定量方法。

(黄翔鹄)

第四章　枝角类的培养

枝角类（Cladocera）是一类小型甲壳动物，俗称红虫、鱼虫，大多生活在淡水水域，海洋中种类很少。因此，枝角类是淡水浮游动物的重要组成部分，为鱼类、甲壳类的重要天然饵料动物。淡水水域中枝角类的生物量往往远远大于轮虫类。据记载，全世界范围内分布在淡水水域的枝角类约有450种，我国分布中约占1/3，迄今有记载的淡水枝角类148种（堵南山，2000），海水枝角类5种（郑重等，1987），内陆咸水枝角类23种（赵文，1991）。

枝角类营养丰富（体内含有丰富的蛋白质，含有鱼类和其他水生动物所需的必需氨基酸、脂肪酸，还含有丰富的维生素和矿物质），生活周期短，繁殖速度快，对环境的耐受性强，是一种理想的动物性饵料。

枝角类的培养已有200多年的历史，我国渔民很早就懂得在鱼池中进行粗放式培养枝角类，并将其作为仔、稚鱼的饵料。而我国对于枝角类的培养研究报道始于20世纪50年代，郑重（1953，1959）、宋大祥（1962，1963）、黄祥飞（1983，1984）、何志辉（1983，1986）、庄明辉等（1986）、王丹丽（1996）、黄诚等（1997，1999）、葛家春（1999）等分别对淡水枝角类中的蚤状溞（*Daphnia pulex*）、大型溞（*D. magna*）、透明溞（*Leptodora kindti*）、隆线溞（*D. carinata*）、近亲裸腹溞（*Moina affinis*）、多刺裸腹溞（*M. macrocopa*）、老年低额溞（*Simocephalus vetulus*）、发头裸腹溞（*M. irrasa*）和直额裸腹溞（*M. rectirostris*）等的生殖、生态等进行了大量的研究；程汉良等（1994）和杨和荃（1995）对多刺裸腹溞的大量培养进行了研究；郑重等（1966，1987）、代田昭彦（1989）、刘卓等（1990）、何志辉等（1988）、区又君（1996）和方民杰（1997）等对海洋枝角类的鸟喙尖头溞（*penilia avirostris*）等生物学和培养进行了研究；赵文（1991）对内陆咸水性枝角类的研究概况做了评述，何志辉等（1987，1988）、徐长安（1998）和陈学豪等（1999）分别对内陆咸水性的蒙古裸腹溞（*M. mongolica*）的生殖、生态、饵料、培养和在鱼类育苗中的应用等进行了详细的研究报道。

淡水枝角类的研究与培养，为淡水经济水产动物的增养殖提供了充足的动物性饵料，并作为一种饵料产品出售。现在市面上已有"冰鲜红虫"、"鱼虫干"和"红虫冬卵"产品，可作为鱼虾幼体的生产和配合饲料的添加物，有的枝角类可生产溞酱、溞味素等作为人类的食品。对海洋枝角类的研究与培养始于20世纪80年代初。何志辉等（1988）在我国晋南地区首次发现了咸水性枝角类——蒙古裸腹溞，并驯化在海水中培养后，海洋枝角类的大量培养和应用于海水鱼类的育苗生产才得以实现。近十几年来，围绕蒙古裸腹溞的营养、生态、生殖和培养技术与应用的研究报道较多，但对其他枝角类的研究却较少。

随着水产养殖业的不断研究发展，开发培养枝角类作为水产经济动物特别是海水种类的饵料，具有良好的发展前景。但从目前的情况看，枝角类的研究还存在许多不足和问题，应为今后研究的方向。

(1) 对我国的枝角类进行全面的生态习性、繁殖、营养和生理生化等基础研究。
(2) 加强枝角类各种类养殖培养技术的研究，开展生产性的培养和冬卵的生产收集。
(3) 筛选或引进优良品种。

第一节　枝角类的生物学

一、形态分类

（一）分类

枝角类隶属于节肢动物门（Arthropoda），甲壳纲（Crustacea），鳃足亚纲（Branchiopoda），枝角目（Cladocera）。常见培养种类主要属于溞科（Daphniidae），溞属（*Daphnia*）的一些种类，如大型溞、蚤状溞和隆线溞等，以及裸腹溞科（Moinidae）裸腹溞属（*Moina*）的一些种类，如多刺裸腹溞、蒙古裸腹溞、发头裸腹溞和直额裸腹溞等。

（二）形态特征

1. 外部形态　枝角类身体左右侧扁，可分为头部与躯干部（图 4-1）。

（1）头部。头部大小因种类而不同，侧面观头部呈半圆形并稍向下弯曲，有时在头部与躯干部之间背侧有一凹陷，称颈沟。

① 头顶：头部的最前端，复眼前面的部分称头顶。头顶一般为圆弧形，有的种类头顶突起形成一小角，称头盔。

② 吻：头部在复眼之前的部分，称额。额向后下方延伸，形成鸟喙状突起，称吻。

③ 壳弧：在第二触角基部的脊状隆起，用以支持触角肌肉的伸缩，并使得头部两旁硬化。

④ 眼：有复眼和单眼，均有感光作用。复眼由多个小眼组成，位于头前端，通常比单眼发达，呈球形，1个，有 3 对动眼肌牵引，因此复眼能向不同方向活动，其既能辨别光线的强弱，也能辨别光源的方向。单眼位于复眼和第一触角之间，周围无水晶体。

⑤ 触角：第一触角也称小触角，通常呈棒状，由 1～2 节组成，末端具一簇嗅毛，中部有一感觉根毛。雄体的第一触角一般比雌体的大而且可活动。

第二触角也称大触角，强大有力，双肢型，基节粗壮。

⑥ 口器：有唇片、第一小颚及大颚。唇片有上、下唇

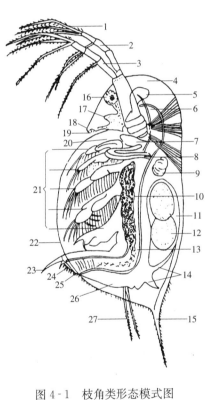

图 4-1　枝角类形态模式图
1. 游泳刚毛　2. 第二触角的外枝　3. 第二触角的内枝　4. 头部　5. 前盲囊　6. 壳弧　7. 大颚　8. 壳腺　9. 心脏　10. 卵巢　11. 育卵囊　12. 卵　13. 肠　14. 后体部突起　15. 虎刺　16. 复眼　17. 单眼　18. 吻　19. 第一触角　20. 上唇　21. 第 1～5 躯肢　22. 腹缘　23. 尾爪　24. 肛刺　25. 肛门　26. 后腹部　27. 尾刚毛
（引自沈嘉瑞等，1962）

各1片。上唇大而侧扁，位于口前，突出于壳瓣之外，可活动。上唇外缘称唇脊，光滑或呈锯齿状。下唇极小，位于第一小颚之下。大颚为几丁质的硬片，1对，其接触面具有齿状或脊状突起，用以磨碎食物。小颚2对都不发达，第一小颚在大颚和下唇中间，不分节，具有刚毛。第二小颚完全退化或残存为微小节突。

⑦吸附器：是少数种类的头部背侧用来吸附在植物等固体物上的器官。如晶莹仙达溞（*Sida crystalline*）吸附器很发达，由马蹄形的角质膜皱褶以及一对肌肉发达的吸盘构成。

（2）躯干部。通常完全包被于壳瓣之内。由胸部和腹部合成，胸部有胸肢，而腹部无附肢。

①壳瓣：相当于其他甲壳动物的头胸甲。壳瓣侧面观呈圆形、卵圆形或近方形。左右壳瓣之间在背缘相互连接，中央的连接线有时增厚，形成隆脊，或称冠。壳瓣的后缘及腹缘左右分离，腹缘通常列生刺或刚毛。有些种类壳瓣的后背角或后腹角延长，形成壳刺或呈锯齿状刻痕。

壳瓣可分内、外两层。外层较厚，常具各种壳纹。内层薄。在壳瓣的内外层间的血液经过内层与外界交换气体，进行呼吸作用。

②胸肢：具4~6对，形状依种类而异，与食性有一定关系。多数种类的胸肢扁平叶状，生有许多刚毛，外侧具鳃，胸肢不断摆动，在壳瓣内产生固定流向的水流，以助呼吸与摄食（滤食性）。少数种类胸肢为柱状，多分节，露于壳瓣外，便于捕食小动物（捕食性）。

③育卵囊：在躯干前半部的背侧，壳瓣之内有一空腔称为育卵囊，卵即在其中孵育成幼体。

④腹突：腹部的背侧有1~4个指状突起，称腹突。具堵塞育卵囊防止卵子脱落体外的功用。

（3）后腹部。又称尾部。自尾毛着生的小突起，到尾爪末端止，这部分称后腹部，其形状多种多样，是鉴定种类的重要依据。尾毛：在腹突后端的腹部背侧小节突上生有1对羽状刚毛。肛门：开口于后腹部背侧或末端。正对肛门处，或在肛门的前端，后腹部的背侧向内凹入，形成肛门陷。肛门陷的深浅，因种类不同而异，肛门陷的前后缘有时向外突出，形成前肛角与后肛角。后腹部的末端有1对尾爪，具尾爪刺。由细小的刺排列成行的称附栉。除基刺与附栉外，有些种类尾爪上还有更小的棘刺或细毛。在后腹部的背侧或左右两侧有1~2行单独的或成簇的小刺称为肛刺。在盘肠溞科（Chydoridae）等种类的后腹部左右两侧，在肛刺附近，还有一行或数行侧刺、侧栉毛。

2. 内部器官

（1）消化系统。枝角类的消化道很简单，可分为食道（前肠）、中肠和直肠三部分。食道细而短，中肠或称胃，前端稍粗，其余几乎同样大小，形状则随种类而异。如晶莹仙达溞肠是直的，盘肠溞科的种类肠都是盘曲的。直肠短，与中肠相连，无明显界线。肛门通常开口于后腹部后缘。有些种类如溞科（Daphiidae）在中肠前端左右两侧有1对前盲囊或称肝脏突起。另一些种类（如盘肠溞科中大多数种类）则在中肠后端腹侧有一短的后盲囊。盲囊可能有分泌消化液的功用。

（2）循环系统。心脏位于头部后方背侧，但无血管，血液从前心孔流向头部，然后分3路流入左右壳瓣和胸肢中，最后由两侧的心孔流回心脏内，在体内循环有一定的路线。在血液中，可见到无色的血细胞。

（3）呼吸系统。以整个身体表面交换气体，行扩散性呼吸，尤以壳瓣内层与胸肢表面为主。

胸肢上的鳃囊呼吸机能最强。

(4) 排泄系统。是1条扁长而弯曲的管道,称为壳腺,相当于肾,具排泄的功能。其虽名为壳腺,但并不能分泌物质去组成介壳。

(5) 神经和感觉器官。与其他节肢动物相似而较原始。左右2条纵神经分离,各对神经结也不愈合。脑位于头后端,由此分出神经通达复眼、单眼、触角和消化道两侧等。感觉器官除分布在身体各部分的毛状物外,主要为视觉器官单眼和复眼。

二、繁殖习性

(一) 生殖系统

枝角类为雌雄异体(图4-2),一般雌性较大,雄性较小。生殖腺常呈带状,位于中肠的两侧(图4-1的卵巢位置),输卵管不显著,卵直接排入育卵囊。输精管细长,弯入后腹部,开口于肛门附近。枝角类的雌雄区别十分明显,除个体大小不同外,还表现在第一触角和第一躯肢的形态上,雌性个体有育卵囊,雄性没有。表4-1列举了雌雄的形态差异。

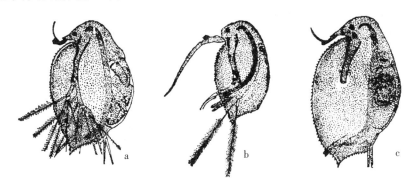

图4-2 鸟喙尖头溞(*P. avirostris*)雌雄个体的形态差异
a. 孤雌生殖雌体 b. 雄性个体 c. 有性生殖雌体
(引自郑重等,1987)

表4-1 枝角类的雌雄区别

(引自郑重等,1987)

特征	雌性	雄性
个体大小	较大	较小
第一触角	较小	较大,可动,具长刚毛
第二触角	正常	具钩或长鞭,或两者都有
后腹部	正常	改变
生殖腺	通常成对	不成对
育卵囊	有	无
额角	有	无

在淡水枝角类中,有时会看到雌雄同体的个体。如蚤状溞第一触角的左肢是雄性,右肢是雌性,左侧生殖腺是精巢,右侧的生殖腺是卵巢,但它的生殖管不通入育卵囊,而通入后腹部,成

为输精管。此外，还发现个别枝角类有从雄性变为雌性的性反转现象。

(二) 孤雌生殖或单性生殖

单性生殖又称孤雌生殖，是枝角类大量繁殖的主要方式，是在温暖季节和正常生活环境条件下进行的，所产生的雌体大多是孤雌溞，称非混交雌体（$P_♀$）。

非混交雌体产生的卵和轮虫一样也称为非需精卵，或孤雌生殖卵（parthenogenetic egg），或单性生殖卵（unisexual egg）。由于经常在夏季产生，故这种卵也称夏卵（summer egg）。这种卵的数目较大，卵径一般较小，卵壁较薄，含有油球和少量卵黄，无需受精即能发育。

枝角类的非混交雌体生殖量是指育卵囊中每胎的胚胎或幼溞的数量。生殖量和生殖周期是评价枝角类能否大量培养的重要生物学指标。生殖量大，生殖周期短，就有培养的价值；生殖量小生殖周期又长，要大量培养就很难达到目的。枝角类的 $P_♀$ 生殖受内在因素和外在因素的影响。

1. 生殖量随种类而异　据郑重等（1987）研究结果，4 种海洋枝角类生殖量的差异是由于种类的大小不同所表现的。如个体小的多型圆囊溞（*Podon polyphemoides*）（平均体长 0.39 mm）和诺氏三角溞（*Evadne nordmanni*）（平均体长 0.45 mm）的平均生殖量分别是 4.7 和 4.4 个；而个体较大的中型圆囊溞（*P. intermedius*）（平均体长 0.99 mm）和刘氏圆囊溞（*P. leukarti*）（平均体长 0.67 mm）的平均生殖量分别是 3.0 和 2.6 个。海洋枝角类中大个体种类的生殖量反而少。但是，也有相反的情况，如淡水枝角类溞属的种类，其生殖量是随个体增大而增加（表 4-2）。

表 4-2　各种溞的最大体长和最高生殖量

（引自郑重等，1987；何志辉等，1988）

种　名	大型溞	蚤状溞	长刺溞	头巾溞	小栉溞	蒙古裸腹溞
最大体长（mm）	5.3	3.5	2.5	2.0	1.6	1.4
每个亲本最高生殖量(个)	172	82	40	16	5	12

显然，各种枝角类生殖量的差别，是由其个体大小所引起的，或呈正相关，或呈负相关。

2. 同种枝角类生殖量因个体大小而异　同一种类的枝角类在不同发育阶段，其个体大小不同，生殖量也有差别。一般地讲，枝角类生殖量随着年龄（体长）的增长而增加，超过了一定年龄（体长），生殖量下降。

3. 生殖量随地理条件而异　由于地理环境条件（包括水温、食物、盐度等）的差别，同一种类枝角类的生殖量也有差异。如海产的鸟喙尖头溞在黄海的大连湾平均生殖量为 4.1 个，在南海的大鹏湾平均生殖量为 6.1 个（郑重等，1987）。

4. 生殖量受环境的影响　环境条件对枝角类生殖量的影响是多方面的，这里主要阐述温度、盐度、饵料、光照、种群密度对枝角类生殖量的影响情况。

（1）温度。水域温度的周期变化表现为季节变化。枝角类的生殖量因季节变化而有差别。一般地讲，枝角类的生殖量都是夏季最高。水温的高低变化会影响枝角类的适温范围和分布习性，生殖量随着枝角类的适温界限而变化，这种变化大都没有一定规律，各种类的情况不相同。如蚤状溞在 7℃ 的总生殖量比在 25℃ 时高 6 倍多（郑重等，1987）。蒙古裸腹溞在 20、28 和 35℃ 的总生殖量分别是 13、20 和 5 个,最适温度范围为 25~28℃(何志辉等,1988)。大型溞的生殖量在高温(25℃)较低,在低温(15℃)时较高(宋大祥,1962)。

(2) 盐度。海洋枝角类大多数是广盐性种类。但是,淡水枝角类在内陆水域的分布和内陆咸水种类的适盐界限是有一定盐度范围的。了解这种情况,对开发内陆咸水种类作为海水鱼、虾、蟹的育苗饵料是十分重要的。大型溞不能在盐度高达10.84的环境中生存,盐度0.9~3.6的环境中,由50只幼溞经51 d 的饲养,数量可增加5倍左右,这和在淡水中的实验结果相同(宋大祥,1962)。淡水枝角类的耐盐上限一般可达5~7,大型溞在稀释海水中可耐受12~13的盐度。蒙古裸腹溞在盐度2~50范围都能生存、繁殖,其中在盐度10环境中的总生殖量最高(何志辉等,1988)。

(3) 饵料。饵料的种类和数量也是影响生殖量的重要因子。蚤状溞在饱食时每胎可产20~30个卵,在饥饿时每胎只产2~4个卵。喂以不同饵料,枝角类的生殖量也不相同。如低额溞(*Simocephalus vetulus*)喂以4种不同饵料,其总生殖量的结果如下:喂以单胞藻类为437个,喂以马粪泥土抽出液者为134个,喂以酵母则为42个,喂以上述3种食物的混合物则为405个。显然,喂以单胞藻类的生殖量最高。大型溞的实验也表明投以淀粉核小球藻(*C. pyrenoidosa*)和斜生栅藻的生殖量最高(宋大祥,1962)。蒙古裸腹溞喂以4种不同的单细胞藻类:小球藻($3.22×10^6$个细胞/ml)、扁藻($1.43×10^5$个细胞/ml)、盐藻($2.54×10^5$个细胞/ml)和湛江等鞭金藻($3.43×10^5$个细胞/ml),其总生殖量分别是17.2、24.4、71.7和7.8个。

(4) 光照。光照条件对枝角类是直接的生理影响或间接的饵料影响,尚有不同的看法。如大型溞在黑暗条件下的生殖量高,但是,蚤状溞在黑暗条件下的生殖量低(郑重等,1987)。如果是黑暗条件间接地影响着藻类的繁殖,进而影响着摄食量,那么,不同溞类和同种溞类的不同发育阶段也有不同的结果。王岩等(1991)研究蒙古裸腹溞的摄食强度,在自然光照条件下,成溞的日摄食量均值明显地低于黑暗条件;幼溞却相反,光照条件的摄食量均值高于黑暗条件。

(5) 种群密度。随着种群密度的增大,枝角类的生殖量也会减少。种群密度的过大所发生的拥挤(crowding)现象,还会诱发枝角类的两性生殖产生休眠卵。这是因为种群密度增大,使饵料贫乏,排泄物增多,不利于溞类的生殖。

枝角类的生殖率是指每10天的平均产卵次数。枝角类的生殖率和生殖量一样,因种类、大小和地理条件而有差别,同样受环境条件的影响,如大型溞在不同温度条件下,其生殖率不相等,8℃为0.96次,18℃为2.3次,28℃为3.3次(郑重等,1987)。宋大祥研究大型溞在15、20和25℃的生殖率分别是2.7、3.0和4.4次。显然,生殖率随温度升高而增大。

(三) 两性生殖

枝角类的另一种生殖方式是两性生殖,但不如孤雌生殖那么普遍。一般认为,当环境恶化时,如水温降低、饵料贫乏(饥饿)和水质恶化等,枝角类便改变生殖方式,从孤雌生殖改变为两性生殖。这时,非混交雌体会产生两种不同的卵。一种孵化为两性生殖雌溞(sexual female, S♀);另一种孵化为雄溞(male, ♂),这两种不同性别的个体具有不同的形态特征(图4-2,表4-1)。

S♀到了性成熟期产生的休眠卵比P♀产生的卵大,含有丰富的卵黄粒,并常具有坚硬的卵壁,但是卵数少,一般为1~2个。海洋枝角类休眠卵的大小和形态不全相同,鸟喙尖头溞的休眠卵为椭圆形或扁形,呈暗黑色,长250μm,宽180μm,厚100μm,在卵膜的表面有多角形、细胞状的花纹。肥胖三角溞（E. tergestina）的休眠卵呈圆形，直径约为204μm，卵膜透明，不具花纹。多型圆囊溞的休眠卵呈球形，直径约为180 μm。淡水枝角类的休眠卵常被一卵鞍（ephippium）包围，起保护作用。S♀产生的卵需要受精后才能发育，因需要一段休眠时间才能发育，称休眠卵（resting egg），又称需精卵（mictic egg），由于在自然界多在冬季产生，亦称冬卵（winter egg）。但多统称为休眠卵。

休眠卵因有厚壁或卵鞍的保护，能抵抗恶劣环境而免于死亡，这是枝角类能保持种族繁衍的主要原因。休眠卵形成后不久，便随着母溞蜕皮而沉于水底。休眠卵在海底泥土中的数量随种类而异，据日本内海的调查资料，从11月至5月，鸟喙尖头溞、肥胖三角溞和多型圆囊溞3种溞休眠卵的密度分别为 1.22×10^5、7.94×10^3 和 1.8×10^4 个$/m^2$。休眠卵在泥土中出现的最高数量通常是在种群快消失前，从数量看，离岸愈近，数量愈多。因此，休眠卵调查在一定程度上反映了各种枝角类在该海区的分布情况。休眠卵在耐受寒冷、干涸后，当环境改善时，即会发育成为孤雌生殖雌溞。因此，养鱼池底泥里的休眠卵是翌年春天溞种的来源（表4-3）。

表4-3 鱼池中多刺裸腹溞（M. macrocopa）休眠卵的现存量

（引自代田昭彦，1989）

养鱼池	采集点数	休眠卵初期平均现存量（个$/m^2$）	3月末平均现存量（个$/m^2$）	存活率（%）	平均泥深（mm）
群马水试3号	23	231 300	6 500	2.8	39
群马水试4号	23	154 300	4 300	3.2	52
群马水试5号	14	52 300	1 400	2.3	30
山田水试	20	593 300	56 000	9.4	88

在培养技术的应用上，休眠卵也可作为溞种的来源。用采泥器采到底泥样品，用不同等级的筛网（15、30、60、250目）依次过筛，加自来水冲洗，然后将留在筛绢上的泥移放到装有浓食盐水的大型培养皿中，在解剖镜下，从上清液中分离出枝角类的休眠卵。

（四）生活史

枝角类的生活史包括两个相互交替的世代，即孤雌生殖（或单性生殖）世代（parthenogenetic generation）和两性生殖世代（gamogenetic generation）（图4-3）。一般在良好环境中（温度适宜、饵料丰富等），枝角类进行孤雌生殖。这时，由于P♀的生殖量大和生殖率高，数量激增，可以达到数量的高峰。反之，在恶劣环境中（温度低、饵料少等），枝角类进行有性生殖，由于S♀的生殖量很小和生殖率很低，数量大减。因此，在环境恶劣的冬季，无论是淡水或海洋中，枝角类都很稀少，甚至绝迹。

在淡水水域，环境变化较大，故两性生殖世代在一年中的出现次数多。为此，淡水枝角类的生活史可根据一年中两性生殖世代的出现次数分为4种类型：

1. 单周期（monocyclic）生活史 水体较大，环境比较稳定的大型湖泊，一年只进行一次两性生殖。

2. 双周期（dicyclic）生活史 水体较小，环境变化较大的中型湖泊，一年只进行两次两性生殖。

3. 多周期（polycyclic）生活史 水体很小，环境变化很大的池沼（如夏季干涸、冬季结冰

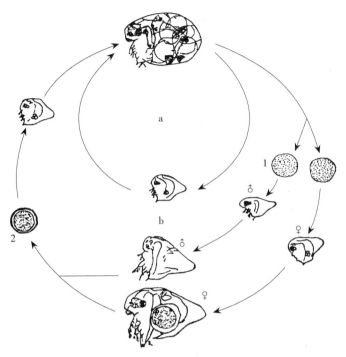

图 4-3 海洋枝角类（三角溞）的生活史
a. 孤雌生殖世代　b. 两性生殖世代
1. 非需精卵（夏卵）　2. 两性生殖卵（休眠卵）
（引自郑重等，1984）

等），一年进行多次两性生殖。

4. 无周期（acyclic）生活史　有些生活在寒带、热带海洋或高山湖泊中的枝角类，无两性生殖世代。如鸟喙尖头溞在某些热带或亚热带海域中的生活史是属于无周期的。

Banta(1915)在实验室培养蚤状溞 100 多个世代和老年低额溞 47 个世代，也未发现两性世代。因此，无周期生活史不可能出现雄性个体。枝角类的生活史类型是可以改变的，从太湖中枝角类可看到这种改变，多周期生活史改变为单周期，甚至改变为无周期。长刺溞（$D.\ longispina$）的生活史有年变化现象，一年是双周期，另一年改为单周期。枝角类生活史的改变是和环境的年变化和枝角类的生理变化分不开的。

三、发育与生长

(一) 非需精卵的发育

枝角类性腺成熟时，$P_♀$ 由卵巢排卵至育卵囊，并得到育卵囊腺细胞分泌的营养供应，非需精卵（夏卵）即开始发育。图 4-4 是近亲裸腹溞发育的形态变化，这个变化过程所经过的时间大约为 23 h（表 4-4）。夏卵在育卵囊完成发育后即从育卵囊离开母体，在水中能游泳，并逐渐增加体长（图 4-5）。许典球等（1981）观察隆线溞的发育过程分为 9 个时期（表 4-5）。

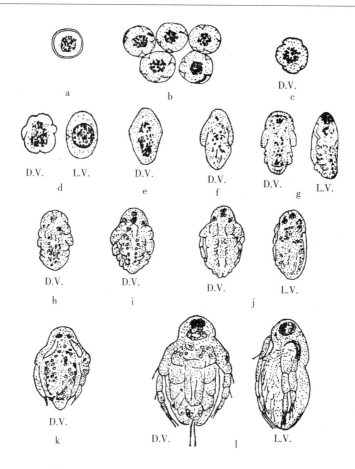

图 4-4 近亲裸腹溞（*Moina affinis*）夏卵的发育

a. 94～94.5μm b. 109～140μm c. 126μm d. 157μm e. 200μm f. 250μm g. 270μm h. 275μm i. 298μm
j. 314～330μm k. 345～350μm l. 420～440μm，即将孵化的幼体
D.V. 背面观　　L.V. 侧面观
（引自代田昭彦，1989）

表 4-4　近亲裸腹溞（*Moina affinis*）夏卵的发育过程

（引自代田昭彦，1989）

发育阶段	发育时间	体长（μm）	备 注
1	0：00	94～94.5	
2	0：30～1：00	110	
3	1：30	126	
4	3：30	157	
5	5：30～6：00	200	卵膜脱落
6	8：30	250	
7	9：00	270	眼点及第 2 触角的原基出现
8	9：30～10：00	275	
9	11：00	298	出现第 1 触角及消化管
10	12：00～15：00	314～330	形成所有器官
11	15：00	345～350	孵化
12	19：00～21：00	420～440	
—	20：00～23：00	430～470	

有时在诺氏三角溞的育卵囊中的幼溞的育卵囊中还能发现又有幼体怀卵,这称为幼体生殖(paedogenesis)现象(郑重等,1987)。

(二) 休眠卵的发育

枝角类休眠卵的发育在适宜的水环境中进行,并且由卵黄提供受精卵发育的营养。郑重等(1987)引述 Onbe(1974)对鸟喙尖头溞冬卵的发育(图 4-6),并把发育过程归纳为 6 个时期:

Ⅰ期:体呈圆形。头部和第一触角已分化出来。

Ⅱ期:胚胎伸长,呈"T"形(前端横杆是头部)。

Ⅲ期:胚胎继续伸长。第一和第二触角都可看到,后者已开始分叉。至少已有 1 个胸节出现,胸节数为 1~4,取决于本期的发育程度。到本期末了,所有 4 个胸节都已形成,但躯肢尚未出现。

Ⅳ期:原始的复眼痕迹已出现。躯肢已从胸节生出,折叠在胸部腹面,并已分叉。第二触角已伸展到第三胸节,并具刚毛。壳瓣开始形成。

Ⅴ期:复眼已发育完全,但色素还未出现。尾爪已能看到。胚胎弯曲。躯肢向前方伸展。壳瓣已发育完全。卵巢已能看到。

Ⅵ期:胚胎已发育完全。复眼已有色素。夏卵已排入育卵囊。

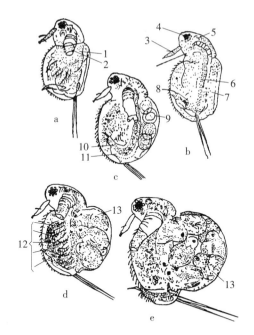

图 4-5 近亲裸腹溞 (Moina affinis) 幼体发育
a. 孵化幼体,体长 0.58mm b. 幼体,体长 0.63mm
c. 成体,体长 0.70~0.78mm d. 体长 1.08mm
e. 体长 1.15mm
1. 心脏 2. 第二触角 3. 第一触角 4. 复眼 5. 肝胰脏 6. 肠 7. 育卵囊 8. 尾爪 9. 卵 10. 肛门 11. 后腹部 12. 第一至第五肢 13. 幼体
(引自代田昭彦,1989)

表 4-5 隆线溞夏卵的发育
(引自许典球等,1981)

顺序	体长 (mm)	体形特征
1	0.24	形成头部
2	0.26	形成第二触角与复眼
3	0.28	第二触角变长
4	0.32	第二触角出现游泳刚毛
5	0.35	心脏明显,壳刺变曲
6	0.39	壳刺增长,头部变尖
7	0.45	左右复眼合一
8	0.49	颈呼吸器明显,壳刺伸直
9	0.52~0.55	小溞离开母体,头仍尖形

(三) 生长

枝角类的生长,是指由细胞增多和增大的共同结果,具体表现在体积和体重的增加。用 W

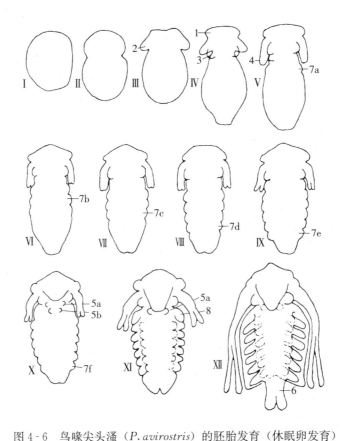

图 4-6 鸟喙尖头溞（*P. avirostris*）的胚胎发育（休眠卵发育）
Ⅰ. 冬卵 Ⅱ～Ⅺ. 发育过程 Ⅻ. 幼溞开始形成
1. 第一触角 2. 第二触角 3. 大颚 4. 第二触角 5a. 第一小颚 5b. 第二小颚 6. 后腹部 7(a~f). 躯肢 8. 壳瓣
（引自郑重等，1987）

表示体重，L 表示体长，两者的关系式为 $W=KL^a$。K 和许多动物的体长、体重比率（$\frac{W}{L^3}\times 100$）的含义相同。由于枝角类身体太小，生长一般用体长来表示。仙达溞类的体长是从头部前端测量至壳瓣后端（或壳刺基部），海产的圆囊溞类（*Podonidae*）体长是从头部背端（颈凹前方）测量到尾爪末端。

枝角类的生长和其他节肢动物一样是蜕皮生长（ecdysis growth），这种生长是不连续生长（discontinuous growth）。刚从母溞育卵囊排入水中的幼体称为幼龄（juvenile instar），幼龄经过 3~4 次蜕皮至性成熟怀卵时称成龄（adult instar）。从幼龄开始，每蜕皮一次称为一龄（instar），每两个龄之间的发育期称为龄期（intermolt period）。幼龄的数目较少而稳定，而成龄的数目则变化很大，即随种类而异又和寿命密切相关，寿命愈长，成龄愈多。如蚤状溞在正常温度下幼龄有 4 龄，成龄寿命长的可达 17 龄。每个龄的体长增加量在幼龄期较大，且稳定，而在成龄期较小，且较不稳定（图 4-7）。换言之，年龄愈大，生长愈慢。枝角类到了成龄以后，每蜕皮一次产卵一次。

枝角类的寿命和龄期的长短、龄的数目密切相关。一般在低温下龄期较长、龄数较多、寿命

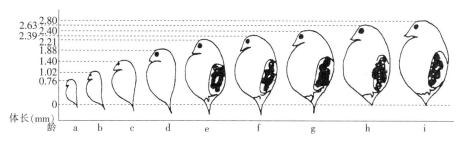

图 4-7 蚤状溞（*Daphnia pulex*）雌体的生长
a～d. 幼龄期　e～i. 成龄期
(引自郑重等，1987)

较长，如大型溞在 13℃时，饵料多的条件下，可达 27 龄，寿命高达 170d。近亲裸腹溞成体在孵化后 8～10 d 死亡（代田昭彦，1989）。蒙古裸腹溞在不同盐度、温度和饵料环境中的寿命也不一样，最短的 4.2d，最长的可达 27d（何志辉等，1988）。

影响枝角类个体生长的环境条件主要是温度和饵料。蚤状溞在适温范围内，每天增加体长的百分率随着温度的升高而加速，幼龄期尤其明显，如在第 Ⅱ 幼龄期，25℃时每天增加体长的百分率比 7℃时快 1 倍。当进入成龄期后，温度对生长的影响逐渐减弱，到了 Ⅶ 龄后，不论高温或低温，生长普遍降低。饵料条件包括饵料的量和质。长刺溞的体长增加在饱食时较大，在饥饿时较小，但饵料过多也不利于生长。用颤藻（*Oscillatoria* sp.）作为溞类的饵料，如饵料浓度太大，还抑制枝角类的生长；用铜绿微囊藻（*Microcytis aeruginosa*）作为饵料时也不利于枝角类的生长，浓度太大时，溞在 3 d 内死亡。因此，只有在良好的环境条件下，才能促进枝角类的快速生长，这对大量培养枝角类作为水产经济动物饵料时极为重要。

四、食　性

枝角类根据摄食方式可分为滤食性和捕食性，两者的差别是由于躯肢的形态和功能所引起的。淡水枝角类［薄皮溞（*Leptodoridae*）除外］大多是滤食性的，在第 3 和第 4 躯肢的内肢外缘具有梳状细长刺毛，每根刺毛的两侧密生细小刺毛，这引起刺毛又相互交织成网状，网孔为 0.4～0.7μm，用以过滤微型浮游生物；滤食性的枝角类主要滤食细菌、甲藻、硅藻、绿藻、原生动物和有机腐屑等，其中以细菌占着重要位置，一个枝角类一昼夜能滤取 $2×10^5$～$7×10^5$ 个细菌。在天然水体中，有机腐屑是枝角类的优良食饵。滤食时，由第 3 和第 4 两对躯肢内肢梳状刺毛的不停摆动引起食物水流，这股水流通过躯肢基部的特别刺毛把食物颗粒送入沟中，再由上唇腺分泌黏液形成食物团，被小颚送到大颚，经磨碎后再送入食道。这种滤食方式有明显的选择摄食能力，包括对食物的大小和质量的选择，如滤器的网孔大小随着发育期而异，成体由于网孔较大，能过滤较大的微藻（6～8μm），而幼体由于网孔较小，只能过滤较小型藻类（2～3μm）。在喂以混合的玻璃尖、石棉尘和酵母菌食物的实验中，大型溞会选择酵母菌作为食物，而剔除无营养价值的玻璃尖、石棉尘（王渊源，1993）。

而海洋枝角类大多属于捕食性的，如三角溞类和圆囊溞类，其共同的特点是具有短小、分节的躯肢，并具小刺，用以捕捉微小的原生动物和浮游幼虫。三角溞还具有发达的复眼，能在光照下依靠视觉来捕食。

提供枝角类的饵料不但要考虑其摄食习性，还要考虑饵料的种类、数量和质量。如滤食性枝角类在饵料浓度太大或无营养价值的玻璃尖、石棉尘环境中，滤食速率就会受抑制，甚至阻塞滤网。有些单细胞藻类，如等鞭藻、小球藻等，培养时间太长，细胞老化，其分泌的胞外产物，对枝角类有毒害作用。

五、生态条件

1. 分布状况　枝角类在种类、数量以及在形态上都因水域环境因子的季节变动而相应地发生变化，种类的季节变化就是季节分布，季节分布受水温变动的影响最大。一般江河中枝角类的种类及数量都较贫乏，平均每立方米水中仅有 1~100 个，而池塘、湖泊与水库一般为 1×10^4 个，有时可高达 1×10^5 个。

枝角类在各种不同的淡水水域中的分布受水中 pH 及盐类的含量与组成的影响。一般情况下，枝角类虽然可以生活栖息在酸性、中性以及微碱性的水体中，但各个种类对水体 pH 各有不同的适应性。多数种类在 pH 6.5~8.5 之间均可生活，一般对碱性水更富于抵抗能力，如大型水蚤可以在 pH 为 11 的水中存活。淡水枝角类对水的含盐量有很大的适应性，但仅能生活在盐度很低的水体里，在盐度超过 2~3 的水体中多数种类不能生存。

枝角类水平分布的不均匀性，在种类上，由环境条件多样化的程度决定；在数量上，则受食饵因子的控制。水体的敞水带环境条件比较单纯，枝角类的种类较少；沿岸带环境条件较复杂，枝角类的种类也较为丰富。在大而深的湖泊与水库中，枝角类表现出明显的垂直分布现象，某些种类还有昼夜垂直移动的现象，即白天多在水域的下层，而傍晚与夜间又集中到水的上层。所以说，在一定深度的水层中，枝角类的种类与数量都在经常地变化。

2. 温度　大多数枝角类都是广温性的，但一般都喜欢较高水温。在自然水域冬天很少有枝角类出现，水温在 16~18℃以上才大量生长繁殖。不同种枝角类适温范围不同。大型溞、隆线溞和蚤状溞的最适温度范围均为 17~25℃，多刺裸腹溞、蒙古裸腹溞的最适温度为 25~28℃。也有少数种类对低水温适应能力较强，如短型裸腹溞（*M. brachiata*）最适温度为 8~13℃。在适宜温度范围内，枝角类的生长随温度升高而加快，幼龄时更为明显。如蚤状溞在第Ⅱ幼龄期每天体长增长，在 25℃时比在 7℃时快 1 倍。进入成龄期后，温度对生长的影响逐渐减弱。表 4-6 列举出几种枝角类的温度上限。

表 4-6　几种枝角类的温度上限（℃）

（引自郑重，1986）

种　类	环　境	停止活动	
		部　分	全　部
大型溞	自来水	37.0~38.5	38.0~38.5
	水华水	32.0~33.0	33.0~33.5

(续)

种类	环境	停止活动	
		部 分	全 部
网纹溞	自来水	37.0～38.0	37.5～38.5
	水华水	33.0～34.0	34.0～34.5
直额裸腹溞	自来水	37.0～37.5	37.5～38.5
多刺裸腹溞	自来水	37.0～38.0	37.5～38.5
蒙古裸腹溞	海水	35.3～36.0	>36～37

3. **盐度** 大多数枝角类具有一定的耐盐性，淡水枝角类耐受盐度的上限达到3～20，因此，枝角类属于广盐性的类群。长头溞和多刺裸腹溞能耐受盐度7，大型溞和蚤状溞能在微咸水和淡水中生活。点滴尖额溞（*Alona guttata*）能耐受119.9的盐度。蒙古裸腹溞能生存的最高盐度为165.2（何志辉，1989）。象鼻溞属（*Bosmina*）一般是淡水种类，但有一种象鼻溞竟能生活于47.1～98.5的高盐度内陆盐水水体中。小栉溞耐受盐度的范围竟达3～71。虽然枝角类耐盐范围很广，并且能耐高盐度，但是能在高盐度水体中生活繁殖的枝角类并不多，而且不同种枝角类所耐受的盐度范围不同，即使同种枝角类在不同水体中能耐受的盐度范围也不同；枝角类耐盐的适应有一定过程，如蚤状溞直接放入盐度1.5的海水中会立即死亡；蒙古裸腹溞是典型的盐水种，是广盐性种类，其耐盐能力仅次于卤虫，它在普通海水中的耐盐度上限仅为60，而在内陆盐水水体中可以耐受高盐度165.2。蒙古裸腹溞在0.30～58.7的盐度范围内可以进行孤雌生殖，其适盐范围为5～40。就大多数枝角类而言，在内陆水域中其分布受高盐度限制，一般盐度超过7～10时，枝角类的种数就较贫乏。

盐度能影响枝角类的摄食。在盐度为3以下，大型溞的滤水速度和滤食速度随着盐度的升高而增加。盐度从3增加到5，其滤水速度和滤食速度则急剧下降。

枝角类对钙离子的适应性很强，但镁离子过多对生殖有抑制作用，这在培养时需要引起注意。

4. **pH** 由于海水的pH较稳定，因此，海洋枝角类对pH的适应范围较窄。淡水枝角类和内陆盐湖的枝角类对pH的适应范围则较广。大多数枝角类在pH6.5～8.5之间均可生活，一般对偏碱性水更能适应。大型溞和隆线溞喜欢碱性水体，可在pH10～11的水中生活，但对酸性较敏感，蚤状溞在pH5.8以下即不能生活。大型溞的最适pH为8.7～9.9，多刺裸腹溞在pH7.1～8.1时均可获得较高的生物量，pH6.5时产量显著下降。在低pH的水环境中，枝角类往往会产生两性生殖（郑重，1987）。

5. **溶解氧** 钝额溞（*D. obtuse*）在含氧量只有1.3～1.6 mg/L的水体中，产卵较少，生长受阻，溶解氧在1.30～4.93 mg/L的范围内，随着溶解氧增加，平均最大体长和生殖量明显增大（郑重，1956）。但是，罔彬（1981）报道多刺裸腹溞能在含氧量为0.3 mg/L的环境中生活，但在溶解氧为5.0 mg/L以上时繁殖率下降，并认为过强的充气会妨碍繁殖。宋大祥（1962）把化学耗氧量作为水体肥瘦的指标，认为化学耗氧量在38.35～55.43 mg/L范围最适宜于大型溞的大量培养。此外，水中含氧量会引起血红素含量的变化。含氧量低，血红素含量升高，溞体变为红色；含氧量高，血红素含量降低，溞体透明无色。因此，可以根据溞体的深红、粉红、无色等情况，判断水体的溶解氧含量的变化情况。

第二节　枝角类的培养

枝角类的培养与轮虫的培养基本相似，培养方式也基本相同，可分为粗养和精养、一次性培养、半连续培养和连续培养。

一、枝角类种的来源

培养枝角类首先需要枝角类种。枝角类种可由有关单位供应，或由枝角类休眠卵孵化，也可以自己分离。

（一）枝角类种的分离

依照枝角类的生活习性，其可分布在淡水、盐水湖泊和海洋中。在春天，当水温达18℃以上时，在一些富营养化的淡水池塘、淡水湖泊、盐水湖泊和海水池塘及内湾等水体浮游藻类繁生，常栖居着大量的枝角类。捕捞枝角类一般在生活污水出口处，可在清晨或黄昏时或晚上灯诱后用浮游生物网（100~150目）采集。采集的水体先用粗网（10~20目）过滤掉小鱼、小虾和杂物等，所得枝角类用清水洗干净，再放入更清澈透明的水体中，然后在肉眼或解剖镜下用吸管吸出，为了确认所吸出的是所要分离的枝角类种类，可将吸出的水滴先置一清洁的凹玻片中观察确认，然后再移入试管或小三角瓶中培养。由于枝角类个体较大，移动较缓慢，很容易用吸管分离。在分离后的培养过程中，特别注意应与原枝角类生活环境相类似，特别是水体的盐度。

（二）枝角类休眠卵的孵化

枝角类休眠卵的孵化受生态环境因子的影响。盐度是影响孵化率的重要因子。据对鸟喙尖头溞的实验，盐度为25.5孵化率最高。但是不同的枝角类即使同是海水种，其休眠卵孵化对盐度的要求也不同。僧帽溞（$D.\ cucullata$）和圆囊溞属的休眠卵在盐度为19.2时孵化率最高。水温对枝角类休眠卵的孵化率也有很大影响。鸟喙尖头溞的休眠卵在18℃时孵化率最高。僧帽溞和圆囊溞属的休眠卵在水温为15℃时孵化率最高。光照强度对休眠卵的孵化率也有一定影响，上述枝角类孵化率最高的光照强度都是20 $\mu mol/(m^2 \cdot s)$。孵化期间提供微充气。在孵化容器中，提供最适的水温、盐度并在饵料（加入单细胞藻类）充足的条件下，上述几种枝角类的休眠卵在3~5d内开始孵化，在3周内几乎全部孵化。

另外，在往年培养枝角类的旧池中，其底泥内含有枝角类前一年的休眠卵，在清池时可不要清淤。当水温达16℃以上时，排掉池中的旧水，在池底留下10~15 cm的水位，再重新注入新水，接入一些单细胞藻类使水体呈淡绿色（或棕色），如各种条件适合，一般3~5d就会出现枝角类。

二、小型培养

实验室小型培养由于规模小，各种条件易于人为控制，适于枝角类的科学研究和保种、扩种。一般采用的培养容器为指状管、试管、烧杯、玻璃缸、塑料桶等，在指状管、试管和烧杯中培养，可放 1 个到数十个枝角类。利用微藻和酵母为饵料，小球藻饵料密度控制在 2×10^6 个细胞/ml，扁藻控制在 5×10^5 个细胞/ml，而面包酵母控制在 $2\sim3$ mg/（个·d）为好。饵料密度过高反而不利于枝角类摄食。例如，何志辉（1988）研究蒙古裸腹溞在不同温度条件下的生产量时，用 20 ml 指状管各放 1 只雌溞，以后每产一胎幼溞又分别各置于一指状管中，把指状管置于恒温培养，需要从小型的玻璃容器培养，再扩大到 $10\sim20$ L 的玻璃培养缸或水族箱中，然后扩大到玻璃钢水槽或水泥池中培养。

三、大量培养

（一）精养

在室内水泥池培养，并投以饵料的方式。可分为一次性培养、半连续培养和连续培养。现主要介绍枝角类半连续培养的方法。

1. 培养设备　培养枝角类的设备与培养轮虫的设备基本相同。培养池可以使用鱼、虾育苗池和轮虫池，面积在 $10\sim100$ m² 为宜，水深 $80\sim100$ cm，每池布设 $1\sim2$ 个气石供充气。

2. 培养用水　枝角类的培养用水必须经过砂滤，去除大型的敌害生物。为了提高培养的成功率，首次接种的培养用水要预先用含氯消毒剂（如漂白粉 $20\sim30$ g/m³ 等）进行水体消毒，待曝气 $1\sim2$ d 水体无余氯后即可接入枝角类。淡水种类可用曝气自来水，内陆盐水种类可在淡水中加入食盐或海水调节盐度。根据培养对象对盐度的适应性，有的需要调节盐度。如多刺裸腹溞虽然是淡水枝角类，但有一定的耐盐能力，能出现在盐度 10 的水域中。为了防止敌害生物繁殖，可以将培养水的盐度调节到 $1\sim2$；蒙古裸腹溞在盐度 $3\sim17$ 时繁殖力较高，培养时可调节盐度至 10 左右。

3. 接种　枝角类接种的密度会影响培养的成败。一般接种密度小，在水体中不占优势，若有其他生物种群（如原生动物、轮虫等）存在时，就易被这些生物种群污染。因此，培养枝角类时接种密度越大，成功率越高，生长也越快。培养枝角类时接种密度一般以 $100\sim500$ 个/L 为好，如冈彬（1981）和程汉良等（1994）在大型水槽中培养多刺裸腹溞的接种密度为 $200\sim300$ 个/L 和 153 个/L；徐长安（1998）在 24m² 的室内水泥池中培养蒙古裸腹溞的接种密度为 300 个/L。

若培养枝角类时种溞不足，可降低培养水位，维持较高的接种密度，待枝角类长到一定密度后再逐渐加高水位。这样既能保证枝角类接种培养的成功率，又能维持较高的生长速度。

4. 投饵　枝角类的理想食物是单细胞绿藻、酵母、细菌以及植物汁液。徐长安（1998）在培养蒙古裸腹溞时，单独投以小球藻浓度为 $2.5\times10^6\sim3.0\times10^6$ 个细胞/ml，上午一次投喂；单独投以面包酵母的饵料量为 $30\sim40$ mg/（个·d），每天分上午和傍晚各投喂一次；两种混合投喂时，上午投喂小球藻浓度为 2×10^6 个细胞/ml，傍晚投给面包酵母，投喂量为 10mg/（个·d），能取得较理想的培养效果。方民杰（1998）培养海洋枝角类时，以水体中维持小球藻浓度 2×10^6 个细胞/ml，或投喂面包酵母 $3\sim4$ mg/（个·d），早晚各一次，能达到理想的培养效果。杨和荃（1995）利用各种经发酵的植物草汁培养多刺裸腹溞的试验中，认为蒲公英（*Taraxurum officinale*）、水芹（*Oenanthe javanica*）的饵料效果最佳。此外，大豆粉、玉米蛋白粉、蛋黄等也可作为培养枝角类的补充饵料。

与培养轮虫相类似,采用微藻和面包酵母的混合投喂方法培养枝角类,并根据情况施放一定浓度的光合细菌,能维持水质的稳定,池底不会较早污染恶化,又能使枝角类健康稳定地生长,并提供营养。

5. 日常管理

(1) 充气。枝角类对水中的溶解氧要求并不高,达 2~3 mg/L 即可。因此,培养时不充气或微充气,随着种群密度增大,逐渐加大充气量,若气量过大,会影响繁殖。

(2) 温度、盐度控制。据对多刺裸腹溞的实验,在高水温下培养虽然增殖速度快,但缺乏持久性,在低水温下培养增殖速度慢。因此,水温应控制在 20~25℃。海洋性和内陆盐水性的枝角类培养用水,由于培养过程添加了单细胞藻类而改变了盐度,均需进行盐度的调节。

(3) 密度控制。培养枝角类的种群密度不宜太大,否则会发生拥挤现象,生殖率降低,死亡率增高。因为种群密度太大时,饵料的获得量减少,排泄物增多,水质易恶化。这样,种群生殖率就缓慢下来,甚至完全停止。但是,种群密度太小也同样不利于枝角类的生长,如大型溞在培养瓶里只放一个个体就容易死亡。枝角类只有在适宜的种群密度时,生长量和生殖量才能达到最高限。适宜的种群密度需要适宜的温度和饵料条件相配合,如多刺裸腹溞在 28℃时种群密度最大,低于或高于这个温度,种群密度减小。近亲裸腹溞的种群密度随着饵料密度而改变(图 4-8),当栅藻达到 36×10^6 个细胞/ml 时,密度最大。

枝角类的种群有个生长的过程,可以用培养种群的幼体期个体和成熟期个体(抱卵)的数量比例判断种群的生长情况,当幼体期个体占 60% 时,种群处于增殖期;相反,成熟期个体占 60% 时,种群处于衰减期。枝角类种群的生长到了高峰期后,都将进入衰减期。

控制枝角类的种群密度,一方面必须提供适宜的培养生态条件,另一方面对种群密度进行调整,如种群密度过小时,可增加接种量或浓缩培养水体;如种群密度过大时,可扩大培养水体或采用换水的办法稀释水体中的有害物质。对衰减期种群,应采取补充饵料数量和更换培养环境的办法。海产尖头溞适宜的种群密度为 2 个/ml,近亲裸腹溞的最高培养密度是 8 560 个/L(代田昭彦,1989),多刺裸腹溞适宜的种群密度为 5 个/ml(程汉良等,1994),蒙古裸腹溞的适宜种群密度为 3 个/ml(徐长安,1998)。

(4) 注意水质恶化。枝角类由于摄食量大,且生长时需脱皮,池底污泥多,培养水体易变质恶化。因此,在培养过程中,发现抱休眠卵的雌溞大量出现,之后个体数急剧

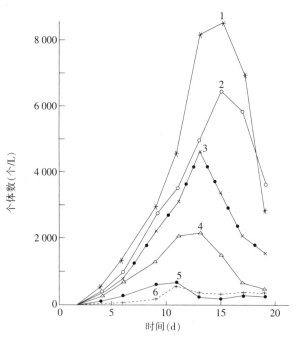

图 4-8 饵料密度与近亲裸腹溞种群密度的关系
饵料浓度(个细胞/ml) 1. 3.6×10^7 2. 2.4×10^7
3. 1.2×10^7 4. 6×10^6 5. 3×10^6 6. 天然水
(引自代田昭彦,1989)

减少,就是环境不适宜的表现,应及时换水。若池底污泥多,则必须移池重新接种培养。

在室内水泥池培养枝角类,若单独投以面包酵母,则培养 20 d 左右池水就会变质恶化;若单独投以单细胞藻类,则培养过程一般能维持 2 个月以上;若以单细胞藻类和面包酵母两种混合投喂,则培养过程能维持 30~40 d,水质才会变质恶化。

6. 收获 在枝角类培养中,个体数增殖到高峰之后,往往会出现急剧下降。因此要适时收获。半连续培养的特点就是当种群密度增长到影响个体的生长繁殖时,适当地采收一部分,使之维持最适宜生长繁殖的种群密度。例如,多刺裸腹溞种群密度超过 5 个/ml 时、蒙古裸腹溞种群密度超过 3 个/ml 时、海洋枝角类超过 2 个/ml 时,每天或隔天采收一次,间收量为 20%~30%。

采收方法是在投喂饵料后枝角类大量浮游于表层,用 100~120 目筛绢制成的手抄网或锥网在水中反复拖捞,也可用虹吸法采收,晚上还可用灯诱法捞取。

间收率过大或过小对产量都会造成不利影响。据报道,培养海水枝角类鸟喙尖头溞,当密度增殖到 2 个/ml 时开始收获,每周间收一次,每次间收现存量的 50%,其密度波动较小。因此,50% 的间收率比较适宜。如果 2 个/ml 的密度是接近增殖高峰时的密度,50% 的间收率应该是合理的。

与轮虫混养的枝角类,收获时用 120~150 目网即可分离。

(二) 粗养

粗养是采用室外土池进行施肥培养的方法,这是一种传统培养枝角类的方法,培养成本低,收获量大,质量好。

1. 培养池及清池 与轮虫大面积土池培养基本相似。因此,培养池要求的条件及清池方法也与轮虫土池培养相同,请参考第三章相关内容。

2. 纳水 待清池药效消失之后,即可纳水入池。纳入的水必须通过 80 目的筛绢网过滤,以清除敌害生物,如鱼虾蟹及其卵等。一次进水不宜过多,第一次进水约 20~30cm,待水中微藻培养繁殖达一定浓度之后再逐步增加。

3. 施肥培养微藻 纳水后即可施肥培养微藻。肥料种类有有机肥(马粪、猪粪、鸡粪、酱油糟)和无机肥料(尿素、复合肥和过磷酸钙)等。施有机肥时施肥量为每 667m^3 施鸡粪 100~150kg,其他畜粪为 300~500kg;施无机肥时施肥量为每 667m^3 施放 2kg 尿素和 0.5kg 过磷酸钙,或每 667m^3 施放 2kg 复合肥和 1kg 尿素。施无机肥时最好要选择晴天。

遇到晴天有阳光的气候条件,一般经过 3~5d 藻类即可繁殖起来。若藻类数量太大,池水透明度低于 20cm 时,可适当加水 5~10cm。当水位升到 50~60cm 时,即可接入枝角类种溞。在培养过程中,根据微藻的生长情况,每隔 5~7d,以同样的量追施化肥一次。

4. 接种 可直接用室内精养的枝角类作为溞种,接种量为 5~10 个/L 以上。若土池为连年培养的旧池,在底泥内含有枝角类前一年的休眠卵,在清池时可不要清淤,可不接种或减少接种数量。如各种条件适合,一般半个月后,枝角类会大量繁殖,水色呈暗红色,此时就可采收。

5. 日常管理 土池培养枝角类一般是不投喂饵料的。枝角类主要摄食施肥培养的微藻、光合细菌和有机碎屑。因此,维持水体中单细胞藻类的数量即透明度为日常主要管理工作。一般在土池培养枝角类中以维持透明度为 20~30cm 是较适宜的饵料浓度,当水中透明度过低,表明枝角类密度低,生长不良,就要寻找原因;当水中透明度过高时,表明枝角类密度大,就需及时追肥补充。但靠培养的藻类饵料增殖枝角类有一定的限度。因此，一方面维持水中的单胞藻饵料量，一方面要控制枝角类的密度在300~500个/L，超出部分及时采收。

四、枝角类休眠卵的采集、分离与保存

当枝角类培养达到较大密度时，且发育良好的情况下，突然中断投喂饵料，饥饿几天，在池底一般都有大量的休眠卵。在自然水体中，当至秋末冬初时，枝角类就会产生大量的休眠卵沉于泥底。吸出或采集后进行处理。

1. 采集与分离　枝角类休眠卵大多沉于泥底。据报道，鸟喙尖头溞的休眠卵在海底从表层到2cm深的海泥内，分布数量占总量的60%~100%，而6cm以下的海泥中未确认有休眠卵存在。因此，采集休眠卵应在底泥表层到5~6cm深处用采泥器采集底泥。在室内培养池，枝角类休眠卵沉于池底污泥中，可排出或用水管吸出。将采集的休眠卵用100~120目的筛绢过滤，去除泥沙等大颗粒的杂质，然后放入饱和食盐水中，休眠卵即浮到表层，将其捞出即可。这样分离的休眠卵，可能混有底栖藻类，给以后的计数操作带来麻烦。为了解决这一问题，可以用蔗糖代替盐水处理。方法是把经150目筛绢过滤后的休眠卵放入50%蔗糖溶液中，用每分钟3 000转的离心机离心5min，休眠卵即浮到溶液表层。这样分离的休眠卵既干净（底栖藻类全部沉降），回收率又高。一次分离回收率即可达90%，基本两次分离即可全部回收。

2. 休眠卵保存　休眠卵的保存温度与孵化率有很大关系。在6、15、18和22℃四种不同温度下，鸟喙尖头溞的休眠卵保存温度越高，孵化率越低。在6℃下低温保存的休眠卵，10d后孵化率几乎没有下降，360d后孵化率仍达60%。对多型圆囊溞休眠卵的保存实验也表现出，在高温条件下保存孵化率低，但在6℃和15℃条件下保存孵化率没有很大差异，为50%~60%。另外，对以上两种枝角类休眠卵保存实验还表明，在底泥中保存的休眠卵比在海水中保存的休眠卵孵化率要高。因此，分离的枝角类休眠卵用滤纸或吸水纸过滤，除去水分后阴干，装瓶蜡封，存放于冰箱或阴凉干燥处；休眠卵也可不吸出，留在原池中保存，再次培养时，排去污水，注入新鲜水，休眠卵即会孵化。淡水多刺裸腹溞的休眠卵用经过自来水充分洗过的底泥可以长期保存。

第三节　枝角类的营养价值及应用

一、枝角类的营养价值

枝角类之所以成为重要的水产经济动物苗种饵料来源，主要是因为其营养丰富，且易于获取。枝角类不仅粗蛋白含量较高，随种类不同粗蛋白含量从30%~70%不等，而且所含氨基酸种类多，含量高，几乎包含了鱼类营养所必需的一切氨基酸。除此之外，还含有各种维生素，如维生素A、维生素B_1、维生素B_2、维生素B_{12}、维生素D、维生素K等，其中以维生素A含量较为丰富。而且，其中矿物质元素含量也比较丰富，种类很多。由于营养组成比较合理，因此易于消化吸收，利用率很高。表4-7、表4-8、表4-9和表4-10是几种枝角类的营养组成。

投喂不同的食物对枝角类的营养组成有一定的影响。在投以鸡粪和单胞藻类的枝角类中,粗脂肪含量和高度不饱和脂肪酸(n3HUFA)总量均高于投以酵母组。因此,以酵母为食物培养的枝角类(称酵母枝角类)缺乏高度不饱和脂肪酸,供应给鱼类作为饵料前必须进行营养强化。其营养强化技术与轮虫、卤虫相类似。

表 4-7 几种枝角类的一般化学组成

(引自卢亚芳,2001)

化学组成	多刺裸腹溞			蒙古裸腹溞		蚤状溞
	面包酵母	面包酵母+鸡粪	鸡粪	酵母	单胞藻	自然条件
水分(%)	87.2	89.0	87.9	90.1	89.1	89.1
粗蛋白(%)	8.8	8.6	8.2	6.1	6.1	8.5
粗脂肪(%)	2.9	1.3	3.3	2.1	3.8	2.5
粗灰分(%)	—	1.3	—	0.8	0.8	
钙(mg/g)	0.12	0.12	0.23	165.63	—	—
镁(mg/g)	0.12	0.11	0.18	—	—	—
磷(mg/g)	1.85	1.23	1.57	—	—	—
钠(mg/g)	1.09	1.46	0.56	—	—	—
钾(mg/g)	0.92	1.03	0.90	—	—	—
铁(μg/g)	46.4	38.0	175.8	—	—	—
锌(μg/g)	10.0	9.4	17.2	—	—	—
锰(μg/g)	0.5	0.7	3.5	—	—	—
铜(μg/g)	5.8	2.8	3.8	—	—	—

表 4-8 两种裸腹溞的氨基酸组成 (g/100g)

(引自童圣英等,1988)

氨基酸种类	多刺裸腹溞	蒙古裸腹溞
异亮氨酸	2.5	3.4
亮氨酸	6.0	5.3
蛋氨酸	1.0	1.5
胱氨酸	0.6	0.8
苯丙氨酸	3.6	3.4
酪氨酸	3.3	2.8
苏氨酸	3.8	3.2
色氨酸	1.2	1.2
缬氨酸	3.2	3.9
赖氨酸	5.8	3.4
精氨酸	5.1	4.3
组氨酸	1.6	1.2
丙氨酸	4.9	4.3
天冬氨酸	8.3	6.4
谷氨酸	9.8	8.0
甘氨酸	3.7	3.2
脯氨酸	4.2	2.7
丝氨酸	4.0	3.0
总量	72.6	62.0

表4-9 两种裸腹溞的脂肪酸组成 (g/100g)

(引自陆开宏等，1998)

脂肪酸种类	蒙古裸腹溞		多刺裸腹溞		
	单胞藻	酵母	面包酵母	酵母+鸡粪	鸡粪
$C14:0$	5.9	5.6	2.5	0.8	2.3
$C16:0$	22.6	21.5	6.6	5.8	10.0
$C16:1n7$	35.0	28.0	35.8	19.9	16.0
$C18:0$	1.8	1.9	2.0	3.0	4.0
$C18:1n9$	9.3	6.2	24.6	26.2	6.8
$C18:2n6$	2.3	7.3	4.6	6.6	4.7
$C18:3n3$	—	0.6	0.7	0.8	6.2
$C18:4n3$	0.4	0.5	0.1	1.1	2.2
$C20:0$	—				
$C20:3n3$	—		2.4	8.9	3.6
$C20:4n6$	—				
$C20:4n3$	2.3	2.4	0.1	0.2	0.2
$C20:5n3$	14.7	12.7	0.9	7.0	17.7
$C22:5n3$	—	—	—	0.2	0.4
$C22:6n3$	—	—	—	0.3	—
脂质含量(%)	3.8	—	2.9	1.3	2.3
$\Sigma n3HUFA$	17.0	15.1	3.4	16.6	21.9
ΣUFA	68.1	57.7	69.2	71.2	57.8

表4-10 蚤状溞鲜重中所含的各种维生素 (mg/100g)

(引自陆开宏等，1998)

种类	维生素A	胡萝卜素	维生素B_1		维生素B_2
			游离状	结合状	
含量	2.07	微量	0.236	0.255	0.569

二、枝角类的应用

1. 作为药物等毒理实验材料　药物对枝角类的生理作用与对人的生理作用相一致，所以枝角类成为很好的实验动物。枝角类毒性试验在日本、德国、加拿大等国早已开展，成为国际公认的生物测试法。

2. 作为水产经济动物幼体饵料　枝角类营养丰富，来源广，培养方法简单，正越来越多地用于水产经济动物的养殖，尤其是作为幼体期的饵料，是虾蟹幼体、稚鳖、海淡水鱼等幼体理想的饵料之一。

3. 作为饲料的动物蛋白源和诱食剂　目前在水产饲料的生产中面临如何提高饲料产品的诱食作用，如何降低饲料成本等问题。现已证实，枝角类、蛤仔、牡蛎、鱿鱼、田螺、蚕蛹、蚯蚓等动物及其提取物均有良好的诱食作用，枝角类由于含有大量的氨基酸、脂肪酸、维生素和矿物质，又是水生动物喜食的天然饵料，渤海湾的虾农使用大量晒干的鲜溞代替鱼粉添加在鱼虾饲料中，鱼虾喜食且生长良好，抗病力增强，还降低了饲料成本，证明枝角类是鱼粉理想的替代品和诱食剂。

4. 在水产养殖水体中起净化水质的作用　枝角类在水体中摄食大量的细菌和有机碎屑，对水体的自净起着重要作用。

另外，枝角类还用于生物监测。如大型溞被广泛用于新化学毒物的评价、工业废水的毒性鉴定和工业废水处理上。

•复习思考题•

1. 简述枝角类作为生物饵料的特点。
2. 试举出5种能进行大量培养的枝角类，其分别属于淡水种、海洋种或内陆咸水种？
3. 试举出3个枝角类与其他动物性饵料在形态上的辨认特征。
4. 如何区别枝角类的雌雄？
5. 枝角类具哪些生殖方式？其所需的环境条件是什么？
6. 影响枝角类生殖量的环境因素有哪些？
7. 枝角类具哪些摄食方式？其各摄取哪些饵料种类？
8. 影响枝角类生长繁殖的生态条件是什么？
9. 简述枝角类培养种虫的来源。
10. 枝角类的休眠卵如何分离、保存和孵化？
11. 培养枝角类的饵料有哪些？试述其特点及酵母枝角类的营养强化技术。
12. 叙述用半连续培养方式获得枝角类高产、稳产的措施。
13. 简述枝角类的应用。
14. 试述枝角类在水产养殖上的应用。

（陈学豪）

第五章 卤虫的培养

卤虫，又称盐水丰年虫、丰年虾、卤虾（brine shrimp），是一种世界性分布的小型甲壳类。自从 20 世纪 30 年代 Seale（1933）& Rollefen（1939）首先使用刚孵化的卤虫无节幼体作为稚鱼的饵料以来，卤虫在水产养殖上的应用范围日趋广泛（Kinne，1977）。卤虫除了在水产上有广阔的应用前景外，在发育生物学、环境毒理学和遗传学的研究中也是十分重要的实验材料（Persoone et al，1980）。我国从 1958 年开始使用卤虫无节幼体作为海产稚鱼的饵料（黄鸣夏等，1980）。新中国成立以来的历次野外资源调查表明，我国是一个卤虫资源大国（卞伯仲，1990；马志珍，1993；侯林等，1993；马志珍等，1994；任慕莲等，1996）。20 世纪末，由于国际市场上卤虫卵价格的飞涨，国内各卤虫产地缺乏有效的卤虫资源宏观管理措施，各地无序捕捞、超强度捕捞卤虫卵及卤虫的现象较为普遍，致使我国的卤虫资源遭受严重破坏。本章重点介绍卤虫的生物学、卤虫在水产养殖上的应用、卤虫休眠卵的加工技术及质量判别，同时介绍卤虫的增养殖技术。

第一节 卤虫的生物学

一、卤虫的分类

卤虫属在分类上隶属于节肢动物门，甲壳纲，鳃足亚纲，无甲目（Anostraca），盐水丰年虫科（Branchinectidae）。Linnaeus 1778 年根据 Schlosser 对卤虫外部形态特征的描述而将其归入黄道蟹属（Cancer），并首次定名为 Cancer salinus，后由 Leach 于 1819 年重新定名为 Artemia salina。对于卤虫属的分类地位，国内也有将卤虫属划到卤虫科（Artemiidae）的。由于卤虫因年龄、性别、环境条件的不同，其外部形态特征、体色等也都会发生变化。卤虫属内种的命名一度比较混乱，许多学者从卤虫外部形态特征、染色体数目及核型、同工酶和线粒体 DNA 多态性等角度提出了不同的分类系统。现今学术界统一的分类系统，则是根据国际卤虫学术研讨会（1980）提出的卤虫分类原则，进行卤虫属内种的分类，即将卤虫按生殖类型分为孤雌生殖和两性生殖两大类。两性生殖的卤虫以相互之间是否存在生殖隔离作为鉴定种的主要分类依据。而孤雌生殖的卤虫因无法进行生殖隔离试验，在分类标准未定论之前一般称为 Artemia parthenogenetica，并在其后加上产地地名，以便将来作为进一步分类的参考。现存的已定名种如表 5-1 所示。

值得一提的是，A. salina 最早是命名生活在英格兰黎明顿（Lymingdon）的卤虫种群，由 Schlosser 在 1758 年首先描述，后由 Linnaeus 定名。几百年来，沧海桑田，目前当地的盐湖生境已经消失，这一种群现已灭绝。但 A. salina 这一种卤虫是否还存在于世界的其他地方(和表 5-1 中的某种是同物异名),现已无从考证。故 A. salina 这一名字事实上已不再适用于现存的卤虫种。根据国际卤虫学术研讨会的精神,现在学术界一般将 A. salina 赋予两层含义:一表示此卤虫是两性生殖型的卤虫;二表示此两性生殖卤虫的确切名称未知,可能是表 5-1 中的任何一两性生殖卤虫种,也可能是独立于表 5-1 之外的一新的两性生殖卤虫种。

表 5-1 卤虫属现存已定名的种
(引自黄旭雄等,2000)

地 区	种(总种)	定名人及时间	原产地	生殖类型
旧世界地方性种	A. parthenogenetica	Barigozzi,1974 Bowen & Sterling,1978	欧洲、亚洲、澳大利亚	孤雌生殖
	A. tunisiana	Bowen & Sterling,1978	地中海地区	两性生殖
	A. urmiana	Gunther,1900	伊朗	两性生殖
	A. sinica	蔡亚能,1989	中国山西运城盐湖	两性生殖
	A. tibetiana	Abatzopoulos et al,1998	中国西藏	两性生殖
新世界地方性种	A. persimilis	Piccinelli & Prosdocimi,1968	阿根廷 Hidalgo	两性生殖
	A. franciscana(总种)		美洲及加勒比海地区	两性生殖
	A.(franciscana) franciscana	Kellogg,1906	美国旧金山湾	两性生殖
	A.(franciscana) monica	Verrill,1869	美国 Mono 湖	两性生殖
	A.(franciscana) sp.		美国 Nebraska	两性生殖

二、卤虫的形态

卤虫及卤虫休眠卵的外部形态特征及颜色与栖息水环境密切相关。通常在高盐水体中,卤虫的外部附肢上的刚毛数减少,刚毛变短,而在低盐水体中,卤虫附肢上的刚毛数增多,刚毛变长。在高盐水体或缺氧水体中,虫体的体色多为红色,而在低盐水体及富含溶解氧的水体中,卤虫体色呈灰白色。在紫外线辐照强的高原地区,卤虫所产休眠卵的颜色多为深棕色;相反,在紫外线辐照弱的区域,卤虫所产休眠卵的颜色多为浅棕色,乃至灰色。

卤虫成体(图 5-1),身体细长,通常有 0.7~1.5cm,分节明显,无头胸甲,分头部、胸部和腹部(含尾叉)三部分。

头部短小,不分节。在背面中央前缘有一单眼,两侧有一对具柄的复眼。口在头的腹面,口前方有一片上唇,自额部向后方延伸,覆盖口外。头部有五对附肢(第一触角、第二触角、大颚、第一小颚、第二小颚)。第一触角位于头的前端,细棒状,不分节,末端有感觉毛三根。第二触角在雌雄个体间差异显著。雌性个体的第二触角比较简单,粗短而稍弯曲。雄性个体的第二触角发达,末节大而扁平,特化成斧状的抱器,交配时用于拥抱雌虫。大颚、第一小颚、第二小颚三对附肢组成口器，用于摄取食物。

卤虫胸部由11个体节组成，每节具一对扁平叶状的胸肢，分内、外叶。其内缘为内叶，内叶由一些小叶组成，其边缘有羽状刚毛和小刺。在内、外叶之间有鳃。卤虫的胸肢具有呼吸、游泳和滤食等功能。

腹部分8节，无附肢。第一、第二腹节愈合成生殖节，雌虫的生殖节腹面有一卵囊，雄虫的生殖节腹面有一交接器。腹部最后一节为尾节，末端为一对扁平不分节的尾叉，肛门位于尾叉之间，尾叉的大小和刚毛数随环境盐度的改变而改变。

三、卤虫的发育及生活史

卤虫的发育过程中有变态，历经卵、无节幼体、后无节幼体、拟成虫期幼体和成虫等阶段（图5-2）。其生活史为：

卵（夏卵或经滞育终止处理的冬卵），孵化成Ⅰ龄无节幼体（instar Ⅰ，也称初孵无节幼体），体长一般为400~500μm。Ⅰ龄无节幼体体内充满卵黄，颜色为橘红色。有三对附肢：第一触角（1st antennae）有感觉功能，第二触角（2nd antennae）有运动及滤食功能，一对大颚（mandible）有摄食功能。在头部有一单眼

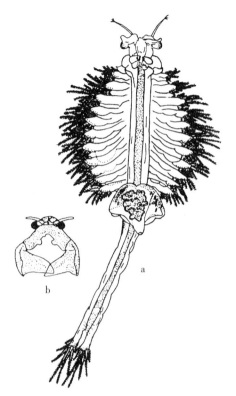

图5-1　卤虫成虫形态图
a. 雌性成虫　b. 雄虫头部
（引自陈明耀等，1995）

（nauplius eye）。初孵无节幼体的口及肛门尚未打通，因此无法摄食，靠消化自身贮存的卵黄维持新陈代谢。

Ⅰ龄无节幼体在适宜的温度条件下，一般在12 h后可蜕皮一次，发育成Ⅱ龄无节幼体（instar Ⅱ），此时进入后无节幼体阶段。Ⅱ龄无节幼体的消化道已经打通，开始外源性营养，由第二触角的运动摄取几微米至十几微米大小的颗粒。在后无节幼体阶段，身体逐渐延长，后部出现不明显分节，且每蜕皮一次，体节增加。

无节幼体在第4次蜕皮后，变态成拟成虫期幼体。拟成虫期幼体体长增加明显，已形成不具附肢的后体节，同时在头部出现复眼。拟成虫期幼体在第10次蜕皮后，形态上变化明显，触角失去运动能力，第二触角前端朝向后方。体长2 mm左右时，雌雄开始分化，在生殖体节上可看到外部生殖器的原基。雄虫第二触角变成斧状的抱器，而雌体的第二触角则退化成感觉器官。胸肢也分化成机能不同的端肢节、内肢节和外肢节三部分。

初孵无节幼体经12~15次蜕皮后，变态成成虫。性成熟的成虫，在每一次繁殖后，进行下一次繁殖前，均需蜕皮一次。繁殖出的后代因环境条件的不同，可以是无节幼体，也可以是夏卵或冬卵。

卤虫的发育与外界的水温、饵料和盐度等有关。从孵化到性成熟最短只需8 d，一般需14~

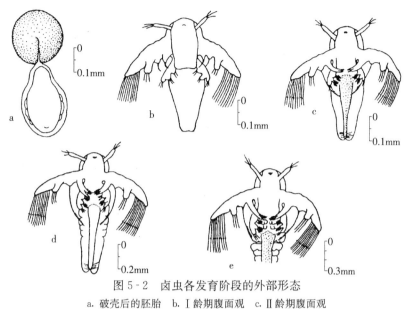

图 5-2 卤虫各发育阶段的外部形态
a. 破壳后的胚胎 b. Ⅰ龄期腹面观 c. Ⅱ龄期腹面观
d. Ⅲ龄期腹面观 e. Ⅳ龄期头胸部腹面观
(引自廖承义等，1990)

21 d。性成熟的卤虫，在环境、饵料适宜的情况下，一般每隔 3~5 d，即可产卵一次。每次产卵量 2~300 个，一般为 80~150 个。卤虫的寿命一般为 2~3 个月，可产卵 10 次左右。

四、卤虫的生殖习性

卤虫的生殖习性比较特殊，为了更好地理解卤虫的生殖习性，有必要分清卤虫生殖类型和卤虫生殖方式两个概念。

(一) 卤虫的生殖类型

卤虫的生殖类型是由种的特性决定，不会受环境因子的改变而改变。根据其生殖类型的不同，卤虫可分为孤雌生殖的卤虫种和两性生殖的卤虫种。孤雌生殖的卤虫，种的组成中没有雄虫或雄虫的比例极低（稀有雄虫），雌虫不需要与雄虫交配即可繁殖后代。两性生殖的卤虫，种的组成中有雄虫和雌虫之分，只有雌、雄虫交配后才能繁殖后代。

(二) 卤虫的生殖方式

卤虫的生殖方式与其生殖类型无关。生殖方式受内、外界环境因子的影响，环境的变化会引起卤虫生殖方式的改变。不论是孤雌生殖卤虫，还是两性生殖卤虫，在特定的环境条件下，都可以卵胎生（ovoviviparity）方式或卵生（oviparity）方式进行繁殖。在以卵胎生方式繁殖时，胚胎发育过程中无滞育阶段，无节幼体直接从母体的卵囊中排出，并能自由游动。而在以卵生方式繁殖时，又有两种情况：产夏卵和产冬卵。夏卵（图 5-3a），也叫非滞育卵，胚胎发育过程中无滞育阶段，卵外无厚的硬壳，在适宜的温度、盐度条件下，无需特殊处理 24 h 内即能发育成自由泳动的无节幼体。冬卵（图 5-3b），也叫滞育卵、休眠卵，卵外有厚的棕色硬壳，胚胎发育过程中有滞育现象，需特殊的滞育终止处理才能发育成无节幼体。

(三) 影响卤虫生殖方式的因素

卤虫生殖方式的控制机理及影响因素尚未完全清楚，但一般认为雌虫卵囊内的壳腺组织与卤虫休眠卵的形成密切相关(Clegg & Conte,1980)。Maeyer-Griel 认为大多数有棕色壳腺的卤虫行卵生，大多数有白色壳腺的卤虫行卵胎生。在结构上，休眠卵的外层为由血红蛋白分解的产物——正铁血红素和脂蛋白为主构成的硬壳(Sorgeloos et al,1986)。Anderson et al 认为这层外壳是由母体壳腺的分泌物或卵囊中的液体形成，当卵母细胞进入卵囊时，壳腺也开始分泌物质进入卵囊，在初次卵裂后，开始在卵的表面形成壳。最终当胚胎发育成 4.0×10^3 个细胞左右，壳完全形成，母体与胚胎之间的营养传递中断。因此，可以认为，在卤虫胚胎发育的早期阶段，该胚胎的命运即已确定。这也可以从不同发育途径的胚胎生化组成中得到证实。对非滞育卵和滞育卵的生化分析表明，非滞育卵中能量主要以糖原的形式贮存，而滞育卵中则大量合成海藻糖，并以之为贮存能量的主要形式。实验室的研究结果还表明，孕育不同发育途径胚胎的母体，其体色及卵巢组织的颜色也不一样。以产滞育卵为主的雌虫的体色较深，呈棕红色，壳腺呈棕色，卵巢组织呈棕黄色。而产无节幼体的雌虫体色较浅，呈淡白色，壳腺呈乳白或半透明，卵巢组织呈淡黄色(黄旭雄等，2001)。

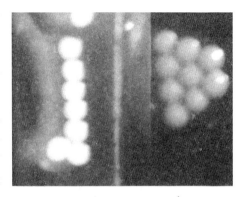

图 5-3 卤虫的夏卵和冬卵
a. 夏卵　b. 冬卵
（引自黄旭雄）

卤虫胚胎发育的不同途径，是由母体所经历的内、外环境的综合作用所决定的。已见报道的影响卤虫生殖方式的因素有：

1. 盐度　盐度是影响卤虫生殖方式的重要生态因子，高盐度是卤虫繁殖为卵生的生态要求，盐度的升高能使卤虫由卵胎生转化为卵生（陈明耀等，1995；任慕莲等，1996）。有实验结果表明，在环境盐度由 50 增加到 128.6 的过程中，卤虫的繁殖方式由只有卵胎生改变为排薄壳卵的卵生和卵胎生，当盐度进一步升到 147.6 以上时，卤虫只以产休眠卵的方式繁殖。也有报道认为，盐度休克（突然升高或降低盐度）也能有效诱导卤虫行卵生（Sorgeloos，1989）。

2. 饵料的数量和质量　卤虫所摄取饵料的数量和质量能影响卤虫以何种方式繁殖后代。Dutrieu 用衣藻或不含叶绿素、类胡萝卜素的啤酒酵母为饵料饲养卤虫，结果只摄取含有叶绿素的饵料的卤虫能够产休眠卵。

3. 养殖水体中的铁离子及溶解氧含量　Baker 研究认为，养殖水体中的铁离子含量也能诱导卤虫行卵生。通过控制溶解氧含量和螯合铁离子浓度（Fe-EDTA），可改变卤虫的生殖方式(Versichele & Sorgeloos，1980)。对于旧金山湾卤虫，连续充气培养时（溶解氧含量在 6.0 mg/L 以上），卵生比例为 39%；周期性间歇充气（溶解氧含量周期性降至 4.5 mg/L）时，卵生比例高达 71%。在培养水体中添加 30 mg/L 的 Fe-EDTA，卤虫的卵生比例为 67%；而不添加 Fe-EDTA 的水体，卤虫的卵生比例仅为 33%。若同时给予周期性低溶解氧和高浓度（30 mg/L）Fe-EDTA 的共同刺激，则以卵生方式繁殖的卤虫可达 96%。养殖水体中的铁离子和溶解氧诱导卤虫行卵生的机制，一般认为是由于铁和低溶解氧刺激了卤虫血红蛋白的合成及壳腺连续分泌血红蛋白的代谢产物——正铁血红素所引起（Browne，1991）。

4. 光周期　对于产自河北大清河盐田的两性生殖卤虫，在温度25℃，盐度29左右的海水中培养时光周期对卤虫的生殖方式有显著影响，长光照能诱导其行卵胎生，而短光照则诱导其行卵生（黄旭雄等，2001）。持续光照（24L：0D）条件下，卤虫产休眠卵的比率不超过20%；在18L：6D的长光照条件下，卤虫产休眠卵的比率为0；在6L：18D的短光照条件下，卤虫产休眠卵的比率超过75%，最高可为100%（表5-2）。实验结果还表明，在短光照条件下，随卤虫繁殖次数的增加，产休眠卵的概率也随之增大。

表5-2　不同光周期下卤虫产滞育卵的比率

（引自黄旭雄等，2001）

	24L：0D	18L：6D	12L：12D	6L：18D	0L：24D
第1胎	0.167	0	0.583	0.750	0.091
第2胎	0.200	0	0.556	0.900	0.000
第3胎	0.100	0	0.625	1.000	0.000
第4胎	0.111	0	0.750	1.000	—
第5胎	0	0	0.750	1.000	—
第6胎	0	—	1.000	1.000	—

5. 卤虫品系　不同的卤虫品系或不同产地的卤虫，在相同培养条件下，其卵生与卵胎生的比例差异很大（卞伯仲，1987）。新疆达坂城东盐湖、青海柯柯湖的卤虫，在波美度为3.4°、7.0°、11.0°和18.0°时几乎都行卵生，而福建莆田盐场的卤虫在同等盐度下，平均只有31%的个体行卵生。Gonzalo & Beardmore（1989）对产自美国大盐湖的卤虫 A. franciscana 的研究也表明滞育卵的产生与母体的遗传杂合性相关。

五、卤虫的摄食习性

卤虫是一种典型的滤食生物，只要是1～50 μm的颗粒状物质均可被卤虫摄食，而对大小为5～16 μm的颗粒有较高的摄入率。卤虫对食物的种类没有选择性，仅对食物的大小有选择。因而，在卤虫消化道中的颗粒，不能认为全部具有营养价值，可以被卤虫所利用。柳光宇等（2002）对处于不同发育时期的中华卤虫（Artemia sinica）幼体体内4种消化酶（胃蛋白酶、类胰蛋白酶、淀粉酶和纤维素酶）活力的研究表明，在卤虫幼体发育过程中，胃蛋白酶、类胰蛋白酶和淀粉酶表现出较高的活力，而纤维素酶的活力相对较低；同时，在发育过程中，淀粉酶/类胰蛋白酶活力比（A/T）比值也发生变化，表明卤虫对非选择性滤食的食物有选择性消化的特点，即随卤虫的发育，卤虫体内消化酶消化的主要物质由淀粉类物质转向蛋白类物质。

在天然环境中，卤虫摄取的食物种类有细菌、微藻、小型原生动物及有机碎屑等，在天然盐湖中，卤虫的大量出现通常与微藻的大量生长相配合。在人工养殖的情况下，可以投喂多种饵料，如酵母、豆粉、玉米粉、米糠和草浆等农副产品下脚料。

卤虫成体滤食时，利用它的胸肢鼓动水流，胸肢内叶起过滤食物作用，将食物集中到腹部正中的食物沟，再用胸肢内叶基部的刚毛送往前方，靠口唇及口部附属肢将食物送入消化道。卤虫无节幼体摄食是依靠第二触角收集身体周围的颗粒，再借大颚的作用，把食物收集到口唇部，继而进入消化道内。

当水体中悬浮的饵料颗粒缺乏时，成体卤虫也可利用头部的附肢刮食黏附在池壁或水中其他物体上的底栖硅藻、有机沉淀物或菌膜。

六、卤虫对生态条件的适应

全世界已有300多个以上的盐湖或盐田发现有卤虫，不同产地的卤虫各自有对其生长环境的适应。不同的卤虫品系对某些生态因子的适应能力甚至有巨大的差异。

1. 温度　卤虫能忍受的温度范围很广。活体成虫在－3～42℃之间可以存活，而且对温度骤变的适应力强，具体数值因产地及发育阶段的不同而有差异。贾沁贤等（2002）对尕海卤虫的温度特性研究表明，无节幼体的耐寒力比幼虫期高－1.7℃，比成虫期高－0.9℃，即无节幼虫的耐寒力最强，幼虫对低温最敏感；孵化发育起始温度9.94℃，幼虫发育起始温度10.33℃，其适温范围基本介于10～39℃，最适温度介于24.9～30.5℃。将正常生活在25℃条件下的抱卵雌体，转移到－2℃的冷藏间，停放2 d后，卤虫仍然不死，并能产出无节幼体。一般认为，卤虫的最适生长温度为25～30℃。

卤虫卵的耐温范围要比虫体的耐温范围还要广。水分含量为2%～5%的干燥卤虫卵在－273～60℃中放置，并不影响其孵化率。在短时间内放置于60～90℃，也不会影响其孵化率。在此温度范围内，随温度的升高能耐受的时间缩短。而完全吸水的卤虫卵在温度低于－18℃及高于40℃时会使胚胎致死。在－18～4℃及32～40℃之间时，不会使胚胎致死，但胚胎的发育会可逆停止，即当温度恢复到4～32℃时可使胚胎恢复到正常的新陈代谢。但若长时间将卤虫卵放在32～40℃时会降低孵化率。

2. 盐度　卤虫具有高效的渗透压调节系统，对盐度的耐受范围很广。卤虫可正常栖息于盐度范围为10～242的水域中，可容忍的盐度范围为1～340，生长的最适盐度范围为30～50，具体与品种有关。而在天然水域中，卤虫仅出现在高盐水体中，这是卤虫为躲避敌害而产生的一种进化行为。在正常海水中，卤虫虽然长得很好，但由于卤虫没有任何攻击及自卫的能力，很容易被其他动物如鱼类、甲壳类等捕食，因此在天然海水水域中是看不见卤虫分布的。耐高盐的特征是卤虫逃避敌害的惟一方法。盐度对卤虫的个体大小、外部形态特征和体色均有明显影响。一般同种卤虫在高盐水体中的个体规格小于在低盐水体中，生长在高盐水体中，卤虫的刚毛数量及长度也有变小的趋势。但在高盐水体中卤虫的体色较低盐水体中红。这是因为在高盐水体中溶解氧含量相对少，而卤虫具有高效的呼吸色素——血红素，并且卤虫能够根据环境中溶解氧的多少调节体内血红素的含量。

3. 水中的离子浓度　卤虫栖息的水域按离子种类来分可有氯化钠型（沿海盐田）、硫酸盐型（新疆的艾比湖）、碳酸盐型（美国的Mono湖）和钾盐型（美国尼布拉斯加盐湖）。卤虫对水域中的离子组成及浓度的耐受范围很广。正常海水中Na/K的值为28，而卤虫可忍受的Na/

K 范围为 8~173，海水中 Cl^-/CO_3^{2-} 的值为 137，而卤虫可忍受的 Cl^-/CO_3^{2-} 的范围为 101~810，海水中 Cl^-/SO_4^{2-} 的值为 7，而卤虫可忍受的 Cl^-/SO_4^{2-} 的范围为 0.5~90。但是，某些特定的卤虫只能适应某一类型的水体，如生活在 Mono 湖中的卤虫 A. monica，不能在氯化钠型的水体中生存，反之，生活在氯化钠型水体中的卤虫 A. franciscana，也不能在 Mono 湖水中生存。

4. 溶解氧　与其他甲壳动物相比，卤虫具有高效的呼吸色素——血红素，可以在极低溶解氧状态下（1 mg/L）生存，也可生活于溶解氧为饱和溶解度 150% 的超富氧水体中。当卤虫成体处于缺氧的水体中，通常会在水体表面游泳，借此利用空气中的氧气以维持正常的生理活动所需。此外，卤虫体内的血红蛋白含量会随水体中溶解氧的丰度而增减，从而引起卤虫体色的改变。在溶解氧充足的水体中，卤虫的体色一般较淡，而在缺氧水体中，卤虫的体色较深。

5. 酸碱度　卤虫天然生长的环境为中性到碱性，孵化过程中要求 pH 在 8~9 之间，否则会降低孵化率。

七、卤虫休眠卵的形态和生理特征

卤虫休眠卵的结构如图 5-4 所示。卵壳部分包括 3 层结构，最外层是咖啡色硬壳层（chorion）。硬壳层的主要成分是脂蛋白、几丁质和正铁血红素。正铁血红素是卤虫血红蛋白的降解产物，其含量的多少决定了卤虫卵颜色的深浅。硬壳层在结构上又可分为表面相对致密的表层（cuticular layer，CL）和其下相对疏松的蜂窝状层（alveolar layer，AL）。硬壳层的主要功能是保护其内的胚胎免受机械和辐射的损伤。这层壳也可以被一定浓度的次氯酸盐溶液氧化除去。中间层为外表皮膜（outer cuticular membrane，OCM），外表皮膜由特殊过滤功能的多层薄膜构成，具有筛分作用，能阻止相对分子质量比二氧化碳大的物质渗透入膜，从而起保护胚胎的作用。壳的最内层为胚表皮（embryonic cuticle），这是一层透明的富有弹性的膜，可分为纤维质层（fibrous layer，FL）和与胚胎相邻的内表皮膜（inner cuticular membrane，ICM）两层。膜内的胚胎为一约有 4 000 个细胞的原肠胚。

广义上的卤虫休眠卵，也即一般意义的冬卵，根据其生理特征的不同，可以分为相互间有着根本差别的两种休眠状态：一种是由内源性、生理性或结构性机制引起的发育暂时停止，称滞育（diapause）。许多生物体进入滞育状态，可解释为机体预测到环境条件即将不利于该生物体的生存而在不利的环境条件到来之前所采取的一种生理适应。处于滞育状态的卤虫卵即滞育卵（diapause cyst），即使在良好的环境条件下胚胎也不能进一步发育。滞育状态的解除，称之为激活（activation），通常需要短暂的接触特殊的环境刺激，只有经过激活后滞育卵才有可能恢复发育。

广义休眠的另一种状态是静止休眠卵（quiescent cyst），特指由于外界不良环境条件所导致的低代谢水平的状态。不良环境条件通常包括低湿、低温、缺氧等。处于静止状态的卵，一旦外界环境条件得到改善，正常的新陈代谢就会恢复。因此，有关不同生理状态的卤虫卵的关系可用图 5-5 所示。

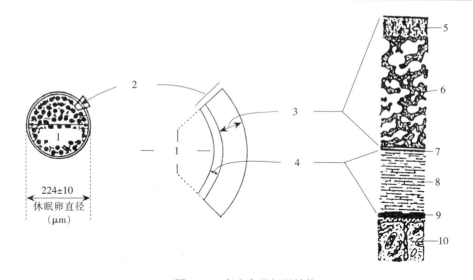

图 5-4 卤虫卵的超微结构
1. 细胞物质 2. 卵壳 3. 硬壳层 4. 胚胎膜 5. 表层 6. 蜂窝状层
7. 外表皮膜 8. 纤维质层 9. 内表皮膜 10. 细胞
(引自 Drinkwater & Clegg，1991)

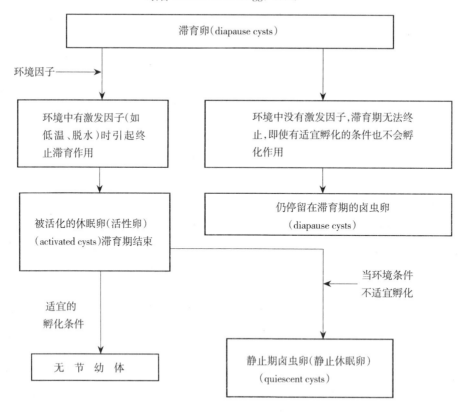

图 5-5 卤虫卵的滞育期和静止期
(引自 Drinkwater & Crowe，1987)

第二节　我国的卤虫资源量和分布

一、卤虫在自然界的分布与传播

在自然界卤虫一般出现在下列地区：能够持续保持稳定的高盐度（90~190 为宜），在这种水域中，才能排除卤虫的捕食者；在冬季有冰冻期，因为在冰冻的低温环境中，即使卤虫卵有机会吸水也无法进行新陈代谢，不会孵化，可以存活到第二年春天；在有明显的旱季和雨季的地区，风及水鸟是传播卤虫的主要媒介。卤虫的干燥休眠卵可随风飘扬，从而扩大卤虫的分布范围。另外，卤虫的成体是许多水鸟的食物，虽然卤虫以其耐高盐的特性可逃避水体中的敌害，但惟一无法逃避的是水鸟。生活在盐湖周围的许多水鸟都捕食卤虫。但是水鸟的消化道不能消化卤虫休眠卵的外壳，因此对休眠卵不会造成伤害，但休眠卵却随水鸟的迁徙而得到传播，在适宜的环境条件下孵化生长，形成新的种群。目前在南美洲、东南亚及澳大利亚的卤虫则是人们为了改进盐的质量或是为了发展水产养殖而移植的。

由于卤虫具有很强的趋光性，且营浮游生活，在盐湖及盐田中，常被风吹飘到下风口而聚集在一起，在水体中，多数情况下是不均匀分布，造成卤虫资源的统计困难。国内在卤虫卵资源量的评估上采用多种方法：一是用卤虫、卤虫卵分布密度×水体容量来评估；二是根据春季出现最大密度的无节幼体密度来反推前一年休眠卵的贮存量；三是根据秋季卤虫繁殖高峰期，抱卵成体占主要比重时，用抱卵虫体数量×卤虫的平均繁殖力来评估卤虫的资源量。而国外认为，最可靠的统计数值要属商业性的收获、销售量和养殖业者的使用卤虫数量的统计数字。近几年，由于气候及对卤虫资源的过度捕捞，卤虫的资源量在全球范围内出现下降，这是一个值得关注的问题。

二、我国的卤虫资源

我国的卤虫资源非常丰富，主要集中在我国的西北内陆盐湖和华北盐田（表 5-3）。任慕莲等（1996）评估我国西北内陆（新疆、青海、内蒙古）主要盐湖卤虫资源量在 4×10^4 t/a 以上，卤虫卵的资源量在 351~614 t/a。其中以新疆艾比湖的最大，约在 200~400 t/a。其次为青海尕海盐湖，约为 80~100 t/a。马志珍（1993，1994）认为中国西北地区盐湖卤虫资源量为 2.5×10^4~3.0×10^4 t/a，开发量为 1 500 t/a，卤虫卵资源量为 500~700 t/a，开发量（原料卵）200~300 t/a。沿海鲜卤虫产量约 1.5×10^4 t/a，卤虫卵 300~500 t/a。

从表 5-3 可知我国卤虫的生殖类型，呈现一定的地理分布特点，海盐区的卤虫以孤雌生殖为主，而内陆湖盐区的卤虫以两性生殖为主。在两性生殖的卤虫中，染色体倍数基本上为 2n，染色体数为 42，而孤雌生殖卤虫的染色体倍数有 2n、4n 或 5n，染色体数为 42、84 或 105。

表 5-3 我国主要卤虫地理品系的生殖类型

(引自卞伯仲，1990；马志珍，1993；侯林等，1997；侯林等，1993)

盐区	省市区	产地	生殖类型	染色体倍数
海盐区	海南	东方	孤雌	不详
		莺歌海	孤雌	5n
	广西	防城、钦州、合浦、北海	孤雌	不详
	台湾	北门	两性	不详
	福建	惠安	孤雌	2n、4n、5n
		莆田	孤雌	不详
		同安东园	两性	2n=42
	山东	小滩、羊口、莱州东方红、青岛东风	孤雌	2n、4n
		荣成姜家	孤雌	不详
		高岛	孤雌	2n、4n、5n
		青岛南万、青岛即墨、埕口	孤雌	2n、5n
	天津	汉沽	孤雌	2n
	河北	大清河、黄骅	孤雌	2n、5n
		大清河	两性	不详
		尚义	两性*	2n
		张北	两性	不详
		南堡、塘沽	孤雌	2n
		康保	两性	不详
		沽源	两性	2n
	辽宁	营口、旅顺、复州湾	孤雌	2n
		金州、锦州	孤雌	2n、4n、5n
		皮口	孤雌	不详
	江苏	连云港、射阳、南通	孤雌	不详
	浙江	舟山岱山	孤雌	不详
湖盐区	山西	运城解池	两性*	2n
	吉林	工农湖	两性*	2n
	新疆	巴里坤湖	孤雌	2n=42、4n=84
		阿拉尕克盐池	两性	2n=42
		达坂城湖	孤雌	4n=84
		艾比湖	孤雌	2n=42
		绿盐池	孤雌	5n (105)、4n (84)
		阿其克库木湖、顶山盐池	孤雌	不详
		鲸鱼湖	两性	不详
	青海	小柴旦湖	两性*	2n=42
		尕海湖	孤雌	2n=42
		柯柯湖	孤雌	4n=84
		茶卡湖	孤雌	不详
		巴仑马海盐湖、茍鲁错湖	不详	不详
	内蒙古	黄旗海	孤雌	4n (84)、5n (105)
		伊和淖尔、额吉淖尔、额仁达布森淖尔、北大池、达格淖尔、呼和陶勒盖淖尔	两性	2n=42
		巴彦淖尔、杭锦旗盐海子、努合图、苏贝淖尔、水泉子、纳林淖尔、桑根达莱淖尔、浩勒报吉淖尔	两性	2n=42
	西藏	改则	两性	不详
		措勒、麻米湖、向阳湖、双湖、尼玛湖	不详	不详

*表示已定名为 A. sinica。

从卤虫卵的生物学角度,我国各产地卤虫卵之间也有明显的差异。

两性生殖的卤虫卵卵径比孤雌生殖的卤虫卵卵径小。据报道,西北盐湖13处两性生殖卤虫的干燥卵径的平均值波动在207.8~240.0 μm,水合4 h后的平均卵径波动在235.8~282.2 μm,去壳卵的卵径在218.0~261.6 μm。而7处孤雌生殖卤虫的干燥卵径的平均值波动在237.1~258.0 μm,水合4 h后的平均卵径波动在264.4~284.6 μm,去壳卵的卵径在252.1~267.3 μm(任慕莲等,1996)。已知卵径的大小与染色体的倍数有关,二倍体的卵径较小,多倍体的卵径较大(Vanhaecke & Sorgeloos,1980;唐森铭,1997)。而卵壳的厚度与染色体无关,与环境因子尤其是盐度有关,卵壳的厚度基本上与盐度呈反相关。

不同生殖类型卤虫的无节幼体的体长差异很显著。一般两性生殖的卤虫初孵无节幼体小于孤雌生殖卤虫的初孵无节幼体。孵出后2 h,两性生殖卤虫的无节幼体的体长平均为440.2 μm左右,而孤雌生殖卤虫无节幼体的体长平均为491.4 μm左右(任慕莲等,1996)。

针对国产卤虫卵的营养价值,已有的研究表明,我国绝大多数产地的卤虫卵的营养价值较高。渡边等(1980)根据卤虫脂肪酸的组成,将卤虫卵和无节幼体分为两个类型。一个类型是含有高浓度的淡水鱼必需脂肪酸C18:3n3,另一个类型是大量含有海产鱼类必需脂肪酸EPA(C20:5n3)等高度不饱和脂肪酸。前者称为淡水型卤虫,后者称为海水型卤虫。我国的卤虫卵或卤虫初孵无节幼体,无论是产自沿海盐田或是内陆盐湖,大多有较高的EPA含量,为典型的海水型卤虫卵(表5-4)。

表5-4 不同品系卤虫去壳卵或无节幼体的部分脂肪酸组成

(引自任慕莲等,1996;曾庆华等,2001;Leger et al,1986)

	卤虫品系	亚油酸(C18:2n6)	亚麻酸(C18:3n3)	ARA(C20:4n6)	EPA(C20:5n3)	DHA(C22:6n3)	卤虫卵类型
去壳卵	艾比湖	5.25	15.96	0.17	8.79	/	淡水型
	达坂城盐湖	6.96	28.95	/	2.24	/	淡水型
	巴里坤湖	4.24	4.0	1.63	14.14	/	海水型
	尕海湖	4.23	8.41	1.02	15.20	/	海水型
	小柴旦湖	2.22	6.80	0.85	10.78	/	海水型
初孵无节幼体	河北沧州	3.25	0.67	1.00	11.13	/	海水型
	河北黄骅	4.63	0.85	0.57	11.40	/	海水型
	山东无棣	8.19	1.20	0.95	11.90	/	海水型
	西藏措勒	2.27	2.97	0.57	23.52	/	海水型
	内蒙古锡林浩特	9.11	1.26	0.64	7.90	/	海水型
	美国旧金山	6.3	22.4	0.8	2.7	0.1	淡水型
	巴里坤湖	1.79	4.41	0.81	14.14	/	海水型
	尕海湖	4.10	5.99	0.51	16.17	/	海水型
	小柴旦湖	3.24	9.63	1.14	13.10	/	海水型

注:"/"表示未检测到。

三、国产卤虫的开发利用策略

卤虫属于生物资源,为可更新的动态资源。科学管理,合理捕捞,可以长期利用,否则会造成资源衰退,以致枯竭。但卤虫的生命周期短,适应能力强,繁殖率高,属于资源破坏后容易恢复的类型。因而卤虫的开发利用率很高。

对于国产卤虫资源的开发利用,应当科学管理,因地制宜,合理开发,努力提高生产技术。目前国产卤虫资源的开发主要以利用休眠卵为主,而西北盐湖中大量的卤虫成体资源并未得到有效的利用。实行开发卤虫卵为主,虫、卵并举的开发思路,可有效提高卤虫资源的利用率。其次,根据各卤虫产地卤虫的生态特征,开展卤虫资源的调查,掌握卤虫资源的动态变化,科学确定卤虫生物量和休眠卵的采捕期和采捕量。加强卤虫资源主产区的统一管理力度,打击破坏性、掠夺性的捕捞行为。再次,要在资源地普及卤虫生物学知识,讲解卤虫卵的采捕和保存方法。引进先进的加工技术和设备,生产高质量的卤虫产品。有条件的地区可开展卤虫的增养殖。

第三节 卤虫在水产养殖上的应用

尽管卤虫在水产上的应用自 20 世纪 30 年代开始,但其在水产上的广泛应用是在 60 年代水产养殖业的蓬勃发展以后。目前,卤虫在虾蟹类的育苗和养殖、海水鱼苗的培育、水族鱼类的养殖等方面有广泛的应用。其应用形式主要有初孵无节幼体、卤虫去壳卵、卤虫中后期幼体及成体(鲜活、冰冻或卤虫干粉)等。

一、初孵无节幼体

初孵无节幼体(Ⅰ龄无节幼体)是卤虫在水产养殖上应用最普遍的形式。卤虫初孵无节幼体的大小、运动速度、营养成分和适口性等都能基本满足许多水产动物苗种的需求。现今 85% 的水产动物苗种生产过程中需用到卤虫无节幼体。为了获得更多的无节幼体,必须了解每一品系卤虫的孵化特性以及获得最佳孵化效果的孵化条件。一般讲,应用孵化率高、孵化同步性好的卤虫卵比应用孵化性能差的卤虫卵对生产更有利。孵化率高、孵化同步性好的卤虫产品可以节省孵化设施和周转时间,并尽可能保留初孵无节幼体的营养。由于不同产地的卤虫的营养价值不同,因此在培育特定的苗种过程中,应考虑培育对象的营养需求,尽可能选择营养与之相适应的卤虫卵。如在培养海水鱼苗过程中,应尽可能选择海水型卤虫(富含海水鱼类生长发育所必需的脂肪酸 EPA),以减少卤虫营养强化的工作量。初孵无节幼体必须及时投喂,否则也会影响卤虫的营养价值。孵化过量的无节幼体最好在低温下贮存暂养,尽可能减少营养的消耗。

(一)卤虫卵的孵化

1. 卤虫卵孵化过程中形态及生理的变化　干燥的卤虫卵为双面凹或单面凹的球形,放入海水后,向下凹的卵开始吸水,在 1~2 h 后涨大成圆球形,一般 4 h 后达到充分吸水。15~20 h 后,卵的外壳及外表皮破裂,此时称为破壳期(breaking stage or E-1),此时即将发育成无节幼体的胚胎被一层孵化膜包围，之后胚胎完全离开外壳，吊挂在卵壳的下方，有时仍有部分孵化膜与卵壳连在一起，此期称为伞期（umbrella stage or E-2），孵化膜内的无节幼体称为膜内无节幼体，膜内无节幼体摆动其附肢而使孵化膜破裂，以头向下的方式游出（图5-6）。

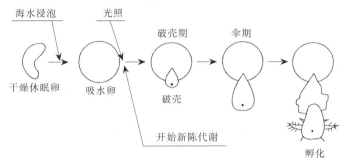

图5-6　卤虫卵在孵化过程中的形态变化
(引自Sorgeloos，1986)

干燥的卤虫卵有强烈的吸湿性，能够迅速吸水，在浸泡海水后的第一个小时内体积增加100%，充分吸水后，加上足够的光照，卤虫卵内的胚胎开始有生理代谢，可以说光照在卤虫卵的胚胎生理代谢方面为一开关作用，如果光照强度不足孵化会推迟或根本不孵化。卤虫卵的胚胎在进行有氧的生理活动时有下列特征：会将贮存的海藻糖分解成甘油，甘油堆积在卵外表皮。由于甘油是亲水性很强的物质，随着甘油堆积量的增大，水分子不断从外界被吸入卵内，因此，甘油的作用类似水泵，最后使卵壳涨破。卤虫卵孵化过程中，破壳前的生理活动主要是海藻糖分解成甘油而后甘油吸水。因此即使把卤虫卵放在淡水中，也能达到破壳期。孵化用水的盐度越高，卤虫卵需要产生的甘油就越多，以便吸收足够的水分使卵内外的渗透压差达到某一水平，卵壳才能破裂。因此当孵化用水的盐度越高，虫卵消耗的海藻糖越多，产生的甘油也越多，而破壳所需的时间就越长，同时孵化出的无节幼体所含的能量也相对要低一些。在破壳之后的胚胎并不直接与水接触而是被一层孵化膜所包围，从这时起孵化用水中各种离子的作用就变得举足轻重了。如果此时仍将虫卵浸泡在淡水中，对孵化是不利的，只有与海水离子组成相近且pH为8~9时，无节幼体才能顺利孵化。在孵化膜破裂之前，胚胎将发育成会游动的无节幼体，在无节幼体的头部能分泌孵化酶，使孵化膜溶解而游出。

2. **卤虫卵的孵化容器**　一般的孵化容器都可以用来孵化卤虫休眠卵。尤以底部为锥形漏斗状的水槽或小水泥池为好。在这种容器中孵化，容器底部放一气石，充气后不易形成死角，虫卵在容器内上下翻滚，始终保持悬浮状态，不会堆积在一起，影响孵化效果。

3. **卤虫卵孵化的生态要求**

（1）温度。卤虫卵在7~30℃的范围内均可孵化，但温度对卤虫卵的孵化速度和孵化率有显著影响。随温度的升高，孵化速度加快。研究表明，多数产地卤虫卵孵化的最适温度范围为25~30℃（Vanhaecke et al，1989）。不同品系卤虫卵的最佳孵化温度略有差异。天津产卤虫卵的最佳孵化温度为30℃，山东埕口盐场、海南莺歌海盐场和青海柯柯盐湖卤虫卵的最佳孵化温度分别为25.5~28.5℃、27.0~30.0℃和27.0~33.0℃（杨娜等，1989）。西藏卤虫卵的最适孵化温度为22℃左右，明显低于其他品系卤虫卵的最适孵化温度（刘凤岐，2001）。孵化温度还会显著影响卤虫无节幼体出膜时间。对中国 12 个主要地理品系卤虫卵的孵化速度的分析结果表明，各品系卤虫卵的孵化速度因温度不同而差异极显著；相同温度下各品系间速度也有显著差异（郝林华，1999）。

(2) 盐度。一般讲，卤虫卵的可孵化盐度范围为 5～140，但不同产地及品系的卤虫卵对孵化盐度的耐受范围及最适值有差异。我国塘沽产的卤虫卵可孵化盐度的上限为 100，最适孵化盐度为 28～30；埠口盐场卤虫卵的最适孵化盐度为 30，孵化的最高盐度为 100；海南莺歌海盐场卤虫卵的最适孵化盐度为 20，孵化的最高盐度为 120；青海柯柯盐湖卤虫卵的最适孵化盐度为 35，孵化的最高盐度为 80。如前分析，盐度也影响卤虫卵孵化的速度和孵化后卤虫无节幼体的能量含量。生产上一般取低盐度（10～20）进行孵化。

(3) 酸碱度。卤虫卵孵化的最适 pH 范围为 8～9。在卤虫卵孵化过程中，卵的密度过高，常会使孵化用水的 pH 小于 8。在实际生产中，为了维持 pH 的稳定，可在每升孵化用水中加入 1 g $NaHCO_3$ 或 65 mg CaO。

(4) 溶解氧。卤虫卵孵化对溶解氧的需求不高，其最低限值为 1 mg/L。但在实际的孵化过程中，通常需给予不间断充气。这样做的目的除了供给孵化所需的氧气外，更重要的是防止卤虫卵沉底堆积，保持卵在水层中呈悬浮状态，使虫卵都有机会漂浮到水表层接受光照。

(5) 光照。一般认为，光照会影响卤虫卵的孵化率和孵化速度，特别是在孵化开始的前几个小时，光照对孵化是必需的生态因子。Sorgeloos et al（1973）证明，同一种卤虫卵在黑暗中的孵化率大约只有在充足光照条件下的孵化率的 50% 左右，同时卵的孵化速度也减慢。但对新疆巴里坤湖卤虫卵的研究表明，光照不影响卤虫卵的孵化率，但会影响卤虫卵的孵化同步性（张强等，1994）。在实际孵化过程中，考虑到卤虫各品系之间的差异，水表面连续进行 40 $\mu mol/(m^2 \cdot s)$ 的光照可以获得最佳的孵化效果。

4. 卤虫卵的孵化流程　卤虫卵的孵化流程一般包括以下步骤：

(1) 准备工作。包括孵化容器的安装、消毒及孵化用水的准备。

(2) 卤虫卵的清洗、浸泡与消毒。一般粗加工卤虫卵产品往往含较多的杂质，须先清洗。通常将卤虫卵装入 150 目的筛绢袋中，在自来水中充分搓洗，直至搓洗后的水较为澄清。然后将虫卵在洁净的淡水中浸泡 1 h。为了防止卤虫卵壳表面黏附的细菌、纤毛虫以及其他有害生物在卤虫孵化中恢复生长、繁殖，并在投喂时随卤虫无节幼体进入育苗池，最好将浸泡后的卤虫卵进行消毒。常用的卤虫卵的消毒方法有，用 200 mg/L 的有效氯或 0.2% 的甲醛溶液浸泡 30 min，再用海水冲洗至无味；或用 300 mg/L 的高锰酸钾溶液浸泡 5 min，用海水冲洗至流出的海水无色。

(3) 卤虫卵的孵化。把消毒好的虫卵放入孵化容器，控制各孵化参数。为了取得较好的孵化效果，虫卵的孵化密度应小于每升水 2～3 g 卤虫卵，同时控温、控光、控气及控 pH。

(4) 幼体适时采收分离。当绝大多数可孵化的虫卵已孵出幼体后，应适时将无节幼体分离采收。过早的分离采收会影响卤虫卵的孵化率，过迟则会影响卤虫幼体的营养价值和活力。无节幼体在孵化后 24 h 内即会进行蜕皮生长，而蜕皮使初孵无节幼体的单个干重、热量值和类脂物含量分别会下降 20%、27% 和 27% 左右。同时，随时间的推移，无节幼体逐渐长大，游泳速度也增快，在无食物的情况下体色逐渐由橘红色变为苍白色。

（二）卤虫初孵无节幼体的分离

卤虫无节幼体的分离通常采用静置和光诱相结合的方法。当虫卵的孵化完成后，停止充气，并在孵化容器顶端蒙上黑布，静置 10 min。在黑暗环境中，未孵化的卵最先沉入池底，并聚集在容器的锥形底端，而卵壳则漂浮在水体表层。初孵无节幼体因运动能力弱，在黑暗中因重力作用大多聚集在水体的中下层。缓慢打开孵化容器底端的出水阀门，将最先流出的未孵化卵排掉，在出水口套上 120 目的筛绢网袋，收集无节幼体。当容器中液面降到锥形底部，取走筛绢网袋，将卵壳排掉。

将筛绢袋中的无节幼体转移到装有干净海水的玻璃水槽中，利用无节幼体的趋光性，进一步做光诱分离，得到较为纯净的卤虫无节幼体。

（三）卤虫卵孵化过程中可能出现的问题

在卤虫卵孵化、采收过程中，有时会出现如下一些异常情况：

1. 卤虫卵没有孵化或孵化率很低　其可能原因有光照不足；孵化用水不适（盐度为 0 或过高，酸碱度及温度不正常等）；孵化过程中卵堆积在一个角落；卵的质量差，死卵或滞育未解除的卵比例很高。

2. 孵化出的无节幼体在采收前死亡　其可能原因有孵化密度过高；孵化时间过长；孵化水质恶化，细菌大量滋生。

3. 采收后无节幼体死亡　其可能原因有无节幼体停气分离时间过长；收集无节幼体时水流过急，筛绢袋中无节幼体损伤严重；暂养时间过长或密度过高。

（四）初孵无节幼体的贮存

由于初孵无节幼体在蜕皮之前，靠消耗自身的卵黄维持代谢，因此，初孵无节幼体的能值最高，品质最优。经过孵化获得的初孵无节幼体，除立即投喂外，多余的无节幼体宜采用低温冷藏的方法贮存。在低温条件下，无节幼体的代谢减缓，生长受到抑制，能够最大程度地保持无节幼体的小体形和高营养价值。通常冷藏贮存初孵无节幼体的方法如下：把初孵无节幼体以 1.5×10^4 个/ml 的密度置于充气容器中，然后贮存在 0~4℃ 的冷库中保存。一般保存 48 h，90% 的个体可以保持活力，能量损失很少。贮存 24 h 能值基本无变化，贮存 48 h 个体干重下降 8% 左右。

二、去 壳 卵

由于卤虫卵孵化后，卤虫初孵无节幼体与卵壳及未孵化虫卵混在一起，需要把初孵无节幼体从其中分离出来，这不但需要人力物力，而且生产上尚未有简单的、能够完全分离无节幼体的十分有效的方法。因而在投喂时，就不可避免地有部分卵壳和未孵化的卵连同无节幼体一起被投喂到育苗池中。这些卵壳和未孵化的卵在育苗池中，一方面会腐烂，直接败坏水质，或因卵壳上带有大量的细菌、真菌而引起水质污染或病害发生；另一方面，有些养殖对象吞食卵壳或未孵化卵以后会引起肠梗阻，甚至死亡。因此，应将卵壳去掉。

卤虫卵的去壳就是将卵壳的最外层（硬壳层）氧化去除。Sorgeloos et al（1977）最早报道了卤虫休眠卵的化学去壳方法。去壳后的卤虫卵可直接投喂，也可用于进一步孵化处理，不完全的去壳有助于卤虫卵的孵化。卤虫卵去壳的步骤有：

1. 卤虫卵的冲洗、浸泡　为了能有效地去壳，需将混在卤虫卵中的有机碎屑等杂质尽可能冲洗掉，然后将卤虫卵在淡水中浸泡，以使卤虫卵充分吸水呈圆球形。只有当卤虫卵充分吸水呈圆球形后才能完全去除外层壳。大部分品系的卤虫卵在浸泡于25℃的淡水或海水2 h后可达到充分吸水，充分吸水所需的时间随温度增加及盐度的减少而缩短。可将虫卵置于锥形容器中充气浸泡或装入孔径为125 μm的筛网中沉入水下浸泡。一般待虫卵变成圆球形即可。浸泡时间过长对虫卵的孵化率和孵化速度均有不良影响。

2. 配制去壳液　卤虫卵的去壳液通常用次氯酸钠溶液、氢氧化钠和海水按一定比例配制而成。由于不同品系的卤虫卵的卵壳厚度不一定相同，因此去壳液中要求的有效氯的含量也不尽相同。一般而言，每克干燥虫卵需使用含有0.5 g有效氯的次氯酸钠或次氯酸钙，而去壳液的总体积按每克卵14 ml的比例配置。

由于卤虫卵的去壳过程是氧化反应，氧化效率取决于次氯酸盐解离成次氯酸根的程度，而此解离程度与溶液的pH有关。当pH在10以上时，次氯酸盐解离成次氯酸根的比例最大，因而氧化效果也最好。为此，需在去壳液中加入适量的pH稳定剂，通常使用氢氧化钠，使去壳液的pH稳定在10以上。在用次氯酸钠为去壳溶液时，每克干燥的虫卵需用0.15 g氢氧化钠。

例如，若要将10 g卤虫卵去壳，所需有效氯浓度为10％的次氯酸钠溶液50 ml，氢氧化钠1.5 g，海水90 ml。

由于有效氯的含量会随贮存时间的推移而下降，因此，在配制去壳液前需测定次氯酸钠（或次氯酸钙）的有效氯的确切含量。有效氯含量的测定方法一般可用蓝黑墨水法，更精确的可采用硫代硫酸钠法。另外，去壳液要现配现用。

3. 去壳　将冲洗、浸泡好的卤虫卵沥干后转移到一定量的去壳液中并不断搅拌。在去壳过程中，卤虫卵的颜色由棕色变成灰白色，最后呈橘红色，同时可感受到去壳液的温度会上升。在显微镜或解剖镜下，可看到去壳过程中卵壳表面不断有小气泡产生。当卵的颜色为橘红色时，表明去壳已完全。去壳卵可直接投喂，也可进一步孵化成初孵无节幼体后投喂。去壳过程中应当控制温度低于40℃，通过冰浴和不停搅拌可达到目的。去壳时间一般在5～15 min，过短去壳不完全，过长会影响去壳卵内胚胎的孵化率。

4. 冲洗、脱氯　当去壳完成，卵的颜色呈现橘红色时，应及时把卵从壳液中分离出。用孔径为120目的筛网收集去壳卵，并用足量的自来水或海水充分冲洗，直到闻不到氯的气味。由于即使闻不到氯的气味，仍然可能有余氯残留或吸附在去壳卵上，要进一步去除余氯，可将去壳卵浸入1％～2％的硫代硫酸钠溶液中脱氯约1 min，然后进一步用自来水或海水冲洗。

脱氯处理的去壳卵经冲洗后，可立即投喂，也可在低温下贮存（－4℃以下），或饱和盐水室温保存。

使用卤虫去壳卵的优点在于：

（1）去壳时使用的次氯酸钠溶液在氧化溶解卵壳的同时，还具有消毒的作用，可有效预防病原菌通过卤虫卵途径进入育苗及养殖水体，减少病害发生概率。

（2）由于去壳过程中，卵壳被完全溶解，因此不存在初孵无节幼体使用过程中出现的因卵壳和未孵化卵所引起的苗种肠梗阻或充当病原固着基的危害。

（3）去壳卵通过外界化学物质溶解卵壳，在此过程中，卤虫卵内的能量贮存物质（海藻糖）

基本没有被分解消耗，因此卤虫卵的营养物质得到了最大限度的保留。阿根廷的布宜诺斯艾利斯地区的卤虫卵，去壳卵孵化的幼体所含的能量比未去壳卵孵化的幼体高10%（李茂堂等，1982）。

（4）去壳卵的制作过程简单，便捷。从虫卵浸泡到去壳卵的脱氯，整个过程在2 h内即可完成，而且无需专门设施，节省了卤虫无节幼体的孵化设备及所需的孵化时间。

（5）不完全的去壳有利于卤虫卵的孵化，可提高处理后虫卵的孵化率和缩短孵化时间。

由于卤虫去壳卵投喂后在正常海水中会下沉，在大多数情况下，不利于养殖对象摄食。这一点在很大程度上又限制了卤虫去壳卵的使用。

目前，生产上卤虫去壳卵技术的应用常因实际情况而灵活多变。若卤虫卵的孵化性能尚可，通常采用不完全去壳，以提高卤虫卵的孵化率及孵化速度。若卤虫卵的孵化率低，通常将未孵化的虫卵收集后通过完全去壳而得以利用。

三、卤虫中后期幼体及成体

虽然卤虫的无节幼体已广泛地用于水产动物苗种培育，但卤虫的中后期幼体及成体的应用则较晚。卤虫卵可以从产地加工包装运送到世界各地，孵化后可方便地获得无节幼体。而利用卤虫中后期幼体及成体作饵料，则有一定的局限性。一般在卤虫产地，中后期幼体和成体的使用较方便，常用于某些水产经济动物的特定阶段的适口饵料，或用于观赏鱼的培育。鲜活卤虫在国外的售价高达20美元/kg。

就营养价值而言，卤虫中后期幼体和成体的营养价值并不逊于无节幼体的营养价值。国外报道的卤虫无节幼体的粗蛋白含量为41.6%～71.4%，脂肪含量为11.6%～30%；野生卤虫成虫的粗蛋白含量为50.2%～69.02%，脂肪含量为2.4%～12.84%；养殖成虫的粗蛋白含量为49.73%～58.07%，脂肪含量为9.4%～19.5%（Leger et al，1986）。此外，与其他甲壳类不同，卤虫成体的壳很薄，通常小于1 μm，可以被养殖对象完全消化。

就饵料的适口性而言，随着水产动物苗种的生长，其摄取的饵料规格也必须逐渐增大，尤其从投喂卤虫无节幼体逐渐改成投喂人工配合饲料的过程中，以卤虫成体作为一种中间饲料有非常成功的例子（Leger et al，1980）。对于大个体鱼类（如鲟）、龙虾等，卤虫成体是很好的初期饵料。国内近些年在河蟹人工苗种繁育过程中，特别是在溞状幼体第三期至大眼幼体阶段，也大量使用卤虫的中后期幼体和成体，取得了很好的培养效果。

利用卤虫的无选择性滤食，可将卤虫用作某些药物或营养物质的生物载体或生物包囊，对养殖对象进行定向强化。由于初孵无节幼体的消化道尚未打通，不能摄食，靠自身的卵黄营养。一次蜕皮后，即开始外源性营养。此时可利用卤虫作为营养物质及药物的活载体。将营养物质通过卤虫的非选择性滤食转移到养殖对象，通常称之为营养强化。卤虫的营养强化技术将在本书第十章介绍。

国内外的研究还表明，利用卤虫的非选择性滤食，可开展养殖对象的药物定向治疗以有效控制水产养殖中的传染性病害的发生。Dixon et al（1995）用一种抗生素（sarafloxacin）强化卤虫无节幼体以确定强化后的卤虫无节幼体体内的抗生素能否有效抑制病原菌（4种弧菌），结果表明无节幼体能够快速吸收此抗生素，并对不同病原菌产生不同的效果。Chair et al（1996）研究也表明 3 种抗菌药物可通过卤虫幼体的非选择性滤食贮存在卤虫体内并以生物包囊的形式随食物链传递给 3 种试验鱼虾（海鲈、牙鲆及凡纳对虾）发挥治疗作用。Martin et al（1994）则以 17-β-雌二醇强化的卤虫对处于性别决定期的圆鳍鱼（Cyclopterus lumpus）直接进行雌化诱导，结果 100% 的鱼苗都发育成了雌鱼。

国内的研究也表明，卤虫在作为药物的活载体方面有独特的效果。

首先，卤虫对各种药物有很强的耐性，并且随卤虫个体的增大，其耐药性也随之增强（表 5-5）。其次，卤虫对药物（特别是难溶性药物）的填载量高，填载时间短，填载过程方便。一般只需将填载药物磨成细粉，过筛，将药物颗粒大小控制在 50 μm 以下，然后将其投放到卤虫养殖水体以达到一定的浓度，经过 1 h，卤虫的消化道内可充满此药物。

最后，将带药卤虫进行治疗鱼虾疾病，效果明显。将带药卤虫成体投喂预先饥饿 24 h 的体重 6.5～8.1 g 的罗非鱼，每条鱼在 30 min 中抢食到 30 个卤虫成体。上述大小的罗非鱼在摄取 10 个带药卤虫成体后，鱼血液中土霉素的有效抑菌浓度可维持 10 h。

表 5-5　各种药物对卤虫的半致死浓度（mg/L）

（引自卞伯仲，1990）

药物名称	初孵无节幼体	孵化后 12 h	成虫（6.5 mm）
盐酸土霉素	800	970	1 400
乳糖酸土霉素	810	980	1 420

当然，将卤虫作为药物的活载体治疗鱼病，在选择药物时，除了针对病因外，还需考虑所用药物的水难溶性、在海水中的稳定性和强抗菌性。

卤虫还可以用于生物胶囊疫苗的研制，并已取得了良好的免疫保护效果。余俊红等（2001）以暴发弧菌病的鲈（Lateolabrax japonicus）鱼苗体内分离的 1 株病原菌 W-1（Vibrio anguillarum）为材料，分别以福尔马林灭活法和喷雾干燥法制备了全细胞疫苗和微胶囊疫苗。将全细胞疫苗及微胶囊疫苗以直接拌入饵料法和卤虫携带法等两种方法口服免疫接种鲈鱼苗，1 周后以 W-1 活菌攻毒（2.50×10^6 CFU/个）。结果表明，以卤虫携带的生物胶囊疫苗组的免疫保护力最高，为 73.7%，其次为微胶囊疫苗直接投喂组，保护力为 56.8%。

此外，用鲜活卤虫作为人工配合饲料的成分，有增味作用，可作为诱食剂（Leger et al，1980）。也可将卤虫成体深加工后制成卤虫干粉或用于制作虾片，作为对虾类苗种培育过程中的人工饵料使用。黄加祺等（2001）用卤虫干粉制成的虾苗幼体饲料投喂日本囊对虾的溞状幼体，溞状幼体的成活率比对照组提高 9%～12%，变态时间缩短 12 h。王彩理等（2003）以中国明对虾幼体为试验对象，分别以卤虫虾片和传统饵料进行投喂，结果表明，在幼体成活率方面，前者稍优于后者，在养殖水体的 pH 方面，二者差别不大。说明投喂卤虫虾片对中国明对虾幼体的成活率和水质无不良影响，能够满足育苗需要。用卤虫干粉部分或全部替代鲤饲料中进口鱼粉，可减低饲料成本，提高增重率（武满伟等，1997）。

第四节　卤虫卵的采收和加工

卤虫卵的加工是整个卤虫产业中重要的一个环节，技术含量高，因此也是产生附加值最高的一个环节。

一、采　　收

卤虫原料卵的采收是影响卤虫卵加工后孵化率的一个重要的因子。原料卵的质量好坏，很大程度上决定了加工后卤虫卵所能达到的最高孵化率。因此，采收时必须了解采集地点的环境气候和卤虫资源的变动情况，以确定具体的采集时间、处理方法和贮存条件。不同产地的卤虫卵的采集时间不同，同一产地在不同季节、不同时间所采集的卤虫卵的质量也不同。在进行采收之前，最好能检查一下卤虫卵的破壳比例及虫卵的吸水能力，以确定是否具有采收价值。一旦确定具有采收价值，则尽可能在采集季节频繁采集，保证产出后的卤虫卵能被及时采集。根据历次对我国各卤虫产地资源及卤虫生物学的调查，可初步确定我国各卤虫产地正常年份卤虫卵的最佳采收时间。在华北盐田，正常年份采集卤虫卵的最佳时间为 9~11 月，新疆艾比湖卤虫卵的最佳采收时间为每年的 8 月下旬至 9 月下旬。巴里坤盐湖和阿拉尔克盐池卤虫卵的最佳采收季节为每年的 7~8 月。达坂城盐湖卤虫卵的最佳采收季节为 7 月。青海尕海湖卤虫卵的出现季节为每年的 4~11 月，最佳采收季节为 7 月下旬至 9 月底。内蒙古盐湖卤虫卵的最佳采收季节为 8 月中旬至 9 月中旬。

图 5-7　卤虫卵的采收工具
（引自 Sorgeloos, 1986）

采集一般采用双层筛绢网（网口挡网为 60 目，网袋为 200 目）在盐湖或盐田的下风口收集的方法（图 5-7）。收集的卤虫卵最好直接去加工厂，不能马上加工的可浸泡在饱和卤水中，或是用盐搅拌，并且存放在密闭的容器中。饱和卤水可用粗盐制成。浸泡后的卤虫卵最好每天至少将浮在面上的虫卵搅拌一次，让所有的虫卵均有机会浸泡在饱和卤水中以保证充分脱水。若是期间不断加入新采集的虫卵，要注意保持卤水的饱和度，即必须见到在容器的底部有盐结晶。这种处理方法可使卤虫卵的含水率降低到 20% 以下，保存在饱和卤水中的原料卵最好在 1 个月之内进行加工。

二、加　　工

采集到好的原料卵，还必须有正确的加工方法，才能保证加工后的卤虫卵有高的孵化质量。卤虫卵加工的目的主要有两点：一是解除卤虫卵的滞育状态，二是使解除了滞育的静止卵能够方便地使用或贮存。

为了能够有效解除卤虫卵的滞育状态，必须充分了解终止卤虫卵滞育状态的方法及机制。有关解除卤虫卵滞育机制的研究，虽有各种假说和推测，但尚未完全明了其详细机制。至于卤虫卵滞育终止的方法，已有多种报道。滞育解除的方法有反复脱水、低温刺激、光照处理、紫外线照射、磁场感应、有机溶剂浸泡、甲醛溶液浸泡、过氧化氢浸泡和二氧化碳处理等。其中最常用的是低温刺激和反复脱水。

值得注意的是，不同产地卤虫卵对各种滞育解除措施的敏感性不同，同一产地卤虫对不同措施也有不同的反应(杨娜等,1989;于秀玲等,2002;黄成等,2002)。据报道,低温冰冻或高盐卤水浸泡(脱水)能有效终止美国旧金山湾卤虫卵的滞育状态,但对美国 Mono 湖卤虫卵而言,低温冰冻可有效解除其滞育状态,而高盐度卤水浸泡对解除虫卵的滞育状态无效。将山东埕口盐场的虫卵在饱和食盐水中浸泡 2~3 个月,孵化率可达 91%~94%。将青海柯柯湖的卤虫卵在 5℃低温下处理 2~3 个月,则孵化率可达 96%~98%。在室温、4℃及-25℃,用温度—二氧化碳激活不同产地的卤虫,并以空气和饱和食盐水处理作对照,结果发现,乐亭卤虫卵经 4℃、100% 二氧化碳处理 90 d,孵化率可达 93.3%;尕海卤虫卵经-25℃、20% 二氧化碳处理 60 d,孵化率可达 90.2%;而羊口卤虫卵的孵化率提高幅度不大(陈马康,1997)。对处于休眠状态的尕海卤虫卵,分别进行冷冻和双氧水处理,结果发现,-24℃冷冻 21 d 的最高孵化率为 75.66%,而用 3% 双氧水处理 5 min 可使尕海卤虫卵的孵化率由 25.87% 提高到 86.43%。用一定浓度的胆碱溶液处理青海尕海卤虫卵、山东海阳卤虫卵和俄罗斯卤虫卵,能明显提高其孵化质量。

在 20 世纪 90 年代以前,我国的卤虫卵加工企业不多,之后由于卤虫卵市场价格的不断上扬,越来越多的企业和个人加入卤虫卵的加工行业,但大多数企业并没有完整的卤虫卵加工工艺,所生产的产品多数停留在半成品和粗产品水平,主要表现为孵化率低,水分含量高,去杂不彻底。这种现象一方面降低了我国卤虫卵产品在国际市场上的竞争力,另一方面无形中也浪费了大量的卤虫卵资源。直到最近几年,国产卤虫卵的加工质量才有比较明显的提高,并且拥有了相对成熟的加工工艺和卤虫卵产品的国家标准（表 5-6）。

表 5-6　中华人民共和国水产行业标准 SC/T 2001—1994
（卤虫卵）技术要求之质量分级指标

（引自中华人民共和国水产行业标准 SC/T 2001—1994）

指　标	一级	二级	三级	四级	五级
杂质（%）	1	2	6	12	20
孵化率（%）	≥90	≥80	≥70	≥50	30~50
水分（%）	2~8	2~8	2~8	≤12	≤12

完整的卤虫卵加工流程应包括以下步骤：

1. 原料卵收集　当卤虫卵加工厂收集到一定数量的原料卵后,即可启动加工流程。在原料卵的收集过程中,必须注意,不同产地的卤虫原料卵应分别加工,不宜将其混杂在一起。

2. 用饱和卤水进行比重分离　将收集到的原料卵放入一锥形的容器中,容器中盛有饱和卤水。经过搅拌或充气,将黏附在虫卵表面的泥沙等杂质与虫卵分开。然后静置一段时间。此流程可使完整的虫卵、空壳及其他相对密度较饱和卤水小的杂质悬浮在饱和卤水的表层,而重的杂质,如泥沙等则沉到锥形容器的底部。待杂质沉淀完毕,收集表层卤虫卵用于下一步加工。

3. 饱和卤水的冲淋筛分　为了去除那些与卤虫卵相对密度相当,但规格有异的杂质,可将经饱和卤水比重分离后的卤虫卵用一系列不同规格的筛网进行筛分。在干净的饱和卤水冲淋下,可将卤虫卵从其他大小不同的杂质中分离出来。

4. 滞育终止处理　根据卤虫卵对不同滞育终止处理的敏感性,选择合适的滞育终止处理方法。给予饱和卤水去杂后的虫卵一定强度和持续时间的刺激,以最大限度地激活卤虫卵的滞育状态。此流程中,有关刺激的参数直接影响卤虫卵加工后的孵化率高低。过强或过长的滞育终止处理会诱导已解除滞育的虫卵发生二次滞育现象。因此,在处理过程中要定期监测卤虫卵的孵化率变化。

5. 淡水冲洗去盐　为了去除虫卵表面的盐分,必须用淡水充分冲洗。由于虫卵已经过滞育终止处理,其对外界环境条件的敏感性大大增强。因此在随后的加工流程中,须充分考虑环境的变化可能给卤虫卵带来的影响。淡水冲洗过程中,应注意控制去盐过程的时间和温度。

6. 用淡水进行比重分离　将卤虫卵移入盛有淡水的锥形容器中,经搅拌或短暂充气后,静置片刻,此时完好的虫卵会沉于容器的底部,而较轻的杂质及空壳会上浮。从容器底部用150～200目的筛网将虫卵收集后,立刻进行离心脱水。

7. 离心脱水　用大型的离心机或脱水机在较低温度下将虫卵表面多余的水分去除,随即进入干燥流程。

8. 干燥　用淡水处理后的虫卵应该尽快将水分降低到10%以下,只有在这个水分含量以下,解除滞育的卤虫卵内的胚胎的生理活动才能基本处于静止状态。因此,在烘干过程中,烘干的方法、温度的控制方法和程序、烘干的时间等均对卤虫卵的孵化性能、营养价值(能量)有明显影响。对于大多数产地的卤虫卵而言,温度控制在40℃以下,均匀快速地烘干能得到满意的结果。

在卤虫卵生产过程中,常用烘干的方法有气流循环干燥法、流化床干燥法、热风薄层风干法等。尤以前两种烘干方法为佳。

9. 分级　在卤虫卵烘干之后,为了进一步提高卤虫卵的品质,减少成品卵中杂质和碎壳的含量,可将烘干的虫卵进行风选,从而生产出更优质的成品卵。也可在滞育终止处理后,用梯度波美度的卤水对卤虫卵进行筛选,同样可有效提高卤虫卵的孵化性能(黄旭雄,2001)。

10. 包装　烘干后的卤虫卵,具有很强的吸湿性,放置在空气中,极易吸水,因此烘干冷却后需立刻密封包装。

三、贮　存

卤虫卵贮存条件的好坏对保存后卤虫卵的孵化性能有十分明显的影响。为此,加工好的卤虫卵必须保存在防水的密闭容器中,并且保持卤虫卵水分含量在9%以下。如果想保存时间更长久,应该放置在无氧的状态下。在有氧的环境条件下,胚胎中会形成一些游离基,造成孵化的生理活动不可逆。可用真空装罐或充氮气。表5-7为各种贮存方法对不同产地的卤虫卵孵化率的影响。

表5-7　各种贮存方法对不同产地卤虫卵孵化率的影响

(引自 Vanhaecke & Sorgeloos,1982)

贮存条件	旧金山湾卤虫卵(放1年)	巴西马卡盐场卤虫卵(放2年)
氧气	70	56
空气	—	83
氮气	101	91
真空	100	98
20℃盐水	66	74
−20℃盐水	76	—

注:表中数值为贮存后孵化率占贮存前孵化率的百分比。

四、卤虫卵的质量判别

卤虫卵的质量好坏,可从卵的外观质量、孵化性能及营养价值三方面进行判定。

(一) 外观质量的判别

1. 色泽与气味 好的卤虫卵颜色一般为棕色或棕褐色,有光泽,无霉腥臭味。

2. 泥沙含量 经过完整加工工艺处理的卤虫成品卵,理论上不应含有泥沙。但对大多数粗加工或简易处理的半成品卵和原料卵中,含有泥沙是一个不可回避的问题。简易判定卤虫卵中泥沙含量的有无及多少,一般采用如下方法:在一洁净的大试管中装入 1~2 g 卤虫卵样品,然后再向大试管中添加 40 ml 左右的清洁饱和卤水。堵住试管口,剧烈振荡后看卤水的浑浊度及试管底部的沉积物的有无及多少。卤水浑浊度越大,则卤虫卵样品中泥的含量也越大。试管底部沉积物越多,则表明样品中沙的含量也越大。

3. 破壳与碎壳 一般情况下,由于原料问题或卤虫卵各加工过程中有关设备和参数的选择问题,生产出的卤虫卵中都会出现一定比例的破壳及碎壳卵。这部分卵不能孵化出卤虫无节幼体。要判断卤虫卵中破壳卵和碎壳卵的多少,可取一定数量的卤虫卵,在解剖镜下观察,随机计数每 100 个卤虫卵中,破壳卵和碎壳卵所占的比例。

4. 空壳 由于不同卤虫品系在不同季节生产出的原料卵中,空壳卵的比例不同。因此,在粗加工的卤虫卵产品中,会混杂有少量外观形态完整的空壳卵。卤虫卵产品中,空壳卵的比例,一般采用次氯酸盐溶壳法,通过统计去壳前后有壳卵和去壳卵的数量,来计算空壳率。

5. 含水率 卤虫卵含水率的高低,是影响卤虫卵品质的重要外观指标。一般优质卵的含水率在 5%~8% 之间。含水率超过 10%,则对卤虫卵的长期存贮不利。含水率的多少,有经验者可根据手感及观测虫卵的凹陷程度来判别。定量测定卤虫卵的含水率,可采用烘箱 60℃烘干至恒重的方法进行。

6. 大小判别 卤虫卵的大小在一定程度上与孵出的无节幼体的大小呈正相关。在某些场合,虫卵的大小也是使用者关注的重要指标。判定卤虫卵大小的方法有两种:一是在显微镜下测量完全吸水的卤虫卵卵径,二是测定每克干卤虫卵中含有的卵粒数。表 5-8 所示为不同产地卤虫卵的大小。

表 5-8 不同产地卤虫卵的大小
(引自任慕莲等,1996;王基琳,2002;卞伯仲,1990)

产 地	干燥卵直径 (μm)	完全吸水卵直径 (μm)	克卵数 (×10⁴个/g)	初孵无节幼体体长 (μm)
艾比湖	246.4±13.2	282.1±21.2	21.4±1.4	504.8±11.9
巴里坤湖	241.7±15.0	272.9±22.8	22.1	524.6±11.6
小柴旦湖	240±25.4	268.2±25.9	20.9±1.1	484.0±9.3
阿拉尕克盐池	207.8±10.5	249.3±15.1	24.5±10.4	393.2±13.4
青海尕海	237.1±13.6	264.4±14.5	21.4±1.9	490.6±13.8
西藏向阳湖	—	—	—	510
山东羊口盐场	239.3	268.9	—	473.3
山东埕口盐场	230.3	265.6	—	501.0

（续）

产　地	干燥卵直径（μm）	完全吸水卵直径（μm）	克卵数（×10⁴个/g）	初孵无节幼体体长（μm）
山东东营盐田	—	—	—	431
河北乐亭	211.3±12.6	246.0±12.5	—	503±37
哈萨克斯坦	—	—	—	449
俄罗斯	—	—	—	471
美国旧金山湾	191.9	223.5	—	405.6

7. 细菌含量　采用一般微生物方法测定细菌含量。

（二）孵化特性的判别

卤虫卵的孵化特性可以从以下四方面来评价：

1. 孵化率　孵化率（hatching percentage，H%）即孵化百分率或孵化百分比，指每百粒卤虫卵（不包括空壳）能够孵化出的无节幼体的只数。孵化率是衡量卤虫卵孵化性能最常用的指标。一般孵化率越高，表明卤虫卵中静止期卵的比例越高，孵出的无节幼体数也越多。但孵化率指标不能反映卤虫卵产品中水分及杂质含量的多少。单纯以孵化率指标并不能客观反映卤虫卵产品的质量。

在孵化率指标的测定方法上，国际上通用的方法有 A 法和 B 法两种。而国内在卤虫卵孵化率的测定上，有溶壳法、数粒法、密度法等，均从 A 法和 B 法演变而来。两种孵化率的测定方法如下：

（1）A 法。

①称取 250 mg 的待测卤虫卵放入 100 ml 的盐度 35 的海水中，光照强度控制为 40 μmol/（m²·s），并且连续光照，水温控制为 25℃，最好是在锥形瓶中进行，从底部充气使得所有的虫卵均悬浮在海水中，但充气不可太强，以免出现泡沫。

②1 h 后，用移液枪取 10 个样（$i=10$），每个样为 0.5 ml，此时每个样品约有 100 粒虫卵。

③将取得的样品分别放在一张滤纸上，然后计数，记录每个样品的虫卵数（C_i），并求算出平均值 C。

④将滤纸上的虫卵分别冲洗下，放入培养皿中或 5 ml 的小试管中，加入盐度 35 的海水，然后在标准状况下［25℃，连续光照，光照强度 40 μmol/（m²·s）］进行孵化。

⑤48 h 后，将孵出的无节幼体用鲁哥氏碘液固定，然后计数。鲁哥氏碘液的配制方法：先将 5 g 醋酸钠溶解在 50 ml 蒸馏水中。然后将 10 g 的碘化钾和 5 g 碘溶解在 20 ml 蒸馏水中。最后将上述两种溶液混合贮藏在棕色的试剂瓶中，并且存放在冰箱下层。此外，药用的碘酒也可用来作为固定液。

⑥在解剖镜下计数每个样品中的无节幼体数 N_i，求出 10 个样品的无节幼体数的平均值 N。

$$孵化率 = N/C \times 100\%$$

此法只限于应用在标准加工过程中加工过的卤虫卵，即不带空壳的。如果标准偏差大于 5%，表示取样不准确，应该重做。

（2）B 法。

①称 250 mg 的卤虫卵放入 100 ml 盐度 35 的海水中，光照强度控制为 40 μmol/（m²·s），并且连续光照，水温控制为 25℃，最好是在锥形瓶中进行，从底部充气使得所有的虫卵均悬浮在海水中，但充气不可太强，以免出现泡沫。

② 48 h 后,用移液管移出 10 个样品,每个样品 0.5 ml,其中约含 100 只无节幼体及未孵化的卵粒。

③ 将每个样品分别倒入培养皿中,并加入几滴鲁哥氏碘液。

④ 计数每个样品中的无节幼体数 N_i,求算其平均值 N。

⑤ 预先配好 NaOH 溶液(40 gNaOH 加入 100 ml 蒸馏水)。向每个样品中滴 1 滴 NaOH 溶液,再滴 5 滴含有效氯 5.25% 的漂白粉水(次氯酸钠溶液)。数分钟后,空壳会溶解,而没有孵化的虫卵会成为去壳卵。

⑥ 用筛绢将去壳卵在自来水下冲洗,然后分别计数每个样品中去壳卵的个数 C_i,求算平均值 C。

$$孵化率 = N/(N+C) \times 100\%$$

这个方法对于加工不完善的虫卵也能算出孵化率,标准偏差应小于 5%。

2. 孵化效率 孵化效率(hatching efficiency,HE),指每克卤虫卵能够孵化出的无节幼体的只数。所报道的卤虫卵的最高孵化效率为每克虫卵能孵出 3.0×10^5 个无节幼体。孵化效率指标的局限性在于它不能有效排除卤虫卵的大小和质量对孵化性能的影响。

$$孵化效率 = 孵化百分率 \times 每克虫卵所含卵数$$

3. 孵化产量 孵化产量(hatching output,HO)指每克虫卵能够孵化出的无节幼体的总干重(mg)。虽然不同产地的卤虫无节幼体每只质量不同,但是单位质量所含能量差别不大。孵化产量不但能反映水分、杂质的含量,而且排除了无节幼体大小对其的影响。孵化产量最能表现出卤虫卵的孵化质量。优质卤虫卵的孵化产量在 500 mg 干重以上,最高为 600 mg 干重。

$$孵化产量 = 孵化效率 \times 无节幼体的平均质量$$

4. 孵化速度 孵化速度(hatching rate,HR)指从将卤虫卵放入海水到无节幼体孵化所需的时间。在实际的测算过程中,通常在标准孵化条件下,用 90% 可孵化的卤虫卵孵出所需的时间与第一个卤虫无节幼体孵出的时间的差值来表示孵化速度。此外,也可采用孵化同步性的概念。孵化同步性通过计算 90% 可孵化的卤虫卵孵出所需的时间与 10% 可孵化的卤虫卵孵出所需的时间的差值而获得。在其他指标相同的情况下,孵化速度越快,孵化同步性越好,则得到无节幼体的能值也越高,卵的应用价值也越好。孵化速度测定方法如下:

(1) 正确称取 250 mg 的卤虫卵放入 80 ml 盐度为 35 的海水中,光照强度控制为 $40\mu mol/(m^2 \cdot s)$,并且连续光照,水温控制为 25℃,最好是在锥形瓶中进行,从底部充气使得所有的虫卵均悬浮在海水中,但充气不可太强,以免出现泡沫。

(2) 1 h 后,加入 20 ml 海水,使得水体为 100 ml,并且在 100 ml 处的水位线上做一记号。

(3) 10~12 h 后,由于蒸发,水位线下降,此时再加入适量的水使水位达到 100 ml。再过 1 h 后,用移液枪取 4 个样,每个样品为 0.25 ml。

(4) 在每个样品中加数滴鲁哥氏碘液将幼体杀死固定,然后计数无节幼体只数。

(5) 继续每隔 1 h 取样一次,按(3)、(4)的方法取样计数,直到连续 3 次取样均能得到相近稳定的无节幼体只数为止。在取样的过程中,每隔 3 h 要补充蒸发掉的水分。

(6) 从每次取样的无节幼体的计数,可算出该时刻的孵化效率(即每克卵能孵出的无节幼体只数)。以最高孵化效率的值当作 100%,计算出每次取样与最高孵化效率的百分比值,然后作出百分比值随时间的变化图,从图上可以找出 10% 的虫卵孵化所需时间 T_{10},50% 虫卵孵化所需

时间 T_{50}，90%虫卵孵化所需时间 T_{90} 等。

（7）实例，某卤虫卵样品的孵化速率测定结果如表 5-9 所示，则可求算：有 10% 的虫卵孵化出所需时间为 $T_{10}=14.5$；有 50% 的虫卵孵化出所需时间为 $T_{50}=16.2$；有 90% 的虫卵孵化出所需时间为 $T_{90}=18.5$。因为 T_0 表示第一只无节幼体孵出所需时间。T_{10} 表示 10% 无节幼体孵出所需时间。T_{90} 表示 90% 无节幼体孵出所需时间。$T_S=T_{90}-T_{10}$，这个差值表示孵化的同步性。本例中，从 10% 的卤虫卵孵化到 90% 的卤虫卵孵化所需时间为 4 h，即孵化同步性指标为 4 h。

表 5-9　孵化速率测定实例

（引自卞伯仲，1990）

将虫卵放入孵化液后的时间（h）	孵化效率（个/g）	与最高孵化效率的比值（%）
12	0	0
13	800	0.4
14	9 000	5
15	29 400	15
16	79 800	42
17	144 400	76
18	158 200	83
19	184 600	97
20	185 000	97
21	191 000	100

第五节　卤虫的增养殖

过去在水产养殖上使用的卤虫及卤虫卵均为天然产，但天然卤虫资源逐渐减少，而水产养殖的发展，对卤虫卵的需求却不断增加，为解决此供需矛盾途径之一就是开展卤虫的增养殖。养殖卤虫比养殖其他经济海产动物要容易，在国外卤虫养殖被认为是极有前途的事业，其理由如下：

（1）卤虫从无节幼体到成虫只需 15 d 左右，在此期间，体长增加了 20 倍，而体重增加了 500 倍。

（2）卤虫在养殖过程中，幼体与成体对环境的要求相同，养殖过程中无需改变养殖环境及养殖设施。

（3）卤虫的生殖率高，每 4~5 d 可产 100~300 个后代，生命周期相对较长，平均每个成体能存活 6 个月以上，有利于卤虫的大量繁殖。

（4）由于卤虫是非选择性滤食生物，除了微藻外，可利用各种价格便宜的农副产品废料。

（5）卤虫能够在高密度（1.0×10^4 个/L）的状态下养殖，对水质的要求不像其他海产动物那么严格。据报道，当氨氮、亚硝酸盐氮的浓度分别为 1.0×10^3 mg/kg 和 320 mg/kg 时，大盐湖卤虫无节幼体的急性和慢性毒性实验表明，其生长和存活不受显著影响。

（6）卤虫具有极高的营养价值，它的外壳很薄，小于 1 μm，干重的 60% 为蛋白质，此外还含有丰富的维生素、激素和胡萝卜素。

（7）不仅刚孵出的无节幼体可作为鱼、虾、蟹的幼体饵料，卤虫成虫也是一种好饵料，也可作为配合饲料的添加剂。

卤虫的增养殖主要有盐田大面积引种增殖、室外大量养殖和室内水泥池高密度养殖三种形式。

一、盐田大面积引种增殖

卤虫的引种增殖就是在没有天然卤虫生长的地区，有计划地将别处的卤虫接种到本地适宜卤虫生长的水域中，让其自然生长繁殖，形成卤虫的优势种群。引种又可分为永久性引种和暂时性引种。引种一次就能使卤虫种群在某一水域中永久建立，谓之永久性引种。巴西是卤虫永久性引种的成功例子。1977年4月在北里奥格兰德州的马考盐场接种250 g美国旧金山湾卤虫，目前已逐步扩展到马考周围超过3×10^3 hm^2的盐田，取得了明显的经济效益。暂时性引种在泰国、菲律宾等国也取得了成功的经验。一般在1 000 m^2的盐池中，接种50 g卤虫卵孵出的无节幼体，可在一个收获季节采收15～20 kg干卤虫卵或1.0×10^3～1.5×10^3 kg鲜卤虫。国内在盐田卤虫的增殖方面，针对各地盐场及气候的特点，近些年也开展了一些工作，并取得了较好的效果（唐森铭等，1993；张贵芬等，2002）。

二、室外大量养殖

室外卤虫大量养殖可用土池和水泥池。目前在生产上易于推广的，还是用盐田的原有盐池加以适当改造，或在盐碱地地区开挖浅池，通过挖环沟，加高堤坝等措施，使水深保持在40～50 cm，通过有计划的施肥，在盐池内繁殖天然饵料，也可投喂米糠等农副产品下脚料作为卤虫的饲料。具体的养殖模式有以下几种。

1. 卤虫—盐—鱼/虾综合生产模式　卤虫池、盐池和鱼虾池完全分开，但都位于同一作业区内。其基本思路是利用鱼虾池中换排出的含有大量浮游植物和有机碎屑的低盐度养殖用水去养卤虫，将卤虫池内经卤虫滤食且已部分蒸发的中高度卤水泵入结晶池，进行晒盐。从而使卤虫、鱼虾及盐的生产都能进行。

2. 卤虫—盐综合生产模式　在贮水池中施肥培养浮游植物，然后将富含浮游植物的绿水泵入卤虫养殖池，进行卤虫养殖并初步蒸发，将卤虫滤食后的中高盐度水泵入结晶池进行晒盐。

3. 卤虫单—养殖模式　凡是一切海盐盐场和湖盐盐场或其周围的浅滩水域，皆可开展卤虫的养殖。室外土池大量养殖要取得好的效果，关键要控制好养殖水体的盐度、温度及饵料密度（张贵芬等，2002）。其具体做法如下：

（1）选址。选择地面平坦、供水方便、排水通畅的盐场贮水池、蒸发池等。卤虫养殖池必须具备能进行盐度调节的条件，即池子必须与盐场的蒸发池相连通，与海水或虾池废水相连通，保证能使卤虫养殖池的盐度维持在70～110。

（2）建池。卤虫养殖池以长方形为好，长宽比以3∶1为好，大小以2.0×10^3～2.5×10^3 m^2为最佳，最大不超过1.3×10^4 m^2，最小不小于350 m^2。水深40～50 cm，池内设环形沟，沟深20 cm，过深则影响捕捞。池坝高50～70 cm。进排水渠最好相连通形成循环水系，这样高盐度卤水可以再利用。进水渠必须有2个进水口，一个进高卤度水，与蒸发池相连通，另一个进海水，与虾池排水口或海区相连。排水闸门应低于池内最深处。闸门应有3层，进水闸最外层是闸板，中间层是 20 目的筛绢网，内层是 80 目的筛绢网袖。排水闸内层是 20 目的筛绢网，中层是 80 目的筛绢网袖，外层是活的木闸。

（3）整池、清池、除害。可参照鱼虾池塘养殖的方法进行，但不得用有机磷杀虫剂。

（4）进水、施肥繁殖生物饵料。药物清池 3～5 d 后即可进水。进水前要检查水闸及筛绢网是否有破损。并控制好进水的速度，防止造成筛绢网的破损。进水时应先进 30 cm 左右的低盐度的海水，然后施基肥培养浮游植物。基肥通常用有机肥。最常用的是鸡粪，使用量为 0.5～1.0 t/hm^2。等浮游植物繁殖起来后，逐渐添加高盐度水，使盐度缓慢升到 70，并施追肥繁殖耐盐浮游植物，并维持池水的透明度在 20～30 cm。追肥通常采用无机肥，根据池水的透明度情况，每周分别追加磷酸二氢铵 50 kg/hm^2 及硝酸铵 25 kg/hm^2。

（5）晒水。晒水是卤虫养殖中必不可少的一个环节。烈日暴晒可进一步提高盐度和水温，从而使高盐生物繁殖，杀死水蚤等敌害，使得接种后的卤虫能够在池子中成为优势种。此外，养殖水体的盐度还影响卤虫的繁殖量。过高的卤水波美度虽然能提高卤虫的产卵率，但卤虫的死亡率也增大，总产卵率不高。当卤水波美度降到 7°～9°时，卤虫的产虫产卵总量、单虫产卵量及产卵率都得到提高，卤虫的死亡率也降低（蒋海斌，2002）。

（6）养殖品系的选择。考虑到不同的卤虫种或卤虫品系在遗传、生化、生物学特性及对环境的适应能力的方面存在明显的差异，因此在开展卤虫增养殖时进行卤虫品系的选择，以筛选出对当地生态环境适应能力最强、生长性能最好的品系尤为重要。对养殖品系的筛选依据主要有如下一些指标：对温度和盐度的适应能力、对当地盐水水型的适应能力、特定条件下卤虫的生长和繁殖性能（生长速度、繁殖方式、每胎的繁殖量、繁殖间隔和寿命等）。卤虫一生能够繁殖的后代的数量主要取决于温度、盐度和食物水平。贾沁贤（1995）就温度和盐度对山西盐池卤虫的生殖量做了定量描述，认为温度主要影响卤虫的寿命和生殖量，盐度主要影响卤虫的生殖方式（卵生或卵胎生），两者与生殖总量、寿命均存在着一定的函数关系。有条件的可利用当地的盐水先在实验室内模拟养殖以进行综合筛选。此外，卤虫养殖品系的选择也应考虑当地水产养殖业对卤虫的需求方式。若当地水产养殖业主要需要小规格的卤虫无节幼体为饵料，则可选择主要以卵生方式产卵径小的休眠卵的品系为增养殖的对象。若当地的水产养殖业主要需求卤虫生物量作为养殖对象的饵料，则宜选择生长快，主要以卵胎生方式繁殖子代的卤虫品系为好。

（7）接种。将孵化的适宜在该地区养殖的卤虫无节幼体按 50～100 个/L 的密度接种到水池中，接种时应在池子的上风口进行。通常在接种后的第一天很难见到幼体，它们的体色会失去原来的橘红色而集中在池底，在环境条件适宜养殖品系的生长时，约需要等 1 周之后，卤虫长到一定的规格，才能判断接种是否成功。

（8）养殖管理。卤虫养殖管理的主要工作包括：施肥投饵、添换水、巡池和池水理化因子的测定和池内卤虫密度和发育阶段的测定等。当池水透明度降低时，应及时施追肥培养浮游植物。当养殖池中水变得很清时，需及时投饵。各种农副产品的下脚料均可作为卤虫养殖的饵料。投饵时应适时合理投饵，全池均匀泼撒，并掌握好投饵量，否则会影响卤虫的生长繁殖，严重时造成卤虫种群的突然崩溃。

（9）卤虫捕捞。待卤虫养殖生长到一定的大小和密度时就应该捕捞。一般而言，达到 $1.0×10^3$ 个/L 的密度就应起捕，一般接种后 15～20 d 就可达到这个密度。捕捞时要注意适时适量，根据池内的卤虫密度情况、个体大小和所需卤虫的大小选择8、12或16目三种网目进行捕捞。以免造成捕捞过度和不足，影响卤虫的产量。

（10）卤虫卵的收集。到深秋季节，正是停捕卤虫收集卤虫卵的季节。随着天气的变化，每一次寒潮或人为的池水降温，都会使卤虫产生大量的休眠卵，只要用干净的塑料布铺在池子的下风口一角，自然的风力就把休眠卵集中到塑料布上，用手抄网就可收集到干净的卤虫原料卵。

三、室内水泥池高密度养殖

卤虫的滤食习性及其对水环境中各种水质指标的耐受能力强的特性，决定了卤虫高密度养殖的可行性。卤虫室内高密度养殖的产量很高。据报道，在配备一定的养殖设施的情况下，卤虫养殖密度可达 $2\times10^3 \sim 1.0\times10^4$ 个/L，每两周的养殖产量（WW）可达 $5 \sim 25\ kg/m^3$（Sorgeloos et al，1986；魏文志等，2000）。但总体上而言，室内高密度精养卤虫的设备较复杂，能耗大，养殖成本过高，在目前，卤虫仅作为水产养殖中的饵料，采用室内水泥池高密度养殖卤虫的实际生产价值不大。但是，此方式养殖的卤虫虫体生长发育较一致，加之卤虫的高营养，可尝试开发为人类的医疗保健品。室内高密度卤虫养殖的模式主要有利用跑道式气提水循环装置开展的不换水的批次养殖（batch cultures）和循环流水养殖（flow-through cultures）。

我国是卤虫资源大国，在西北内陆盐湖和华北盐田，每年的卤虫生物量巨大。卤虫卵含有丰富的蛋白质，氨基酸组成齐全，粗脂肪含量比较高，是一种营养丰富的动物蛋白。卤虫成体比初孵无节幼体长度大20倍，质量大500倍。随卤虫的生长，其体内的营养成分也发生变化，脂类含量下降，蛋白质含量维持在60%左右，此外还含有丰富的β-胡萝卜素、核黄素、卵磷脂及某些激素类物质。目前卤虫卵及冰冻卤虫在水产动物苗种生产阶段已广泛应用，将成体卤虫经加工后制成商品卤虫蛋白粉，作为虾蟹动物的饲料添加剂的应用加以开发也有报道。但是，卤虫作为人类营养品的原料，尚未见深入研究。苏秀榕等报道，给小白鼠投喂添加卤虫卵的饲料，其肝中的γ-亚麻酸、EPA、DHA等明显高于对照组，肝中 Fe^{2+} 的含量及脑蛋白含量均明显高于对照组。国外的研究还表明卤虫具有安胎优生的作用。将卤虫作为人类医疗保健品的原料加以开发利用，也将是今后卤虫营养研究的重要方向。

•复习思考题•

1. 比较轮虫和卤虫的生殖。
2. 简述我国卤虫资源的分布特点。
3. 如何评价卤虫卵质量的优劣。
4. 简述卤虫卵加工的工艺流程。
5. 如何制作卤虫去壳卵。
6. 试述卤虫卵的孵化流程及注意事项。
7. 名词解释：海水型卤虫、淡水型卤虫、卤虫滞育卵、卤虫休眠卵、卤虫静止卵。

（黄旭雄）

第六章 桡足类的培养

桡足类（copepod）隶属于节肢动物门，甲壳纲，桡足亚纲（Copepoda）。桡足类在海区的浮游生物种群中分布，至少占70%的种类（Raymont，1983），而且主要是哲水蚤类，在多数海区它们都是优势种类，是众多经济鱼类和虾蟹幼体主要的天然饵料生物，据 FAO（2000）估计，1999年海洋渔业产业中，0.92亿 t 的渔获量是以天然桡足类饵料生物为食的鱼类。

第一节 桡足类在水产养殖方面的应用

一、桡足类能提高海水鱼幼体的成活率和促进生长

世界水产养殖的迅猛发展，极大地促进了经济水产动物人工繁殖的开展，在人工繁殖过程中，除了应用轮虫和卤虫无节幼体作为生物饵料，人们逐步认识到作为这些鱼虾蟹幼体的天然饵料——桡足类的作用，特别是对一些海水鱼类，在幼体开口摄食阶段，仅利用轮虫作为生物饵料，很难取得理想效果，而与桡足类无节幼体（无节幼体的大小在100～400 μm，大小与轮虫相当，最小40 μm）同时使用，其生长和成活率常能大大提高（表6-1）。

表 6-1 桡足类对海水鱼幼体的成活率和生长的影响
（引自 Anonymous，1988；Payne et al，2001；Stottrup et al，1997）

海 水 鱼	饵料组合	实验1 成活率（%）或幼体生长（mm）	实验2 成活率（%）或幼体生长（mm）
太平洋鳕 (*Gadus macrocephalus*)	轮虫→卤虫 轮虫→桡足类无节幼体→卤虫 桡足类无节幼体→卤虫	5%（40 d）* 68%（40 d） 78%（40 d）	25%（40 d） 49%（40 d） 67%（40 d）
金赤鲷 (*Pagrus auratus*) (20℃)	强化轮虫（d2～d18） 强化轮虫20%＋桡足类无节幼体80%（d2～d18）	5.8 mm（18 d） 6.8 mm（18 d）	
叶鲷 (*Glaucosoma hebraicum*)(22.5℃)	强化轮虫（d2～d23） 强化轮虫50%＋桡足类无节幼体50%（d2～d8）→卤虫（d8～d23）	5%（23 d）或 5.5 mm（23 d） 37%（23 d）或 11 mm（23 d）	11mm（32 d）比桡足类组晚9 d
大菱鲆（*Scophthalmus maximus*）	轮虫(d2～d8)→卤虫(d8～d24) 桡足类无节幼体 (d2～d8)→卤虫（d8～d24） 桡足类无节幼体(d2～d8)＋轮虫（d6～d8）→卤虫（d8～d24）	4%（8 d） 14%（24 d） 6%（24 d）	0.2%（8 d）

* 5%（40 d）表示幼体培育 40 d 的成活率为5%。

二、桡足类提高海水鱼幼体的成活率和促进生长的原因

桡足类对鱼虾蟹幼体不仅在开口阶段有重要作用,而且由于桡足类的发育,从无节幼体Ⅰ期发育到成体要经过12个发育期,这为鱼虾蟹幼体的不同发育期提供了宽幅饵料。在虾蟹类和海水鱼育苗过程后期,是否利用桡足类(成体)作为饵料对其繁殖的成活率影响极大(Payne et al,2001)。桡足类无节幼体提高鱼幼体的成活率的原因如下:

(1) 桡足类是鱼虾蟹的天然饵料,在长时间的进化过程中,鱼虾蟹幼体获得了高效率识别和捕食桡足类无节幼体的本领,并且在食性上偏爱桡足类无节幼体。摄食桡足类无节幼体能刺激或诱发其开口阶段的摄食反应。

(2) 海水幼鱼对其他生物饵料(轮虫)的利用率比较低。如热带的约氏笛鲷,在开食阶段投喂小轮虫,5 d后鱼幼体几乎全部死亡,同时观察到整个的轮虫从粪便中排出,有的还有一定的活力。将这些幼体同时饥饿5 d,也发现鱼幼体大量死亡,这说明鱼幼体不能消化吸收轮虫(Doi et al,1993)。而投喂纺锤水蚤(Acartia)无节幼体,则大大提高了成活率。同样,Schipp et al(1999)应用纺锤水蚤的无节幼体和成虫,使该鱼从孵化发育到第21天的幼鱼的成活率达40%(投无节幼体的密度为1个/ml)。

(3) 桡足类的营养与其他生物饵料相比,营养价值高,能满足鱼虾幼体的生长需求(见第十章)。

三、在海水鱼育苗中作为生物饵料应用的桡足类种类

由于桡足类在鱼虾幼体阶段的特殊作用,桡足类的培养和作为鱼虾蟹生物饵料的研究越来越引起人们的重视,目前培养的桡足类主要是隶属于哲水蚤和猛水蚤的种类。表6-2和表6-3分别列出了在海水鱼育苗中广泛采用的哲水蚤和猛水蚤的种类。

桡足类的培养成功,多数都是在1960年以后开始的,如1974年日本长崎县水产试验场用容水量为500 t的水池培养克氏纺锤水蚤(Acartia clausi),投喂日本对虾配合饲料,培养过程中共出现3次繁殖高峰,最后用水泵吸取110 t海水,以网滤水采收,共收获克氏纺锤水蚤700 g。而桡足类大量培养最早成功的例子是日本虎斑猛水蚤(Tigriopus japonicus),Fukusho(1975—1978)用室外容水量为200 t的水池连续十多次生产虎斑猛水蚤,投喂面包酵母,培养47~73 d,共采收40~66 kg,平均一次采收量为1 kg,培养密度高达15 800个/L。长崎县水产试验场(1978)用容水量为40 t水池,以油脂酵母为饵料培养虎斑猛水蚤,其繁殖密度曾达36 000个/L。而后,很多桡足类的规模化培养被研究,这些种类多数是盐度适应性广的半咸水种和内湾近岸性种的哲水蚤类及在潮间带水洼、海礁带大量繁生的猛水蚤类。

哲水蚤类和猛水蚤类作为鱼虾幼体各有其利弊。哲水蚤类无节幼体因个体较小,完全营浮游生活,所以适于海水鱼幼体摄取,特别是在开口阶段。但哲水蚤类的培养只能达到较低的密度,成体一般在100~200个/L。在脂类的代谢方面,特别是将C18:3n3脂肪酸转换为长链的不饱和脂肪酸n3HUFA的能力非常有限,需要从饵料的必需脂肪酸中获得,以维持其繁殖和生长。

而猛水蚤无节幼体可以培养到比较高的密度（$1.15×10^5$个/L；Kahan et al，1982），并有较强的将C18：3n3脂肪酸转换为n3HUFA的能力（Watanbe et al，1978；Norsker et al，1994；Nanton et al，1998），但是由于猛水蚤类生物饵料营底栖生活，限制了鱼虾蟹幼体的摄取（Payne，2001）。

尽管桡足类很适宜作为海洋经济动物苗种的饵料，但在大量培养上仍需研究突破。近年来的一些研究表明，可以从滞育卵获得大量桡足类无节幼体。所以，人们期望能够像从卤虫、轮虫休眠卵获得其幼体一样，及时获得桡足类幼体，满足养殖业中育苗的需求。另一方面至少可利用滞育卵进行保种，以满足育苗生产的接种培养。

第二节　桡足类的生物学

桡足类除少部分在半咸水或淡水区域，大部分是海水种类。据Humes（1994）统计，截至1993年，全世界桡足类种类共计200科，1 650属，11 500个种。但在水产养殖方面作为饵料生物利用的种类，主要隶属于桡足类的哲水蚤目（Calanoida）和部分猛水蚤目（Harpacticoida）（表6-2和表6-3）。

表6-2　在海水鱼育苗中作为生物饵料应用的哲水蚤种类

（引自Stottrup & McEvoy，2003）

哲水蚤种类	来源和应用方式	对应的海水鱼种类
长纺锤水蚤（Acarita longiremis）	捕捞	狼鱼（Anarhichas lupus）
太平洋纺锤水蚤（Acartia pacifica）	捕捞	尖吻鲈（Lates calcarifer）、棕点石斑鱼（Epinephelus fuscoguttatus）
纺锤水蚤（Acartia sinjiensis）	实验培养	紫红笛鲷（Lutjanus argentimaculatus）
汤氏纺锤水蚤（Acartia tonsa）		大西洋鳕（Gadus morhua）、乌贼（Loligo pealie）
纺锤水蚤（Acartia spp.）		约氏笛鲷（Lutjanus johnii）、紫红笛鲷
真宽水蚤（Eurytemora affinis）		条纹狼鲈（Morone saxatilis）
真宽水蚤、汤氏纺锤水蚤	室外池塘	大菱鲆（Scophthalmus maximus）
艾氏剑肢水蚤（Gladioferens imparipes）	与轮虫混合投喂	鲯鳅（Coryphaena hippurus）、海马（Hippocampus angustus）、金赤（头）鲷（Pagrus aurata）
长角宽水蚤（Temora longicornis）		庸鲽（Hippoglossus hippoglossus）
伪哲水蚤（Pseudocalanus elongates）	室外系统培养	大西洋鳕
混合桡足类（纺锤水蚤A. tsuensis、长腹剑水蚤Oithona sp.，其他猛水蚤类）	海捕	斜带石斑鱼（Epinephelus coioides）
混合桡足类［真宽水蚤、纺锤水蚤（A. taclae）、哈氏胸刺水蚤（Centropages hamatus）］	海捕和池塘培养	庸鲽
混合桡足类［长角宽水蚤、胸刺水蚤（C. typicus、C. hamatus）、纺锤水蚤、真宽水蚤］	海捕和人工培养三代	川鲽（Platichthys flesus）
冰冻桡足类	在幼体发育35～55 d	金头鲷

表6-3 在海水鱼育苗中应用猛水蚤类作为生物饵料的种类
（引自 Stottrup & McEvoy，2003）

猛水蚤种类	来源和应用方式	对应的海水鱼种类
尖额真猛水蚤（*Euterpina acutifrons*）		鲻（*Mugil cephalus*）
日本虎斑猛水蚤（*Tigriopus japonicus*）	人工培养	黑鲷（*Mylio macrocephalus*）、拿骚石斑鱼（*Epinephelus striatus*）、黄鳍鲷（*Acanthopagrus latus*）、金头鲷
福氏日角猛水蚤（*Tisbe furcata*）	与轮虫混合投喂	加州鳀（*Engraulis mordax*）
海参日角猛水蚤（*T. holothuriae*）	单独或与卤虫混合投喂	欧鲽（*Solea solea*）、金头鲷
猛水蚤主要种类与长角宽水蚤、哈氏胸刺水蚤（*Centropages hamatus*）、克氏纺锤水蚤等混合湖泊美丽猛水蚤（*Nitokra lacustris*）（引自 Rhodes，2003）	室外水池培养 人工培养	欧鲽 眼斑拟石首鱼（*Sciaenops ocellata*）、云斑狗鱼（*Cynoscion nebulosus*）、锯鲬（*Centropristis striata*）

一、形态特征

1. **外形** 桡足类的体形是多种多样的，这和它们的生活环境有关，浮游种类的躯体呈圆筒状，附肢刚毛发达；底栖种类则扁平、狭长，适于爬行。桡足类的体色多样化，具有保护意义，这也和它们生活环境有关。海水表层种类的身体透明、无色或呈蓝色，这是因其内表皮含有类胡萝卜类的蓝色素的缘故；深海种类，因含有甲壳素，故常带红色；而热带海域的种类色彩更鲜艳美丽；淡水产的种类大多白色不透明。桡足类绝大多数种类的体色还取决于身体中的油滴，这种油滴呈红色或蓝色，贮藏在中肠腺和整个身体中，这些油滴也可积聚形成油囊。

桡足类的身体分节明显，由16～17个体节组成，但由于愈合的结果，一般不超过11节。身体可分为头胸部和腹部（图6-1和图6-2）。在这两个部分之间有一个活动关节，其位置是区别不同目桡足类的分类根据之一。在哲水蚤目，这一活动关节位于第五胸节与第一腹节之间；在剑水蚤和猛水蚤目，则位于第四、第五胸节之间。

头胸部包括头部和胸部。头部由头节（5个体节愈合而成）和第一胸节（有时和第一、二胸节）愈合而成。头部的前端部分称前额，它的腹面常有刺状或线状突起，称为额角。在前额的背面常有1个单眼或

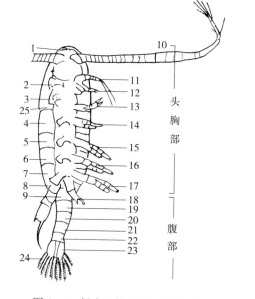

图6-1 哲水蚤模式图（腹面观）
1. 额角 2. 大颚 3. 第二小颚头节 4～8. 第一、二、三、四和五胸节 9. 生殖节 10. 第一触角 11. 第二触角 12. 第一小颚 13. 颚足 14～18. 第一、二、三、四和五胸节足 19～21. 第二、三和四腹节 22. 尾节 23. 尾叉 24. 尾刚毛 25. 头节
（引自甲壳动物研究组，1975）

1对晶体。胸部由3~5节组成（应为6节，但在有些种类，第一或第一、二胸节与头节愈合，末2胸节也常愈合），各节均有1对胸肢。最末胸节的后侧角的形状，在哲水蚤目常随种类而异，这在鉴定种类上有一定意义。腹部不具附肢，一般由3~5节组成，雄性比雌性的多一节。第一腹节称生殖节，具生殖孔，在雌性中，腹面膨大为生殖突起，这个腹节的形态是分类的重要依据之一。最末腹节称肛节或尾节，肛门位于其背面末端，尾节末端有1对尾叉，尾叉的形状、长度随种类而不同，其末端有5根不等长的刚毛，刚毛发达程度与水温有关，一般热带种类的刚毛较长，并常呈羽状。

2. 附肢　桡足类有11对附肢。

(1) 第一触角。这是1对单肢型、细长、分节的附肢，位于头部前端两侧，一般有明显的雌雄区别，雄性具有较多的感觉毛或棒，并常特化为执握肢。在剑水蚤目和猛水蚤目，左右触角均特化为执握肢。第一触角的长度和节数，与生活习性有关，如完全营浮游生活的哲水蚤目较长（23~25节），部分营浮游生活的剑水蚤类较短（6~17节），营底栖生活的猛水蚤类最短（5~9节）。因为触角伸长，有助于增加与水接触的表面积，从而有利于浮游。

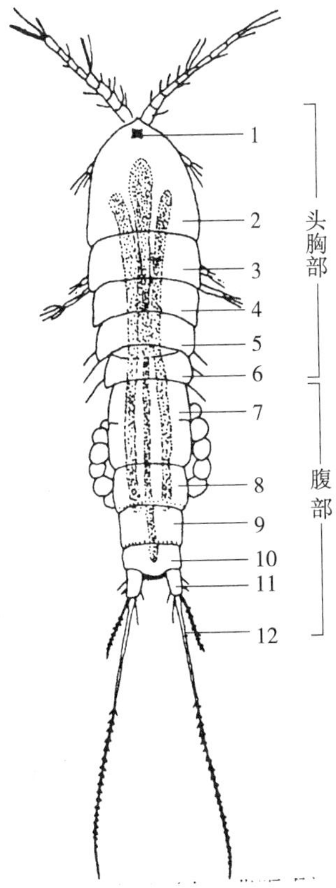

(2) 第二触角。双肢型，位于第一触角的后方。一般由2节基肢、2节内肢和5~7节外肢组成。各节的内缘和内、外肢末节的远端都有刚毛。内、外肢结构及长短比例是分类的依据之一。哲水蚤目和猛水蚤目基本为双肢型，剑水蚤目，外肢退化，成为单肢型，基肢2节，内肢2~4节。这对触角与食性有关，在滤食性种类可看到它们不停地摆动，引起水流把微小的食物送入口中；在捕食性种类由于感觉毛的感觉作用，易于觅食。

图6-2　猛水蚤模式图（背面观）
1. 眼点　2. 头节　3~6. 第二、三和四、五胸节　7. 生殖节　8. 第三腹节　9. 第四腹节　10. 尾节　11. 尾叉　12. 尾刚毛
（引自甲壳动物研究组，1975）

(3) 大颚。这是1对口器附肢，位于第二触角后方的上唇下面。一般为双肢型，基肢2节，基节为几丁质板，面向上的一端呈锯齿状，称口缘或咀嚼缘，其上面的齿数及形状与食性有关，滤食性的种类如哲水蚤呈臼齿状，具硅质冠，用于磨碎硅藻；捕食性种类如异肢水蚤（Heterorhabdus），呈犬齿状，不具硅质冠。大颚的底节及分布的内外肢合称大颚须，颚须和几丁质板互为直角，具有刚毛，这有助于滤食性种类的滤食活动。

(4) 第一小颚。这是1对很小的附肢，位于口的下方。一般基肢分4节，第一节称基前节，其内侧的咀嚼缘突起称第一内小叶或颚基，具有较强大的锯齿状刚毛或刺，伸向口部，有助于捕食。第二节称基节，只带长刚毛丛的外突起，称第一外小叶。基前节和基节并没有明显的界线。第三节称第一底节，其内侧突起称第二内小叶，外侧有一个第二外小叶。第四节称第二底节，基部内侧有一突起，称第三内小叶，这一节的末端具有2~3节的内肢和单节的外肢。第一小颚的形态随种类和食性而异，滤食性的种类如哲水蚤有较多刚毛，捕食性的种类如歪水蚤（Tortanus）刚毛退化。

(5) 第二小颚。这也是1对较小的附肢，位于第一小颚的后方，是头节的最后1对附肢。它

是单肢型的,由发达的基肢和简单的内肢构成。基肢分2节,内侧突起,称为小叶,一般有5个。内肢短小,一般不超过5节,也各具刚毛。小叶和刚毛的形状、数目及长度随种类而异。

(6) 颚足。这是胸部的第1对附肢,单肢型。基肢分2节,较长,各具刚毛。内肢分5节,各具长刚毛。颚足的结构随种类和食性而不同。肉食性种类[如真刺水蚤(Euchaeta)]的颚足特别发达,有强刺;有的[如梭剑水蚤(Lubbockia)]呈爪状。滤食性种类[如拟哲水蚤(Paracalanus)]具有较多刚毛;另有些种类(如纺锤水蚤)的颚足则较退化。

(7) 胸足。位于胸节的腹面,共有5对。第一至第四胸足为游泳器官,都是双肢型,结构基本相似,一般没有雌雄区别。基肢2节,内、外肢各分3节。内肢较小,节数常因愈合而减少;外肢的外缘常有短刺,称外缘刺,外肢内缘和内肢常有刚毛。胸足的基节之间,有一块几丁质板连接着。这样,胸足只做同方向的摆动。

第五胸足常有不同程度的改变。哲水蚤目有显著雌雄区别,它是鉴定种类的最主要根据。雄性第五胸足因种类不同而有相当大的差异,结构也更复杂多变,基本上可分为三类:双肢型、单肢型或完全消失。

二、生殖习性

1. 生殖系统　桡足类雌雄异体,异形。雌性的卵巢单个,长柱形(早期为三角形或梨形),位于头胸部背面中央。在哲水蚤,卵巢可划分为三区:增殖区,位于卵巢后端部;联合区位于增殖区前部,含有早期卵母细胞;生长区,是卵母细胞的生长区。卵巢前端有1对输卵管,横过身体向后腹部,然后与肠平行地向后延伸至生殖孔,生殖孔位于第一腹节(生殖节)的腹面。在生殖孔两侧各有1个纳精囊,纳精囊有一短管与生殖孔相连,纳精囊管联合而成一小腔,输卵管以短的几丁质部分通入小腔中。在剑水蚤目,雌性生殖孔绝大多数为2个,在哲水蚤目和猛水蚤目种类,多数只有1个生殖孔。

雄性的精巢也是单个,长柱形,位于头胸部的中央。精巢也可分为三区:增殖区,位于精巢后端部;中央区为精母细胞进行分裂的场所;精子区,位于精巢的前端部,常被第二区部分地包围着。有1条细长而弯曲的输精管从精巢前端伸向后左侧,输精管为一条厚壁的腺体管,充满精子和分泌物。输精管后段扩张,形成贮精囊,为薄壁、旋曲的管子,其旋曲程度与性成熟度有关。这是贮存精子的地方,其下面与更明显的精荚囊连接,精荚囊的壁厚,具有腺体,并有较大的囊腔,精荚贮藏在囊腔中(图6-3)。精荚成熟后,经过短的富有肌肉的射精管通到生殖孔。生殖孔开在第一腹节的左边后缘。哲水蚤目和猛水蚤目,只有1条输精管,而在剑水蚤目则成对。

一般地,哲水蚤类从桡足幼体第五期开始,生殖器官便有雌、雄性的分化。但是,也有个别情况是例外的,如真刺唇角水蚤

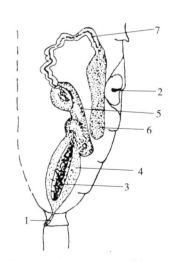

图6-3　哲水蚤雄性生殖系统
(左侧面观)
1.射精管　2.心脏　3.精荚　4.精荚囊　5.贮精囊　6.精巢　7.输精管
(引自 Marshall & Orr, 1995)

（*Labidocera euchaeta*）在桡足幼体四期即开始两性分化（李松等，1983）。日本虎斑猛水蚤还有性反转现象，高温雄性多，低温雌性多（代田昭彦，1989）。

2. 生殖　桡足类一般进行两性生殖。有些哲水蚤类在交配时，雄性用执握触角迅速地抓住雌性的腹部，第五胸足夹住雌性生殖节，接着通过射精管排出精荚，由第五胸足的钳形左外肢将精荚递挂于雌体生殖孔上（图6-4），有时也会错挂在其他位置，甚至挂在雌体的附肢上。带有精荚的雌体都正常地受精。一般，每个雌体带1个精荚，有时也有2、3个，飞马哲水蚤（*Calanus finmarchicus*）1个雌体可带精荚达15个之多。在剑水蚤类，雄性的两个执握触角捉住精荚黏附在雌体的纳精囊孔上。猛水蚤类的交配时间较长，如日本虎斑猛水蚤在25℃时，交配时间可达1d，雄体执握触角抓住雌体的尾叉后，成对地游动。

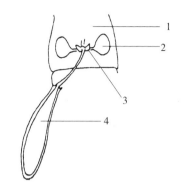

图6-4　哲水蚤雌体第一腹节腹面
（示精荚附着在生殖孔上）
1. 第一腹节　2. 纳精囊　3. 生殖孔　4. 精荚
（引自 Lowe，1935）

成熟的卵从雌体输卵管排出时受精。卵通常在受精后立即开始胚胎发育。孵出来的幼体称为无节幼体。

桡足类的产卵形式有下列3类：

（1）自由产卵于海水中。大多数哲水蚤类，如哲水蚤、真哲水蚤（*Eucalanus*）、宽水蚤（*Temora*）、胸刺水蚤、唇角水蚤（*Labidocera*）、纺锤水蚤、歪水蚤等都是这样产卵的。一次产卵的数量从几个到50个甚至更多。每次产卵活动的时间可以持续很长时间，每24h一次。如纺锤水蚤属的一些种类，每个雌体产卵为11～50个/d，总的一次产卵活动一般大于1 200个卵。哲水蚤属的种类，每个雌体产卵为15～230个/d，总的一次产卵活动要产到3 800个卵。一般情况下，新的产卵活动必须在新的一次交配后才能完成（Mauchline，1998）。

（2）带卵囊。由输卵管分泌物把卵集聚成大小、形状和位置不同的卵囊。两个输卵管孔靠近的，只形成1个卵囊，悬挂于雌体腹面，如真刺水蚤和猛水蚤类；也有生殖节两侧形成2个卵囊的，如伪镖水蚤（*Pseudodiaptomus*）、许水蚤（*Schmackeria*）和剑水蚤类；另外，有些种类[如大眼剑水蚤（*Corycaeus*）]的卵囊位于背面。卵囊中的卵数随种类而异，从几个到50个或更多。例如，奇异猛水蚤（*Miracia efferata*）的卵囊含8个卵；大同长腹剑水蚤（*Oithona similis*）的2个卵囊各具单行，约5～6个大卵；长刺真刺水蚤（*Euchaeta spinosa*）含卵10个左右；火腿许水蚤（*Schmackeria poplesia*）约含20个卵；冠伪镖水蚤（*p. coronatus*）2个卵囊大小不等，右侧的很小，仅含2个卵，而左囊较大，含卵20多个；日角猛水蚤属的种类，一次受精可连续产12窝卵囊，雌性猛水蚤在完成生殖后，不会再次受精而死亡。

（3）黏性卵。有些哲水蚤类（如拟哲水蚤）产黏性卵，黏附在胸足上或身体上。桡足类的产卵量和其他浮游甲壳动物（如枝角类等）一样，受内在因子（个体大小、年龄）和外界因子（主要是温度和食料）的影响较大。对于带卵囊或产生黏性卵的桡足类，由于新的卵囊或黏性卵必须在旧的卵孵出无节幼体以后才能产出，这样大大限制了其产卵量。这些桡足类的产卵量一般在10～200个卵，而产卵于水中的哲水蚤类的生殖量一般为30～700个卵，其生殖量要高于产黏性卵的哲水蚤类的7.5倍（Mauchline，1998）。但海参日角猛水蚤是个例外，其在投喂人工饲料的情况下，每个雌体平均可产 258~416 个无节幼体。

按产出卵的类型来分，可分为滞育卵或休眠卵和夏卵。

现在已经清楚，多数哲水蚤类在不适宜的生活环境下可产生滞育卵沉入海底，在海底沉积物的滞育卵量可达 $3.2×10^6$~$5.5×10^6$ 个$/m^2$（Nass，1996），滞育卵可以保持长时间（有时可达数年。Katajisto，1996）的可育性以度过条件不良的时期；常规产生的卵称为夏卵，夏卵在环境适宜的情况下能够很快地孵化。滞育卵的发育存在 2 个阶段（类似卤虫的滞育卵，见第五章），第 1 个阶段是不应期（refractory phase），即使是在外界环境适宜的情况下，滞育卵也不孵化，但依然保持可育性。不应期的长短主要受外界因素影响（如温度、光照等）。第 2 个阶段是可育期（competent phase），滞育卵在这一期能于环境适宜条件下孵化。在人工条件下，滞育卵的产生主要受光周期和盐度以及温度的影响，饵料质量也是不容忽视的因素。缩短光照周期、提高养殖密度等都能有效诱导滞育卵的产生。

三、发育与生长

（一）生活史

桡足类卵孵出的幼体叫桡足类无节幼体Ⅰ期（nauplius stage，N_1），呈卵圆形，具有 3 对附肢和 1 个单眼。Ⅰ期无节幼体通常通过 5~6 次蜕壳，即从无节幼体期发育到桡足幼体阶段（copepodite stage，C）。无节幼体期一般分为 5~6 期，一般前 3 期依卵黄为生，第 4 期以后，肛门开口，开始摄食。但一些种类，如汤氏纺锤水蚤，在第 2 期开始摄食，猛水蚤的无节幼体也证实在无节幼体Ⅰ期就能够摄食（williams et al，1994）。各期无节幼体的区别在于个体大小、附肢刚毛数和尾刺数的差别（表 6-4）。

表 6-4 飞马哲水蚤各期无节幼体的体长和刚毛数

（引自郑重等，1984）

发育期	N_1	N_2	N_3	N_4	N_5	N_6
体长（mm）	0.21	0.27	0.42	0.48	0.50	0.60
第一触角	6	7	10	14	17	20
第二触角	6	7	9	10	11	12
大颚外肢	5	6	6	6	6	6

桡足幼体阶段，体长逐渐增长，已出现体节，身体可分为头胸部和腹部，基本上具备了成体的外形特征，所不同的是它们身体较小，体节和胸足数较少，一般可分为 5~6 期，第 6 期为成体期，只是性未成熟。到了第 5 期桡足幼体基本上已出现雌雄区别（表 6-5）。

表 6-5 飞马哲水蚤各桡足幼体期的区别

（引自郑重等，1984）

发育期	胸节数	腹节数	胸足数
C_1	4	1	2
C_2	5	1	3
C_3	5	2	4

(续)

发育期	胸节数	腹节数	胸足数
C_4	5	3	5
C_5	5	4	5
C_6	5	♀4 ♂5	5

日本虎斑猛水蚤的无节幼体体形为背腹扁平的圆盘状，体长初期为0.1 mm，到桡足幼体Ⅵ期即为成体。雌雄性别可按第5足的刺毛数雄2雌3加以区分（图6-5）。

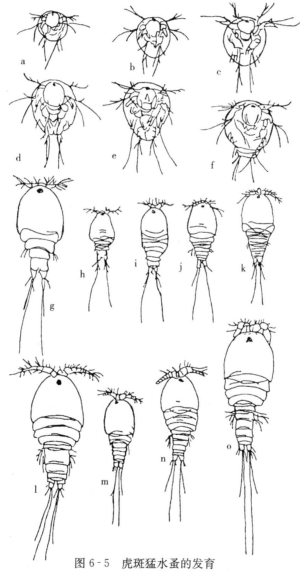

图6-5 虎斑猛水蚤的发育
a~f. N1~6期 g~i. C1~3期 j~k. C4~5期 l. 成体（雌）
m~n. C4~5期（雄） o. 成体（雄）
（引自刘卓等，1990）

桡足类从受精卵发育至无节幼体、无节幼体Ⅲ期变态为Ⅳ期和无节幼体Ⅵ期变态为桡足幼体，是敏感期，容易死亡。

(二) 桡足类的生长

桡足类和其他甲壳动物一样是蜕皮生长的，自孵化后的无节幼体Ⅰ期起，每蜕皮1次，即进入新的发育期，发育到成体阶段时，其生长则主要表现为生殖力的变化。生殖力是桡足类产卵量、卵的孵化率、幼体成活率等的综合能力。

桡足类的生长速度受温度、饵料、光照条件的影响。日本虎斑猛水蚤在低温条件下生长慢，高温条件下生长快。其生长速度（V）与温度（t）呈直线相关（刘卓等，1990）：$V=0.094t-0.106$。

陈世杰（1988）研究尖额真猛水蚤时用异胶藻当饵料，发现饵料密度在 8.0×10^5 个细胞/ml 时繁殖顺利；$8.64 \times 10^6 \sim 1.68 \times 10^7$ 个细胞/ml 时繁殖出现停滞状态，甚至会出现半数死亡甚至绝大部分死亡的现象。可见，用单细胞藻类提供饵料时，太少和太多都不利于桡足类的生存和繁殖。日本虎斑猛水蚤在饵料不足时，产卵时间拖长，产卵中止，甚至体内卵母细胞被吸收。以上两例都说明饵料与繁殖的关系，间接地论证了饵料影响着桡足类的生长。

世代时间或生殖周期（generation time）：世代时间指从个体孵化到其成熟产卵并孵化出第一批幼体的时间，或成熟个体交配开始到下一世代幼体发育到成体的时间。不同种类的生殖周期不同。哲水蚤类在不同温度情况下，世代时间从纺锤水蚤属的大约1周[如纺锤水蚤（*Acartia sinjiensis*），5~6 d，28~30℃；汤氏纺锤水蚤，7 d，25℃]到数月不等。猛水蚤类也具有类似的情况。同一种类也因生活条件的差别而生殖周期也表现出长短不同，同一种类生殖周期长短的变化，可综合反映其生长速度的快慢。

温度是影响桡足类生殖周期的主要因素。日本虎斑猛水蚤在23~25℃变温范围的条件下，孵化后8 d发育为成体，在23℃条件下需8~11 d。在24℃条件下培养，孵化后每天变态发育一期，到第11天发育为成体（刘卓等，1990），其生殖周期（T）与饲育水温（t）和饲育天数（d）的积温函数关系是 $T=e^{0.0057d \cdot t+1}$。双齿许水蚤（*Schmackeria dubia*）在19~27.5℃时生殖周期为13 d，在13~21℃时则为30 d。相比之下，日本虎斑猛水蚤的生殖量较多（62粒）、生殖周期较短（8 d），适宜作为培养种类。

温度不但影响着桡足类的生殖周期，也影响桡足类的个体大小和生长速度。在适温范围，桡足类个体大小与温度负相关，愈是高温条件，个体愈小。如我国海洋沿岸水域哲水蚤的个体大小从南向北逐渐增大（郑重等，1984）。桡足类的个体大小常随栖息环境而变化，如随栖息深度变化，欧洲北海的飞马哲水蚤在表层平均体长为2.76 mm，中层为2.82 mm，底层为2.94 mm。室内培养桡足类体长往往小于自然环境下的体长。

生长成活率：从无节幼体发育到成体，对日角猛水蚤属种类来说，实验室培养的成活率在77%~98%。室外合适的培养条件下，成活率可期望达到75%以上。哲水蚤的成活率，Klein Breteler（1980）估计可达46%~75%。

四、摄食方式、投饵和饵料质量

桡足类的摄食方式包括滤食方式、碎屑食性方式和捕食方式，滤食方式主要是哲水蚤的种类，碎屑食性方式主要是猛水蚤的种类，捕食方式主要包括一部分猛水蚤和剑水蚤的种类。

(一) 滤食方式、饵料和饵料质量

1. 哲水蚤类的素食性滤食方式　大多数哲水蚤是以素食性滤食方式（herbivorous filter-feeders）取食的。这是由于第二触角、大颚须和第一小颚外肢的快速颤动（600～2 640次/min），引起身体侧面的涡流，当水流通过第二小颚和颚足的羽状刚毛交织而成的过滤网时，食物颗粒被过滤下来，并由小颚内小叶的刚毛的活动而送入口中。一般桡足类所截留的食物颗粒大小与构成过滤网的羽状刚毛的小棘毛的间隙距离有关，后者因种类而异。例如，飞马哲水蚤第二小颚的小棘毛间隙距离约5 μm，长腹水蚤（*Metridia longa*）为8.2 μm。扫描电镜研究结果表明，几种哲水蚤口区有分泌的构造和发沟，它们可能促使动物捕获小棘毛过滤机制所不能截留的更小的饵料颗粒。滤食性桡足类的大颚咀嚼缘齿较多，呈臼齿状，并具发达的硅质齿冠，有助于磨碎硅藻的硅质细胞壁。

大多数哲水蚤类是素食性的，其滤食的效率与食物的大小、丰度和质量有关。太小规格的食物颗粒不能被滤食性的哲水蚤利用，如汤氏纺锤水蚤滤食的最小颗粒的大小估计在2～4 μm，利用微绿球藻培养剑肢水蚤导致其低的成活率、低生殖力以及发育缓慢，主要是由于藻的细胞偏小引起的。

对于一些哲水蚤类，如刺水蚤、宽水蚤属的种类，除了主要以滤食方式摄食微藻类食物，有时也能捕食小型桡足类。克氏纺锤水蚤在微藻多的时候以滤食方式摄食，在栖息水域饵料的绝对量少的情况下则有选择地摄食大型的特定种类，用第二小颚捕捉饵料生物，以急速的稍有一点跳跃的动作捕食30～100 μm 的大型饵料，以滑翔前进的动作捕食5～30 μm 的小型饵料。这些哲水蚤的口器附肢形态特征介于滤食方式和捕食方式之间，其大颚齿仅部分有齿冠，但较尖锐，第二小颚基部成为过滤器，其远端部则适于捕食活动。

桡足类的摄食量常表示为每天摄食藻量占其体湿重的百分比。哲水蚤的摄食量从2%～360%不等，如汤氏纺锤水蚤的摄食量从6%～360%不等。

2. 饵料大小和饵料质量对哲水蚤类生殖力的影响　饵料密度和种类不同，对桡足类的产卵量（egg production，用每天每个雌体的产卵数表示，与产卵方式无关）有显著影响。桡足类产卵量随着饵料密度的升高而增加（Dam *et al*，1994）；在同样消化吸收的情况下，摄食金藻的汤氏纺锤水蚤的产卵量要大大高于摄食威氏海链藻的。硅藻类不太适合于桡足类的培养，因为很多种类的硅藻作为桡足类的饵料，都不同程度地降低了桡足类的生殖力和孵化率，如用中肋骨条藻培养的柱形宽水蚤（*Temora stylifera*），会导致其不育和死亡（Janora *et al*，1995），以三角褐指藻为饵料培养海岛哲水蚤（*Calanus helgolandicus*），会引起其产出卵的孵化率降低。Ban（1999）总结了硅藻对桡足类培养的影响，发现在12个河口和近岸的桡足类体内和13种的硅藻中，存在31种化合物，会降低桡足类的生殖力和/或孵化率。

饵料的质量或营养，尤其是脂类营养水平对哲水蚤的生殖力也有重要影响。Lacoste *et al*（2001）发现，饵料中含有较低含量的DHA和EPA会降低哲水蚤的生殖力，而且饵料中高的DHA/EPA比率往往与桡足类获得高的产卵量一致（Stottrup *et al*，1990；Payne *et al*，2000）。饵料中n3系列的脂肪酸对桡足类生殖力的影响重要性要远高于n6系列的脂肪酸，因为当用盐藻（$Dunaliella\ tertiolecta$，缺乏 n3 系列的脂肪酸）分别培养汤氏纺锤水蚤、长伪哲水蚤（$Pseudocalanus\ elongates$）、海岛哲水蚤等哲水蚤类时，生殖力受到严重影响。

饵料的其他营养成分对桡足类的生殖力也有重要作用。Kleppel $et\ al$（1998）实验证实，饵料的氨基酸含量与汤氏纺锤水蚤的产卵量有关。饵料蛋白质含量对桡足类生殖力有一定促进作用，尽管远不如脂类营养的作用重要。

综上，在培养哲水蚤类时，为确保高的生殖力和生长，不仅要考虑提供充足的饵料，而且饵料的大小要适中，营养要全面。

（二）碎屑食性方式、饵料和饵料质量

1. 碎屑食性方式　碎屑食性方式（detritivorous）的桡足类主要为猛水蚤类，食性是杂食的，主要以有机碎屑、细菌、酵母、微藻、原生动物、大型海藻类（石莼、浒苔、裙带菜等）、鱼虾人工配合饲料、面粉、谷类粉糠、奶粉、小球藻干粉、酱油糟、鸡粪等为饵料。

2. 饵料质量与产卵量和生殖力

（1）食物数量、质量对生长繁殖的影响。尽管猛水蚤类可摄食任何适口的食物，但这并不意味着猛水蚤类对食物的摄食没有选择性。投喂不同数量和质量的食物，都会对其生长和繁殖造成一定影响。

日角猛水蚤（$Tisbe\ battagliai$）在微藻浓度较低下培养，其生殖力降低。猛水蚤（$Scottolana\ canadensis$）在微藻浓度低于 $2.5×10^4$ 个细胞/ml 下培养，产卵活动停滞，但随着微藻浓度的升高，开始产卵，产卵量也逐步增加。

福氏日角猛水蚤当用中肋骨条藻（密度为 $8×10^4$ 个细胞/ml）培养时，其生殖力、成活率和种群密度可达到最高值，而当用足够量的红胞藻（$Rhodomonas\ reticulata$）或巴夫藻（$Pavlova\ lutheri$）以保证该猛水蚤充分摄食的情况下，其生殖力、成活率和种群密度都比较差（Abu-Rezq $et\ al$，1997）。同样，对海参日角猛水蚤雌体，当用单一红胞藻（$Rhodomonas\ baltica$）培养时，每天可产生近 8.4 个无节幼体，而单一投喂盐藻（$D.\ tertiolecta$），每天仅产 2.4 个无节幼体。这说明不同的微藻对同一桡足类的营养作用有所差异，从而导致不同微藻培养的桡足类的生殖力的不同。

（2）用混合微藻培养猛水蚤类的效果往往高于单一微藻培养的效果。如用球等鞭金藻和海链藻（$Thalassiosira\ pseudonana$）混合微藻培养日角猛水蚤，每个雌体无节幼体的产量为 5.6 个/d，而用以上单一微藻培养，每个雌体每天产生的无节幼体数相应降低，球等鞭金藻的为 3.2 个，海链藻（$T.\ pseudonana$）单一培养的为 4.2 个。

（3）碎屑以及与其相关的微生物，可能在猛水蚤的食物中起到重要的营养作用。Guerin $et\ al$（2001）证实在商用的宠物食物中，添加少量的细菌和维生素 D_2，可显著提高猛水蚤的雌性生殖力。但微生物作为猛水蚤类的食物的营养作用很难界定。其营养作用之一，可能是来源于异养生物（微生物）的碳源，猛水蚤对其的消化吸收率要高于来源于自养性生物（微藻）的碳源的 8～10 倍。还曾有人推测其营养作用之一，是帮助猛水蚤类在投食较低含量的 HUFA 时，获得或维持其体内高含量的 HUFA 水平。现在证实这种营养作用不太可能。因为尽管一些深海或低温环境的细菌含有一定量的 EPA，但 DHA 只存在于一些深海的细菌种类中，所以细菌绝不会是猛水蚤类 DHA 的来源（因为浮游的桡足类不可能摄食深海的细菌）。

(4) 饵料脂类含量、脂肪酸组成与猛水蚤的生殖力。猛水蚤类在其繁殖阶段或繁殖前，一般不会贮存脂类作为能量来源，这一点和哲水蚤类不同。所以对猛水蚤类，在其繁殖阶段，外源吸收的物质被直接转运到卵黄中，因此其脂类含量也非常低。

饵料的脂类含量和脂肪酸组成对猛水蚤类生殖力的影响不大，或远低于对哲水蚤类的影响，主要是因为，大部分的猛水蚤类具有合成 EPA 和 DHA 的能力，这些已被大量实验证实：Nanton（1997）用脂类含量为 2.2%，含有极微量的 PUFA 的面包酵母，培养两种猛水蚤类，两种水蚤的 PUFA 含量始终保持在较高的水平上，日角猛水蚤在长期用面包酵母培养后，DHA（12%）和 EPA（7%）也始终维持在较高的水平上。日角猛水蚤 和 阿玛猛水蚤（Amonardia）无论投喂 PUFA 缺乏的食物，还是单一投喂富含 EPA（极少 DHA）的食物，两种猛水蚤的 DHA：EPA 比率始终在 2 以上。

(5) 饵料蛋白含量与猛水蚤生殖力的关系。尽管饵料中 HUFA 的含量对猛水蚤的生殖力影响甚小，但饵料蛋白质含量似乎对猛水蚤的生殖有重要作用。如 Guidi（1984）发现，当蛋白含量占饵料干重的 49%～52% 时，产卵量最高。蛋白质含量与猛水蚤生殖力的关系需要进一步研究。

（三）捕食方式和食性转变

1. 捕食方式　捕食方式（carnivorous）的桡足类口器附肢形态和滤食方式的明显不同。大多数剑水蚤类、一部分猛水蚤和极少量的哲水蚤（如歪水蚤科和角水蚤科）是这种摄食方式。在剑水蚤类，其第一触角基部几节的腹侧和第二触角的腹侧生出很多感觉毛，便于觅食和确定觅食方向。一般用第一小颚来抓住食物，如果食物较大，则由第二小颚和颚足协助包围和紧握食物，共同将食物推向口内，一旦食物到达大颚的位置时，大颚便开始迅速行动，大颚主要是帮助将食物推进食道，而不是咀嚼用。因此，其缘齿较少而尖锐，没有硅质齿冠。例如，异尾歪水蚤（Tortanus discaudanus）适于捕食，其第二小颚具有 8 个强壮的执握刺和 5 个大颚齿，均较尖锐。一般它们在游泳中，第二触角和大颚须做短急运动，成对的游泳肢更有力地跳跃，当在其头部前方的 6 mm 处有活动着的饵料生物时，歪水蚤便能向前袭击。这种袭击在不到 1/30 s 内完成，用第二小颚加以捕获，并使饵料生物陷于大颚之间，而被吃下。如果袭击失败，也不再追逐。

2. 摄食性转变　对于大多数剑水蚤类，在其幼体的开始阶段是素食性的（herbivorous），随着发育进行，又逐步变为杂食性（omnivorous），捕食浮游生物，到发育后期才转化为捕食性（肉食性）（carnivorous），肉食性的桡足类甚至捕食其后代幼体。

第三节　桡足类的收集和大面积培养

当前仅有少数的桡足类种类成功地实现了大面积的培养（extensive rearing），大部分的桡足类培养还主要停留在实验性的、集约化小规模的培养阶段，其培养只能持续数周或数月。不过有报道（Payne et al，2001）在 500 L 的水体中可批量培养出哲水蚤无节幼体的产量为 878 个/（L·d），持续时间为 420 d。到目前为止，有关桡足类的大规模集约化培养仍在实验探索中，以下简单介绍桡足类培养的基础知识和较为成功的培养方法。

一、天然桡足类的收集

桡足类在我国较早用于海水经济动物的繁殖过程中,主要是在海湾或河口区域利用潮位落差,采用定置网加上灯诱装置过滤获得。在长江河口和浙江沿海半咸水区域,从定置网中获得的主要优势种有太平洋纺锤水蚤、背针胸刺水蚤(Centropages dorsispinatus)、刺尾纺锤水蚤(Acartia spinicauda)、小拟哲水蚤(Paracalanus parvus)及中华哲水蚤(Calanus sinicus),个体平均湿重 21 μg,这些水蚤被收集后,或接种到室外池塘扩大培养,或直接作为生物饵料投喂海水鱼幼体,或冰冻或干燥作为海水经济动物育苗用,用时要注意消毒,如在 100 mg/L 甲醛溶液中浸泡 1 min,冲洗干净后再投喂。我国在河蟹育苗后期有大量采用冰鲜的桡足类育苗。一般定置网的网目要大于 70 μm,否则网眼容易阻塞。网眼 70~110 μm,可以捕获个体大于轮虫的浮游生物种类,网眼 120 μm 可以捕获桡足类无节幼体、桡足类成体和少量轮虫,250 μm 以上筛绢可捕获桡足类成体。

我国黄河口附近主要的桡足类种类有墨氏胸刺水蚤(Centropages mcemurrichi),密集度可达 1 010 个/m^3,也可考虑在桡足类密集的季节,连续采集,冷冻保存以提供育苗饵料之用。

二、利用池塘培养桡足类和鱼幼体

在挪威,利用池塘同时培养桡足类和鳕幼体取得了良好的效果。利用这种方法,从 1986 年到 1994 年,挪威生产鳕鱼种 200 万尾。这种培养方法类似于我国淡水鱼育苗培育的"发塘"。

(1) 地点选择。宜选择在海湾、河口和近岸水域,这些水域营养丰富,富含氮、磷、钾,微藻容易旺发。

(2) 池塘规格和桡足类培养。池塘大小在 1 000~5 000 m^3,池塘深 3~6m,利用多个池塘,冬季排干池水,经过冬季冰冻后,在春季海水鱼繁殖季节,加入过滤的海水(用 20~40 μm 的筛绢网过滤,只许微藻通过,滤掉所有浮游动物),监控浮游生物的生长情况,特别是桡足类的生长情况,适时施肥以促进浮游生物的生长。当池塘中桡足类无节幼体达到一定量时,将开口阶段的海水鱼幼体放入池塘中,以保证鱼苗开口阶段有足够适口的桡足类无节幼体摄取。如对于鳕苗种培育,桡足类的密度维持在 200~500 个/L,鱼幼体密度控制在 1.4~2.8 个/L 是比较合适的,这样每立方米水体可以生产鳕鱼种 3.8~40 尾。成体的桡足类可被生长的鱼幼体逐步摄取。至少应留下 1 个池塘,不要将海水鱼苗放入,以保证放养苗种池塘的桡足类的不足的补充。一般在鱼幼体长大以后,必须补充较大的饵料生物,如卤虫无节幼体,因为这时候对饵料能量的需求已超过对适口饵料的数量的需求。

(3) 水质监测。如果水体中硝酸盐的浓度小于 30mg/L,则有利用鞭毛藻类生长,对桡足类的生长不利。如果水体中硝酸盐的浓度大于 30mg/L,而且水体中有充足的溶氧,则有利于大型硅藻的生长,对桡足类生长有利。在培养过程中可适当添加硅盐,以促进硅藻生长,但添加硅盐,也同时促进小型鞭毛藻的生长,所以要酌量添加。

(4) 池塘桡足类采收。用 80~250 μm 筛绢网收集初期无节幼体,80~350 μm 收集桡足幼体以下幼体，250～600 μm 收集初期桡足成体。

用这种方法培养的桡足类，主要是哲水蚤类的纺锤水蚤属（Acartia）、胸刺水蚤属（Centropages）、宽水蚤属（Temora）的种类、也包括猛水蚤的种类。在开口摄食的海水鱼幼体的胃中，猛水蚤的种类出现也比较频繁，不过由于其营底栖生活，其生物量的监控比较难。

（5）防止寄生虫寄生。在大面积粗养和半精养桡足类的系统中，要防止养殖的桡足类被一些寄生虫寄生，进而对鱼幼体的培育造成危害。这是因为桡足类是一些硬骨鱼寄生虫的中间寄主，如吸虫和绦虫。

已经确认能使大菱鲆感染绦虫病的 1 种绦虫（Bothriocephalus gregarious）在至少 3 种桡足类中被发现。据报道，大西洋庸鲽幼体感染寄生虫的原因，其中 4/5 由桡足类作为中间寄主引起，大西洋庸鲽幼体一旦感染寄生虫病就会造成至少 90% 的幼体死亡。通过将培养的桡足类成体收集，仅保留无节幼体，可大大减少由桡足类作为中间寄主引起的海水鱼幼体的寄生虫病感染。法国也利用类似的系统进行牙鲆育种，在 3 年中仅获得 40% 的成功。所以这种方法需要进一步修正和改进。

三、我国池塘施肥培养桡足类的方法

大面积土池培养桡足类，在我国两广、浙闽地区、北方沿海以及台湾地区都有开展。

（1）池塘面积。667～6 667 m^2 不等。建于中潮线附近，大潮时可灌进海水达到 1m 水深，或者建于高潮线以上，用水泵提水入池。池底为泥沙或泥质，地面平坦，向闸门倾斜，供排灌水用。

（2）清池。清池的目的为杀灭桡足类的敌害生物，尤其是鱼类、甲壳类和水母类。

（3）灌水。清池药效消失后，即可灌水入池。海水通过闸门装设的 80 目筛绢网进入培养池，顺水带进了浮游藻类、桡足类及幼体，作为培养的种源，而大型的浮游动物则不能进入池内。

（4）施肥。灌水达到要求深度后，关闭闸门。施肥培养适合桡足类食用的微藻。第一次施肥，每 667m^2 施绿肥 600～750 kg，牛粪 300～400 kg，人尿 150～200 kg 和硫酸铵 1.5～2 kg。施肥也可用复合肥，施肥和追肥量还应根据池水浮游藻类生长情况确定。

（5）培养管理。

① 维持池水微藻的数量在适宜范围：水中透明度值与微藻数量成负相关，通过测定池水的透明度，指导施肥，以维持池水微藻类的数量在适宜范围，使桡足类的生产稳定。透明度值在 35～50 cm 之间表示微藻量在适宜范围内；小于 35 cm 表示微藻数量过多，应暂停施肥或灌入新鲜海水稀释；透明度值大于 50 cm，则表示微藻类数量不足，一般在透明度变大到 45 cm 时，应进行施肥。

② 控制水位及维持正常的海水相对密度：对于外海高盐种类，在培养过程中，应注意保持水深在 80～100 cm 之间，不宜过浅。夏天温度高，蒸发量大，水位下降，池水盐度升高，对桡足类生长繁殖不利，需要引入淡水或排出部分池水后换入新鲜海水调节。如降雨过多，盐度过低，可排出部分池水后换入新鲜海水。近岸种类无需这种调节，因为其适应性广，如林霞等（2001）对宁波海域半咸水细巧华哲水蚤（Sinocalanus tenellus）研究指出，该种适温范围为 1～27℃，最适温度为 15～20℃；适盐范围为 0～29.3，最适盐度为 12.4～18.9。

③ 防止溶氧缺乏：夏季天气闷热，温度高，容易引起缺氧，严重时会造成桡足类的大量死

亡。因此在高温季节应控制施肥量，避免池水过肥，在水质有变坏的可能时，及时大量换入新鲜海水。经常检查桡足类的生长繁殖和数量变动情况，发现问题及时处理。

（6）捕捞。经过1个月左右的生长、繁殖，桡足类的数量已达到一定的水平，即可进行连续捕捞。捕捞桡足类成体和幼体的网目参照本节二之（4）。可人工拉网捕捞，也可利用水泵循环抽水入网捕捞。具体方法是，将网固定在水泵的出口处，将水泵和网固定在塘的一定位置，开动水泵，即可捕捞池塘的桡足类。要及时把网中捞到的桡足类倒入盛有清洁海水的容器中，且停留时间不能过长，否则会引起桡足类的大量死亡。应根据生产情况，及时投喂鱼虾等幼体，或暂时冷冻保藏，待以后育苗使用。

第四节　哲水蚤的集约化培养

从20世纪90年代开始，人们试图进行桡足类的集约化培养，主要是为了替代卤虫无节幼体在鱼虾蟹育苗中的应用。哲水蚤类和猛水蚤类的某些种类，由于对环境的适应性较强，而被作为集约化培养的理想对象。表6-6和表6-7分别列出了部分哲水蚤和猛水蚤类，它们在进行集约化培养时均取得不同程度的成功。

一、培养条件和要求

（一）种类特性

大部分用于集约化培养的哲水蚤种类都属于近岸或河口的种类，如纺锤水蚤属（*Acartia*）、胸刺水蚤属（*Centropages*）、真宽水蚤属（*Eurytemora*）和宽水蚤属（*Temora*）（表6-6）。这些种类的显著特点是个体小，繁殖快，广温广盐性，适宜实验室培养，室外培养极易形成优势种。

（二）食物和摄食

主要以微藻为食。个别种类可以摄取腐殖质和麸糠，如汤氏纺锤水蚤。由于个体的生长在桡足类成熟以后即已停止，所以衡量桡足类群体生长速率好坏的最好指标是其产卵量。桡足类的产卵量不仅与桡足类个体大小密切相关，而且与摄食的藻类的质量密切相关。一般地，要获得桡足类的最大生长和最高产卵量，如果投喂个体较大的微藻，如威氏海链藻和布氏双尾藻（直径均大于12 μm），适宜密度在1 000个细胞/ml，如果投喂小的微藻，如红胞藻（*Rhodomonas baltica*，5～12 μm），适宜微藻密度为1×10^4个细胞/ml，如果投喂更小的微藻，如球等鞭金藻和巴夫藻（*Pavlova lutheri*），适宜的微藻密度为1×10^5个细胞/ml。

在多数情况下，单一藻类往往不能完全满足桡足类最大生殖量和生长需要，所以在集约化培养哲水蚤类时，要注意多品种藻类的投喂，至少2种以上，还要注意藻类的脂肪酸组成配比，必须含有高含量的n3HUFA，比如将球等鞭金藻（富含DHA，DHA∶EPA=29.3）和红胞藻（*R. baltica*，富含EPA，DHA∶EPA=0.6）成功用于培养了汤氏纺锤水蚤和剑肢水蚤，其投喂量为6×10^4～8×10^4个细胞/（ml·d）到1.2×10^5～1.4×10^5个细胞/（ml·d）。

（三）水质管理

在集约化养殖过程中，要注意定期换水和虹吸出残饵粪便，否则，水体将会被纤毛虫和其他污染物污染,造成养殖系统崩溃。但是,在虹吸过程中,粪便和残饵被虹吸出的同时,底部桡足类卵也被吸出。所以通常将虹吸物通过 45 μm 的筛绢,这样可过滤去大部分的碎屑和纤毛虫,将卵收集,同时避免无节幼体间的自相残杀。在系统连续培养一段时间以后,所有养殖水体要经过 180 μm 筛绢过滤,收集桡足成体,再接种到新的养殖水域池中(新鲜海水,通过 1 μm 筛绢过滤)。根据具体情况,可在每 2~4 个月进行一次大的换水。

充氧在桡足类集约化培养中是必须的。充氧可以维持微藻悬浮,均匀分布,能够使桡足类有效摄食。充氧造成一定的水的波动,有助于滤食性的哲水蚤增加滤食的效率。充气量要适度,过大或过小都应避免,特别是过小的充气产生的微泡会进入桡足类的附肢内,产生不良影响。

防止养殖水体的污染,除了定期虹吸池底和换水,以防止细菌、纤毛虫的暴发以外,还要注意防止轮虫和其他桡足类的污染,特别是轮虫,具有比桡足类更高的繁殖力,轮虫的快速发育很容易引起桡足类养殖系统的崩溃。

表 6-6 不同哲水蚤类培养技术

(引自 Stottrup & McEvoy,2003)

	培养时间	饵料($\times 10^4$个细胞/ml)	温度(℃)	盐度	容量(L)	系统	养殖密度(个/L)	收获*
克氏纺锤水蚤	17 月	红胞藻 5+球等鞭金藻 5。每周投喂 2 次	15		100	循环水	<40	
克氏纺锤水蚤	1 年	扁藻(P. suecica)	20	20			成体 300~350	
克氏纺锤水蚤	20 多代	腰鞭毛虫 3~10 μg/,每天检查 1~2 次	20~24			10d 一次培养		70
汤氏纺锤水蚤	6 月	自然海水滤过的微藻	6~28	1~26	1 890	室外,水交换 3 次/周	11~95	19
汤氏纺锤水蚤	4 月	脱脂米糠 1~3 g/L,1 d 投喂 2 次	20~25	15~25	170		N870~1 680+成体 170~1 250	
汤氏纺锤水蚤	70 多代	红胞藻和球等鞭金藻	16~18	35	200		成体 100	23~27
哈氏胸刺水蚤	1 年	扁藻(P. suecica)	20		20		成体 110	
哈氏胸刺水蚤	55 代	红胞藻和球等鞭金藻	15		88			
真宽水蚤		微绿球藻	15	12	150			
真宽水蚤		球等鞭金藻和海链藻	19		50			
长角宽水蚤	2 月	扁藻	20		40		成体 100	
长角宽水蚤	多代	球等鞭金藻(3~8)和海链藻(2~5)	15	28	100	充气	403~8×10^4	
混合哲水蚤(长角宽水蚤、胸刺水蚤、克氏纺锤水蚤等)	15 周	第 1 个月 1/3 水交换,第 2 个月交换 1 次,以后每周 2 次	10~20	29~33	85 000	充气	25	

* 每个桡足类雌体每天产卵数(即产卵量)。

纤毛虫在低密度的微藻水体中,可以成为桡足类的主要食物来源,而且能满足桡足类发育的营养需求。但在集约化的桡足类培养过程中，一些纤毛虫的大量出现，如游仆虫（*Euplotes*）种类，则意味着过量投饵，水体被污染。这些纤毛虫类的污染，在生物饵料的培养过程中经常会发生，它们在光镜下很容易识别，一旦发现这些纤毛类增多，就应立即用 60~80 μm 筛绢网过滤出桡足类成体，重新接种培养。

哲水蚤类对氨非常敏感，但不同种类的敏感性不同。氨的浓度在 0.12 mg/L 时，能提高克氏纺锤水蚤的产卵量，但卵的生存力降低。高的氨氮和硝态氮含量对艾氏剑肢水蚤的生长和生殖力无显著影响。

哲水蚤对一些杀虫剂、重金属等物质非常敏感，如鱼藤酮、铬和铜等，所以在集约化养殖过程中，要注意这些物质的污染和应用。

（四）温度、盐度和光照

如上所述，一般河口种类的哲水蚤盐度的适应性比较广泛，温带种类对温度的适应更广泛。而近岸种类比大洋种类对温度和盐度有更广泛的适应性。所以桡足类的培养应首选近岸种类。光照水平和光周期对桡足类生长的影响，少见报道。自然情况下，太阳光的直射对桡足类是有害的，所以成体桡足类在白天有避光习性，而晚上则表现有趋光特性。利用这些习性，可以通过光诱进行晚间捕捞桡足类。

有些哲水蚤种类产卵在夜间，在持续的黑暗条件下，可诱发大量卵的排出［如夏眠唇角水蚤（*Labidocera aestiva*）］。但有些种类在黑暗时间延长后，会导致滞育卵产生。如将真宽水蚤暴露在 10 h 光照［1.2mol/（m^2·s）］/14 h 黑暗下，可诱导产生滞育卵。所以哲水蚤适宜生长的光照时间至少应在 12 h/d 以上。

（五）桡足类的收集、贮存和运输

浮游动物几乎不能耐受重复多次的过滤过程。桡足类通过在水中过滤收集于网中，仅可以存活很短的时间，在高密度充氧条件下，存活的时间可以适当延长，但也仅为数个小时。所以收集的桡足类如果用作活体饵料，或接种，其运输必须在极短时间内完成。

对于哲水蚤中将卵产出后排入水中的种类，每天可通过虹吸收集底部的卵，然后将卵移入其他池中孵化并长到符合鱼类摄食的饵料规格。收集的卵通过纯化、浓缩、装瓶、抽真空、封瓶，可低温（4℃）保藏数周到数月。这些卵从 4℃ 拿出后，可直接在 16~18℃ 的箱中孵化。不过随着冷藏时间的延长，卵的存活率逐步降低，而且冷藏后新孵出的无节幼体的 DHA 含量与正常相比降低。但将艾氏剑肢水蚤无节幼体和成体保存在 8℃ 的环境下 12 d，其成活率接近 100%。

二、培养实例：艾氏剑肢水蚤的培养

（一）艾氏剑肢水蚤的生物学特性

1. **分类** 属于胸刺水蚤科，剑肢水蚤属。分布在河口地区。生殖方式为雌雄交配后，雄性将精荚送入雌性生殖道内，雌性将受精卵产在卵囊中，由亲体携带，直到无节幼体孵化出来（图 6-6）。新孵化出的无节幼体（N_1）在其头胸部的体腔中有 4~5 个小的脂肪滴，持续几个小时后变态为 N_2，经过 6 个无节幼体阶段从 N_6 变态为桡足类幼体Ⅰ期（C_1），经过 5 次变态变为 C_6，再蜕壳一次变为成体。桡足幼体和成体的脂肪贮存形态很不规则，呈一个或多个大小不规则的球体，松弛地分布于头胸甲的体腔中，有时在附肢上也有。大量脂肪的贮存，使得剑肢水蚤能够忍受 2 周左右的饥饿，在低温下时间更长。但作为鱼虾类幼体的生物饵料，具有大量脂肪贮存的桡足类幼体或成体的营养价值最好，尤其是携带正在发育的胚胎和在生殖腔中存在大量良好发育的卵的成体营养价值更好。在 25℃情况下，从胚胎发育开始到无节幼体期结束需要 4～5 d，到完全成熟需要 10～12 d，N_1 的体长为 125 μm，宽为 65 μm，成体的体长为 750～950 μm。桡足类无节幼体有趋光特性，桡足幼体趋光性逐步减弱，至 C_4 趋于底栖。

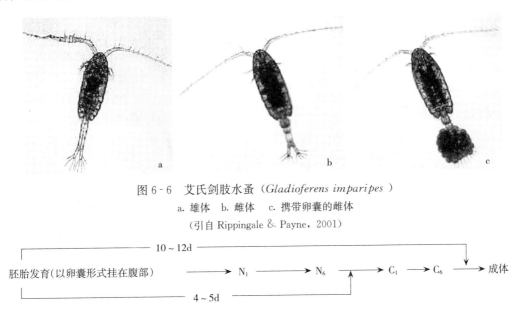

图 6-6　艾氏剑肢水蚤（*Gladioferens imparipes*）
a. 雄体　b. 雌体　c. 携带卵囊的雌体
（引自 Rippingale & Payne，2001）

$$\text{胚胎发育（以卵囊形式挂在腹部）} \longrightarrow N_1 \longrightarrow N_6 \longrightarrow C_1 \longrightarrow C_6 \longrightarrow \text{成体}$$

（10～12d 总过程，4～5d 为胚胎发育至 N_6 阶段）

剑肢水蚤主要滤食微藻，在活跃摄食期，肠道的颜色与摄取藻类的颜色一致。间隔 20min 左右排便一次，粪块（feces pellet）由动物本身分泌的几丁质包裹，所以排便以后很长时间，粪块的形状仍保持完好。

2. 生态特性　剑肢水蚤是典型的河口种类，其河口的生活习性，使得它能够适应剧烈的环境变化。这也就决定了它较能适应集约化培养的环境条件。具体表现在：

（1）可以在较大范围的盐度区域生活或忍受较大的盐度变化。它可以在几乎淡水的环境以及盐度大于 35 的环境中生存（在 2～35 盐度能正常繁殖栖息）。在集约化培养的条件下，盐度容易控制，此时可利用它能够适应较大盐度变化的特性，去除污染的入侵种类，如猛水蚤类、纤毛虫类、轮虫、线虫等，因这些入侵种类在较大盐度变化时会马上死亡。

（2）可以在较大范围的温度下生长存活。它可以在 6～28℃的环境中生存。其生长的最适温度为 20～25℃。低温下生长和繁殖降低，高温下水质难以控制。剑肢水蚤在 6℃的低温条件下可以成活，这有利于根据鱼虾幼体繁殖阶段，在不需要大量桡足类幼体时，通过低温推迟无节幼体的发育，将其被暂时贮存以备后用。

（3）可以忍受较长时间的饥饿。无节幼体、桡足幼体和成体可以贮存大量的脂肪。

（4）幼体成活率高，种群繁殖快。刚孵化的无节幼体含有从母体获得的能量贮存（脂肪滴），这保证了较高的幼体成活率。特别是剑肢水蚤，其胚胎发生在母体保护下，成活率更高。这不同于其他哲水蚤类，如胸刺水蚤类、纺锤水蚤类等，都是将受精卵直接排入水体中，排入水体的卵一般与底层的粪便和碎屑在一起，卵将面临窒息死亡，或被侵入的底栖动物吞噬，或在排污时被排出水体。

（5）可以忍受较低的溶解氧。实验室内在盐度为17.5和9时，50%的桡足类成体在水中溶氧约2 mg/L时持续48 h能存活下来。所以对剑肢水蚤来讲，在集约化培养过程中，短时间水中溶氧下降（由于增氧机故障等），不会造成培养的失败。

（6）严格的滤食特性保证了高密度的桡足类无节幼体的培养，有利于提供充足的鱼虾蟹开口饵料。有些哲水蚤的种类是杂食性的，如纺锤水蚤类，除了摄取微藻、纤毛虫和有机碎屑以外，也摄食自身的无节幼体和卵，较难保证培养高密度的无节幼体，除非将幼体与成体分开培养。

在培养剑肢水蚤时，还应注意选择具有高含量HUFA的微藻，如金藻、牟氏角毛藻、巴夫藻（*Pavlova* sp.）、红胞藻（*Rhodomonas* sp.）、*Heterocapsa* sp.。因为哲水蚤的种类，其体内脂肪酸组成反映了其摄食的藻类的脂肪酸组成，所以选用这些藻类培养的桡足类，能基本满足鱼虾幼体的营养需要。在集约化培养中，特别推介金藻和*Heterocapsa* sp.，因为它们比较容易培养。

（7）粪块容易收集处理。剑肢水蚤的粪块有一层膜包裹，排出沉入水底，在食物丰富时，每个个体每小时排出3粒粪块。这些颗粒在3d内分解。所以在集约化养殖过程中，要及时用虹吸法吸出粪块。

（8）无节幼体的趋光特性使得它分类收集较为方便。由于其趋光的特性，在集约化的养殖过程中，环境应保持黑暗。其趋光特性也使得它非常适合作为浮游性的鱼类幼体的饵料，因为在有光的容器内，无节幼体会游到容器的表面，容易被鱼类幼体发现和捕获。而猛水蚤的种类，无节幼体与剑肢水蚤的习性正好相反，有避光特性，趋于在养殖容器的底部活动，所以不适合作为浮游性鱼类幼体的饵料，但由于底栖特性，可作为鲆鲽类鱼类的幼体饵料。

（9）桡足幼体后期和成体阶段的积聚特性（holding behaviour）。桡足幼体后期和成体阶段多数会积聚表面，背部互相黏结，这种习性有利于集约化养殖，一是因为这种习性减少了桡足类的运动，摄食的食物能最大限度地用于生长，另外减少了由于密度过高造成桡足类附肢的损伤。

（二）艾氏剑肢水蚤的集约化培养

1. **微藻的选择** 对于剑肢水蚤，合适的微藻种类是等鞭金藻（*I. galbana* T-Iso品系）和巴夫藻（*Pavlova lutheri* 或 *P. salina*）。T-Iso金藻品系是最适合的微藻。

微藻培养的多少，取决于集约化培养桡足类的产量。要获得高产量桡足类，藻类培养的体积（T-Iso >$5×10^6$个细胞/ml）必须达到桡足类培养体积的25%。

2. **剑肢水蚤小水体的培养（100~500 ml）** 小水体培养方法可用于保种或用于观察生长和生殖以及毒理实验中。

（1）培养容器。塑料容器比较适合，透光性好，以便观察，可多次利用。

（2）接种密度。在150 ml的容器中，接种密度为1个/ml，投喂微藻，桡足类成体可正常繁殖并发育到一定密度。

（3）连续培养。如果仅为保种，每次从培养好桡足类的容器中倒出20 ml水体，接种到一个新的，盛有干净水的容器中即可继续培养。另外一种方法是先用125~150 μm筛绢将小的无节幼体过滤到干净的容器中，然后再用 50 μm 的筛绢过滤该容器中液体，留下无节幼体和少量水在此容器中，然后再加入新水和饵料继续培养。

（4）温度控制。用水浴方法控制。用塑料泡沫作为载体，在泡沫上打圆形洞，使圆形培养容器固定。水浴中放几个气石搅动水体，不至于使容器受热不均，影响动物的生长。容器的水位略高于水浴的水体为好。

（5）饵料。可利用投饵频率和质量来控制桡足类的生长。如果保种，可在低温的环境下，一周投喂一次饵料足够维持其生长。最大的生长可通过在适温下，投喂 T-Iso 金藻品系，一天一次投饵，使饵料密度维持在 $2×10^5$ 个细胞/L。

3. 剑肢水蚤小水体的培养（1～60 L） 此规模培养主要用于实验研究和提供较大容器中培养桡足类的接种需要。

（1）培养容器。可利用黑色不透明的圆形塑料桶或鼓形塑料桶。

（2）接种密度。同小水体的培养（100～500 ml）。

（3）充氧和水体交换。养殖过程中保持充氧，每2～3 d 虹吸出底部粪便碎屑。虹吸的部分通过一段时间沉淀，被虹吸出的桡足类会上浮于水面，将这部分桡足类重新倒回培养容器中培养。

（4）换水方法。每天换水 30% 左右，用 150 μm 的筛绢网，沉入培养容器中，反向虹吸出 30% 的水，如图 6-7 所示。

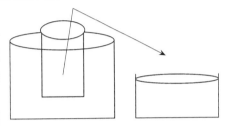

图 6-7 反虹吸法
（引自 Rippingale & Payne, 2001）

在虹吸出的水中，包含无节幼体。无节幼体再通过 50 μm 的筛绢网过滤出重新倒入容器中培养。

（5）连续培养。为获得良好的生长，每过至少一个月必须重新开始接种培养，但最好是 2 周后接种培养。新的培养最好收集前一次培养的无节幼体来接种。温度控制：常规水族箱用加热棒即可。气温如果长时间超过 25℃，必须由空调控制气温。

（6）饵料。饵料的投喂要根据每次培养的桡足类的生物量来确定。若开始接种时无节幼体的密度为 1 个/ml，则投饵量可由 $2×10^4$ 个细胞/（ml·d）逐步增加到成熟阶段的 $1×10^5$ 个细胞/（ml·d）。不过，投喂时还需根据培养水体的透明度来确定，如果成体生长阶段的水体浑浊，则投饵料减为 $6×10^4$～$8×10^4$ 个细胞/（ml·d），如果透明度很高，水很清，则增加投饵量为 $1.2×10^5$～$1.4×10^5$ 个细胞/（ml·d）。在培养过程中，按上述准确的投饵量投饵并不是必要的，操作者可以通过藻的颜色来估算投饵量。

4. 剑肢水蚤1 000 L 开放式流水集约化培养 如果海水贮存充足、干净，又需要较多的桡足类，则可考虑用开放式的流水集约化培养剑肢水蚤。其系统如图 6-8 所示。

在本系统开始培养时，先在静水中将水蚤培养至成熟。成熟阶段的培养每天要伴随着水的流动收集无节幼体。无节幼体的收集和水的交换流动过程简述如下：

① 开关开放能够使培养水体的一半通过 150 μm 筛绢排到 53 μm 的筛绢网中，前置阀可以控制流进 53 μm 的筛绢的水流大小（10 L/min）。

② 当排水至排水线后，关闭开关，冲洗 53 μm 筛绢中的无节幼体，并收集。

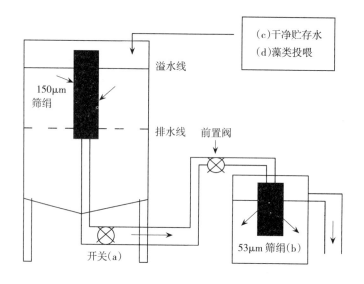

图 6-8 剑肢水蚤 1 000 L 开放式流水集约化培养
(引自 Rippingale & Payne, 2001)

③ 补充排出的培养器的水。
④ 投喂微藻。

此种培养方法，培养的水温为 18~22℃，pH 7.8~8.0，氨氮低于 0.2 mg/L，在 500 L 的容器中，每天的投饵量参照中小型水体培养的投饵量。

(三) 艾氏剑肢水蚤培养过程的管理

1. 艾氏剑肢水蚤的健康观察　以下几个简单方法可以迅速判断培养的桡足类是否健康，饵料是否充足，繁殖是否正常。

(1) 根据成体的积聚特性判断。剑肢水蚤成体有聚集到水表面的容器壁上的特性。可用一个干净的烧杯，取出这些积聚的成体，静置 1 min 左右，如果大部分的成体马上贴附于玻璃杯的一面，则证明桡足类成体是健康的；如果这些成体不贴附于烧杯一边，而是不停地游泳，则说明桡足类的健康有问题。

(2) 成体的摄食情况观察。如果投喂的饵料充足、适口，解剖镜下可观察到其肠道充满黑色的内容物，在后肠的部分可见粪便颗粒，且摄食附肢的活动也非常频繁。这样的桡足类成体是健康的。

(3) 观察雌性成体的生殖状况。健康的桡足类成体，其雌体的繁殖活动非常活跃，可经常同时观察到生殖腔里正在发育的卵和黏附于身体后部的不同胚胎发育阶段的卵群。一般在活跃繁殖的群体里，应该有 50% 以上的雌体。

(4) 观察无节幼体的数量和活动。无节幼体的产量可表示为：无节幼体数/（L·d）。随机取样，在解剖镜下测定无节幼体的数量。无节幼体数的显著下降预示着培养水体环境的恶化或饵料不足。健康的无节幼体的活动非常活跃，趋光性明显。如果无节幼体活动缓慢，仅有较弱的趋光性，或对光线无反应，则表明无节幼体不健康。

(5) 观察培养容器底层沉积物质中有无离体的卵。如果发现沉积物中有离体的卵，预示着水体环境的恶化，或是非正常培养状态。正常的卵群，待胚胎出膜后，破裂的卵壳还黏附于雌体上一段时间。

2. 水质管理

（1）水的味道。水质恶化时，伴有难闻的味道出现，这主要由水中过多的有机碎屑、大量的可溶性有机质和细菌大量繁殖引起。为了避免这种情况，投喂的微藻要新鲜，营养要全面。

（2）观察水的透明度。投饵要适量，保证投食的微藻能基本被摄取，保证培养水体有一定的透明度。如果过量投喂，未被摄取的微藻将逐步衰老，死亡，导致大量细菌繁殖。如果在投喂之前，水的透明度较差，就要注意换水和减少投喂，直到水的透明度改善为止。

（3）氨氮。如果水中的氨氮含量超过 0.5 mg/L，就必须换水。

3. 防止其他动物生长　在培养剑肢水蚤的过程中，要注意防止其他动物，如纤毛虫、轮虫、线虫、猛水蚤类的入侵和大量繁殖生长。纤毛虫普遍存在于培养系统中，在水质恶化后才能大量繁殖，并危害剑肢水蚤培养。只要水质保持良好，纤毛虫就不会影响剑肢水蚤的培养。线虫主要在沉积物中大量生长，及时去除培养池的沉积物，可以控制其大量繁殖。轮虫和猛水蚤类极易形成优势种群，需要及时控制。

在培养剑肢水蚤过程中，要去除混入的猛水蚤类，只需将培养水的盐度在短时间内迅速降低（比如从 15 降到 10），将会杀灭猛水蚤类，然后再恢复原来的盐度。

去除轮虫的方法，可用 150 μm 的筛绢网过滤掉轮虫和无节幼体，再利用留下的成体继续进行培养。

第五节　猛水蚤的集约化培养

一、培养条件和要求

（一）种类特性

相对于哲水蚤类来讲，猛水蚤类比较适合于集约化的大量培养。目前科学工作者已发现，日角猛水蚤属（*Tisbe*）、虎斑猛水蚤属（*Tigriopus*）和美丽猛水蚤属（*Nitokra*）的种类是理想的集约化培养种类。它们具有如下特点：

(1) 适应环境的能力强。

(2) 饵料幅宽，以活体、各种有机碎屑和粉料为饵料。

(3) 生活史短（日角猛水蚤类：7~29 d，虎斑猛水蚤类：12~21 d），生殖周期短（在 24~26℃下，平均 8~11d），生殖力强。

(4) 可高密度培养。

(5) 底栖特性（benthic habit），培养时密度与水体的表面积相关，而非容积。

(6) 无节幼体阶段是以浮游生物（plankton）为食。

(7) 作为其他培养水体的清道夫（tank cleaners）。在培养轮虫和其他桡足类以及鱼虾幼体的水箱中，可帮助清理底层和表面的沉积有机物质，有利于水质改善。

很多培养哲水蚤的技术被应用于培养猛水蚤过程中，但在培养猛水蚤的同时要注意与哲水蚤培养的不同：由于培养的猛水蚤类对环境的高适应性和饵料的广泛性，在集约化的培养过程中，海水只经过过滤除去敌害生物即可使用，可省去培养微藻的麻烦。猛水蚤类，特别是无节幼体个体一般比较小，足够满足一些小海水鱼幼体开食阶段的摄食规格。此外，培养的容器要注意扩展培养水体表面积。

(二) 食物和摄食

猛水蚤类的培养不需要微藻。不过如果有培养的现成的微藻，最好选用多种微藻投喂，而且要选用那些容易沉积水底的藻种，如中肋骨条藻、海链藻和扁藻。像金藻类在水体中悬浮的藻类不太适合猛水蚤类的培养。沉积水底的藻类和底部细菌的结合，是培养猛水蚤类较好的饵料。

尽管猛水蚤类可摄食各种饵料，不过正如已提及的一样，饵料的质量会影响其发育和生殖力。所以在培养猛水蚤类的过程中，要尽可能使用多种饵料混合投喂，以确保饵料的营养全面。特别要考虑饵料蛋白质的营养，对多数猛水蚤类，其饵料蛋白质含量应保证在50%以上为宜。维生素的营养也比较重要，Guerin (2001) 在猛水蚤的粉料中添加维生素D_2，能促进其生殖力的提高。目前认为，HUFA对猛水蚤类的生殖力和生长影响不大，但在实际培养过程中，推荐还是尽量应用含HUFA的饵料。

(三) 水质管理

与哲水蚤的集约化培养要求相比，由于猛水蚤类本身是清道夫，所以不需要在培养过程中频繁换水，除非水质恶化，水体氨氮水平过高。但氨氮水平对猛水蚤类生长和生殖力的影响目前还没有报道。Stottrup et al (1997) 报道，在高密度培养海参日角猛水蚤的氨氮浓度经常变化在1.2~1.8 mg/L，说明猛水蚤对氨氮的耐受性比较高。

如果是实验室培养或保种，不需要充气。如果是循环水培养，每天循环水的交换量能超过一次以上，也不需要在水体中充气。

除日本虎斑猛水蚤和湖泊美丽猛水蚤外，在猛水蚤的集约化培养过程中，要注意防止轮虫和纤毛虫的污染。除去轮虫和纤毛虫，可利用氯消毒剂（浓度<1%），浸泡带卵囊的雌体数分钟，卵囊会从雌体脱落，但仍然成活，桡足类雌体、轮虫和纤毛虫将被杀死。分离和冲洗卵囊，并移入新的水体孵化培养。

(四) 光照、温度和盐度

光照影响猛水蚤的生长发育、繁殖和性比，这在实验室连续三代培养海参日角猛水蚤中已证实。光照周期12 L：12 D下，猛水蚤繁殖比较适合，持续的光照对猛水蚤的繁殖和生长影响最大，繁殖的后代最少，后代的雌性比例仅为20%~23%。光照对尖额猛水蚤的影响也是类似情况。

猛水蚤类无节幼体对光的反应与桡足幼体和成体不同。对于较强光源的突然刺激，桡足幼体和成体会迅速离开光源，有较强的避光反应。而无节幼体则不受光的影响，利用这些特性，可以设计每天自动对系统产出的无节幼体进行收集，已证实效果良好。

相对于哲水蚤培养的种类，猛水蚤类对低盐度的适应性相对较弱，但与其他种类比较还是较强，其适应盐度的范围为17~70。所以猛水蚤一般培养的盐度都会超过30（表6-7）。但据报道日本虎斑猛水蚤可适应盐度36到1.8的剧烈变化。猛水蚤类对温度变化的适应也比较强，一般在7~30℃ (Lavens and Sorgeloos, 2003), 但相比哲水蚤类较弱。

表6-7 不同猛水蚤类的培养技术

(引自 Stottrup & McEvoy, 2003)

培养种类	培养时间（d）	饵料和密度	温度（℃）	盐度	容量（L）/系统	培养密度（个/L）	收获
Amphiascoides atopus	119	牟氏角毛藻 10^6 个细胞/(ml·d) 或微藻+20g 鱼糜, 2次·d	23~26	30~34	140 L, 循环水		$5×10^5$ 个/d, 10周后 $2×10^6$~$4×10^6$ 个/d
尖额真猛水蚤 (*Euterpina acutifrons*)	>90	杜氏盐藻、三角褐指藻、小球藻等	21~24		600 L, 用 50L 接种, 15d 培养	8 900	
尖额真猛水蚤		鞭毛虫、硅藻	18	37~38		356egg/F	
美丽猛水蚤 (*N. spinipes*)	56	小球藻 $1×10^6$~$3×10^6$ 个细胞/ml 或虾头肉糜	28~32	25	10L, 充气	11 000	
福氏日角猛水蚤	>90	杜氏盐藻、三角褐指藻、小球藻等			600 L, 用 50 L 接种, 15 d 培养	6 700	
海参日角猛水蚤	多代	红胞藻 $1×10^6$ 个细胞/ml, 20 L/d, 连续培养	18	34	150 L, 填满球体		1 533N+1 800C/(L·d)
日角猛水蚤 (*Tisbe sp.*)	13~21	贻贝粉 5~150 mg, 莴苣叶	21~22	40	1.5L	115	
日角猛水蚤 (*Tisbe sp.*)		贻贝粉	28		悬浮网箱	25F/cm²	10N/(F·d)

注: N 为无节幼体; C 为桡足幼体; F 为雌体。

（五）培养水箱的规格、形状和培养密度

如上所述，培养底栖性的猛水蚤类，规模化培养主要依靠培养容器的表面积而不是容积，所以容器以盆式锅底形为好。在水体中还可以放入小的球形体，以增加表面积。

培养的密度要合适。一般猛水蚤的培养可以从2~40 L 水的容器开始，海水要经过严格过滤，从自然水体挑选10~100个带卵囊的雌体，温度控制在24~26℃，不需要额外光源。主要培养的容器为500L左右，合适的培养密度为20~70个/ml，群体的每天生长速度大约为15%。对于海参日角猛水蚤，每天要想获得最高产量的无节幼体，保持雌体的密度为40个/ml 比较适合，每天可生产的无节幼体数为180个/m²，无节幼体死亡率为30%（Zhang et al, 1993）。

（六）猛水蚤的收集、贮存和转运

因猛水蚤类的成体都带有卵囊，对猛水蚤的收集主要是无节幼体，用于鱼虾幼体的育苗中。收集无节幼体的方法主要是利用无节幼体对光照的反应进行收集，不过收集的方法需要进一步研究。Kahan et al（1982）收集无节幼体的方法也可借鉴：将培养的猛水蚤收集到悬浮于培养海水鱼幼体的水体的网箱中，网箱的网目设计要求只允许无节幼体通过网目到培养鱼幼体的水体中，被鱼幼体摄食，而保留成体继续繁殖生长。

与培养的哲水蚤不同，由于猛水蚤类能够忍受较高的密度，所以运输较为容易。Norsker（2003）证实，将密度为 20 000 个/L 的猛水蚤装入 2 L 的塑料袋中，在保持凉爽的条件下，可持续 2～3 d。高密度的无节幼体贮存在 4℃ 的环境中，可保证存活 1 周以上。

二、培养实例：日本虎斑猛水蚤和湖泊美丽猛水蚤的培养

（一）日本虎斑猛水蚤的培养

1. *生物学特性* 日本虎斑猛水蚤广泛分布于日本暖流水域的潮间带，在春夏季大量繁殖。底栖性，生活时多爬附于底质上和容器的器壁上，或者在附近游动。它们对环境的适应性非常强，可适应较剧烈的温度和盐度变化。

日本虎斑猛水蚤每个无节幼体阶段为 18～20 h，由第 6 期无节幼体发育为桡足幼体需要 3～5 d，每期桡足幼体的发育时间在 24 h 以内，所以从无节幼体孵化到成体的时间为 10d 左右。

雄性水蚤与雌性水蚤交配，但少数雄性喜欢与成熟早期的雌性，特别在桡足幼体Ⅱ期雌体进行交配。日本虎斑猛水蚤的成体阶段可持续 1～2 个月，其间一个雌体可产 5～10 窝幼体。每窝平均 30 个卵。每窝的时间间隔从数分钟到 1 d 不等。

日本虎斑猛水蚤的食性广，在其集约化培养中可利用微藻和面包酵母。

2. *日本虎斑猛水蚤的集约化培养* 培养方式为小型水体（1 m³ 左右）的一次性培养和 500 L 左右的循环水培养。

（1）1 m³ 的水槽培养。培养容器为 1 m³ 的圆形水槽，操作方便，可控制水温。培养时首先将水槽清洗，消毒，注入砂滤海水。按 2 000～4 000 个/L 接种猛水蚤入培养水槽。水温控制在 25℃，光照强度 20 μmol/（m²·s）以上，充气培养，水槽中可垂直挂入一些网片或填入一些塑料小球，增加水蚤的生活面积。

接种水蚤入水槽后，即投喂饵料。饵料的种类很多，但开始时投喂微藻比较好，以后可投喂面包酵母的饵料。酵母投饵量为 1～5g/（m³·d）（DW），饵料投喂每天一次或 2～3 d 一次。

水蚤密度达到 20 000 个/L 时，可进行采集，每天采收量约为 6%。

水槽培养，在不换水情况下，可连续培养 90d 左右。但实际培养过程中，根据水槽水的实际情况，需适当更换新水。

（2）500 L 以上循环水培养。日本虎斑猛水蚤的培养开始总是先利用小球藻，以后用面包酵母和 ω-酵母培养，培养常与轮虫一起进行。开始接种的密度为 15～30 个/L，经过 89d 饲养，密度可达 22 000 个/L，生产 1 kg 鲜重的水蚤需要 5～6kg 的面包酵母。

Hirata 设计了一种 550L 循环水培养日本虎斑猛水蚤的方法。其循环简单示意如图 6-9 所示：

该系统在 550 L 的 A 容器中将水蚤和轮虫混养，在培养过程中，每天投喂冰冻的面包酵母（20 g/d），整个系统每天水的循环次数大约为 20 次。培养池的粪便和饵料残渣等通过过滤器后，进入容器 B，容器 B 中有微藻，主要是小球藻。每天接近 10%～20% 的水蚤和轮虫被收集。本

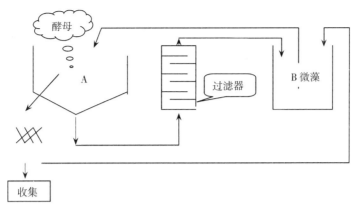

图 6-9　550 L 循环水培养日本虎斑猛水蚤模式图
（引自 Hirata & Yamasaki，1996，已修改）

系统经 480 d 的培养，系统运转稳定，轮虫和水蚤的比例长期维持在 82∶18，水蚤的无节幼体∶桡足幼体∶成体的比例为 28∶47∶25。

（二）湖泊美丽猛水蚤集约化培养

1. 生物学特性　湖泊美丽猛水蚤属于阿玛猛水蚤科（Ameiridae），美丽猛水蚤属（*Nitokra*）的一种，美丽猛水蚤属是海洋逐步过渡到淡水的一个属，湖泊美丽猛水蚤（图 6-10）是常见的河口种类，其世代时间在 20 ℃时为 10～12 d，每个雌体在温度 7～33 ℃每天可繁殖出 7～18 个无节幼体，其适应的盐度范围为 10～40（Rhodes，2003）。

湖泊美丽猛水蚤的无节幼体规格较小，与轮虫相似，其最大宽度为 40 μm，最长的怀卵雌体为 620 μm，其规格在很多规模化培养应用的猛水蚤和哲水蚤类是属于较小的一种（表 6-8），所以美丽猛水蚤无节幼体是桡足类中较为理想的海水鱼开口饵料，目前已成功应用在几种海水鱼的育苗过程中（表 6-2）。

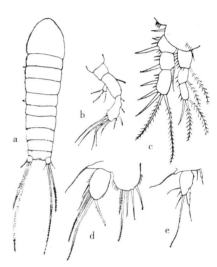

图 6-10　湖泊美丽猛水蚤（*Nitokra lacustris*）
a. 雌体背面观　b. 雌体第二触角　c. 雌体第三胸肢　d. 雌体第六胸枝　e. 雄体第六胸肢
（引自沈嘉瑞等）

表 6-8　桡足类无节幼体和成体大小（μm）
（引自 Rhodes，2003；Leger *et al*，1986）

猛水蚤								哲水蚤				轮虫		卤虫		鱼虾幼体口器
湖泊美丽猛水蚤		日角猛水蚤（*Tisbe gracialis*）		海参日角猛水蚤		尖额真猛水蚤		汤氏纺锤水蚤		艾氏剑肢水蚤						
NW	AL	NW	N6	NW	AL	NW	AL	NW	AL	NW	AL	NW	AL	NW	AL	
40	620	73	207	100	750	70	700	140	1 000	65	750～950	100～340		422～517		280～360

注：NW 为 first stage nauplius width（第一期无节幼体体宽），AL 为 adult length（成体体长）。

2. 生态特性　湖泊美丽猛水蚤 2000 年开始在实验室培养，在室温 20 ℃下 2 L 的水体中密度

可达 1×10^5 个/L。

　　Rhodes（2003）的实验证实，湖泊美丽猛水蚤集约化培养过程中，在比较大的容器中（>100~200 L）培养，其生长速度与容器的形状无关，这一点与其他猛水蚤类不同。投喂配合饵料，其群体生长速度优于扁藻。其配合饵料配方如下：番茄汁或蔬菜汁（240 ml），酵母 10 g，液态维生素 C（1 ml），液态复合维生素 B 和植物油（5 ml）。在投喂之前，将各种成分混合并搅拌 2 min，然后再加入干净的海水（盐度 30）至 1 L，再搅拌 2 min 以上，形成配合饵料，投喂时 1 L 水体中加入 1 ml 这种配合饵料，这时培养水体 1 ml 含 10~12 μm 的颗粒 50 000 个。每隔 9 d 投喂一次。在培养过程中，用气石充气。扁藻在开始培养桡足类时，水体的藻量为 5×10^4 个细胞/ml。在开始培养时，接种密度为 0.03 个/ml 怀卵成体，经过不到 30 d 的培养，其密度达到 4 000 个/ml。如果接种量为 2 个/ml，在 3 周内，密度可达 4.3×10^4 个/ml 的高密度。整个培养期间在 1 个月内无需换水。根据以上的美丽猛水蚤的培养水平，Rhodes 认为，用 3 个 200 L 的容器，通过不间断收集培养的桡足类，可以满足 4 000 尾大西洋庸鲽 1 周在水体 1 500 L 的需求 [2 个/（ml·d）]。

　　湖泊美丽猛水蚤收集所用网目规格参见表 6-9。

表 6-9　湖泊美丽猛水蚤的收集

（引自 Rhodes，2003）

网目大小（μm）	桡足类阶段	网目大小（μm）	桡足类阶段
35	所有的桡足类	68	除第 1 无节幼体的所有桡足类
105	桡足幼体后期，成体和怀卵成体	125	成体或怀卵成体
150	怀卵成体和交配成体		

　　以上说明，湖泊美丽猛水蚤的培养完全可依靠人工配合饵料，无需依靠微藻的培养。而且从以上配方中可以看出，其人工饵料无需鱼油，也不需要频繁换水。Rhodes（2003）还进一步证实，其培养和群体生长不受纤毛虫、线虫以及轮虫入侵的影响。因此，湖泊美丽猛水蚤作为生物饵料培养具有很大的潜力。

·复习思考题·

1. 猛水蚤类和哲水蚤类作为生物饵料，各自的优势有哪些？
2. 在集约化培养猛水蚤类和哲水蚤类的过程中，各应注意哪些方面的问题？
3. 为什么说培养湖泊美丽猛水蚤作为生物饵料有广泛的应用前景？
4. 区别生活史、生殖周期和生殖力。
5. 总结轮虫、卤虫、枝角类、桡足类冬卵或休眠卵的特点。

（成永旭）

第七章 糠虾的培养

糠虾(mysis)属于节肢动物门,甲壳纲,软甲亚纲(Malacostraca),糠虾目(Mysidacea)。除糠虾属(Mysis)和新糠虾属(Neomysis)中极少数种类生活于淡水湖泊或河流中,其他都为海产。全世界约有2亚目5科120属800多种,中国约有100种。仍在继续发现新的种类。糠虾类许多种能生活在低盐水或半咸水中,多为浮游生活,也有不少种在海底栖息,常潜入海底泥沙中。多数种栖于浅海,少数种栖于深海。大多数种为杂食性,主要以滤取水中有机碎屑为生,也有肉食种。我国最常见的有新糠虾属的黑褐新糠虾($N. awatschensis$)、日本新糠虾($N. joponica$)、拿氏新糠虾($N. nakazawai$)和刺糠虾属($Acanthomysis$)的长额刺糠虾($A. Longirostis$)等。而作为培养研究的主要是新糠虾的种类,如日本新糠虾、中型新糠虾($N. intermedea$)、普通新糠虾($N. vulgaris$)和黑褐新糠虾等。

糠虾是鱼类的天然良好饵料,而且在某些水域成为海洋生物链中的主要环节。近几年来,随着大黄鱼、牙鲆、东方鲀、大菱鲆、石斑鱼、真鲷、海马等海产名贵鱼类人工养殖的开展,利用糠虾作为活饵来源是很好的途径,特别是在育苗期间,是鱼苗的最适活饵料。糠虾的营养价值很高,其蛋白质接近于干重的70%,脂肪量约占15%左右,作为饵料对象对捕食者极为有效,目前有的国家将糠虾引种入水池来改良和加强鱼类饵料基础,从而提高渔业和鱼类质量,取得了很好的成果。同时糠虾也可食用,如江、浙一带将糠虾鲜食或制成虾酱。在河北的歧口一带年产刺糠虾达100 t,并发酵制酱。糠虾还可作为家禽的饲料。

国外有关糠虾的研究报道较多,研究最多的是新糠虾属(Verslycke,et al,2003;Gorokhova,2002;Roast,1998,2000;Simmons,1975),其次是糠虾属(Gorokhova,1997,2000;Sandeman,1980)、刺糠虾属(Green,1970;Sudo,2003)、囊糠虾属($Gastrosaccus$)(Marshall,Renzo,2003;Dye,1980)、节糠虾属($Siriella$)(Cuzin-Roudy et al,1989),主要集中在分类、新种的发现(Wooldridge,2001;Wooldridge,2000)、能量代谢(Verslycke et al,2002;Gorokhova,2000)、生长、性成熟和繁殖(Gorokhova,2002;Wittmann,1981;Delgado,1997;Effect,2003)、眼的结构与功能(Lindström,2000;Yngve,1985)、毒性试验(Sardo,2004;Verslycke et al,2003;Roast et al,1999;Lussier et al,1985)等。国内对糠虾的研究报道较少,仅见黑褐新糠虾的生物学(郑严,1982,1984)、中国动物志甲壳动物亚门糠虾目卷(刘瑞玉,王绍武,2000)、糠虾分类(堵南山,1993)、赤潮藻对黑褐新糠虾的生长、存活及毒性作用(谭志军等,2002;颜天等,2004)、糠虾复眼的形态发育(罗永婷等,2003)、人工培养糠虾(陈金佳,2003)等。

第一节 糠虾的生物学

一、分 类

糠虾目共约800种,可分2亚目,5个科。

1. 疣背糠虾亚目(Lophogastrida) 疣背糠虾科(Lophogastridae)和长桡糠虾科(Eucopiidae)
2. 糠虾亚目（Mysida） 鳞眼糠虾科（Lepidomysidae）、瓣眼糠虾科（Petalophthalmidae）和糠虾科（Mysidae）

作为生物饵料培养的糠虾种类主要属于糠虾科中的糠虾亚科(Mysinae)，26个属，分别为异型糠虾属(*Heteromysis*)、蛛型糠虾属(*Arachnomysis*)、何氏型糠虾属(*Holmesiella*)、铠糠虾属(*Caesaromysis*)、裂眼糠虾属(*Euchaetomera*)、拟裂眼糠虾属(*Euchaetomeropsis*)、钝眼糠虾属(*Amblyops*)、假眼糠虾属(*Pseudomma*)、红糠虾属(*Erythrops*)、拟红糠虾属(*Eypererythrops*)、后红糠虾属(*Meterythrops*)；次红糠虾属(*Katerythrops*)、邻糠虾属(*Mysidetes*)、窄糠虾属(*Leptomysis*)、拟糠虾属(*Mysidopsis*)、大眼糠虾属(*Mysideis*)、锯糠虾属(*Prionomysis*)、端糠虾属(*Doxomysis*)、半糠虾属(*Hemimysis*)、大糠虾属(*Praunus*)、柱糠虾属(*Stilomysis*)、糠虾属、原新糠虾属(*Proneomysis*)、新糠虾属、刺糠虾属、畸糠虾属(*Inusitatomysis*)。

二、形态特征

(一) 外形

体呈虾形，近似十足目，可分为头胸部和腹部，头胸部由5节愈合而成的头节和8个胸节组成，头胸甲较短、发达，向后延长，被覆大部分胸节，通常只有末1个或2个胸节裸露，末4胸节不与头胸甲愈合，后端有一向前的凹陷，不能覆盖头胸部的所有体节，末2个胸节常露在甲外。背面有明显的颈沟；头胸甲前端常延长成额剑，额剑长短因种类而不同。腹部6节，第6腹节较长，尾节末端的形状常随种类的不同而变化，是分类的重要依据之一。具1对有柄、能转动的复眼。胸肢外肢强壮，腹肢形态变化很大。成长的雌性胸肢基部内侧有2、3对或7对复卵板，构成育卵囊（又称育儿室、育儿囊）。尾肢与尾节构成尾扇，身体明显分节，体色青灰色或透明，体长为3～183 mm，大多数在5～25 mm间。甲壳薄而柔软，几乎不含几丁质；体表一般光滑，无明显的突起或刺(图7-1)。

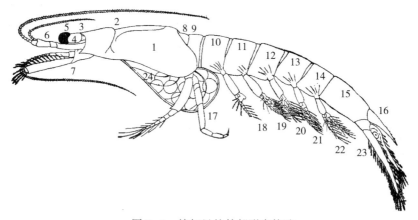

图 7-1 糠虾目的外部形态构造

1. 头胸甲 2. 颈沟 3. 额刺 4. 眼柄 5. 复眼 6. 触角 7. 第二触角 8. 第七胸节 9. 第八胸节 10～15. 腹节 16. 尾节 17. 第八胸肢 18～22. 腹肢 23. 尾肢 24. 育卵囊

(引自 Tattersall, 1951)

(二) 附肢

1. **第一触角** 双肢型，由3节柄及2条触鞭组成，一般外鞭比内鞭发达，基部有许多刚毛或感觉毛。两性形态明显不同，雄性在柄的第3节末端具一突起，上生浓密的刺毛，称雄叶或雄性突。

2. **第二触角** 双肢型，具3节柄，外肢扩大成发达的鳞片状，末部有一横缝，内肢鞭状。

3. **大颚** 由几丁质板（基节）和额须组成。几丁质板的前端为锯齿状的门齿突，其后为发达、可动的几丁质瓣，称为额片，后端为具细棘或小刺的臼齿突。额须分为3节，第1节为基肢的底节，第2、3节为内肢，各节都具刺毛。额须有辅助捕食作用。

4. **小颚** 包括第1小颚和第2小颚。第1小颚单肢型，第2小颚双肢型。

5. **胸肢** 有8对，双肢型，柄除第一对外，其余全部分为基节和底节2节，具有发达的外肢，末端具有发达的刚毛，为主要的游泳器官。有的种类其第1或前2对附肢常变形，内肢短宽而弯曲，成为颚足。后6对为步足。雌性个体在胸肢基部之间有一宽大的甲片，称复卵片或抱卵板（图7-2），其数目随种类而不同，由复卵片构成育卵囊，卵产于其中发育孵化，直至能独立生活后而离开。

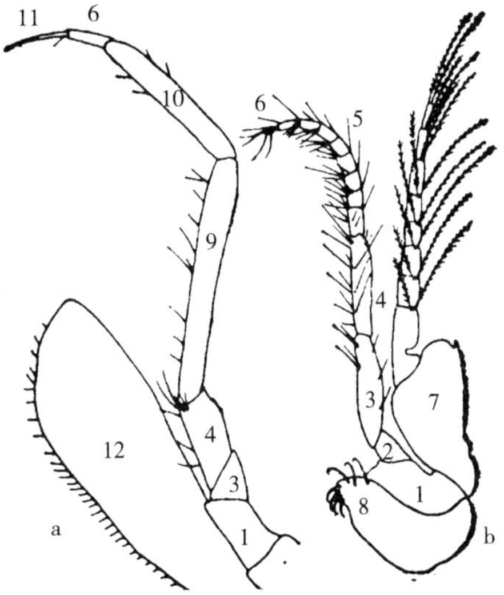

图7-2 糠虾目的第八胸肢
a. 菲来亨氏糠虾（*Hansenomysis fyllae*）雌体
b. 普通新糠虾雄体
1. 底节 2. 前坐节 3. 坐节 4. 长节
5. 胫跗愈合节 6. 趾节 7. 外肢 8. 生殖突
9. 胫节 10. 跗节 11. 爪 12. 抱卵板
（引自 Tattersall，1951）

6. **腹肢** 糠虾亚目的许多种类，腹肢明显退化，雌性较雄性为甚。腹肢大多数扁平而不分节，无内外肢，并已失去游泳的能力。雄性一般为双肢型，第3、4对的外肢较长，有独特的刚毛，交配时用来抱握住雌体，称副交接器。在节糠虾亚科的刚毛常延长而分为2支，呈腊肠形，长而盘曲，具有呼吸作用，称为假鳃。

7. **尾肢** 尾肢宽而扁，与尾节共同组成尾扇，双肢型，柄1节，内外肢也各1节，均较发达，内肢的基部具有一平衡囊。

三、生殖习性

(一) 雌雄

糠虾在正常情况下都是雌雄异体，偶尔在生活条件不良时，会出现雌雄同体。黑褐新糠虾在幼体阶段，雌雄形态无差异。随着发育，第二性征出现：雄体第1触角出现雄性突起，第4腹肢的外肢延长呈棒状；雌性在末2对胸肢基部出现抱卵片。两性成熟的特征是：雄性第4腹肢的外肢伸长至尾肢中部，成为交接器，雌性抱卵片扩大成育卵囊。雌雄同体的个体具有两性的第二性征。糠虾性征的出现受水温的影响，黑褐新糠虾在水温20℃以上时，体长4～5 mm即可辨认性别，在10℃以下时，即使体长达5～6 mm也难以区分性别。雄性性成熟较雌性快，体长 5~6 mm 的个体即已成熟，雌性的育卵囊才粗具雏形。因此，雄性个体小于雌性个体。

（二）交配

雌体成熟以后，就形成育卵囊，同时蜕皮一次，以待交配。交配一般在夜间进行，雄体利用第一触角比较发达的感觉器寻觅雌体。交配时，雄体利用 1 对或 2 对的腹肢抱握住雌体。有的雄体在交配前先游到雌体的下方，然后倒翻转身体，使雌雄体腹面紧贴，同时前后又相互交转，雄体前端接触雌体尾部，随后用步足内肢抱住雌体腹部，并将阴茎穿过抱卵板之间，插入育卵囊内（图 7-3）。经过 1~2 h，就射精其中。接着雌雄体重新分开。此时，雌体亦向育卵囊内排卵、受精。受精卵在育卵囊内发育，可分为卵子和幼体 2 个阶段。当水温平均 11℃ 时，从受精卵发育到孵化需 30 d，而在 25℃ 以上时仅需 7~8 d。受精卵孵化成幼体后，即从亲体的育卵囊内排放出来，初排放的幼体长约 2 mm，糠虾类个体直接发育，幼虫不经过变态。当水温 10~20℃时，幼体到成熟生殖一般需 20~70 d，若高于 20℃，则只需 10~20 d。而水温在 10℃ 以下时，则不能成熟生殖。

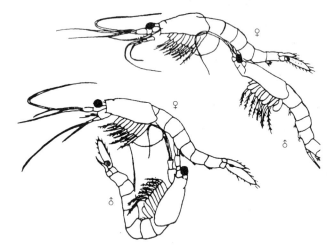

图 7-3　黑褐新糠虾（*N. awatschensis*）雌雄交配行为
（引自郑严，1984）

（三）产卵与受精

糠虾类有一年内多次性成熟多次产卵的习性。黑褐新糠虾产卵是在雌雄交配后数分钟内进行，卵子从卵巢排入育卵囊，一般为一次排入，个别分次排入。

（四）生殖量

糠虾的生殖量因种类、季节、水温、亲体大小、食物和地区的差别而有不同。

1. 种类与生殖量　黑褐新糠虾育卵囊内抱卵数或幼体数为 2~60 个，平均为 30 个左右。普通新糠虾［完美新糠虾（*N. integer*）］每个亲本的生殖量为 12~55 个，日本新糠虾的生殖量更低，每个亲本为 2~27 个。糠虾的生殖量因与栖息深度及卵子大小有关，深海种类的卵子较大，但产卵量较少，而浅海种类则相反。

2. 季节与生殖量　糠虾的生殖量与季节变化有关，Toda（1982）、Mauchine（1980）做过观察，发现 4 种糠虾生殖量的高峰期如表 7-1 所示。这 4 种糠虾的生殖量的高峰大多数出现在春季（5月），温带地区正值浮游植物的高峰季节。Mauchine（1980）对无刺大糠虾（*Praunus inermis*）的生殖量季节变化做过整年观察，从图 7-4 可见，生殖量自 1 月起逐渐增加，至 5～6 月间达到最高峰，之后逐月下降，至 11 月达最低点，由此再开始回升。

表 7-1 4 种糠虾生殖量的高峰期

种　　名	高峰期（月）	作者（时间）
中型新糠虾	7～8	Toda（1982）
黑褐新糠虾	3～5	郑严（1982）
无刺大糠虾	5～6	Mauchine（1980）
窄糠虾（*Leptomysis liogura*）	5～6	郑重（1987）

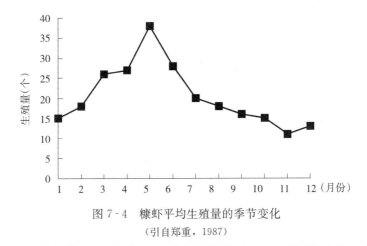

图 7-4 糠虾平均生殖量的季节变化
（引自郑重，1987）

3. 水温与生殖量　糠虾的生殖量明显地受水温的影响，春季抱卵最多，是繁殖盛期，秋季其次，夏季较少，冬季不抱卵，是停产期。窄糠虾（*Leptomysis liogura*）的生殖量随着纬度的升高而增加，这也表明生殖量在低温海区较高。

4. 亲体大小与生殖量　黑褐新糠虾产卵量与亲体的大小有关，当雌体体长在 5～6 mm 时，平均每尾产 6.7 个，以后随着体长的增加而产卵量也增多，当雌体体长在 11～12 mm 时，每尾产 41.0 个；长江口糠虾（*Mysidae*）亲体产卵率类似黑褐新糠虾，体长再增加，但产卵量会随着衰老而下降。糠虾属和新糠虾属的生殖量随着体长的增加而增加，这两者的关系可用 $E = mL^n$ 表示。据 Bremer（1982）的计算结果，普通新糠虾的常数 $m=0.0522$，$n=2.34$，这样根据体长 L 就可计算生殖量 E。据 Mauchine（1980）的报道，栖息在上层的糠虾的生殖量 E 与体长 L 呈正比关系，而在下层的糠虾却没有这种正比关系。这可能与个体大小（或年龄）不同有关（幼体大多数栖息在上层，而成体大多数栖息在下层）。

5. 食物与生殖量　Wittmann（1984）发现，食物量对窄糠虾的生殖量有明显的影响。用卤虫的无节幼体投喂窄糠虾，如果把食物量减少一半，使糠虾处于半饥饿状态，那么产卵数就明显减少。

四、生 活 史

糠虾受精卵在育卵囊中孵化发育成幼体,幼体离开育卵囊后在水中自由游泳,继续蜕皮生长发育至性成熟。因此,糠虾的生活史包括两个时期,即育卵囊中发育成幼体期和幼体在水中生长发育至成虾期。而受精卵在育卵囊中发育成幼体期又可分两个阶段:胚形阶段和幼体阶段。

1. 胚形阶段 从受精卵至卵膜未破的阶段叫胚形阶段。刚受精的卵为圆球形,卵径因种而异,黑褐新糠虾卵径为 0.33～0.61 mm,日本新糠虾卵径为 0.52～0.58 mm,以后互相挤压,变成不规则的圆球形或多角形,再逐渐发育成长圆球形或椭圆形(图 7-5,a～c)。

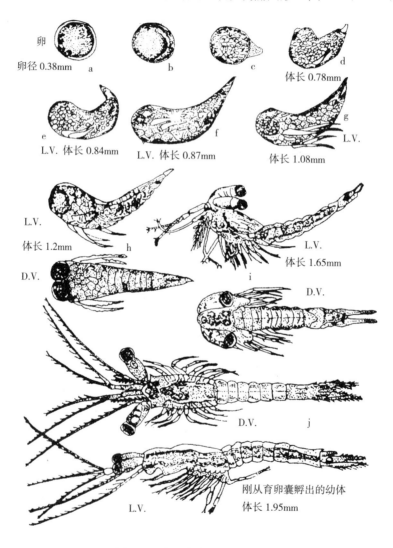

图 7-5 史氏中糠虾的胚胎发育
(引自代田昭彦,1989)

2. 幼体阶段　卵膜破裂后的阶段。根据形态变化可分为Ⅲ期。

Ⅰ期：初期（又称无眼期），无眼，有触角的痕迹出现（图 7-5，d~e）。

Ⅱ期：中期（又称有眼前期），出现 2 对触角和尾叉，眼出现，但无眼点和色素（图 7-5，f~h）。

Ⅲ期：后期（又称有眼后期），出现眼柄，头胸腹部已明显分化（图 7-5，i~j）。至此，幼体阶段的发育已完成，幼体将从育卵囊中孵化而出。黑褐新糠虾幼体孵出的时间多在夜间或黎明前，偶尔有在中午前后。孵化时，亲体不时地尾部上翘，有时屈伸腹部，接着育卵囊两侧蠕动，向两侧张开。每次排出幼体 1~2 个，可连续排 2~3 h。初孵幼体的颜色淡黄，瞬间即可自由游动，体色渐变为黑色。受精卵发育至幼体所需要的时间，随着水温的升高而缩短。黑褐新糠虾在水温 8.8~14.7℃（平均 11.7℃）时，需要 32 d，在水温 23.7~27.9℃（平均 25.8℃）时，只需要 7 d。

五、生长、蜕皮

糠虾与其他甲壳动物一样是蜕皮生长。黑褐新糠虾的幼体离开母体育卵囊后的第二天就会蜕皮，有的生长到第二性征出现才蜕皮。蜕皮有 2 个作用：一是生长到极限时需蜕皮，然后才可能获得继续生长，如果不能彻底蜕皮，死亡率就高；另一作用是生殖时需要蜕皮，这是糠虾的生殖习性，性成熟后需要蜕皮，然后交配产卵，或育卵囊排空后需要蜕皮，然后重复交配产卵。

糠虾的蜕皮受水温和饵料条件的影响，黑褐新糠虾在水温 15~20℃ 时，生长最快，蜕皮的频数也较多；水温在 10℃ 时，生长缓慢，蜕皮的频数也较少；水温低于 5℃ 时，几乎停止生长，也停止蜕皮。蜕皮的频数又影响着每 2 次蜕皮的间隔时间。黑褐新糠虾在冬季约 30 d 蜕皮 1 次，在夏季水温 23.7~28.5℃ 时，每隔 5~6 d 蜕皮 1 次，每蜕皮 1 次生长 0.10~0.20 mm。

糠虾的生殖蜕皮比生长蜕皮有规律，即性成熟和交配产卵前一定需要蜕皮，但是蜕皮后能否有生殖能力还取决于是否有雄体的交配。

初孵的幼体在水中生长、蜕皮直至性成熟所需要的时间随种类不同而异，黑褐新糠虾从初生幼体至性成熟所需要的时间随着水温的升高而缩短。水温 26.7℃ 时，幼体发育至第一次抱卵需要 24 d，而水温 16.1℃ 时，幼体发育至第一次抱卵需要 67 d。因此黑褐新糠虾的生殖周期，从受精卵在育卵囊中孵化发育成幼体直至性成熟，根据水温条件的差别，约需要 31~99 d。

六、寿　命

糠虾的寿命因种类和生存条件（主要是水温）而有差异。如假眼大糠虾（*Praunus fleruosus*）可以活 12~18 个月。糠虾（*Mysis oculata*）是生活在大洋的冷水种，至少可以活 24 个月。日本新糠虾越年个体，寿命 5 个月左右；中型新糠虾越年个体寿命 5~7 个月，当年个体只有 1 个月左右；完美新糠虾最长寿命 9 个月。黑褐新糠虾的寿命明显地受水温的影响，如 9 月份出生的幼体在室内玻璃缸和室外的陶缸分别用扁藻、三角褐指藻为饵料培育，连续养到翌年 7 月下旬相继死亡，寿命达 11 个月，但在夏季出生的个体，连续生殖 6 次而死亡，只活 3 个月。总结以上情况，水温偏低的季节（≤20℃），其寿命较长，水温偏高的季节（≥25℃），其寿命较短，而且在季节交替和水温变化加剧时，死亡率较高（郑严，1984）。因此，在培养管理上，要适当控制培养水温，并且经常换水和吸污，以降低糠虾的死亡率。

七、生态习性

1. 栖息地　糠虾喜生活在近岸浅水区，在水深 10~50 cm 的水草丛中较多，尤其在 5~6 月间，在沿岸 10 cm 左右深度的浅水区，经常可见糠虾密集成群游来游去，有的还集群在近岸的沟渠、浅湾或沟洼中。

2. 温度与盐度　黑褐新糠虾适盐范围为 8~33，适温 -2~30℃，生殖适温是 15~22℃，温度偏高（超过 30℃），糠虾就出现明显的不适，经常上下窜动，持续一段时间后，就伏在水底，相继死亡。

3. 食性　糠虾属杂食性类型，既可滤食 10 μm 左右的单细胞藻类又能摄食桡足类的成体和幼体、卤虫卵和无节幼体、轮虫和枝角类等，有时可摄食比自身大数倍的箭虫，还能摄食腐殖质以及底部的有机碎屑，甚至还能吃海草。若遇到同类的尸体，它们会争而食之，互不相让。但大小个体生活在一起，在饵料充足的情况下，不会发生弱肉强食的现象，若长期不供饵，则会出现相互残杀。因此在人工培养时应注意投饵问题，以免缺食时种内相残。

4. 溶解氧　糠虾对水环境中的溶解氧含量的适应因种而异，大部分种类对溶解氧含量比较敏感，一般在土池中，当溶解氧达 1~2mg/L 就表现不适、浮头。特别是高密度培养时，培养池溶解氧含量必须保持 4mg/L 以上。

第二节　糠虾的人工培养

一、室外土池培养

1. 培养池的选建　以靠海边与淡水河流交汇的地方为好，水源一定要方便。培养池以 300~1 000 m² 为宜，大小相互搭配。培养池的数量应比实际需要多出 1~2 个作为备用，以便水质突变时采取移池更新培养的措施。池底最好为锅底形，由外向内逐渐凹下呈一定坡度，中间深度约在 1~1.5 m，池底应以软泥混以少量细沙为好，不渗水。池的两端设活动闸门，可上下移动，作为进排水口，闸门上安装 150~200 目的筛绢网，以阻拦池内糠虾外流及池外杂鱼、小虾等敌害的进入。

2. 清池　每年冬季将池水排干曝晒，并带水用药物清池。一般放水 50 cm，清池的药物可灵活选择，或 2.5% 鱼藤精，用量为 15 kg/hm²；或生石灰，用量为 3 750~4 500 kg/hm²；或漂白粉，用量为 80~100 g/m³。鱼类是糠虾培养的主要敌害，特别是鰕虎鱼等，应彻底杀灭，否则会导致人工培养失败。

3. 水质培育　清池后，待药效过后，一般 1 周后即可进行水质培育。进水后用复合肥料或无机盐进行肥水。而后将糠虾喜食的微藻，如扁藻、微绿球藻或三角褐指藻等直接接入糠虾池内，施肥 3~5 d 后，水色即为棕褐色或淡绿色，镜检水样出现微藻和少量桡足类时，就可进行糠虾引种入池。以后隔 3~7 d 撒些捣碎的豆饼、菜籽饼等，这不仅起到肥水作用，而且剩余的沉入水底，变成腐殖碎屑，可直接作为糠虾的饵料。

4. 糠虾引种入池　糠虾种苗可从邻近水域采捕获得。一般在 3~6 月和 9~10 月间进行采捕，这期间正值春、秋两个生殖群体的繁殖季节，密度大，数量集中，可大量采捕。国内培养的种类有黑褐新糠虾（山东日照县海水养殖实验场），采捕后，将其直接接种到已清池、施肥后的培养池中。接种时，应分批、分次接入。接种 1 d 后沿培养池边巡视，或在夜晚用手电筒照射，糠虾有明显的趋光习性，遇光即趋光集群，所以检查接种是否有效，只要在池边用手电筒一照，就可估计数量的多寡。

5. 饲养饵料　定期向培养池内投入鲜鱼糜，每 5 天投一次，每次 37~75 kg/hm^2，以水色深绿为好。若池水水色太浓，可少量接种轮虫和桡足类，从而使培养池内形成一个简单的食物链结构，这样既能抑制微藻的过量繁殖，又不致糠虾缺饵。

6. 培育管理　在培养过程中，应维持 15~25 的盐度。尤其在夏季，池水浅，水温升高较快，蒸发快，盐度变化大，所以在中午前后适当加深水位或注入淡水，保持偏低的盐度。培养水温应控制在 15~25℃。夏季水温高，不适于糠虾繁殖，更不利于高密度培养，应加深水位，或搭上遮阳网棚，以降低水温。

7. 收获　目前培养的糠虾种类一般都不太大，初孵的幼体体长为 2~3 mm，成体体长为 5~15 mm，收获时一般用 40~60 目的筛绢网做成手抄网或拖网进行采集。同时，大多数的糠虾都有趋光习性，晚上灯诱和手抄网结合，捕捞更方便。

二、室内水泥池培养

1. 培养容器与消毒　一般利用现有的藻类和轮虫培养设备和设施。室内的小型培养用塑料桶、玻璃缸，中期培养用 1~10 m^2 的瓷砖池、水泥池，大量培养用 10~50 m^2 的水泥池。用 5.0~10.0 mg/L 高锰酸钾或 100~300 mg/L 漂白粉消毒。

2. 培养密度　室内小型培养糠虾的接种密度，一般以 100~500 个/L 为宜，培养过程中，随着糠虾个体数量逐渐增加，达到一定密度后再扩种或分池。

3. 饵料　糠虾是杂食性的，摄食比它小的浮游动物、浮游植物和有机碎屑。郑严（1984）培养黑褐新糠虾，曾分别单独喂以亚心形扁藻，青岛大扁藻，小新月菱形藻，中肋骨条藻和桡足类的太平洋纺锤水蚤、细巧华哲水蚤、许水蚤、猛水蚤类等的成体和幼体，都获得了良好的效果。投喂淡水枝角类，糠虾也很喜欢吃。鱼粉、粗豆饼粉和白面粉也能喂养糠虾。

4. 水质　为了保持良好的水质，培养用水必须新鲜。培养用水应先沉淀后再砂滤。培养后每隔 1~2 d 换水 1 次，换水量为 1/3~1/2，进水时可用 100~150 目的筛绢包扎进水口，缓慢进水。培养黑褐新糠虾最适的水温为 15~20℃，同时黑褐新糠虾适于偏淡的海水中生活，适盐范围为 8~33。夏季室内温度高，水温难控制，培养黑褐新糠虾比较困难。

5. 充气　室内培育糠虾，特别是高密度培养均需充气，一般充气头的设置为 1~2 个/m^2，连续微翻腾充气为佳。碰到阴雨天或气压较低时，必须加大充气量。

6. 收获　目前室内培养糠虾收获时一般用 40～60 目的筛绢网箱直接在阀门处滤水收集。具体的操作是，一边缓慢排水，一边用网勺迅速捞取。收集起来的糠虾需暂养于充气容器中，或立即投饵，否则容易因缺氧而死亡，降低饵料效果。有时为了加快收集速度，可在晚上进行，在出水的一边挂一盏太阳灯，诱集一定密度后再用上述方法收集。

·复习思考题·

1. 目前作为培养种类的糠虾有哪些？有哪些培养方式？
2. 糠虾有何经济价值？
3. 糠虾可分为哪些亚目？各属于哪些科？
4. 试述糠虾的生活史。
5. 影响糠虾生殖量的因素有哪些？

（蒋霞敏）

第八章 淡水钩虾的培养

淡水钩虾（freshwater-amphipods）是淡水无脊椎动物中个体较大、经济价值较高的类群之一。淡水钩虾广泛分布于全球各地的泉水、溪流、沼泽、沟渠、池塘、排水沟以及河流或有开放流水的湖泊中，还有一部分种类生活在地下水中，包括洞穴内河以及地下水等。对钩虾的研究始于 Linnaeus（1758），他发现并记述了溞状钩虾（*Gammarus pulex*）。但当时他使用的拉丁名是 *Cancer pulex*，生境记录为海岸。溞状钩虾后来被证实生活在湖泊和溪流中，是目前已知分布最为广泛的一种淡水钩虾；第二个被描述的钩虾是蟋蟀钩虾（*G. locusta*），当时称为 *Cancer locusta*，标本来自欧洲的海域。在 Latreille（1816）建立端足目后，这两个种首先被归入该目。随后，Dana（1852）提出将端足目分为三个亚目，包括钩虾亚目（Gammaridea）、蜮亚目（Hyperiidea）和麦秆虫亚目（Caprellidea）。Hansen（1903）创建了英高虫亚目（Ingolfiellidea）。此后虽有不少学者对端足目的分类系统进行了广泛的研究，包括 Berge *et al*（2001）提出英高虫亚目和钩虾亚目是有效亚目，而蜮亚目和麦秆虫亚目则缺少成为亚目的依据等，但端足目的四亚目分类系统目前仍被广泛应用。

淡水钩虾隶属于端足目钩虾亚目。在淡水钩虾分类学研究上，早期的工作以 Sars（1895）和 Stebbing（1888，1899，1906）较为出色。20 世纪上半叶，淡水钩虾的系统学研究以区域性工作为主，其中仅在欧洲就有 Bazikalova（1945）（贝加尔湖）、Birstein（1933）（外高加索山脉 Transkaukasus）、Chevreux（1935）（摩纳哥）、Derzhavin（1923，1925，1927，1930）（前苏联）、Dybowsky（1927）（贝加尔湖）、S. Karaman（1931）（南斯拉夫）、Martynov（1925）（土耳其）、Schellenberg（1942）（德国）和 Sowinsky（1915）（贝加尔湖）等。20 世纪下半叶，随着淡水钩虾系统学研究的不断深入，逐步形成了美国 Smithsonian Institution 的 Barnard 博士夫妇、前南斯拉夫 Karaman 祖孙两位、美国 Old Dominion 大学 Holsinger 教授、加拿大 Bousfield 博士、日本茨城大学 Morino 教授等少数几个研究中心。其中 Barnard & Barnard（1983）系统地整理了此前的有关资料，编著了《世界淡水端足类》一书，对世界范围内钩虾的演化、分类与分布等方面进行了较全面的调查和研究，为近代淡水钩虾的研究奠定了坚实的基础。

我国淡水钩虾的分类学研究已有近 80 年的历史。英国学者 Tattersall（1922，1924）首先描述了采自云南的四个种，包括安氏钩虾（*G. annandale*）、江湖独眼钩虾（*Monoculodes limnophilus*）、太湖大鳌蜚（*Grandidierelle megnae* = *Grandidierelle taihuensis*）和格氏钩虾（*G. gregoryi*）。前苏联学者 Martynov（1925）和日本学者 Ueno（1934）分别记述了东北的两个种：绥芬钩虾（*G. suifunensis*）与亚洲假褐钩虾（*Pseudocrangonyx asiticus*）。Uchida（1935）和 Chen（1939）分别描述了北京附近的两个种：雾灵钩虾（*G. nekkensis*）和刺掌钩虾（*G. spinipalmus*）。Oguro（1938）描述了东北假褐钩虾（*P. manchuricus*）。随后，Ueno（1940）在关于东北三省淡水钩虾区系的论文中记述了锦州原钩虾［*Anisogammarus*（*Eogam*-

marus) *ryotoeusis*]和山崎褐钩虾（*Crangonyx shimizni*）。

新中国成立以后，中国科学院动物研究所等单位陆续开展了我国淡水钩虾的研究。沈嘉瑞教授在1954年和1955年相继报道了安氏钩虾、胖掌钩虾［*A.*（*Eog.*）*turgimanus*］和大理钩虾（*G. taliensis*）三种钩虾。Friend & Lim（1985）描述了香港的土跳钩虾（*Talitroides topitotum*）。Barnard & Dai（1988）记述了湖泊钩虾（*G. lacustris*）、山西钩虾（*G. shanxiensis*）、红原钩虾（*G. hongyuanensi*）和拉萨钩虾（*G. lasaenusis*）等四种钩虾，并对分布在中国的所有已知钩虾属种类进行了汇集，列出了它们的检索表。此外，Karaman（1984，1989）重新描述了雾灵钩虾。Karaman & Sket（1990）发表了分布在广西洞穴中的华少鳃钩虾（*Bogidiella sinica*）。Morino & Dai（1990）则记述了分布在长江沿岸的太湖大鳌蜚、江湖独眼钩虾和日本板跳钩虾（*Platorchestia japonica*）。Karaman & Ruffo（1995）报道了分布在四川洞穴中的洞穴华钩虾（*Sinogammarus troglodytes*）。Chou & Lee（1996）发表了分布在台湾的凤凰鲍跳钩虾（*Bousfielda phoenixae*）。Sket（2000）描述了分布在云南抚仙湖50m深处的杨氏抚仙钩虾（*Fuxianna yangi*）。近几年来，中国科学院动物研究所无脊椎动物学研究组侯仲娥和李枢强在钩虾研究方面也取得了一定的成绩，发表了一批有影响的研究论文。

作为一种重要的经济动物，淡水钩虾的生态学、生理学和寄生虫学等若干领域的研究也有不少成果。淡水钩虾的生态学研究始于 Sexton，她从1910年开始在普里茅斯（Plymouth）实验室对钩虾（*G. chevreuxi*）进行了40年的研究，被称为钩虾行为学研究的奠基人。1942年，我国学者郑重报道了英国几种钩虾的生殖量。20世纪70年代以后，随着环境问题的日益严重，以钩虾为指示生物的生态毒理学研究吸引了更多科学工作者的注意，并有不少有影响的研究论文发表（Driscoll *et al*，1997）。

淡水钩虾为鱼类养殖以及其他陆生动物提供了充足的动物性饵料，随着研究的不断深入，开发养殖淡水钩虾作为水产经济动物特别是动物性饵料，具有很好的发展前景。

第一节 淡水钩虾的生物学

一、形态分类

（一）分类

淡水钩虾隶属于节肢动物门、甲壳纲、软甲亚纲、端足目（Amphipoda）。我国的淡水钩虾以钩虾属（*Gammarus*）为广布属，种类也最多。

（二）形态特征

1. 外部形态 淡水钩虾的身体绝大多数种类左右侧扁。头胸部有5个体节，与第1胸节愈合成一体。胸部有8个体节，第1节与头节愈合。腹部发达，包括6腹节与1尾节；有些种类末3或2腹节愈合。各体部均对应有不同的附肢（图8-1）。体长一般2~50 mm，体色因种而异，大多数为乳白色。

（1）头胸部。头胸部或头部是身体的最前部区域，上面覆盖着光滑而薄的外骨骼甲壳，这使得头部体节不明显。头胸部由5个头部体节和1个胸部体节愈合而成。除第1体节以外，其他各

第八章 淡水钩虾的培养

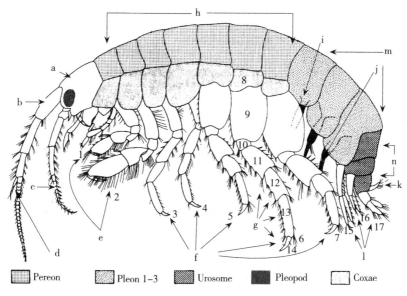

图 8-1 端足目钩虾的主要形态特征

a. 头部 b. 第1触角 c. 第2触角 d. 附鞭 e. 鳃足（1. 第1鳃足 2. 第2鳃足）
f. 胸足（3、4、5、6、7 分别是第 3、4、5、6、7 胸足） g. 胸足各节（8. 基节板 9. 基节 10. 坐节 11. 长节 12. 腕节 13. 掌节 14. 趾节） h. 胸节 i. 腹侧板 j. 腹肢
k. 尾节 l. 尾肢（15. 第1尾肢 16. 第2尾肢 17. 第3尾肢） m. 1～3腹节 n. 4～6腹节

（引自 Barnard & Barnard，1983）

体节均有对应的附肢，分别是第1触角、大颚、2对小颚，另外，还有胸部第1体节的附肢——颚足。从胚胎发生过程可以看到第2触角是由原始的后口起源的。口的背面向前突出形成上唇，口后腹面褶皱部分称为下唇。头部的第1体节两侧上有复眼 1 或 2 对，但少数种类复眼左右愈合而位于背侧，有些种类无复眼，如绝大部分穴居钩虾。

（2）胸部。钩虾身体中部是胸部，第1胸节与头部愈合并且特化成颚足，从第2胸节开始由 7 个活动的胸节构成，每一个体节对应 1 对单肢型胸肢。胸部两侧有侧板，为扩大了的基节板。胸部基节板夹住钩虾的身体并在腹面形成半开放的室，鳃和雌性的孵卵袋位于其中。

（3）腹部。除去头部和胸部之外其余部分称为腹部，由 6 个腹节组成。腹节的前 3 个体节有侧板称腹侧板，它对应的附肢称为腹肢；后 3 个体节（4～6 腹节或尾部体节）没有侧板，它对应的附肢为尾肢。腹肢与尾肢都是双肢型，但是尾肢比腹肢坚硬得多。另外，4～6 腹节在钩虾属有时背面中部处隆起并具有小的向中后部延伸的刺，但合尾钩虾属（*Synurella*）的一些种类这些片段明显愈合。

在第 6（最后）腹节的背面贴附着一个小的盘状结构为尾节，位于肛门之上。这一结构在各属之间存在着变异，在分类上有重要意义，如钩虾属为一个深裂双肢结构，而仙女钩虾属（*Calliopius*）一些种类则为带有一个完整顶点边缘的简单扇形结构。

（4）身体的其他部分。

①基节板：实际上为胸足基节延伸的侧板，共 7 对，向下延伸覆盖基节，常成为基节的一部

分。左右基节板与胸部腹面共同形成一条长的呼吸沟（respiratory lane），呼吸沟内的水由于腹肢的拨动而不断地向前后流动，浸浴在这种水流中的鳃可以获得足够的氧气。同时呼吸沟还可保护柔软的鳃以及防止抱卵囊被泥沙或有机腐屑所充塞。

②育卵板：雌性2～5胸足的基节板基部着生4对薄片壳层、半透明的结构，为育卵板。鳃和育卵板都着生在胸足基节板的内侧，育卵板位于鳃的内上方。育卵板由胸足的外肢演变而成，为长或圆而内面凹的匙状瓣片，周缘有坚硬的长刚毛。在孵卵时，这些刚毛膨胀并且互锁形成育卵囊或孵卵袋（brood pouch），袋的前后各有一个孔，以备水流通过，使胚胎不断能与新鲜的水接触而获得足够的氧气。腹肢有节律地拍打在鳃和育卵袋之间，引起水的流动使呼吸得以进行。

③基节鳃：基节鳃为平扁、椭圆和似卵圆形的结构，黏附在基节板内。在第2～6胸肢上出现，有时也见于第7胸肢。大多数气体交换发生在整个基节鳃的薄壁上。气体交换效率低和组织抗缺氧能力弱，影响了淡水钩虾的分布，大多数类群仅分布于氧气充足的水体中，如泉水。

④胸骨突或腹鳃：胸骨突有时称为腹鳃，它在种中的功能是否是作为呼吸结构的附属物还值得讨论。腹鳃如果存在，则通常位于2～7胸足，它以1、2或3个单独的、纤细的突出形式出现（类似指状），有些种类在第一腹节上也具一对纤细的腹鳃。腹鳃常见于褐钩虾属（*Crangonyx*）、原钩虾属（*Eogammarus*）和环钩虾属（*Annogammarus*），而钩虾属无腹鳃。

⑤复眼：生活在地表的钩虾头部两侧经常有无柄的黑色复眼，而栖息于地下水系统的钩虾类群，眼睛经常缺失或退化。每一个复眼上都有许多小眼。

2. 内部器官　与其他节肢动物大体相似，钩虾内部结构也包括消化系统、呼吸系统、循环系统、排泄系统、生殖系统、神经系统和感觉器官（图8-2）。

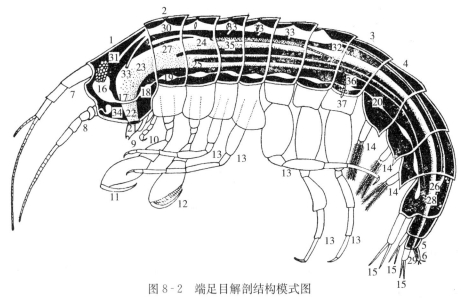

图8-2　端足目解剖结构模式图

1.头胸部　2.第二胸节　3.第八胸节　4.第一腹节　5.第六腹节　6.尾节　7.第一触角　8.第二触角　9.大颚　10.颚足　11.第一鳃足　12.第二鳃足　13.5对步足　14.3对游泳足　15.3对跳跃足　16.食道上神经节　17.围食道神经　18.食道下神经节　19.第一胸神经节　20.第一腹神经节　21.口　22.食道　23.胃　24.中肠　25.前盲肠　26.后盲肠　27.盲囊　28.后肠　29.肛门　30.心脏　31.前大动脉　32.后大动脉　33.侧动脉　34.触角腺　35.精巢　36.输精管　37.阴茎突

(引自堵南山，1993)

二、生殖结构和繁殖习性

(一) 生殖结构

钩虾亚目雌雄异体，雌虫生殖孔位于第六胸节腹面，雄虫生殖孔位于第八胸节腹面。雌体胸部有育卵板4对，着生在胸足基节板的内侧，鳃的内上方。而雄体鳃足比较强壮，第一触角嗅毛较多，第二触角鞭节较长，通常有鞋形感觉器，复眼较大。两性分化与激素有关，雌体育卵板及其周缘刚毛的形成受制于卵巢激素，雄性的分化也受输精管外雄性腺的控制，若将雄性腺植入雌体内，雌体生殖腺和第二性征就向雄体转化。

两性生殖器官都成对，左右完全分开，位于胸部内。雄性生殖器官包括精巢、输精管与射精管三部分。精巢成圆管状或纺锤状，位于中肠近背面的左右两侧，钩虾亚目是从第三胸节开始，延长到第六胸节。精巢后连输精管，两者外形无多大区别，但输精管管壁呈腺性。在第八胸节内，多数种类的输精管末端扩大形成贮精囊。输精管连接射精管，射精管由外胚层发育而来，肌肉质，短而曲向腹侧，左右靠近，但不会合，各开孔于阴茎突的顶端。阴茎突或简称阴茎，颇长，位于第八胸节腹面中央，左右靠近。

雌性生殖器官包括卵巢、输卵管与子宫三部分。卵巢呈管状，位于中肠左右两侧，长短因种而异，从第2、3或第4胸节开始，向后延伸到第4与第7胸节前缘之间。输卵管是顺着卵巢纵轴延长的部分，两者外形难以区别。钩虾亚目卵巢较长，输卵管由卵巢末端外侧发出，颇短，开孔于抱卵囊内第6胸节的腹面。

钩虾的两性异形现象比较明显，雌体有抱卵板，而雄体鳃足比较强壮，第一触角嗅毛较多，第二触角鞭节较长，复眼较大。雌雄大小通常不同。雌性钩虾经历蜕皮后进入第8个中间形态时，短暂的交配才发生（雄性在第9个中间形态开始交配），为了预先准备婚礼的蜕皮，雌雄个体经常抱对（图8-3），并且持续几天。雄性钩虾在雌性育卵囊附近释放精子，雌性用它们的胸肢把精子扫入它们的育卵囊，卵就在育卵囊内与精子结合、发育、孵化，渐渐形成一个构造与母体完全或大体相同的新个体，并且没有显著的变态现象。孵化时间从1~3周变化不等。幼体离开孵卵室后，一些种的双亲有照顾子代的现象。

(二) 繁殖策略

钩虾亚目交配前的交配行为和性两型的意义已经由Conlan（1991）进行了广泛的研究，并由Bousfield & Shih（1994）做了总结。为保证繁殖期内雄性个体与处于排卵蜕皮期的雌性个体在空间上最接近，钩虾采取两种生殖策略（Bousfield，2001）：

1. 交配控制（mate-guarding） 雄性作为前抱合行为（pre-amplexus behavior）的执行者或参与者。作为执行者的雄性个体伴有变异的鳃足；作为参与者的个体保持与雌性同居，并且它的鳃足主要用于抵挡前来竞争的雄性。

2. 非交配控制（non-mate-guard） 这时的雄性仅仅是寻找可能处在排卵期的雌性。这些雄性可被分为：

(1) 如果雌性在水里就称为浮游寻找者（pelagic searcher）。

(2) 如果雌性在底层基质内或在底层基质上就称为底层寻找者（benthic searcher）。

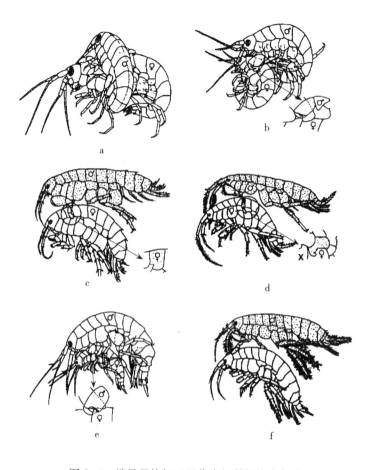

图 8-3 端足目钩虾亚目代表超科的抱合行为
a. 真美钩虾科 b. 绿钩虾科 c. 淡水绿钩虾科 d. 黑氏钩虾科
e. 异钩虾科 f. 钩虾科
(引自 Bousfield & Shih，1994)

无论何种情况，鳃足极少或没有性两型，并且都无前抱合行为。以上两种策略均由雌性的排卵期决定，因为雌性只有在蜕皮后的很短时期内，表皮膜才易于变形，形成育卵囊，卵和精子就排放在这里并形成受精卵。

除了少数跳钩虾种类外（它们的基节为了在前交配时接受雄性鳃足的趾而变异），处于繁殖期的雌性在生长或捕食行为上没有明显变化（Bousfield，2001）。但是繁殖次数和生育力则因种而异。控制交配的雌性趋向于迭代（iteroparous）繁殖，即一个生活周期有几次孵化；而非控制交配趋向于单代（semelparous）繁殖，即一个生活周期仅有一次孵化（Bousfield，2001）。这种不同与种的栖息环境也相关。如许多占据池塘、沼泽、泥沼和沟渠水表面的种，褐钩虾属的种，生活周期约缩短为一年，产生大量的小个体卵，并且有季节性繁殖高峰；与之相反，生活在地下水系和冷水泉的种有较长的生活周期（尤其是洞穴物种），产生极少和个体大的卵，孵化持续在一个渐进速率而没有季节生殖高峰期（Holsinger，1976）。

（三）繁殖条件

钩虾对繁殖的外在条件有严格的限制。如一种生长在英国的钩虾可以在 0～25℃存活，但是它只能在 3～18℃产卵，并且在 15℃的繁殖率最高（Doeg，1999）。雌雄性比因温度、季节而不同，迪氏钩虾（G. duibeni）在繁殖期，如果水的盐度维持在 10，则 5℃以下的水温促使雄体的形成，而 6℃以上的水温却决定雌体的产生。因此每年 1～2 月份内，只见雄体，春季才见雌体。性的决定在卵子成熟的末期，大约在排卵前 6～11 d。

（四）交配

钩虾在交配时，雄体先借其发达的感觉器官探寻雌体，随即用两对鳃足将其抓住，并像骑马那样，跨在雌体背上，第一鳃足的半钳固着在雌体第一游离胸节前缘背面，而第二鳃足的半钳则固着在第五游离胸节后缘的背面（图 8-3）。雌雄体这样接合在一起，可在水中成对游泳几天，如蚤状钩虾夏季雌雄体接合在一起就可长达 5～7 d。接着，雌体就进行一次临产蜕壳。雌体的抱卵板是随着生长与蜕壳而逐渐形成，蚤状钩虾体长达到 4.5 mm 时，才出现第一对抱卵板，随后陆续产生其余 3 对；并且蜕壳一次，抱卵板增大一次。通过临产蜕壳，抱卵板的数目和大小可达到最高程度。同时育卵囊内第六胸节腹面平常堵塞的雌生殖孔也在临产蜕壳之后由于上皮细胞层的裂开而出现，但排卵以后生殖孔处的上皮细胞再生，并又形成新的角质膜，生殖孔因此重新封闭。

临产蜕壳以后，接合在一起的雄体开始转动雌体的身体，使其腹面向上，同时雄体自身腹部向前弯曲，并攒集前 3 对腹肢，从雌体末 1 对左右抱卵板之间插入育卵囊之间。这时，雄体的腹部不停地向前弯曲的活动，每隔半秒钟弯曲 8～14 次。从雄体阴茎突顶端生殖孔排出的精子形成精荚以后，即插入育卵囊内的前 3 对腹肢，将精荚附着在雌生殖孔近处的腹甲上。不久雌体就开始排卵。排卵的多少与雌体的本身大小有关，较大的雌体排卵较多。另一方面，排卵也与排精密切相关。若用烧热的针烫灸雄体的阴茎突，使雄性生殖孔封闭，然后以这样的雄体与雌体交配，结果只半数雌体能排卵，且卵不多。通常在临产蜕壳后 1.5～4 h，雌雄体还交接在一起，一直到雌体排卵以后方才分离。

三、发育与生长

钩虾的个体发育经历了四个发育时期：自受精卵开始至幼体孵出（第一期幼体）为止，为胚胎发育时期；自幼体孵出开始至变成后期幼体（已完成变态的幼虾）为止，为幼体发育时期；自后期幼体开始至性腺发育成熟为止，为幼虾发育时期；从性腺发育成熟开始至亲虾"老死"为止，为成虾发育时期。

精子长形，分头和尾两部分，大多不能活动。卵在雌体子宫内时，由于相互挤压而形状多样，通过雌生殖孔排入育卵囊以后，方才变成圆形。受精就在育卵囊内进行。受精卵先行完全卵裂，随后就改行表面不等卵裂（如蟋蟀钩虾从 16 细胞时期开始），形成中央为卵黄而周围为一层原始胚层细胞的囊胚。不久胚胎腹面出现胚带。胚带先与胚胎本身的长轴正交，随后逐渐旋转，随着长轴延伸。内胚层细胞由原始胚层细胞移入形成；中胚层细胞大概就由胚带的外胚层发生。整个胚胎向腹面弯曲，这正与等足目的胚胎相反。夏季受精卵在雌体排卵后 12~14 h 就开始孵化。从卵中孵出的幼体已与成体无多大区别，只是触角的鞭节和其他附肢的节数都较少，体表的刺、刚毛等突出物较不发达而已。孵育期的时间因种而异，如溞状钩虾只有 1~2 h，还有一些种可达到 17 h，一般种类 4~5 h。幼体滞留在母体育卵囊内的时间虽然不短，但育卵囊并不分泌任何营养液供幼体发育之用，幼体在育卵囊内可能借育卵囊内的水流所带入的微小生物为食。如迪氏钩虾的受精卵在育卵囊之外也可孵化和发育，直到形成成体。

母体在幼体离开以后蜕壳一次，抱卵板随着完全消失，一直要等到下一次生殖时再重新逐渐形成。已产过一胎或数胎的雌体越冬以后，在春季能够重新排卵。雌体一生可以排卵一次或多次，如溞状钩虾雌体一生可产 6~9 胎。

幼体发育和生长都很快。如溞状钩虾幼体蜕壳约 10 次，经过 3~4 个月就达到性成熟。蟋蟀钩虾雄性幼体在孵化后，经过 35 h 也已性成熟，雌性幼体孵化后经过 38 d，产出第一胎。幼体发育的快慢受水温影响：水温高时，每隔 3~4 h 蜕壳一次；水温低时，相隔 18~20 h 蜕壳一次。

多数种类寿命仅 1 年，但迪氏钩虾雄体可存活 14~16 个月，在实验室内甚至可长达 3 年，一生蜕壳 20 次；雌体只能存活 13~14 个月，一生蜕壳 21 次，先后可产卵 6~7 次，共计 220 粒。

四、食　　性

淡水钩虾属于杂食性动物。以地表水钩虾为例，它们不仅摄食水生显花植物的叶子，也取食落在水中的陆生显花植物。中国科学院动物研究所侯仲娥等曾在室内饲养淡水钩虾的水族箱内放置一定数量的杨树落叶，在数周后明显可见树叶被吞食的痕迹。

淡水钩虾同时舔食或滤食微细食物。舔食是指以附着在沙粒表面的单细胞生物和有机腐屑为食；滤食是指利用第二步足的羽状长刚毛在呼吸沟内滤取由水流带入的硅藻以及其他藻类的碎屑。

淡水钩虾同时也摄食鱼类及其他动物的尸体。野外常见钩虾大量聚集在动物尸体下。

五、生态条件

1. 地表水中生活的钩虾　地表水中生活的钩虾以钩虾科种类为主，还有一些种类属于挖掘钩虾科（Haustoriidae）、螺蠃蜚科（Corophiidae）、合眼钩虾科、仙女钩虾科（Calliopiidae）和真美钩虾科（Eusiridae）等。

大部分地表水钩虾在小水体中繁衍生息，完成整个生活史；少部分种类栖息在大河或开放流水的大湖。它们具有冷狭温性、避光性和趋触性。它一般所处的环境中有一定量的腐殖质且温度较低。主要栖息地为地表淡水系统中泉眼、小溪、泥沼、沼泽、沟渠、池塘（暂时的和长久的）、排水沟和渗渠。

淡水钩虾一般生活在沙砾层、枯叶、草和其他种类的残留物的下面或大量的植物中。某些淡水种常常会在单位面积上聚集相当多的个体,根据观察,某些种可以超过1 000个/m^2。

2. 淡水钩虾对水体含盐量的适应 淡水钩虾的某些种类能够适应含有一定盐分的水体,是广盐性种类。广盐性种类对外界渗透压有很强的调节能力,可以生活在淡水、咸水甚至海水中。如蟋蟀钩虾与光腹仙女钩虾(C. laeviusculus)等既能栖息在盐度为35的大西洋欧洲沿海,也可以出现在盐度为10~18的波罗的海;细弱多眼钩虾(Ampelisca pusilla)分布在挪威、印度半岛和澳大利亚沿海,在离恒河河口600海里的纯淡水中也有分布。还有迪氏钩虾与湖螺蠃蜚(Corophium lacustre)属于栖息于半咸水中的种类,它们能忍受各种不同的盐度,前一种就可以生活在淡水中。在水温4~16℃下,迪氏钩虾处于盐度变幅为1~45的水中,不仅能存活,还能繁殖(堵南山,1993)。

生活在内陆半咸水中的钩虾亚目种类多属于钩虾科、挖掘钩虾科、螺蠃蜚科、合眼钩虾科、真美钩虾科、琴钩虾科(Lysianassidae)和里海钩虾科(Caspiellidae),它们的种类在某些地区要比纯淡水种类多。

3. 淡水钩虾对海拔高度的生态适应 2001年8~9月,彭贤锦在西藏采集到6种钩虾,其中海拔最低的是2 470 m,最高的是4 500 m(那曲,羊卓雍错)。这也是国内已知的钩虾分布最高的地方。国外已知钩虾最高可达到5 400 m。

此外,海拔3 000 m的木格错湖和海拔3 200 m的青海湖(戈志强等,2000)都有淡水钩虾的记录。

4. 钩虾对陆生环境的生态适应 钩虾亚目中也有陆栖种类,它们隶属于跳钩虾科(Talitridae)。除一些种类栖息在海边的潮湿泥沙中,还有相当数量的陆生钩虾和陆生等足类一样,在潮湿的土壤中生存。这些陆生钩虾或爬行于落叶间隙中,或挖掘泥沙而穴居。挖掘方式因属而异,例如跳钩虾属用第一、三、四游离胸节的3对胸足挖掘泥沙,使泥沙向后移到尾肢背面,当弯曲的腹部伸直之际,尾肢背面的泥沙也就被掷向后方,可达到15 cm远。末3对胸足在挖掘时,有支持身体并将身体推入已挖好的洞穴内的作用。

5. 淡水钩虾的运动行为 淡水钩虾的运动方式依据步足的样式而略有不同。大部分钩虾利用向外翻的腹肢攀在附着物上,然后利用尾肢的反弹力产生向前的冲力进行移动,同时尾肢不断摆动起到划水和加快水流的作用。在急速运动时,钩虾有时可以竖立着跑动。钩虾尾部弹起的动作是一个迅速逃跑的反应,即把尾肢压入地下以后借腹部迅捷伸曲的弹力产生强有力的推抵,做跳跃运动,以避敌害。

游泳时的钩虾用前3对腹肢自前向后,顺序拨动。腹肢向后拨动时,其周缘密布的羽状刚毛向外伸展,扩大拨动面,从而增强了推动力。当腹肢接着移向前方时,周缘的刚毛重新恢复原状,折向内侧。腹肢拨动得愈快,游泳速度也就愈快。绝大多数种类身体腹面朝上游泳,但钩虾属中一些生活在小河或池塘等环境中的种类却只能先腹面朝上游泳一段很短距离,随即旋转身体,背面朝上游泳。

钩虾爬行时主要利用步足、腹肢等参与作用。钩虾属的一些种侧着身体躺在水底的基质上,用躺依在基底一侧的后3对步足将身体推向前方;尾肢也协助参与推动。但绝大多数种类爬行时身体背面朝上。有时第二对触角也起很大作用,这对触角先伸入基质内,随即弯曲,将身体向前牵引。

第二节 淡水钩虾的培养

一、淡水钩虾的采集

1. **采集地的选择** 根据钩虾的生活习性,采集者应尽量寻找冷水性的小水体生境(泉水、山溪等)进行采集。钩虾一般营底栖生活,在水草之间、落叶或其他物体底下以及水体底部的沙石或淤泥中,都可见淡水钩虾的分布。水质较好的大型水体(如水库、河流)中也能采集到钩虾,但一般较为困难。

钩虾主要通过生长在体外的鳃瓣呼吸,因此要求水体中氧含量较高。这可能是钩虾生存环境局限的主要原因。

2. **采集方法** 采集生活在地表水中的淡水钩虾,可利用化纤或尼龙布做的细眼纱网直接捕捞。采集到的钩虾可能会与水生植物、淤泥或其他杂物混合。一般可将这些混合物摊撒在地上,待钩虾自己爬出后采集。面积较大的水体中的钩虾可用自制的虾篓捕获。虾篓规格一般是 30cm×30cm×10cm,每个虾篓有约 5 个开口,用铅丝编制,外裹尼龙网片,网目为 120 目左右,网目的大小可以限定捕获钩虾的大小。用虾篓捕虾一般选择在夜间,每天下午下篓,下篓时先在篓中放入少许食物(鱼肉、馒头渣等作诱饵),然后将虾篓沉入距岸 15~20 m 的水底,早上取篓。地下钩虾的采集可以使用 Bou-Rouch 方法(Bou & Rouch,1967)。

二、淡水钩虾的培养

淡水钩虾具有生长快、盐度适应范围广、抗病力强等优点,目前在养殖方面尚有很大的开发前景。

(一) 养殖场选择

(1) 养殖场所必须建在四周无任何污染源、水质符合水产养殖用水标准、水源充足、溶氧量高、进排水方便的地段。

(2) 合理利用当地资源,选择淡水钩虾资源丰富的水域周围建设养殖场,养殖池塘的土质以壤土或黏土较佳。注排水方便,还有利于有效控制生态环境,使之满足钩虾生长、发育需要。

(二) 养殖池塘条件和设施

(1) 虾池面积 0.3~0.6 hm² 为宜,长方形,南北定向,宽阔向阳。池底平坦,沙质土或沙壤土,保持 3~6 cm 厚底泥。池底经曝晒后翻耕一遍,使底泥有机物分解转化,并减少病菌繁衍。养虾池要求水源充足,水质清新,水深 2 m 以上。放养前以 375 kg/hm² 生石灰清塘。清塘后,须先进行钩虾的栖息设施布置,即在水面种养部分水生植物,水中敷设网片、废旧编织袋等。

(2) 虾池每 0.2 hm² 配 1 台增氧机,传统上多使用水车式、射流式增氧机。目前一部分虾池采用鼓风式增氧,将带有许多小孔的塑料管均匀排布于虾池四周,鼓风充氧,增氧效果更佳。虾池应配备发电机组。

(3) 虾池内设暂养池，面积为虾池的1/4。有条件的养殖区配备蓄水沉淀池，进水先通过蓄水池沉淀曝晒1~2 d后流入虾池，可改善水质，减少水源污染，防止进排水量过大引起钩虾应激反应。

（三）放养前准备工作

(1) 池底经曝晒翻耕后，每公顷用1 500 kg的生石灰或75 kg漂白粉全池泼洒消毒。水源较紧张的虾池可采用一次进足池水，然后每公顷用75~112.5 kg漂白粉泼洒消毒，待药性过后进行施肥培水。

(2) 培水可使用发酵有机肥、煮沸黄豆浆、浸泡的茶粕或肥水素。

(3) 投放发酵有机肥，待池水色变浓后，泼洒有益微生物，使池水的氨氮、亚硝酸盐指标正常，有机物质经有益微生物分解转化，直接为浮游生物吸收，池水呈微生态良性循环，即可放苗。

（四）虾苗投放

(1) 选择胃肠饱满、体色透明、大小整齐的健康钩虾苗。

(2) 放苗密度：普通钩虾苗9.0×10^5~1.05×10^6个/hm²。无特定病毒钩虾苗7.0×10^5~8.5×10^5个/hm²。

（五）养殖管理

(1) 每天早、晚巡塘，高温季节防钩虾缺氧浮头。水质透明度35~40 cm，pH 7~8，pH偏低时，可每隔一定时间全池泼撒一次生石灰，用量为每公顷水面每次75 kg。水质管理上，注意定期加注新水，保持池水活力；利用增氧机增加池水溶解氧，改善水质环境；利用化学药物和微生物制剂改善水质；定期泼撒沸石粉净化水质，稳定池水环境；充分发挥水质监测的作用，有目的地调节水质。

(2) 每15 d投放一次益生菌，以改善虾池水质，使其保持稳定，氨氮、亚硝酸盐不超标。为了降低成本，益生菌使用前先激活，可大大增加活菌数量，提高使用效果。激活益生菌有敞开式和封闭式两种方法。

敞开式：一切微生物制剂均可采用，在桶内加入适量池塘水，将活菌溶解到水桶中，加入数千克红糖，使用气泡石充气增氧3~12 h后全池泼洒。

封闭式：适合纯菌包装，厌氧菌类。在适宜营养基（红糖、面粉）封闭培育3~4 d，可以大大提高活菌数，使用效果提高1倍以上。

(3) 养殖中后期适当用一些高效净水剂、活菌底质改良剂、沸石粉，以控制虾池底质。

(4) 定期在饲养中添加维生素、免疫多糖等生物活性物质，提高钩虾免疫能力。

（六）病害防治

病害防治应坚持"预防为主"的方针，把健康养殖技术措施落实到每一个养殖环节中。严禁使用未经取得生产许可证、批准文号和生产执行标准的渔药。推广使用含碘制剂、抗病毒中草药等无抗药性、低残留，符合标准的药物。

第三节 淡水钩虾的营养价值与应用

一、淡水钩虾的营养价值

淡水沟虾由于在所分布的水域一般数量较少，个体较小，长久以来未被人们关注，而国内对钩虾的研究也很少。在西伯利亚地区，钩虾数量比较丰富，因此对钩虾的研究较多，并进行了商业化开发，如在冷水性鱼类、观赏性鱼类及鸟类养殖中的应用。钩虾营养丰富，是鱼类的优质饵料；对赛里木湖钩虾的研究表明，这些钩虾蛋白质含量均达到干重的40%以上，鲜活的钩虾蛋白质为8.88%，烘干后测定钩虾脂肪和纤维含量分别是7.14%和6.88%，钩虾的钙和鳞含量较高，分别是6.45%和0.75%。氨基酸组成较为均衡。表8-1为钩虾的氨基酸组成，表8-2是赛里木湖不同鱼类对钩虾的摄食情况。

表8-1 赛里木湖钩虾氨基酸组成（g）
(引自郭焱等，2002)

氨 基 酸	烘 干	自然干燥
天冬氨酸	3.51	3.10
苏氨酸	1.61	1.52
丝氨酸	1.60	1.31
谷氨酸	4.78	4.25
甘氨酸	2.06	2.04
丙氨酸	2.39	2.88
胱氨酸	0.89	0.76
缬氨酸	1.84	1.84
蛋氨酸	2.00	0.26
异亮氨酸	1.52	1.46
亮氨酸	2.66	2.52
酪氨酸	1.44	1.33
苯丙氨酸	1.99	1.90
赖氨酸	2.34	2.36
组氨酸	0.86	0.99
精氨酸	2.62	2.33
脯氨酸	1.64	1.52
总 和	35.65	32.45

注：表中数据为每100g蛋白质中含量。

表8-2 赛里木湖不同鱼类对钩虾的摄食情况
(引自郭焱等，2002)

捕食情况 鱼类	出现次数		出现率（%）	
	春季	秋季	春季	秋季
贝加尔雅罗鱼	50	25	55.6	49.0
高体雅罗鱼	28	36	66.7	57.9
湖拟鲤	5	35	14.7	70.0

二、淡水钩虾的应用

1. 作为药物等毒理实验材料　淡水钩虾是一类重要的环境指示生物。钩虾靠鳃瓣呼吸，对水体中含氧量要求较高，对环境变化非常敏感。一旦水质有所变化，将很快导致钩虾死亡。戴友芝等（2000）利用包括钩虾在内的底栖动物说明了洞庭湖地区的污染状况，他们的结果与理化指标评价的结果一致。在美国五湖地区，钩虾已经被作为重要的水污染指示生物（McDonald et al，1990）。

在生态毒理学研究中，钩虾也可作为检测对象。新西兰学者利用淡水钩虾（*Paracalliope fluviatilis*）检测水中铜、砷和铬的毒性，并以此为依据推断水质的好坏。Driscoll et al（1997）则利用钩虾是分解者的特性监测毒素在淡水系统中聚集量的变化。

2. 作为饵料生物　淡水钩虾是某些鱼类、鸟类、两栖爬行动物和部分兽类的天然食物来源。根据白鲟幼鱼的消化道内容物分析发现，钩虾的出现率仅次于匙指虾类，达到35.65%（张征，1999）。钩虾作为青海湖裸鲤（*Gymnocypris przewalskii*）、虹鳟（*Salmo gairdneri*）和中华鲟的食物，文献中也有报道。另据付金钟等证实，在四川宝兴县，钩虾还是小鲵类动物的天然饵料。此外，如将钩虾搅碎可饲养家禽，或可直接饲喂鱼、虾、蟹等，或干制后替代鱼粉作为人工饵料。

钩虾由于同时是一些寄生虫的中间寄主，某些脊椎动物食用钩虾后致病的报道也有记载。如鸭长颈棘头虫（*Filicollis anatis*）与小多型棘头虫（*Polymorphus minutus*）寄生在鸭与鹅等小肠内所引起的寄生虫病，往往使家禽大批死亡。棘头虫卵随鸭鹅的粪便排出外界，落入水中被中间宿主——溞状钩虾所吞食，发育成棘头蚴，棘头蚴又随这个中间宿主侵入鸭、鹅等体内，发育为成虫。

食用钩虾致病的报道还有：杨廷宝和廖翔华（2000）的研究表明，青海湖裸鲤因捕食钩虾而感染湟鱼棘头虫（*Echinorhynchus gymnocyprii*）。Rohde（1994）报道，*Amphilina foliacea* 通过淡水钩虾寄生到鲟身上。

3. 钩虾可提取甲壳素　钩虾的壳中含有甲壳素。提取钩虾中的甲壳素可用于医药、工业、农业及环境保护等方面。在医药卫生上，甲壳素可作为抗癌物质、手术缝线、隐形眼镜片及人造皮肤。在工业上，甲壳素是纺织燃料的上浆剂、固色剂及处理剂，使织物有更好的染色性、耐洗性和抗皱性；又由于它不怕水，制成的纸可用于绘制海图及航海记录本。在环境保护方面，甲壳素可净化污染的水质，特别是用来滤除重金属离子，如汞、镉、银和砷等，效果显著；还可用来滤除含蛋白质的废水，使蛋白质附着后不经任何处理即能作动物饲料。此外，如将甲壳质与有机肥混合撒在患黄病的甘蓝田里，持续4年即可根除这种病害。因此甲壳资源如能充分利用，也是一项可观的财富。

另外，淡水钩虾取食藻类、小型水生动物以及腐殖质，对水体的净化起着重要作用。

淡水钩虾作为潜在的生物饵料，它的培养不仅可以作为淡水经济动物苗种培育的生物饵料被利用，而且由于某些钩虾的广盐分布特性，可以通过盐度驯化，作为一些半咸水经济水产动物的生物饵料。目前也有直接利用海产钩虾，主要是螺蜾蠃科一些螺蜾蠃属（*Corophium*）种类进行培养，作为海洋水产经济动物苗种培育的生物饵料。

•复习思考题•

1. 试述淡水钩虾作为生物饵料的特点。
2. 试论述淡水钩虾主要的形态特征。
3. 为了保证繁殖期内雄性个体与处于排卵蜕皮期的雌性个体在空间上最接近，钩虾采取哪两种生殖策略？
4. 淡水钩虾的繁殖习性有哪些？
5. 简述淡水钩虾个体发育的四个时期。
6. 影响钩虾生存的生态条件有哪些？
7. 简述淡水钩虾的养殖方法。
8. 淡水钩虾有何营养价值和应用价值？
9. 比较钩虾的育卵囊与糠虾的结构功能异同。

（侯仲娥　陈海峰　李枢强）

第九章 水生环节动物的培养

在水生环节动物中,具有较大开发和利用价值的生物饵料种类主要有两大类,一类是沙蚕,属于环节动物门(Annelida),多毛纲(Polychaeta),游走目(Erranta),沙蚕科(Nereidae)。沙蚕中,作为水产经济动物生物饵料,重要的种类隶属围沙蚕属(Perinereis)和刺沙蚕属(Neanthes),如双齿围沙蚕(Perinereis aibuhitensis)和日本刺沙蚕(Neanthes japonica)。本章主要介绍双齿围沙蚕幼体的培养和沙蚕的养殖。

另一类俗称丝蚯蚓又称水蚯蚓或红虫,属于环节动物门,寡毛纲(Oligochaeta),近孔寡毛目(Plesiopora),颤蚓科(Tubificidae)。常见培养种类有水丝蚓属(Limnodrilus)的戈氏水丝蚓(L. gotoii)、霍甫水丝蚓(L. hoffmeistteri)和尾鳃蚓属(Branchiura)的苏氏尾鳃蚓(B. sowerdyi)等。

第一节 双齿围沙蚕人工育苗和沙蚕的养殖

沙蚕是潮间带环节动物生物类群的主要组成部分,我国沿海均有分布,天然资源相当丰富,品种繁多。沙蚕的生长迅速,营养丰富,如双齿围沙蚕(俗称海蜈蚣、海蚂蟥、海百脚、青虫、海虫、海蛆)粗蛋白为 $60.33\%\sim65.92\%$,粗脂肪为 $8.23\%\sim13.61\%$,糖为 $3.42\%\sim5.20\%$,灰分为 $2.58\%\sim5.20\%$,水分为 $81.06\%\sim83.66\%$,不饱和脂肪酸占总脂肪酸的 $26.18\%\sim29.56\%$,富含 EPA($6.89\%\sim12.28\%$),鱼虾蟹等特别喜爱摄食沙蚕,所以沙蚕比较适宜作为生物饵料进行开发。近年来,随着海水养殖业的发展,人们开始培养沙蚕幼体作为鱼虾蟹苗种的优质生物饵料,养殖沙蚕成体培养鱼虾蟹亲体。由于沙蚕受多种鱼类喜爱,所以又被游钓爱好者广为采用,人称"万能钓饵"。除此之外,沙蚕还具有多种功用,其一,沙蚕味道鲜美,日本沿海以及东南亚各国居民都有吃沙蚕的习惯,我国闽、粤、桂沿海居民还视生殖腺成熟的沙蚕为营养珍品,干制后,煮汤白如牛奶,味极鲜美,且浓度大,有"天然味精"之称,油炸后酥松香脆,为下酒佳肴;其二,沙蚕还有一定的药用价值,日本利用沙蚕提取物治疗恶性肿瘤,在临床上已有所突破,我国台湾认为沙蚕对补阴虚、平喘止咳都有较好效果;其三,其体腔液是一种天然的杀虫剂,特别对昆虫类有剧毒,而对人类无毒无害;其四,可作为鳗以及其他特种水产养殖业的配合饵料添加剂。我国捕捞沙蚕出口已有20余年的历史,主要销往日本、韩国、西欧、中国香港、中国台湾等国家和地区。由于我国良好的地理环境,年产量达 1.0×10^3 t 左右,年产值 7.0×10^7 美元,约占全球总量的 $60\%\sim70\%$,稳居世界首位。然而近年来,随着国民经济的迅猛发展,工业污染日趋严重,沙蚕自然生存环境逐渐恶化,产量日趋下降,原沙蚕产量大省浙江、辽宁与历史高产年相比分别下降 80%、60%。在日本市场,双齿围沙蚕的到岸价高达 $1.1\times10^4\sim1.4\times10^4$ 美元/t。西欧市场的沙蚕需求量也呈逐年上升的趋势,且供不应求。所以我国近年来开始进行了沙蚕的人工育苗和养殖。就沙蚕养殖而言，仅浙江省慈溪市1998年养殖面积就达66 hm^2，采取粗放式养殖，每公顷产量达225 kg以上，投入与产出比为1：6以上，效益非常显著，1999年养殖面积达667 hm^{2}以上。温岭新街镇红旗塘1999年起增殖面积达70 hm^2，采取围坝蓄水精养，产量达$9.0×10^2$~$3.0×10^3$ kg/hm^2。另外，沙蚕的养殖主要是在海区的中高潮带，而且对盐度的要求并不严格，养殖投入很低。

有关双齿围沙蚕的研究国内外都有报道。日本学者对沙蚕的成熟与加速产卵（吉田俊一，1976）、养殖等（永井康鄞，藤波）做过研究，国内学者主要对双齿围沙蚕的生态学（郑佩玉等，1986；郑金宝，2000）、生活史（谷进进等，1982）、人工繁殖（林继辉，1982）、生态因子及生物量变化规律（石小平，1993；周一兵，1995）、人工育苗（洪秀云，1988；冷忠业，2001）、人工增养殖（王美珍，1999；丁理法，2001）做了报道。宁波大学从1999年起进行了双齿围沙蚕的人工育苗，已取得了显著的成果。

一、双齿围沙蚕的生物学

（一）外部形态

沙蚕为两侧对称、分节的长柱体，后端稍细具刚节。虫体背腹稍扁，活体体色红色或蓝绿色，刚节数在双齿围沙蚕的幼小个体期时，随着体长的增长而增加，体长至170mm时，体节增加速度缓慢，当体长约190mm时，沙蚕刚节数一般为200个左右。个别沙蚕可长到220个刚节，但是很少数。最长体长达260mm，其刚节数也只有230个。

沙蚕外形可分为头部、躯干部和尾部。

1. 头部（head） 由口前叶和围口节组成。

（1）口前叶（prostomium）。位于虫体的最前方，口前叶似梨形，前部窄、后部宽。背面有2对眼，呈倒梯形排列于口前叶中后部，前对眼稍大。前端有1对触手和1对触角，触手稍短于触角。项器2个，为眼后具腺细胞的纤毛上皮的横裂（图9-1）。

（2）围口节（peristomium）。为口前叶后的一个环形节，围口节背面有4对长短不一的围口节触须，最长触须后伸达第6~8刚节。腹面有1个口。

（3）吻（proboscis）。为消化道富含肌肉的口腔和咽，经口外翻而成，吻的形态是分类的主要依据。吻由颚环（maxillary ring）和口环（oral ring）两部分组成，前端近大颚处为颚环，基部近口端为口环。吻可分为8个区，颚环背中面为Ⅰ区，Ⅰ区的两侧为Ⅱ区，颚环腹中面为Ⅲ区，Ⅲ区两侧为Ⅳ区，口环背中面为Ⅴ区，Ⅴ区两侧为Ⅵ区，口环腹中面为Ⅶ区，Ⅶ区两侧为Ⅷ区。双齿围沙蚕除Ⅵ区2~3个扁齿排成一排（个别标本3~4个排成两排）外，其余区都为圆锥形齿，Ⅰ区2~4个，Ⅱ区12~18个排成2~3个弯曲排，Ⅲ区30~54个呈椭圆形堆，Ⅳ区18~25个排成3~4个斜排。Ⅴ区2~4个，Ⅵ、Ⅶ区35~45个排成2排（图9-2）。

2. 躯干部（trunk） 由许多体节组成，从围口节至后端（除最末一节外）的每一体节的形态均相同，每节的两侧都有1对疣足，是运动器官。由体壁长出，除前2对疣足单肢型外，余者均为双肢型。分背肢和腹肢，每肢有1束刚毛，由刚毛囊的毛原细胞分泌而成，具有辅助运动、保护、生殖或捕食的功能。在疣足的背、腹侧还各有1条触须，称背须和腹须，有呼吸功能（图

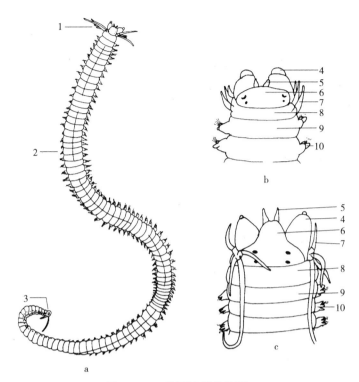

图 9-1 双齿围沙蚕的外形

a. 外形 b、c. 头部

1. 头部 2. 躯干部 3. 尾部 4. 触角 5. 触手 6. 口前叶 7. 触须
8. 围口节 9. 第 1 刚节 10. 疣足

（引自孙瑞平等，2004）

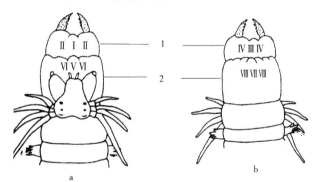

图 9-2 双齿围沙蚕吻的分区

a. 背面观 b. 腹面观

1. 颚环 2. 口环

（引自孙瑞平等，2004）

9-3）。位于疣足叶外部或内部的几丁质刺毛，由刚毛囊的毛原细胞分泌形成。具辅助运动、保护、生殖或捕食的功能。刚毛的种类有简单型刚毛、复型等齿刺状刚毛、复型异齿刺状刚毛、异

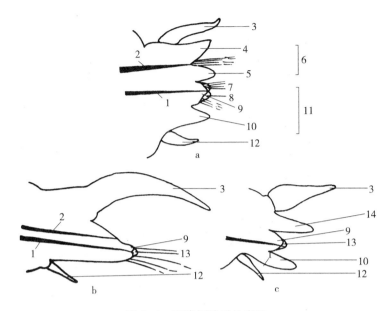

图 9-3 双齿围沙蚕的疣足

a. 双叶型疣足 b. 亚双叶型疣足 c. 单叶型疣足

1. 腹足刺 2. 背足刺 3. 背须 4. 上背舌叶 5. 下背舌叶 6. 背足叶 7. 足刺上后腹刚叶 8. 足刺下后腹刚叶 9. 前腹刚叶 10. 腹舌叶 11. 腹足叶 12. 腹须 13. 后腹刚叶 14. 背舌叶

（引自孙瑞平等，2004）

齿镰刀形刚毛、等齿镰刀形刚毛、桨状刚毛。所有背刚毛均为复型等齿刺状，疣足腹刚毛有刺状、镰刀状两种（图 9-4）。

3. 尾部（pygidium） 虫体最后一节无疣足和刚毛的体节，常称为尾（tail）或肛节（anal segment）。较为延长，呈圆柱形，基部腹面有肛门，最后有 1 对肛须。当虫体生长时，新体节在肛节前增殖。

（二）内部结构

沙蚕体节的横切面，具两个同心管套在一起，其内管为消化管，外管为体壁，两管壁间的空腔为体腔。

1. 体壁（body wall）

（1）角质膜（cuticle）。为表皮细胞分泌而成的非几丁质的硬蛋白质膜，较薄且易弯曲，具保护作用。

（2）表皮（epidermis）。为角质膜下方的单层柱状上皮细胞层。其中，具腺细胞和感觉细胞，尤

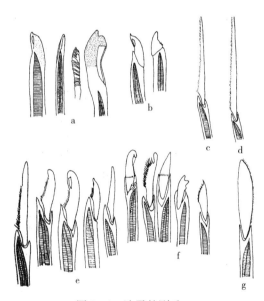

图 9-4 沙蚕的刚毛

a. 简单型刚毛 b. 伪复型刚毛 c. 复型异齿刺状刚毛
d. 复型等齿刺状刚毛 e. 异齿镰刀形刚毛
f. 等齿镰刀形刚毛 g. 桨状刚毛

（引自孙瑞平等，2004）

以腹侧面和疣足叶基部细胞较多。腺细胞分泌黏液,以润滑虫体或栖居的穴壁。表皮富血管,以利呼吸。

(3) 肌肉层(muscular layer)。分环肌、纵肌、斜肌等。环肌为外层环生,较薄,在疣足处间断,环肌的收缩可使虫体变细;纵肌为内层,较厚,分成4束,背腹侧各2束,纵肌的收缩可使虫体变粗;斜肌在每个体节内有1对,分为2支,一支穿过体腔达背部,另一支至疣足的腹基部,斜肌和疣足肌控制疣足叶和刚毛的运动(图9-5)。

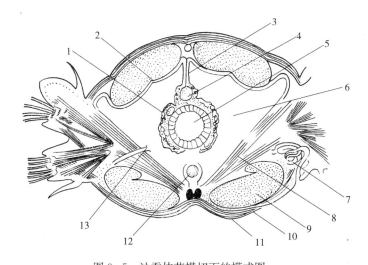

图9-5 沙蚕体节横切面的模式图
1. 黄色细胞 2. 壁体腔膜 3. 肠系膜 4. 背血管 5. 肠 6. 体腔 7. 后肾
8. 斜肌 9. 纵肌 10. 环肌 11. 腹神经 12. 腹血管 13. 肾内孔
(引自孙瑞平等,2004)

(4) 壁体腔膜(parietal peritoneum)。位于体壁的最内层,是一层扁平细胞,为体腔膜的一部分。

2. 体腔(coelom) 为体壁与肠管间宽阔的腔隙,内外围有体腔膜,近体壁的部分为壁体腔膜,近肠管的部分为肠体腔膜。体腔内充满着体腔液和变形细胞,具循环功能。在生殖期内具有不同发育阶段的生殖细胞。

3. 消化系统(digestive system) 包括消化管和消化腺两部分。消化管是从口至肛门的直管。根据其结构和来源,分为前肠、中肠和后肠。前肠包括口、口腔、咽;中肠包括食道、胃、肠;后肠又称直肠,位于体后,其最后的体节称肛节,通过肛门和外界相通(图9-6a)。

4. 呼吸系统(respiratory system) 无特殊的呼吸器官。沙蚕的体表和疣足的舌叶充满血管网,是气体交换的主要场所。

5. 循环系统(circulatory system) 为发达的闭管式循环系统,血液在血管内流动。血管分为背血管、腹血管、连接血管(图9-6b)。背血管:纵行于肠背中部的两背纵肌束之间,具有收缩力,可使血液由后向前流,也收集体壁、肾、疣足和体节来的血液,约在第5体节分支入食道壁。腹血管:纵行于肠下方腹中线,为无收缩力的分布性血管,血液由前向后流,并于每一体节通出2对腹肠血管。连接血管:除第4、第5体节外,每个体节两侧都具有2对环状的连接血管,在疣足和体壁形成具有呼吸功能的毛细血管网。

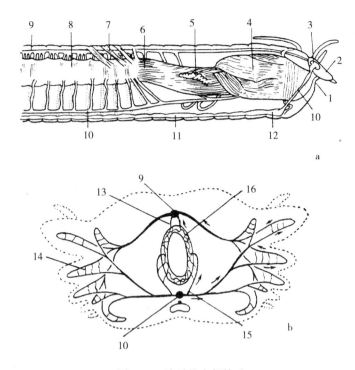

图 9-6 沙蚕的内部构造
1. 口 2. 口前叶 3. 脑 4. 咽 5. 食道腺 6. 食道 7. 缩肌 8. 肠
9. 背血管 10. 腹血管 11. 腹神经索 12. 咽下神经节 13. 背肠血管
14. 疣足毛细血管 15. 腹肠血管 16. 肠毛细血管
（引自孙瑞平等，2004）

6. 排泄系统（excretory system） 除前几节体节外，每个体节都具有 1 对按节排列的后肾，是一个腺体，腺体表面密集血管，腺体内具有螺旋的纤毛肾管和无纤毛端管。在疣足基部近腹须处具细而圆的肾外孔。

7. 神经系统（nervous system） 神经系统发达，为链式神经系，包括中枢神经系、外周神经系和内脏神经系。

（1）中枢神经系（central nervous system）。主要包括脑、围咽神经环、咽下神经节和腹神经索。

（2）外周神经系（peripheral nervous system）。为脑和各神经节发出的神经。由脑向前发出 1 对神经到触手，1 对神经到触角，脑背部发出 2 对神经到眼。由脑向后发出 1 对神经到项器。腹对触须系由围咽神经环上神经节发出的神经支配，背对触须由咽下神经节发出的神经支配。

（3）内脏神经系（visceral nervous system）。由纤细的神经组成，并具有几个神经节到咽壁，以控制吻的伸缩，一方面与脑后部相连，另外又与围咽神经环相连。

8. 生殖系统（reproductive system） 雌雄异体，生殖腺只是在生殖季节，由腹隔膜体腔上皮细胞快速增殖而成，除体前端外，几乎每节都有生殖细胞。

生殖细胞处于精原细胞或卵原细胞阶段时，便被排入体腔，在体腔液中分别发育成熟为精子和卵。沙蚕无生殖管，肾管兼具生殖管功能。

(三) 繁殖习性

双齿围沙蚕的繁殖期在浙江省为4~11月,繁殖盛期为5~6月和9月下旬至10月下旬。

雌雄异体,平时很难区分,到了繁殖季节,其体形发生变化(生殖态),且有特殊的群浮和婚舞生殖的现象。

1. 生殖态(epitoky) 是沙蚕科为代表的一种特有的生殖现象,由无性个体或非生殖个体向有性个体或生殖个体转变的过程。

2. 异沙蚕体(heteronereis) 在产卵排精前夕,其体形发生变化,生活方式由底栖爬行转为浮游生活,这种具有生殖态的虫体又称为异沙蚕体(图9-7)。雌雄异沙蚕体既有共同特征,又有不同特征。

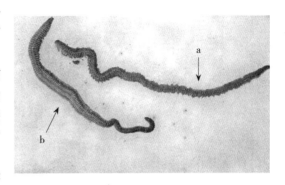

图9-7 异沙蚕体与正常沙蚕的外形
a. 正常沙蚕体 b. 异沙蚕体
(引自蒋霞敏,2004)

(1) 雌雄异沙蚕体的共同特征。①身体显著缩短、变宽、变扁平。②眼变大、变黑。③身体分成2个不同形态的前区和后区,前区疣足不变形,后区疣足变形,疣足上的刚毛成桨状,是游泳器官。④从底栖爬行改为漂浮游泳生活。

(2) 雌雄异沙蚕体的不同特征。①雌性个体稍大于雄性个体。②雌性个体背部呈浓绿色,雄性个体背部呈乳白色。③雄性个体变形疣足具乳状突起,雌性缺。④雄性个体肛门周围具有菊花状乳突。

双齿围沙蚕的雄虫体长30~65mm,具116~186个刚节。雌虫体长60~102mm,具168~210个刚节,体背面具棕色色斑。

3. 群浮(swarming)和婚舞(nuptial dance)

(1) 群浮。性成熟时,分散而居的雌雄沙蚕在一定时期同步离开栖息地,由底栖浮于海面,成为漂浮于水面的异沙蚕体,此生殖习性称为群浮。双齿围沙蚕的群浮周期明显表现为每月2次峰值,每次群浮都在小潮汐过后的次日出现,至大潮汐结束,持续8~9 d,最高峰都在大潮汐来临前2~4 d,即新月和满月之间,属典型的半月相型群浮。当水温适宜(19~26℃),在半月相型的群浮周期内还明显地表现出昼夜有规律的群浮变化,在24h内异沙蚕体群浮都是从18:00开始出现,至上午10:00止,最多是凌晨4:00~6:00,占日总群浮数的62.5%以上。

(2) 婚舞。雌雄异沙蚕体相伴做卷曲状、圆形的游动,开始速度较慢,以后加快,可持续数小时,当追逐游动达到高峰时,雄体先排精,雌体产卵,此时水体呈淡绿色且浑浊不清,此为婚舞。沙蚕产卵排精后,游泳一段时间后匍匐于水底,大部分24h内相继死亡。

4. 胚胎发育和变态(development of embryo and metamorphosis) 双齿围沙蚕的胚胎、幼体发育见图9-8,其胚胎发育经历受精卵、卵裂期、囊胚期、原肠期、担轮幼虫前期、担轮幼虫后期、疣足幼虫期(3~10刚节疣足幼虫),从受精卵发育至4刚节疣足幼虫所历经的时间因水温而变化,水温在25~26℃为118 h;而水温在27.5~32℃为82h。不同沙蚕种类的胚胎发育和变态时间见表9-1。

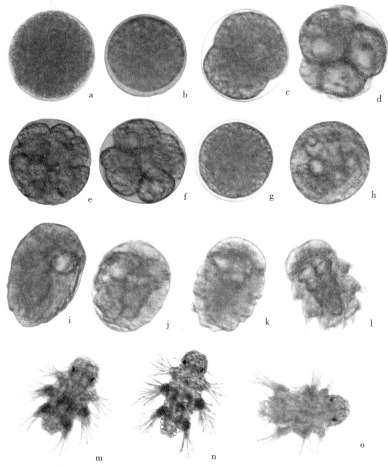

图 9-8 双齿围沙蚕胚胎和幼体发育

a. 成熟卵（×100） b. 受精卵（×100） c. 2 细胞（×100） d. 4 细胞（×100） e~f. 多细胞期（×100）
g. 囊胚期（×100） h. 原肠期（×100） i~j. 担轮幼虫前期（×100） k~l. 担轮幼虫后期（×100）
m. 3 刚节疣足幼体前期（×100） n. 3 刚节疣足幼体后期（×100） o. 4 刚节疣足幼体（×100）

（引自蒋霞敏，2005）

表 9-1 几种沙蚕胚胎和幼虫发育的比较

（引自蒋霞敏，2005）

发育阶段	双齿围沙蚕		日本刺沙蚕				腺带刺沙蚕	
	发育时间	温度（℃）	发育时间	温度（℃）	发育时间	温度（℃）	发育时间	温度（℃）
人工授精	0	19.5~21.3	0	14~15	0	7	0	25.0~29.3
第一极体	2h	19.5~21.3	2 h	14~15	2 h	7	33±15 min	25.0~29.3
第二极体	2h 40min	19.5~21.3		14~15			63±30 min	
第一次分裂	2h 50 min	19.5~21.3	3h	14~15	4h	7	2h5min±7min	25.0~29.3
多细胞期	7h 30min	19.5~21.3			10h	7		
囊胚期	8h 50min	19.5~21.3			20h	7	16±5h	25.0~29.3
原肠期	15h	19.5~21.3	1d	14~15	2d	9	29±7h	25.0~29.3

（续）

发育阶段	双齿围沙蚕		日本刺沙蚕				腺带刺沙蚕	
	发育时间	温度（℃）	发育时间	温度（℃）	发育时间	温度（℃）	发育时间	温度（℃）
前担轮幼虫期	34h	19.5~21.3	2d	14~15	3d	9.5	43±4h	25.0~29.3
后担轮幼虫期	51~57h	19.5~21.3	4d	14~15	5d	11	58±12h	25.0~29.3
3刚节疣足幼虫	3d	19.5~21.3	5d	14~15	8d	12.5	77±13h	25.0~29.3
4刚节疣足幼虫	7d	19.5~21.3	9d	14~15	12d	14		

（1）卵与精子。卵为沉性，圆球形，成熟的卵卵径 195~205μm，平均 202μm。卵膜外有一透明的胶质膜，厚约 291μm，具黏性。精子为鞭毛虫型，全长 35~53μm。

（2）卵裂期。受精后细胞膜举起，围卵周隙逐渐变大，从 4.2μm 增到 12.4μm。卵裂方式是螺旋形不等全裂。第一次卵裂为纵裂，分裂成大小不等的 2 细胞。第二次分裂也是纵裂，且与第一次分裂相垂直，分裂成大小不等的 4 个分裂球，开始为 2 个大细胞、2 个小细胞，随后变成 1 个大细胞和 3 个小细胞，即 4 细胞期。第三次分裂后形成 8 个细胞，即 8 细胞期，此时油球开始集中。8 细胞期以后，细胞数目迅速增加，经过多次卵裂发育到多细胞期，但胚胎的大小基本与受精卵相当。

（3）囊胚期。囊胚期时四周的分裂球界线清楚，中央相对模糊，但大小基本不变。

（4）原肠期。进入原肠胚后，胚体长出极细的纤毛，借纤毛的摆动，使胚体在卵膜内转动，此时油球集中成 5~8 个大油球。胚胎的大小也基本与受精卵相当。

（5）担轮幼虫期。随着发育，胚体逐渐拉长，梨形，长 195~223μm，宽 162~184μm，进入担轮幼虫前期，此时具 4 条纤毛轮（口前纤毛轮、2 条中纤毛轮、端纤毛轮）和 2 条纤毛束（顶纤毛束和端纤毛束），口前纤毛轮处有 1 圈黄色的色素环。胚体继续拉长，进入担轮幼虫后期，长 232~320μm，宽 152~172μm，此期幼虫的体侧具 3 对乳状突的疣足及其未伸出疣足的刚毛束，有 2~5 个大油球。此时幼虫可凭借不断运动挣脱卵膜孵化。

（6）疣足幼虫期。孵化后进入早期 3 刚节疣足幼虫期，体长达 0.31~0.34mm，宽 0.13~0.15mm。疣足明显，具有 8~10 根刚毛，色素环下方长出 1 对浅红色眼点，长出围口节、第 1 对触须与口前叶触手，顶、端纤毛束消失，尚存 4 条纤毛轮。随着发育，眼点分离为 2 对，显橙色。肛须伸长，每一疣足基部可见 2 根足刺，即为 3 刚节疣足幼虫。幼虫体长达 0.35~0.40mm，宽 0.14~0.16mm。具 3 个刚节，3 对疣足，每一疣足具 10~15 根刚毛，具有咽囊和 2 对大颚。幼虫眼点逐渐呈棕色，两两连在一起。肛节拉长，肛须长 3.2~4.0μm。浮游生活，具趋光性。消化道打通，幼虫开始摄食，但仍有大油球。

进入 4 刚节疣足幼虫时，幼虫体长达 0.38~0.48 mm，宽 0.15~0.18 mm。具 4 个刚节，4 对疣足，第 1 对疣足刚毛减少，眼点呈黑色，前 1 对较大并具晶体。4 刚节疣足幼虫后期纤毛轮消失，进入匍匐阶段，肠能正常蠕动，其内充满食物。进入 5 刚节疣足幼虫时幼虫体长达 0.51~0.76 mm，宽 0.16~0.20 mm，具 5 个刚节，5 对疣足。幼虫具 2 对围口节触须，围口节 1 对触须和肛须均伸长。此时幼虫喜钻入泥沙等底质中。进入 6 刚节疣足幼虫时幼虫体长达 0.72~0.99 mm，宽 0.17~0.23 mm，具 6 个刚节，6 对疣足。幼虫具 3 对围口节触须。第 1 对疣足伸长，变化为围口节的一部分。进入 9 刚节疣足的幼虫体长 1.56~2.09 mm，宽 0.35~0.41 mm，具9个刚节，9对疣足，除前2对疣足和末2~3刚节上的疣足为单肢型外，其余各对均为双肢型。幼虫口前叶触角分为2节。10刚节疣足幼虫的体长达1.84~2.32 mm，宽0.39~0.57 mm，具10个刚节，10对疣足，此时幼虫具4对围口节触须，围口节和口前叶区分明显。这时的幼体形态与生态都与成体相似。

（四）生态习性

1. 栖息地　双齿围沙蚕喜栖息于中、高潮带海滩，以泥、泥沙底质为主，富含有机质、硅藻等的生境更有利于沙蚕的生长和繁殖。双齿围沙蚕营钻洞穴居生活，穴孔直径为0.5~0.7 cm，栖居深度为0~30 cm，有明显的季节变化，冬季栖居深层，随着温度的升高日趋上升，特别是生殖季节栖居表层，以0~5 cm为多，高温季节又会栖居深层，随潮水涨落而活动，昼伏夜出，摄食时钻出滩面。

2. 温度与盐度　双齿围沙蚕对温度和盐度的适应能力比较强。成体适合的水温为0~37 ℃，盐度为5~35。幼虫适宜的温度为18~33 ℃，最适24~26 ℃；盐度的适合范围为15.0~34.8，最适21.6（图9-9、图9-10）。

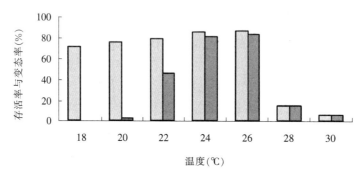

图9-9　温度对沙蚕幼体的存活率与变态率的影响
　　□ 存活率（%）　　■ 变态率（%）
（引自蒋霞敏，2005）

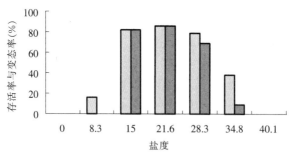

图9-10　盐度对沙蚕幼体的存活率与变态率的影响
　　□ 存活率（%）　　■ 变态率（%）
（引自蒋霞敏，2005）

3. 饵料　幼虫的饵料以球等鞭金藻和混合藻（角毛藻＋扁藻＋微绿球藻）为佳，球等鞭金

藻的密度以 $2.0×10^5$ 个细胞/ml 组效果最佳；4 刚节疣足幼体起投细沙效果明显优于其他组（表 9-2，图 9-11）。

个体较小的沙蚕主要摄食微藻，以底栖硅藻、扁藻等为佳；长到 3～4 cm 后，以杂食性为主，能摄食动、植物碎片、腐屑，还能有效利用污泥中的蛋白质。成体沙蚕主要摄食软体动物、甲壳动物、其他小型动物、有机碎屑或海藻。摄食强度与季节有关，水温较低时摄食量少，随着温度升高逐渐加大，但产卵群体不摄食或很少摄食。

表 9-2 饵料种类对疣足幼虫存活率的影响
（引自蒋霞敏，2005）

饵料种类	饵料密度 ($×10^4$ 个细胞/ml)	存活率（%）				
		1 d	2 d	3 d	5 d	7 d
亚心形扁藻	1	100	87	53	45	44
角毛藻	20	100	94	92	86	71
球等鞭金藻	20	100	98	92	88	85
蛋白核小球藻	30	100	94	64	56	25
微绿球藻	50	100	95	80	61	13
空白	0	100	85	44	10	0
混合藻	8+8+0.5	100	94	90	90	88

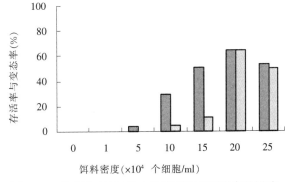

图 9-11 藻密度对沙蚕幼虫的存活率与变态率的影响
■ 存活率(%) □ 变态率(%)
（引自蒋霞敏，2005）

二、双齿围沙蚕的人工育苗

美国于 1972 年获得沙蚕人工繁殖的成功，日本在 1979 年也能够进行沙蚕的人工繁育。我国对沙蚕人工育苗研究较晚。郑金宝（2000）进行了多齿围沙蚕的繁殖及培育的初步研究。林继辉和符泽雄（1988）进行了双齿围沙蚕育苗小型试验。王冲（2000）进行了双齿围沙蚕生产性育苗试验。利用对虾育苗室及其设备，采捕自然海域上浮的异沙蚕体，雌雄比=3∶1 配比产卵，孵化密度 $5×10^5$～$1×10^6$ 个/m^3。经 35d 培养，幼体平均体长 1.5（0.5～3.0）cm，$136m^2$ 水泥池出苗量 $4.55×10^6$ 个，平均 32 625 个/m^2。3 刚节幼虫至 4 刚节幼虫成活率 70%，4 刚节幼虫至底栖成活率 49.4%，底栖后至出池成活率 47.9%。蒋霞敏等（2003）育出平均体长 2.34cm 的双齿围沙蚕幼体 13.16kg，获得育苗的初步成功。

（一）亲体的培育

1. 亲体的采捕 每年的 4～10 月是沙蚕的繁殖季节，在大潮汛来临前 2～3d，从沙蚕的养殖区或自然海滩上，徒手捕捞异沙蚕体或个体较大的沙蚕，挑选体健无伤残的个体作为亲体。获得足够数量的异沙蚕体是育苗成功的基础，因此要掌握好自然海区沙蚕亲体上浮时期。浙江海区一般在 5 月上旬至 6 月下旬或 9 月下旬至 10 月中旬，海水温度 19～26℃，在大潮汛来临前 1~3d 的傍晚或凌晨，就有大量异沙蚕体上浮，在水面不停地游动。此时正是采捕沙蚕亲体的好时机，不可错过。另外也可提前 1~2 个月将沙蚕移入室内培育，升温促熟，提前获得异沙蚕体。

2. 亲体的包装及运输　徒手捕捞的沙蚕，用采集区海水（盐度 15 以上）反复淘洗，直到无泥浆水为止。除去杂质，用自制的木框筛绢框分装，每框底部放少量蛭石（蛭石是一种层状、含铁质的铝硅酸盐类矿石，经过膨化加工而成），起到吸水、保温、抑制霉菌生长和防止沙蚕相互缠绕的作用，每框装沙蚕 1.5~2.5kg，5~10 框叠在一起，中间放冰袋，外套纸箱或泡沫箱，采用低温（10~15℃）干法运输。

3. 亲体培育条件　未变成异沙蚕体或个体较大的沙蚕可用水泥池培养，培育条件：水温 20~29℃，盐度 10~25，充气，气石 1 个/m²，2~3d 换水 1 次，换水量为 100%，干露 1~2h，换水后投喂扁藻、球等鞭金藻、鱼粉、豆饼粉等。根据沙蚕喜欢钻洞穴居生活等习性，在培育池中需铺设泥沙等底质，沙厚 10~20cm。

影响沙蚕亲体培育的因素很多，其中之一是沙蚕亲体的挑选、淘洗和除杂。这一关非常重要。徒手捕捞的沙蚕往往很杂，既带有泥沙和杂物，又混有很多受伤断残的沙蚕。如果不把泥沙洗净，沙蚕干法运输时，体表上分泌的许多黏液就会粘住泥沙，而且像滚雪球一样，越粘越多。沙蚕的呼吸是靠疣足上的背须和腹须，这样一来，可能堵住触须，影响呼吸功能，造成运输成活率降低；同样受伤断残的沙蚕会大量出血，造成污染，影响沙蚕亲体的存活。所以沙蚕采捕后必须经反复淘洗，将杂物和受伤的个体完全去除，才能保质保量，提高沙蚕亲体培育的成活率。影响因素之二是底质败坏，特别是投喂人工饵料的培育池，更应留神，一不小心就会引起底质发黑。因为沙蚕喜钻洞栖息，硫化氢对沙蚕生长、发育影响很大。为此，在培育时最好选用沙质底。其长处是水清易观察，同时可采取洗沙的办法避免污染。洗沙的具体做法是，每隔 5~7d 将全池水放干，从池子高处一边用耙翻沙，一边冲水，同时要留意沙蚕个体，避免受伤。这样就可将发黑的污泥浊水洗刷干净。如果条件许可，最好投单细胞藻类，更易控制水质变化，防止底质变黑。

（二）催产与孵化

孵化的方法有 2 种。

1. 原池孵化法　用 30~50m³ 水泥池催产，孵化前放满过滤海水，池中布 2~4 只网箱（8~10 目），当亲体培育池发现有异沙蚕群浮，立即用网勺捞起，按雌雄比例 3:1，放在网箱中，让异沙蚕快速游动，自然产卵排精。孵化条件：水温 22~25℃，盐度 15~25，连续充气（充气头 1 个/m²），加抗生素和 EDTA-Na₂。经 6~12h 产卵排精后，将匍匐于箱底的异沙蚕体和网箱移去，进行原池孵化，次日当发育至担轮幼虫期时，用 250 目尼龙筛绢网箱进行缓水倒池或原池培养。

2. 洗卵孵化法　用大口径的塑料桶催产，每隔 1~2h 用 250 目尼龙筛绢网收集卵子，用 22~25℃ 的海水反复洗去过多的精液。洗净的受精卵放在水泥池再孵化培育。孵化条件：水温 22~25℃，盐度 15~25，连续充气（充气头 1 个/m²），加抗生素和 EDTA-Na₂。要提高沙蚕的受精率和孵化率，除了给予最佳的理化因子外，还要注意沙蚕雌雄的配比，实践证明，雌雄的配比以 3:1 较为合适。如果雄体过多，卵表面会附满精子，这样的卵大多数会变成死卵或发育畸形。

(三) 幼体培育

育苗条件：水温 25±1℃，盐度 15～22，加 5.0mg/L EDTA - Na_2，青霉素或土霉素 1mg/L。水质控制：培育前期（4 刚节疣足幼虫期前）日添加水 5～10cm，培育后期日换水 2 次，换水量 1/3～1/2。3 刚节疣足幼虫期末起投喂新月菱形藻、微绿球藻、球等鞭金藻等。4 刚节疣足幼虫期起增投扁藻、角毛藻等。适口的饵料是幼体正常发育的一个主要因素。已经证明 3～5 刚节疣足幼虫以投喂小球藻、新月菱形藻、三角褐指藻、微绿球藻、角毛藻、球等鞭金藻、扁藻等为宜；6 刚节疣足幼虫起最好增投底栖藻类等。投喂的密度视幼体密度和水色而定，一般每日投饵 1～2 次为宜。

当幼体发育至 5 刚节疣足幼虫时，便转入底栖生活，此时需及时投放泥或细沙附着基。5 刚节疣足幼虫期开始投放消毒过的细泥沙（60～80 目过滤），厚度约 1cm。以后随着幼体生长逐渐增加沙的厚度，以利幼体生长与穴居。所用的附着基必须经煮沸或 10mg/L 甲醛消毒和淘洗，否则会带入大量病菌、原生动物等敌害生物，影响幼体成活率。如果发现底质发黑或有大量敌害生物出现时就应及时更换附着基，进行倒池。

(四) 出苗与运输

双齿围沙蚕的出苗规格为 11 刚节以上的幼沙蚕。目前常用的出苗方法是冲沙赶苗出池。这种方法对幼体的损伤比较严重，因为幼沙蚕体质弱，每一体节的两侧又都长有刚毛，一经水的冲击和沙粒摩擦，刚毛极易折断，造成幼体损伤，导致成活率降低。

计数一般采用称重法，每千克含 $1.0×10^5$～$3.0×10^6$ 条幼沙蚕。运输用自制的筛绢框分装，每框装沙蚕 0.5～1.5kg，5～10 框叠在一起，中间放冰袋，外套纸箱或泡沫箱，采用低温（10～15℃）冷藏车干法运输。

三、沙蚕的养殖

王美珍（1999）报道了在杭州湾滩涂进行沙蚕人工增养殖；王希升等（2002，2003）报道了对日本刺沙蚕的养殖情况；蔡清海（2002）、顾晓英等（2002）分别报道了沙蚕的养殖技术。黄猛（2003）对双齿围沙蚕养殖中注意的事项做了详细的介绍。目前沙蚕的养殖方式有滩涂蓄水精养、滩涂粗放养殖、池塘养殖和工厂化人工养殖以及程岩雄等（2003）报道的沙蚕滩涂套养贝类模式。

(一) 养殖方式

1. **滩涂蓄水精养** 这种养殖方式的特点是，投入相对较大，养殖技术要求较高，属高密度精养，产量较高（达 $1×10^3$～$3.5×10^3$ kg/hm^2），经济效益显著。

养殖面积以 0.4～5hm^2 为宜，堤坝宽 2.5～3m，高 50～60cm，堤坡比 1∶2。养殖涂面在养殖前要铲除大米草等并进行翻耕，可用漩耕机翻土深耕，将滩面翻深约 20～30cm，同时捕除敌害生物，彻底晒塘并用茶子饼、生石灰等清塘。清塘整理后的涂面进换水 2～3 潮，然后进足水位。放苗前 3～10d 滩面施以猪粪、牛粪等有机肥料或无机化肥，投放人工苗或自然小沙蚕，放苗后要经常投些鱼粉、麸皮、米糠等饵料。筑堤蓄水养殖可单养，也可和文蛤、青蛤、菲律宾蛤仔等贝类混养。

2. 滩涂粗放养殖　这种养殖方式的特点是，成本非常低，养殖技术要求不高，管理简单，产量低而不稳定（达 450～900kg/hm²），经济效益时好时坏。

养殖面积为 6～666hm²，只要不是滩面太陡的中高潮带均可养殖，一般在养殖滩面的下限，筑一条长堤，高 10～20cm，其目的是防止幼苗的流失外逃和防止低潮区养殖缢蛏等其他生物清塘时农药的危害。涂面在养殖前也要铲除大米草等并进行翻耕，将滩面翻深约 20cm，同时捉除敌害生物。放苗前 3～7d 滩面施以晒干并碾碎的猪粪、牛粪等有机肥料。投放人工苗，放苗后一般不投饵，每隔 30d 左右追投少量有机肥料。

3. 池塘养殖　这种养殖方式的特点是，投入较多，养殖技术要求相对较高，产量相当可观（达 1 500～7 500kg/hm²），经济效益和生态效益非常显著。

利用不适合鱼、虾养殖的浅塘，水深 20～80cm 均可，经过清塘、翻耕、肥水后投放异沙蚕体进行土池培苗或投放人工苗，养殖后，池塘最好能经常干露 1h 以上，并能定时加换水，每天或隔几天投饵 1 次，投饵种类以鱼粉、麸皮、米糠等为宜。

4. 工厂化人工养殖　这种养殖方式的特点是，投入大，产出也大，完全在人工控制下进行养殖。此种方法 20 世纪 80 年代首先见于日本，我国刚起步。

用长方形或圆形的水泥池，面积 40～100m²，池底应适当倾斜，预埋塑料进排水管，铺粒径为 2.3～5.6mm 的细沙 20～30cm。为防大雨，在虫池上应加盖房顶，房顶以结构坚固、经济、可采光为佳。一般投放人工苗，每天换水 1～2 次，排水和干露的时间不宜过长，否则沙蚕会因缺氧死亡。每天投喂配合饲料、鱼粉、米糠、干藻粉 1～2 次，饲料的用量根据滩面残饵的留量加以调整。控温控光，半年可达出售规格，产量为 1～2kg/m²。

（二）滩涂养殖技术要点

1. 养殖场地选择　沙蚕的养殖场地条件要求不高，沙质、泥质均可利用，应选择地势平坦、每潮汛可自然纳潮 2～4 潮以上，海水盐度在 11.0～35.0 的中高潮滩涂，滩涂以泥多沙少，富含有机质或油泥的为佳，生长大米草的内湾或底质较硬的高潮带可通过筑堤蓄水、深翻施肥等的改造，改变土质。

2. 苗种

（1）苗种的规格。目前养殖的双齿围沙蚕的种苗大都是自然苗种（大小 2～3cm），人工苗种的放苗规格为 11 刚节以上的幼沙蚕。

（2）苗种的放养和密度。苗种的放养方法有蓄水播苗或干涂播苗。滩涂粗放养殖一般采用干涂播苗，筑堤蓄水精养采用蓄水播苗。不管是哪一种，先将苗种轻轻地与晒干、碾碎过筛的猪粪、牛粪等有机肥料拌匀，然后装在塑料桶内，在涂面上均匀撒播。放苗最好在大潮退潮后进行，有较长的干露时间，在涨潮前 1h 应停止播苗。放苗密度与滩涂质量、养殖模式有关。一般筑堤蓄水精养可放苗密度高些，约 7.5×10⁵～3.0×10⁶ 个/hm²，滩涂粗放养殖可相应低些，一般 3.0×10⁵～6.0×10⁵ 个/hm²。

3. 养殖管理

（1）巡塘检查。最好每天巡塘一次，尤其是大潮汛期间，须加强防范，发现漏洞及时补堵，以防漏水。发现敌害（如蟹类、螺类等）立即清除，数量多时用蟹笼等网具加以捕捉。

(2) 施肥。养殖过程中最好能追加肥料，以发酵的鸡、鸭、猪粪培饵效果为佳，无机肥料效果虽不如有机肥料，但工作量较小。施肥应做到少量均匀，若肥料过多，特别是有机肥料容易造成腐烂、底泥发黑，产生硫化氢，影响沙蚕生长。施肥要在退潮后立即进行，应有较长的干露时间，这样便于肥料的吸收，以免浪费。

(3) 投饵。滩涂粗放养殖一般放苗密度稀，天然饵料就能满足沙蚕的生长，不需投饵；而筑堤蓄水精养，放苗密度高，有的甚至达到 $300\sim500$ 个$/m^2$，单靠天然饵料，远远不能满足沙蚕的生长、发育，造成自残稀疏，迟迟达不到商品规格。惟一的办法就是加强投饵。前期（幼体阶段）可以采取施肥为主，逐步增加鱼粉、豆粉等粉末饵料。中后期（养成阶段）可投小杂鱼虾等搅碎打浆，或豆粕、菜籽粕粉碎，兑水泼洒。投喂时需注意勤投细喂，不要被沙蚕的贪食现象所迷惑，过量投喂，易造成底质败坏，得不偿失。

(4) 换水与晒滩。养殖沙蚕的水质要求比养殖鱼、虾蟹低得多，而且水体中最好保持一定数量的藻类，因此不需经常大量换水，筑堤蓄水精养的塘一个潮汛（半个月左右）能进 $1\sim2$ 次足够。进排水时，要注意盐度变化，雨天不宜进水。进排口一定要加上滤网，网目孔径可随着沙蚕的生长而变大，但要防止敌害生物进入。另外，若要高产丰收最好能经常干露晒滩，以达到促进底面残饵氧化分解和底栖藻类繁衍增生的目的。同时，池中蓄水不宜太深，以 $30\sim40cm$ 为宜，否则蓄水太深光线不足，影响藻类生长繁殖。

4. 采捕　为了保护资源和获取更大的经济利益，应避开双齿围沙蚕的繁殖高峰起捕，其余各季节可根据市场需求随时起捕。起捕规格为 $200\sim400$ 个$/kg$。成体采收一般采用捕大留小，多次轮捕的方法。目前还无理想的能够大面积采收沙蚕的方法和机械，一般采用徒手捕捞，借助特制三齿耙具，动作要轻柔得法，避免机械损失和断裂。采捕前要放水晾滩或选择退潮时进行，最好分段组织人力并进，以实现既普遍捕了沙蚕，又彻底翻松了滩涂的目的。

捕起的沙蚕要放在较大、透气的容器内，避免过分挤压和日晒雨淋，然后集中分拣，剔除断残和异沙蚕体，再用盐度为 15 以上的海水清洗 $2\sim3$ 次，才能启用，如果暂时不能运走，必须放在低温（10℃左右）处暂存，千万不能不分好坏一起堆放，以免降低成活率，甚至全军覆灭。

5. 包装与运输　按客户的要求包装、降温、运输并及时空运到目的地。包装时，除对包装器具清洗、消毒外，用木制的筛绢框分装，底部放少量的蛭石。每框装沙蚕 $2\sim5kg$，$5\sim10$ 框叠在一起，中间放冰袋，外套纸箱或泡沫箱，采用低温（$10\sim15$℃）干法运输。

第二节　丝蚯蚓的培养

丝蚯蚓又称水蚯蚓，俗称红虫，常栖息于沟渠河岸淤泥浅水处。随着淡水鳗养殖面积的不断扩大，作为幼鳗的首选开口饵料——丝蚯蚓，需求量亦随之增加，已由原来野生繁殖发展成为人工养殖。丝蚯蚓营养丰富，干品含粗蛋白 62%，多种必需氨基酸含量达 35%，且适口性好，对提高幼鳗诱食效果、生长率和成活率都具有重要作用，同时也是养鳖、养鱼的理想饵料。用丝蚯蚓饲养的淡水鳗不仅肉质细腻、味道鲜美、商品率高，还可缩短培养周期，降低养殖成本，提高经济效益。

一、丝蚯蚓的生物学

(一) 形态特征

丝蚯蚓与陆生蚯蚓相似,体形较小呈细长圆筒形,体长1~150mm,宽0.3~1.0mm。体节数目因种类而有很大变化,有些种类体节不明显。身体最前方为头部,包括口前叶和围口节两部分。口前叶向前端稍凸出而盖在口的前面,有些种类凸出成长吻。两侧有眼或无眼。围口节简单,无刚毛,口生在此节的腹面。

身体由许多节组成,相邻两体节间有一个隔膜。计算丝蚯蚓的体节不是从口前叶计算起,而是以它后面的一节作为第一节。

丝蚯蚓体节上具刚毛。刚毛是几丁质组成的一种比较坚硬的毛,着生在体壁上,而顶端1/4~2/3部分露出外面。刚毛通常是成束的,最多每束有20条,也有具单根刚毛的。着生刚毛的地方通常是每节背部两束和腹部两束。着生在背部的叫着背刚毛,腹部的叫着腹刚毛。从第二体节开始具腹刚毛。背刚毛有钩状、发状、针状几种。发状刚毛细而长,光滑或有锯齿。钩状刚毛前端作单钩或双叉状;针状刚毛呈刺刀状,单尖或双叉。腹刚毛多为钩状,呈"S"形,中部常膨大成毛节,顶端分叉。

较常培养的苏氏尾鳃蚓其虫体较粗,成体直径1.2~2.2mm,体长50mm左右,易卷曲,有的活体伸长度达100mm以上。体紫红色,体节185或更多,每节背腹均有刚毛。性成熟个体在头后Ⅹ1/2~Ⅻ体节上有一明显的灰白色隆肿状环带。在尾部每个体节上有1对丝状的鳃,这是本种与其他水丝蚓的明显区别(图9-12)。

丝蚯蚓体壁一般无色素,体壁不透明者常呈淡白色或灰色,或因血红蛋白存在于体壁毛细血管中而显粉红色和微红色,如颤蚓科的淡水单孔蚓、中华颤蚓等。故其色泽常作为分类特征之一。幼虫至成虫,体色由乳白色向浅红色、暗红色、红色、红褐色转变。

(二) 繁殖习性

丝蚯蚓雌雄同体。生殖腺集中在前段体节内,异体交配受精,一年四季均可产卵繁殖。属喜温种类,25~28℃为最适温度。丝蚯蚓生殖常有群聚现象,尽管其个体比陆生蚯蚓小,但群体产量高。其产卵繁殖与水温关系密切,温度高则繁殖快,温度低繁殖慢,以7~9月水温28℃以上时繁殖最快,产卵囊最多,孵化率最高。

交配时,两个体前端以腹面相靠合,雄孔排出精液到对方受精囊贮存。交换精液后各自分开,待卵成熟后,环带分泌黏物而形成带状的卵囊,卵产于其中,卵囊向前移动到受精囊孔处,精液即流入卵囊内而受精。卵囊由身体前端脱落于水底,两端自动收缩而封闭,受精卵在卵囊内

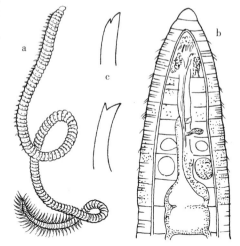

图9-12 苏氏尾鳃蚓 *Branchiura sowerbyi*
a. 整体 b. 解剖图 c. 刚毛
(引自何志辉等,1987)

发育成为小蚯蚓。苏氏尾鳃蚓生殖期，每一成蚓可排出包藏有卵粒的卵囊2~6个，卵囊为卵形或蚕豆形，长径1.186~2.745mm，短径1.047~1.733mm，淡褐色，胶膜透明，内藏卵粒一般为1~4个，多者7个，随发育程度不同而呈深或浅的褐黄色。卵囊的一端有1个突出似塞子样的"柄"，孵成的幼蚓由此"柄"端破塞而出（图9-13）。

据室内观察，当水温25~30℃时平均每条成蚓10 d可排出卵囊4~6粒，带土培养皿中所排卵囊的大小与天然者相近，淡褐色，也较透明；无土培养皿中所排卵囊较小，白色或淡黄色，透明程度甚差。卵囊孵化时间随温度不同而有差异，在25~30℃时约需25 d；14~21.5℃时需28 d左右；在5~19℃时大约需60d，孵化率不高，只有27.6%。幼蚓在破膜前卵囊呈黄褐色，边缘非常透明，肉眼可见到线状的幼蚓在囊内微弱运动。幼蚓破

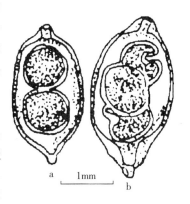

图9-13 蚓茧
a. 苏氏尾鳃蚓 b. 霍甫水丝蚓
（引自谢大敬等，1981）

膜时，先以头顶破卵囊膜从"柄"中伸出，继而伸出尾鳃，也有先伸出尾鳃的。出囊膜时往往时伸时缩，时动时停，剧烈地拉动卵囊。刚出囊膜的幼蚓淡红色、细丝状、透明，长5.6~6.15 mm，体节64~68节，尾鳃19~22对。

一般引种后，15~20d即有大量幼蚓密布土表，幼蚓经20~30d发育，也有个别种类，如指鳃尾盘虫可进行出芽生殖，通常在身体后端若干小节发育成新个体的头节，而其他各小节为新个体的体节，前者则成为旧个体。芽体断裂后长成新的个体。幼蚓生长2个月后，身体上的环节明显，并呈白色，此时已达性成熟，可进入产卵繁殖期。

（三）生长与寿命

苏氏尾鳃蚓经25d室内带土水浴培养全长可达14~15mm，为孵出时体长的2.48倍，增长8.66mm，平均日增长约0.347mm；经45d培养全长达28~30mm，平均净增长20.34mm，净增长率约23.5%，平均日增长约0.452mm；经60d培养全长达约40mm，平均净增长11mm，净增长率约38%，这时虫体已较粗大，白色的环带十分明显，标志着已达成熟个体，生长速度显著下降。至70d时，有成蚓2条以上的培养皿中能排出卵囊，且能顺利地孵出幼蚓。据室内培养观察的结果，苏氏尾鳃蚓性成熟的最小长度约36mm，幼蚓从孵化出囊至死亡的整个寿命为80~180d，死亡前的最大长度50~55mm。死亡过程是：开始体色由紫红变成灰白色，不甚透明，一部分体节似水肿状，失去新鲜感。有的个体体节紧缩变细，不久虫体即从紧缩处断裂而成几小段，随之完全变白而崩解不见其尸。

丝蚯蚓生命力很强，能再生，身体被切断后能分化出组织补充被切掉的部分，再生为完整的个体。人工培育的丝蚯蚓寿命较短，一般只有80~100d，体长大多在50~60mm左右。

（四）生态条件

1. 分布 丝蚯蚓的种类大多为世界性的分布。它们本身或卵囊，可随水流或附着水草或飞禽的足趾，被带到其他地区繁殖。但它们的生态条件因种而异，在其分布上有一定的限制。在泥底生活的种类，在适宜的环境中密度可达 6.0×10^4 条/m² 以上，远看水底呈鲜红丝带状。

丝蚯蚓在自然状态下生长往往是一个类群、多品种共生。如苏氏尾鳃蚓常与霍甫水丝蚓杂栖

在一起，人工培养时甚至难以保持纯一种类的生长。丝蚯蚓长期适应在有水流和淤泥的环境中生活，将丝蚯蚓置于无积水的高湿度的淤泥中，在常温下只能存活3~5d。当在无泥土的静水培养缸中培养，苏氏尾鳃蚓往往活3d即会死亡（水中溶解氧仅0.22mg/L），之后水体污化并在水面形成褐色水膜，发臭，这时仍有不少霍甫水丝蚓聚成一些小团存在着（谢大敬等，1981），丝蚯蚓的寿命明显缩短，因此，水和淤泥是丝蚯蚓必不可少的生活条件。

2. 食性　丝蚯蚓食性较杂，吞食泥土，同时从土中食进腐屑、细菌以及底栖藻类。有时也吃丝状藻类和小型动物。丝蚯蚓每天食泥量可达本身容积的8~9倍。

3. 温度　丝蚯蚓对温度的适应能力很强，在1~36℃的水温中丝蚯蚓都可生存，在水温低于6℃时，身体分泌一层胶质薄膜包裹全身，以度过低温环境，待水温上升后再度正常生活。丝蚯蚓的生长高峰季节为4~10月，水温在18~28℃时，最多每平方米可达4~5kg。在适温范围内，随温度的升高生长发育速度加快，发育期缩短，如卵囊在水温26~32、21~26、18~21和8~18℃时，孵化期分别为10、15、20、30d；水温偏低时，卵囊的发育期达60d以上，高于28℃或低于8℃丝蚯蚓的生长和繁殖停止，高于38℃大量死亡。丝蚯蚓喜暗畏光，不能在阳光下曝晒，在黑夜活动比较多。

4. 溶解氧与pH　丝蚯蚓对水中溶氧量的要求不高，但不得低于2mg/L。丝蚯蚓适应偏酸环境，一般水的pH4.0~7.5时可正常生存，低于3.0或大于10.0时会引起大量死亡。

丝蚯蚓多分布在偏酸性微流水水域，且有机碎屑较丰富有一定的流水的松软泥土中，在泥土表层常有一层由碎屑和细泥构成的黑色有机物沉淀，其一般潜伏在泥面下10~25cm处，低温常钻进泥中深埋，城镇居民生活区的排水沟、屠宰场、皮革厂、制糖厂、食品厂等废水流经处特别丰富。自然状况下，其前端钻入3~5cm泥层中，后端尾鳃伸到土壤表面，以伸展的鳃丝为平面上下摇动，频率为100~106次/min（水温29℃时），受惊时尾鳃立刻缩入泥中。这种不断摆动，造成水流，以便获得尽量多的氧，水中溶氧越低，摆动越快，在腐殖质少而氧充足的水体中，摆动则缓慢。在高温或缺氧时，尾鳃伸出更长且鳃丝伸展更开，尤似红色羽毛在水中荡漾，摆动次数增加。人们常以单位面积丝蚯蚓的数量作为水体污染的指标。有时鳃丝上附有钟形虫（*Vorticella*）等原生动物，其边缘呈白色丝絮状。

二、丝蚯蚓的培养

丝蚯蚓的培养分池养和大田培养。池养需建池，投资成本较大，因此未形成大面积商品生产。而大田培养投资成本少，技术简单，每667m²投资5 000~6 500元，年产丝蚯蚓750~1 100kg，创产值1.5~2.5万元。

（一）土池小型培养

1. 筑池置土　蚓池应建在水源充足、排灌方便、坐北朝南的地方，一般呈长方形，长1~5m，宽1~1.2m，深0.2~0.25m，池墙高度11cm。池子的质地为三合土或砖砌成，抹平，置土厚8cm，泥土以园田土为好，并经聚乙烯窗纱所做的过滤筛洗过，土层不宜严实，可加水搅成泥浆。防漏池底应有0.5%~1%的倾斜度（比降）。较高的一端设进水口，低的一端设出水口，均与蚓池两端的进水沟和排水沟相通。水口处设置栏栅或过滤装置，以防杂物或敌害生物进入池中。池上可搭棚架，种植藤蔓类植物。在夏季高温时遮挡阳光。

2. 引种　新建蚓池因使用了大量水泥，应晾晒1周左右用水冲洗。放入基料后，加水淹没2～3d，引种前一天投150～200g/m²发酵的精料。若在当地采种则不必将蚓体洗净，因为采集地的泥土里有许多幼蚓和卵囊，同时也减少对丝蚯蚓的损伤，在计算引种量时应扣除泥沙部分。刚采集的野生丝蚯蚓可放在注满清水的池中暂养几天，并用10mg/L的$KMnO_4$溶液进行消毒处理。投种密度根据所采用的培养方式和水体质量而定，利用流动性有机污水培养时，投种密度为1～2kg/m²；微流清水培养时，一般为2kg/m²；间隙性静水培养时，投种1kg/m²；高密度精细培养时，按3kg/m²投种。

投种选在风和日丽和水温较低的时间进行，先放少量丝蚯蚓在培养基上，若无不适反应，丝蚯蚓会很快钻入培养基中，这时可大面积接种，若本地有两种以上的优势种类，应分池饲养。投种后应保持池水静置3～5h，以便丝蚯蚓固着在载体上。

3. 培养基（或载体）的制作　培养基是丝蚯蚓赖以生存的物质基础。成分为极肥的池塘或水沟底部的淤泥，禁用黄泥和石谷子土。培养基必须具有淤泥的封闭性和掩盖性，便于遮光和丝蚯蚓固定其上，以免被水冲走；同时要具有较好的透气性和穿透性，利于载体的气体和营养物质的交换。培养基掺和了部分腐烂的植物枯秆、树叶、糖厂的蔗渣（应碎）、酒糟或腐熟的蚯蚓饵料等松软物质。淤泥可从鱼塘、水坑、河沟、稻田或藕田等处挖取。常用的配方有配方1：牛粪50%，禽粪10%，淤泥40%；配方2：糖渣40%，猪粪30%，淤泥30%；配方3：酒糟40%，禽粪20%，淤泥40%；配方4：废平菇基料30%，废纸浆30%，淤泥30%，猪粪10%。

按配方称取各种原料，充分搅拌均匀后装入发酵池内，稍压平后，浇水调节湿度，使其含水率达到70%左右，自然发酵15～30d后即可。使用时将培养基平摊在培养池或培养床上，厚度10～15cm，压平后可按8∶2或9∶1的比例在载体表面撒一层发酵过的麦麸和米糠，以便丝蚯蚓培养和提早采收。

4. 管理

（1）投饵。投饵要先切断水源，以免水流带走饵料。丝蚯蚓的食物与陆生蚯蚓没多少差别，为获得更多的产品，在4～10月的生长期中，饵料以精料为主，如麸皮、次粉、玉米粉。其余月份可用牛粪、猪粪、鸡粪作为饵料。

①精料：采用手撒方法，均匀地撒在水面上，因饵料发酵后有一定湿度，会自然沉入水底。严禁成团地将饵料投放在培养基上。大池培养通常用发酵过的畜禽粪掺入2%的麦麸或豆饼作饲料，按2～3kg/m²的用量，3～5d投喂1次；小池或床养要求饵料细软一些，主要投喂麦麸、米糠或细豆浆、熟大豆浆等。投喂经过发酵的麦麸和玉米粉混合饲料（比例为1∶1），一般每3～4d投喂1次，每次按每平方米250g的量投饵，并视季节和丝蚯蚓摄食情况调整，丝蚯蚓吃得多就多投一点，否则就少投一点，白天少投夜晚多投。当发现水体不清，且恶化速率加快时，表明投喂过剩，应减少投喂量。每次采收后要补投1次饵料，饵料系数为3。

②粪肥饵料：应先放入桶中加水搅拌，滤出粗渣，采用瓢泼方式。生长旺季每天投饵一次，其余时间3～4d一次，冬季保种阶段可半月一次，饵料系数为10。

（2）水质。培养过程中保持一定的流水环境，以便供应所需要的氧气，这在夏季高温季节尤其重要，否则培养床容易发臭腐烂。用水严禁使用施过农药的田水、鱼池消毒的池塘水、工厂流出的有害废水等。一些不含有毒物质的生活污水，如屠宰场、食品厂流出的含有机物多的废水对丝蚯蚓的生长有利，还可减少饵料的投入。培养池水深应调控在 2～4cm（春天和冬季可适当加深），并保持长期流水。水流大小以表面能看见水的缓缓流动为好。水流太大会冲走部分饵料，而太小又不能带走蚯蚓和池中微生物在生活过程中产生的废物。

（3）溶解氧。溶氧不足易造成缺氧窒息。缺氧症状表现为丝蚯蚓爬出培养基，成团地浮在水面上。解决办法是加大水的流量，使丝蚯蚓重新钻入培养基中。

（4）遮光。遮光培养可以防止青苔的繁殖。在对比实验中发现，遮光培养比不遮光培养的产量增加 80.6%。

（5）搔池搅拌。培养一段时间后，培养基产生板结，其代谢废物不易排出，生存环境恶化。饲养池极肥使杂草、浮萍、丝状藻类逐渐蔓延，消耗养料。定期搅拌培养床的泥土，可以减少青苔的繁殖，又能增加产量。对比实验中发现搅拌泥土比不搅拌产量高约 27%。生长旺季每 4～5d 将全池搅动一次。搔池方法：用木制的"T"形耙（图 9-14），一侧带有木或竹制的齿，齿长略超过培养基深度，操作时将齿插入培养基中，缓慢的向前或向后移动。不平

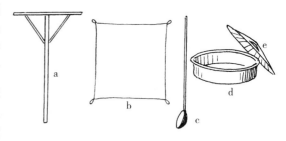

图 9-14 几件专用工具
a. "T"形耙 b. 滤布 c. 抄网 d. 大盆 e. 盆盖
（引自吴江等，1994）

整的地方用耙的另一端荡平，以利水的平稳流动，采收季节，搔池应安排在采收后进行。

（6）敌害防治。主要是小杂鱼、泥鳅、黄鳝等，可通过进出水口的过滤装置预防。一些家禽水鸟喜食丝蚯蚓，也应想办法防除。水中若出现杂草、浮萍及藻类，可进行人工拔除，捞尽，或进行适度排水 1～2d，让浮萍、藻类附泥，而后灌水让其淹没腐烂。日照强烈时应及时采取日排夜灌的办法，以防因水温过高烫死丝蚯蚓。

（7）其他。每天上、下午各测定气温、水温 1 次，观察丝蚯蚓的活动和摄食情况，发现个别死蚓，要挑出池外弃去，如发现死亡数量较多，有必要更换培养床，即把丝蚯蚓收起经水中聚乙烯窗纱网淘洗后重新接种入新的培养床进行培养。

5. 捕捞与采收　采收前一天晚上断水或减小水流量，造成蚓池缺氧，翌日清晨便可很方便地用聚乙烯网布或筛绢布做成的小抄网舀取水中蚓团。每次蚓体的采收量以捞光池面上的"蚓团"为准。这样的采收量既不影响其群体繁殖力，也不会因采收不及时导致蚓体衰老死亡而降低产量。或是把泥土铲入聚乙烯窗纱筛子中用水冲洗，淘取出丝蚯蚓和其周围的碎屑放入密闭器皿使其缺氧，迫使丝蚯蚓密集表层，再取出称重，供投喂鱼类幼鱼食用或出售。断水时间因温度和种群密度不同，温度高、密度大，断水时间应短，以免缺氧太久，造成全池死亡，采收后应立即加入新水。采收的蚓团往往带有泥浆和杂质。为了提纯丝蚯蚓，可把一桶蚓团先倒入方形滤布中在水中淘洗，除去大部分泥沙，再倒入大盆摊平，使其厚度不超过 10cm，表面铺上 1 块纱布，淹水 1.5～2cm 深，用盆盖盖严，密闭约 2h 后（气温超过 28℃时，密闭时间要缩短，否则会闷死丝蚯蚓），丝蚯蚓会从纱布眼里钻上来。揭开盆盖，提起纱布四角，即能得到与渣滓完全分离的纯丝蚯蚓。此法可重复 1～2 次，把渣滓里的丝蚯蚓再提些出来。盆底剩下的残渣含有大量的

卵囊和少许蚓体，应倒回培养池。采收后的丝蚯蚓如果在清水中进行充氧或定期换水，一般可养7～10d。此外，丝蚯蚓也可装在袋中放入冰箱中低温保存。

（二）大田培养

1. 培养田的选择与耕耘　选择水源充足、排灌方便、坐北朝南、冬季温暖、土壤肥沃、pH在 6.5 以上、质地疏松的田块作培养田为佳。沙性不宜太强，沙性太强不利于水蚯蚓的生长，且容易造成捕捞时损伤虫体。

在田块四周筑高 30cm 的田埂，留宽 40～50cm 的沟。将田翻耕耙平，把稻草、杂草深埋使其腐烂，而后在表面施腐熟禽畜粪 3～40kg/m^2，使水保持 5～10cm 深，将表层土壤溶成淤。

2. 引种与接种　水蚯蚓对环境的适应能力较强，所以在引种时间上没有特殊的要求。一般在温度为 10～25℃时即可引种入池。水蚯蚓的种源在各地都不缺乏，城镇近郊的排水污沟、港湾码头、畜禽饲养场及屠宰场的废水坑凼及皮革厂、糖厂、食品厂排放废物的污水沟等处，天然水蚯蚓比较丰富，可就近采种。采种蚓可连同污泥、废渣一起运回，因为其中含有大量的蚓种。也可用上年培养的水蚯蚓为种。

接种工作比较简单，把采回的蚓种均匀撒在蚓池的培养基面上就告完成。大田在放苗前 1～2 天进行一次表层耘田，把田整平。在傍晚或阴天，按 75～120g/m^2 接种量进行接种。接种时将种苗分批放入桶里，苗与水按 1：10 比例形成苗水，然后均匀地泼洒到培养田里，并保持 3～5h 静水，利于苗扎根。

3. 饲料与投料　水蚯蚓特别爱吃具有甜味的粮食类饲料，畜禽粪肥、生活污水、农副产品加工后的废弃物也是它们的优质饲料。但是所投饲料（尤其是粪肥）应充分腐熟、发酵，否则它们会在蚓池内发酵产生高热"烧死"蚓种与幼蚓。粪肥可按常规在坑凼里自然腐熟，粮食类饲料在投喂前 16～20h 加水发酵，在 20℃以上的室温条件下拌料，加水以手捏成团、丢下即散为度，然后铲拢成堆，拍打结实，盖上塑料布即可。如果室温在 20℃以下时需加酵母片促其发酵，用量是 1～2kg 干饲料加 1 片左右。在头天下午 15～16 时拌料，次日上午即能发酵熟化。揭开塑料布有浓郁的甜酒香即可以喂蚓了。

欲使水蚯蚓繁殖快，产量高，必须定期投喂饲料。在大田培养中，接种后至采收前每隔10～15d，每 667m^2 追施腐熟的粪肥 200～250kg；自采收开始，每次收后即可追施粪肥 300kg 左右，粮食类饲料适量，以促进水蚯蚓快繁速长。投喂肥料时，应先用水稀释搅拌，除去草渣等杂物，再均匀泼洒在培养基表面，切勿撒成团块状堆积在蚓池里，投料前不要忘了关闭进水口，以免饲料漂流散失。

虽然粪肥的成本低，但是效价低、转化周期长，大量使用容易恶化环境。故在大量需要水蚯蚓的高峰期的 3～8 月，还是采用效价高、转化快的麸皮等粮食饲料来培育水蚯蚓。在水蚯蚓需求的淡季采取肥料为主，适当补充粮食饲料的培养方针。

4. 采收　水蚯蚓的繁殖能力极强，孵出的幼蚓生长 20 多天就能产卵繁殖。每条成蚓一次可产卵茧几个到几十个，一生能产下 $1.0×10^6$～$4.0×10^6$ 个卵。接种 30d 后便进入繁殖高峰期，且能一直保持长盛不衰。但水蚯蚓的寿命不长，一般只有 80d 左右，少数能活到 120d。因此及时收蚓也是获得高产的关键措施之一。

采收方法：采收头天晚上断水或减小流量，造成蚓池缺氧，第 2 天一早便可很方便地用聚乙烯网布做成的小抄网舀取水中的蚓团。每次蚓体的采收量以捞光"蚓团"为准。这样既不影响其群体繁殖力，也不会因采收不及时导致蚓体衰老死亡而降低产量。在水蚯蚓的繁殖生长旺季，采收量可为 50～500g/m²。

（三）漂洗吐污与消毒方法

1. 吐污　丝蚯蚓生活于有机质丰富的污泥水中，必须严格地漂洗、消毒，以清除污泥、细菌和寄生虫等。采收后放入丝蚯蚓专用漂洗池中漂洗吐污，漂洗池为水泥砖混结构建成，根据建池面积建成宽 80cm，高 15～20cm，长 10～50m。但隔成长 2m 的小池，且隔段开口相对叉开，开口约 15～20cm，每个开口放一块砖头，可平放或竖放来控制水流（图 9-15）。

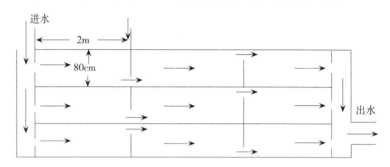

图 9-15　丝蚯蚓专用漂洗池

2. 进水　以深井水为佳，一是冬暖夏凉，水温恒定，丝蚯蚓存活时间长；二是井水几乎无污染。进水流量尽量大些。每平方米可暂养 20～30kg。

3. 漂洗　每小时从流水下游至上游用专用刷子将丝蚯蚓搅动 1 次。搅动时，将每个开口处的砖块竖起。搅动的目的是促进丝蚯蚓加速吐污，并将死虫搅起随水流出。

4. 移池　将 80 目筛绢网（宽 80cm）剪成长 100cm，用一些小石块或铁条压在丝蚯蚓上，1h 后活力好的丝蚯蚓即爬在筛绢网上。去掉小石块或铁条，抓住筛绢网四个角提起移入空的漂洗池。这样可以去除丝蚯蚓吐出的污泥和死虫。每天移 1～2 次。

丝蚯蚓经漂洗吐污至少 36h 才能作为饵料。使用前先在解剖镜或显微镜下观察丝蚯蚓体内干净为好（无黑色线条）。

5. 消毒　若丝蚯蚓漂洗得好，可无需消毒，尽量保持丝蚯蚓的活力和新鲜度。若丝蚯蚓漂洗得不好，可用 10mg/kg $KMnO_4$ 消毒 10min，或碘消毒剂 2mg/kg 消毒 30min，也可用二氧化氯等含氯消毒剂消毒，但不可用已经禁用的抗生素消毒。若丝蚯蚓活力差，可加入 5g/kg 渔用多维拌入投喂，可提高水产动物的摄食量。

（四）投喂与运输

1. 投喂　经过漂洗吐污及消毒处理后的丝蚯蚓在投喂养殖动物时，要根据饲养动物的体重、饲养动物所处的成长阶段、水温、动物的食欲以及其他环境条件来决定投喂的量和投喂次数。每天和每次投喂的量最终还要根据前一天和上一次投喂和吃食情况来决定。

2. 运输　若当天采集的丝蚯蚓无法用完或售尽，应进行暂养。每平方米池面暂养丝蚯蚓 10～20kg，每 3～4h 定时搅动分散一次，以防集结成团缺氧死亡。

短途运输（从起运到客户手中不超过3h）可用塑料袋装，若夏季要降温并充氧，每袋装运密度小于5~10kg；严防太阳直射和风直接吹拂；途中还要不断加水，防止断水缺氧。

长途运输（从起运到客户手中超过3h），宜采用空运方式，起运时间要安排在一天气温最低的清晨（特别是气温超过28℃的夏季），外包装采用纸箱，内包装采用双层塑料袋充氧气包装。每袋丝蚯蚓放入密度不超过10kg，以6~7kg为宜，每袋加入深井水不少于2kg，务必保证氧气充足，防止氧气泄漏。当气温超过10℃时，袋下面须加垫适量冰块降温，冰块用塑料袋扎实以防止漏水。袋与冰块之间用厚度小于5mm的人造海绵隔开。

三、丝蚯蚓的利用

1. 优质的饵料　丝蚯蚓是鱼、鳖、虾、蟹等水生动物的理想饵料，尤其在这些水生经济动物苗种生长阶段，其营养全面，蛋白质含量高。国内外都曾培养这些淡水环节动物作为鲟（$Acipenser$ spp.）幼鱼的饵料，取得良好效果。更重要的是在鳗鲡养殖业中作为白仔养殖阶段的生物饵料，然后过渡到配合饵料的饲养。此外，也作为金鱼养殖的饵料。

2. 污水自净　丝蚯蚓和其他水栖寡毛类是淡水底栖动物群的优势种类。丝蚯蚓是以腐屑、细菌、底栖藻类为食，有时也吃丝状藻类和小型动物。丝蚯蚓每天食泥量可达本身容积的8~9倍，因此在污水自净中发挥着重要作用。

3. 水污染指示生物　水污染指示生物是指在一定水质条件下生存，并对水体环境质量变化反应敏感而被用来监测和评价水体污染状况的水生生物。利用指示生物可以对水体污染程度做出综合判断，利用某些生物的行为变化和生理指标等可以对水体污染进行定性分析。丝蚯蚓和其他水栖寡毛类也常为严重污染区的优势种，在水质污染监测中有重要意义。其和牡蛎、浮游生物、水生微生物、大型底栖无脊椎动物、溞、摇蚊幼虫、硅藻、小球藻、栅藻、水生维管束植物等均可作为水污染指示生物。正颤蚓和其他水栖寡毛类越丰富、种类越多，反映水体污染越严重。

•复习思考题•

1. 沙蚕有哪些应用价值？
2. 何为异沙蚕体？雌雄异沙蚕体有什么区别？
3. 试述双齿围沙蚕胚胎发育过程。
4. 影响沙蚕生长、繁殖的生态条件有哪些？
5. 沙蚕的人工育苗中关键技术有哪些？
6. 沙蚕的培养方式有哪几种？
7. 滩涂培养沙蚕的技术要点有哪些？
8. 作为生物饵料培养的丝蚯蚓主要有哪几种？
9. 丝蚯蚓的培养方式有哪些？

（蒋霞敏　陈开健）

第十章 生物饵料营养价值评价和营养强化

世界范围水产养殖业的发展，迫切需要生产出大量健壮的苗种。健康苗种的生产除了要注重亲体（主要是母体）培育之外，还应特别注重幼体发育的营养和饵料需求。由于幼体幼小纤细，摄食能力低，饵料范围窄，营养要求高，生长快，变态周期短，对外界环境变化和敌害侵袭的抗逆性差等，所以幼体发育对饵料及其营养要求较高，解决幼体发育阶段的饵料问题是取得育苗成功的关键之一。

传统养殖业者在鱼虾育苗生产中，多使用微藻—轮虫—卤虫的饵料模式进行生产。据不完全统计，使用此饵料模式，可以成功育成上百种的水产经济动物幼体，但即使这种饵料模式，在育苗过程中，常常还会遇到各种问题，表现为育苗的不稳定和不可预见性，其主要原因除了常规育苗的环境因素、病害以外，生物饵料的营养缺陷是主要因素。生物饵料的营养价值取决于蛋白质、脂类和碳水化合物的营养平衡，生物饵料中必需氨基酸和蛋白质含量基本上都能够满足鱼类和甲壳动物幼体的生长和基本代谢的需要，而脂肪酸营养容易缺陷，特别是 n3HUFA，尤其是 DHA 和 EPA，所以必须进行营养强化，才能满足幼体营养需求。所谓营养强化（nutritional enrichment）即针对生物饵料的营养缺陷，有意识地通过其摄食特定食物进行改善和补偿，达到营养平衡和满足鱼虾幼体发育的需求。这也是生物饵料培养学的主要研究内容之一，即根据水产经济动物幼体的营养需求特点，对生物饵料的营养价值进行评价以及进行营养强化技术措施的研究，使培养的生物饵料营养全面均衡，从而提高鱼虾蟹幼体发育的成活率和变态率。

第一节 微藻的营养作用

一、微藻的营养

（一）微藻的生化成分

微藻的生化成分与其生长阶段，培养条件如光照强度和频率、温度、培养液等密切相关。总的来说，微藻蛋白质的含量为干重的 15%～40%，脂肪含量为干重的 5%～20%，碳水化合物含量为干重的 5%～12%（表 10-1）。

（二）微藻的脂类营养

1. 微藻的脂类含量和脂肪酸组成特点　微藻的脂类主要分为两大类，中性脂和极性脂。前者主要由甘油三酯、固醇酯类、游离脂肪酸组成。后者主要由磷脂和糖脂组成。总脂的含量一般在 7%～20%（表 10-1 和表 10-2），磷脂占总脂的 40%～70%（表 10-2）。微藻的极性脂中，相当部分是磷脂，磷脂对于鱼虾蟹幼体的发育和生长具有重要的作用，微藻中如此高的磷脂含量

（鱼油，由于主要来源于贮存脂，几乎都是甘油三酯，没有磷脂）决定了其对鱼虾蟹幼体高的营养价值。

大多数的微藻类富含动物所必需的多不饱和脂肪酸，表 10-2 列出了部分常规培养藻类的脂肪酸组成。

表 10-1 水产养殖中常用的微藻的蛋白质、脂肪、碳水化合物和叶绿素 a 的含量

(引自 Lavens & Sorgeloos，1996)

藻 种	细胞干重 (pg)	细胞蛋白质含量 (pg)	(%)	细胞脂肪含量 (pg)	(%)	细胞碳水化合物含量 (pg)	(%)	细胞叶绿素 a 含量 (pg)	(%)
硅藻纲									
钙质角毛藻	11.3	3.8	33.6	1.8	15.9	0.68	6.0	0.34	3
纤细角毛藻	74.8	9.0	12	5.2	7	2.0	2.7	0.78	1
小新月菱形藻	—	—	—	—	—	—	—	—	—
三角褐指藻	76.7	23.0	30	10.7	14	6.4	8.3	0.41	0.5
中肋骨条藻	52.2	13.1	25.1	5.0	9.6	2.4	4.6	0.63	1.2
海链藻 (T. pseudonana)	28.4	9.7	34.2	5.5	19.4	2.5	8.8	0.27	1
绿藻纲									
盐藻 (D. tertiolecta)	99.9	20.0	20	15.0	15	12.2	12.2	1.73	1.7
微绿球藻	21.4	6.4	29.9	4.5	21	5.0	23.4	0.080	0.4
微绿球藻 (N. oculata)	6.1	2.1	34.4	1.1	18	0.48	7.9	0.054	0.9
隐藻纲									
蓝隐藻 (C. salina)	122.5	35.5	29	14.5	11.8	11.0	9	0.98	0.8
扁藻纲									
扁藻 (P. chui)	269.0	83.4	31	45.7	17	32.5	12.1	3.83	1.4
扁藻 (P. suecica)	168.2	52.1	31	16.8	10	20.2	12	1.63	1
金藻纲									
球等鞭金藻 (I. galbana)	30.5	8.8	28.9	7.0	23	3.9	12.8	0.30	1
球等鞭金藻 (T-iso)	29.7	6.8	22.9	5.9	19.9	1.8	6.1	0.29	1
巴夫藻 (P. lutheri)	102.3	29.7	29	12.3	12	9.1	8.0	0.86	0.8
巴夫藻 (P. salina)	93.1	24.2	26	11.2	12	6.9	7.4	0.34	0.4

注：%为微藻干重的百分含量。

不同藻类的脂肪酸组成有如下特点：

(1) 硅藻。硅藻类细胞的脂肪酸含量平均为 1.7pg。脂肪酸组成：饱和的脂肪酸为 C14：0 和 C16：0，单烯酸为 C16：1n 7。HUFA 主要为 EPA。

(2) 金藻。金藻类细胞的脂肪酸含量平均为 1.1~1.8pg。对于等鞭金藻的种类，其主要脂肪酸组成：饱和的脂肪酸为 C14:0 和 C16:0，单烯酸为 C18:1n9。HUFA 主要为 DHA，DHA 的含量均大于 10%。此外，C18:4 的含量也比较高。不过对于巴夫藻类，其单烯酸的种类主要是 C16:1n7，并且具有较高含量的 EPA，其 EPA/DHA>1。

(3) 绿藻。绿藻类的脂肪酸组成变化较大。但总的特点是缺乏 DHA。某些种类含有较高的 EPA 含量，如微绿球藻和海水小球藻。某些种类完全缺乏 HUFA，如盐藻和扁藻，其主要的不饱和脂肪酸是 C18:3 和 C16:4。扁藻细胞的平均脂肪酸含量为 5.8pg。曹春晖等（2000）对海水绿藻的 11 个属 30 株系的绿藻进行特定培养和总脂和脂肪酸测定，其中 21 株系的总脂含量超过干重的 10%，9 株在 4%~10% 之间。脂肪酸组成中，海水小球藻的 EPA 含量最高，占脂肪酸的 20% 以上，其他绿藻株系均含有较低 EPA（小于 5%）或不含。

(4) 隐藻。红胞藻属藻类常被作为桡足类的生物饵料，其脂肪酸组成的特点是，主要由 C18 系列和 HUFA 的脂肪酸组成，C18:4 为 26%，C18:3 为 18%，EPA 为 12%，DHA 为 8%。

根据以上常规培养微藻的脂肪酸组成特点，在培养藻类作为鱼虾蟹幼体的饵料，或作为浮游动物的食物时，要利用不同微藻的脂肪酸组成不同，投喂相应脂肪营养全面的微藻，或以不同比例投喂。如将培养的硅藻和等鞭金藻类以不同比例混合，可弥补各自相应藻类必需脂肪酸的缺乏。对于幼体营养中要求 EPA/DHA>1 的情况下，适宜培养巴夫藻类进行投喂。当然实际培养微藻和作为鱼虾蟹幼体的生物饵料，还要根据幼体或浮游动物自身合成转化能力不同，而有所差异。

2. 环境因素对微藻脂类含量和脂肪酸组成的影响　微藻的总脂含量一般随着环境温度的降低、生长速度的下降而升高。微藻脂肪酸组成不仅不同藻类有较大差异，而且同一藻类不同品系也有较大差异，如球等鞭金藻 59 个品系的 EPA 和 DHA 含量差别较大（表 10-2 只列出了 3 个品系），DHA 占总脂肪酸的百分含量为 14%~22%。此外，微藻脂肪酸组成受环境因子的影响非常大，从而影响作为经济动物生物饵料的饵料效果。

表 10-2　部分常用微藻的脂类及脂肪酸组成

（引自周洪琪等，1996；李荷芳等，1998；Nanton & Catell, 1999）

脂类含量占藻干重百分比	球等鞭金藻 3018	球等鞭金藻 3009	球等鞭金藻 3011	小新月菱形藻 2034	三角褐指藻 2038	微绿球藻	盐藻	小球藻	绿色巴夫藻
总脂	18.6	26.6	26.5	8.8	11.6	8.1	25.7	12.8	10.2
极性脂	42.8	27.2	42.5	64.4	66.5			43.2	58.3
固醇 + 游离脂肪酸	6.6	6.0	7	19.6	15.7			13.9	32.4
甘油三酯	11.8	14.3	3.9	9.3	15			5.3	1.7
三酰烷基酮	20.4	27.1	22.9	—	—			35.4	—
固醇酯类	16.2	23.5	21.3	1.1	0.6			0.7	2.5
（脂肪酸组成，%）									
C14:0	12.9	9.9	7.4	6.5	5.1	9.0	0.1	3.4	11.5
C16:0	11.0	9.6	8.6	14.3	16.3	28.8	8.4	24.6	12.6
C16:1n7	2.2	4.5	2.4	18.3	21.8	26.5	5.4	21	6.7

(续)

脂类含量占藻干重百分比	球等鞭金藻 3018	球等鞭金藻 3009	球等鞭金藻 3011	小新月菱形藻 2034	三角褐指藻 2038	微绿球藻	盐藻	小球藻	绿色巴夫藻
C16:4n3	10.3								
C18:1n9	12.7	13.7	7.5	1.5	1.8	5.5	2.2	8.4	1.5
C18:2n6	6.3	3.8	2.9	2.3	2.1	10	9.0	2.2	—
C18:3n3	7.2	10.3	6.5	—		5	45.0	—	0.2
C18:4n3	14.7	26.3	26.7	—	0.5		0.2	—	11
C20:4	—	—	0.5	1.4	1.9	6.2	—	4.7	0.8
EPA	—	—	1.5	35.2	29.7	19.5	—	29.3	27.9
C22:5n6	3.4	—	3.3	0.4	—			0.2	8.4
DHA	16.8	14.2	22	0.5	1.8	0.4	0.2	0.3	12.6

影响微藻脂肪酸组成的因素主要有以下几个方面：

(1) 营养盐的影响。在营养盐中氮的影响最为显著。氮源不同，EPA含量也各不相同，如三角褐指藻在利用铵、硝酸盐和尿素等作为氮源时，EPA分别占脂肪酸的25.2%、10.0%和31.8%。易翠平等(1998)也研究了氮源及其浓度对微绿球藻生长、总脂肪含量及脂肪酸组成的影响，氮源有3种，分别为硝酸钠、氯化铵和尿素，在相同的浓度下，对总脂的含量有显著影响。实验结果表明，既有利于微绿球藻生长，总脂含量较高，同时n3HUFA含量又相对较高的最适氮源是硝酸钠，浓度为24.6mg/L。氮源不同对藻类脂类和脂肪酸组成的影响，其机理不明。

环境中氮含量不同，对微藻营养成分影响也非常大，特别是在氮源缺乏的情况下，通过光合作用所产生的能量物质，不能按正常的生物合成渠道转化为蛋白质，使细胞增长，细胞数量增加，而是作为细胞的能量贮存物质，如碳水化合物、脂类贮存在细胞中，一般氮源缺乏，能量物质转化为碳水化合物或脂类因种类而异，多转化为脂类。所以缺乏氮的环境中培养的藻类，通常其蛋白/能量比值较低。如扁藻（P. suecica）分别在氮含量为1 760 μmol和176 μmol硝酸盐的介质中培养，其蛋白/能量比值（C/P）分别为0.3～0.4和0.1～0.2。与高氮组相比，其微藻碳水化合物含量增加了3倍（转化为碳水化合物），蛋白质和脂类略有减少。用培养的两组扁藻饲喂短沟对虾（Penaeus semisulcatus）溞I幼体（开口阶段），尽管两种扁藻对幼体的成活率无显著影响，但高氮组幼体的发育要显著快于低氮组。其原因可能是因为高氮组幼体的C18:3n3是低氮组的幼体的1.6倍（表10-3）。一般地，PUFA（碳链≥18的多不饱和脂肪酸）和EPA的比例，随氮浓度增加而增加，可能是由于低浓度使其平均分裂速率降低。而当氮浓度达到一定水平后，EPA含量则随着氮浓度的升高而下降。

表10-3 氮含量不同对扁藻营养成分的影响

(引自 D'Souza et al, 2000)

营 养 组 分	高 氮 含 量	低氮含量（氮营养缺陷）
微藻蛋白/能量	0.3～0.4	0.1～0.2
微藻细胞干重（pg）	169±5	202±16
微藻蛋白＋脂类＋碳水化合物/干重（%）	40～50	45～75

(续)

营　养　组　分	高氮含量	低氮含量（氮营养缺陷）
微藻脂类/干重（%）	20～25	12～18
微藻细胞脂类（μJ）	1.38±0.07	0.95±0.35
微藻细胞蛋白（μJ）	0.37±0.04	0.23±0.02
微藻细胞碳水化合物（μJ）	0.30±0.01	1.50±0.30
微藻脂肪酸 n3/n6	3.0	1.5
微藻 C18：3+C16：4+C18：4+C20：5n3	11.9+12.0+5.1+4.1=33.1	9.6+8.2+2.0+3.9=23.7
微藻 C18：2+C20：4n6	10+1.1=11.1	13.1+2.8=15.9
对虾溞 I 幼体 C18：3	5.6	3.4

磷对 HUFA 的作用也很明显。三角褐指藻在培养基中磷酸盐的浓度大于 0.5g/L 时不能生长，0.05～0.5 g/L，对生物量影响不大，但在 0.1～0.5 g/L 范围内，EPA 达到最佳水平。硅的不足会促进脂肪酸在某些藻类体内积累，例如小环藻（*Cyclotella cryptica*）在硅缺乏 4 h 后，新吸收的碳转入脂肪的速率比正常条件快 1 倍。不加入硅酸盐可使小环藻脂肪含量轻微地增加，但抑制了 PUFA 的合成。维生素不是藻类生长所必需的，但是维生素可以促进藻类生长，提高 PUFA 的含量。

碳源一般是碳酸盐，对一些在异养条件下可以产出较多 EPA 或 DHA 的藻株，可以添加醋酸盐和葡萄糖进行混养或异养培养。

（2）通气量和 pH 对微藻脂肪酸的影响。PUFA 合成中的去饱和需要分子氧，氧的有效性将决定脂肪酸的不饱和程度。例如增加培养基中氧的含量可以提高 *Cyonidium cahaii* 中 PUFA 的含量。而 CO_2 主要是影响 pH。为了使藻类产出更多的 EPA，培养基的初始 pH 应保持在 6.0～7.0。在球等鞭金藻培养中，随 pH 的增加总脂肪变化不明显，但 EPA 比例下降。最适 pH 为 8。

（3）光照、温度和盐度对微藻脂肪酸组成的影响。一般地，对于绿藻和红藻，光照强度的增加有利于 PUFA 的合成，但对于许多硅藻、裸甲藻或金藻，低光照强度可以增加 PUFA 的形成和积累，如经过黑暗和低温处理，球等鞭金藻每克干重的 DHA 含量可以达到 20.4 mg；多数藻低光照下 EPA 的含量达最大值，而 DHA 含量随光照强度的增加而增加或不变化。

温度对微藻 PUFA 的影响因种而异，总的趋势是随温度的降低脂肪酸的不饱和度增加，但生长变慢，生物量降低。一般在低温下，细胞内多不饱和脂肪酸的含量增加，因为在低温下氧的溶解率及细胞内分子氧的浓度提高，多不饱和脂肪酸合成酶的活性也随之提高。同时多不饱和脂肪酸含量的提高可增加细胞膜的流动性，这是对外界环境的一种适应。如小球藻（*Chlorella minutissima*）只有在低温下才能产出大量的 EPA。当小新月菱形藻培养温度从 10℃升到 25℃时，EPA 从 28.4% 下降到 18.1%，DHA 从 8.3% 下降到 6.5%。

盐度对微藻脂肪酸组成的影响也因种而异。三角褐指藻的培养基中，当 NaCl 浓度在 0～5 g/L 时，EPA 含量保持稳定，NaCl 浓度超过 5 g/L 时，EPA 含量迅速下降。紫球藻细胞内的 EPA 含量随 NaCl 浓度的增加而下降。当 NaCl 浓度从 0.25 mol/L 增加到 2.5 mol/L 时，EPA 含量从 37.5% 下降到 18.9%。隐甲藻 ATCC 30556 细胞内总脂肪酸中 DHA 含量随盐度的升高而增加，细胞的生长速率与盐度成正相关性；当 NaCl 浓度高于 9 g/L 后，细胞的生长速率及 DHA 含量均下降。小球藻（*C. minutissima*）在海水盐度 0.5～10 时，EPA 含量随盐度的增加而增加。Teshima（1983）发现不同盐度（4~30）下，海水小球藻（*Chlorella sp.*）脂肪酸组成没有明显变化，认为该藻在盐度很低的条件下也具有合成 EPA 的能力。微绿球藻（*N. oculata*）在盐度为 20~30 时，EPA 含量最高，而微绿球藻（*Nannochloropsis frustulurm*）在盐度为 10~15 时，EPA 和 DHA 含量最大。Yongmanitchal（1991）分析了 153 株分离于泰国的淡水藻类，发现它们主要由 $C16:0$、$C18:1$、$C18:2n6$ 和 $C18:3n3$ 4 种脂肪酸组成，没有一株藻类合成 EPA 或 DHA。不过，对于三角褐指藻的一个淡水品系（UTEX640），情形则完全不同。这一品系不仅 EPA 含量高，而且 EPA 含量随培养液中 NaCl 浓度的升高而明显减少。

（4）微藻生长期不同对微藻总脂和脂肪酸的影响。微藻在不同的生长期，其总脂含量不同。如微绿球藻（*N. oculata*），在培养开始时 1~2 d（对数早期），其总脂从占干重的 33.8% 下降到 22.9%。进入对数中期以后，随着细胞老化，到培养结束（第 8 天稳定期）其总脂含量增加到 43.3%。这可能与细胞从对数期进入稳定期时环境条件的变化，尤其是培养基营养成分的变化有关，可能是由于稳定期的培养基中氮、磷浓度很低，细胞处于生长限制条件下，光固定的碳更多地转化为脂类或碳水化合物而贮存，这与在氮源缺乏的情况下，总脂或碳水化合物含量升高是一致的。

对 HUFA 的影响，一般在对数生长期后期或静止期以前，EPA 和 DHA 的含量达到最高。收获期对 EPA 和 DHA 的影响程度因种而异。

如微绿球藻，在整个生长期（表 10-4），PUFA 和 EPA 占脂肪酸的比例，在对数生长期，随着总脂含量的下降而上升。在第 2 天达最大值（PUFA 39.3%，EPA 27.68%），进入对数中期后（第 4 天）随着总脂的持续上升，PUFA 和 EPA 的比例则持续下降，在培养结束时（稳定期第 8 天）达最低值，分别为 6.2% 和 4.63%。造成上述现象的原因，可能与脂肪酸生物合成相关的碳代谢，培养基的氮、磷浓度改变有关。在生长后期，随着营养限制程度的提高，光合作用同化的碳在脂类积累，主要为中性脂，含有的饱和脂肪酸的比例高，同时多不饱和脂肪酸水平大幅度下降。

表 10-4 细胞生长期对微绿球藻（*N. oculata*）脂肪酸组成影响

（引自 魏东等，2000）

培养时间 (d)	总脂肪酸中各脂肪酸含量（%）							
	$C16:0$	$C16:1n9$	$C18:0$	$C18:1n9$	$C18:1n7$	$C20:4n6$	EPA	其他
1	28.99	22.05	1.24	3.83	2.54	5.63	23.72	12.00
2	21.76	21.16	1.45	3.62	2.79	4.20	27.68	17.34
3	23.74	22.59	0.87	2.78	2.16	4.59	27.05	16.22
4	28.02	22.10	1.00	4.54	2.18	2.99	20.74	18.43
5	38.60	26.66	1.36	7.11	2.38	3.92	11.45	8.52
6	38.44	28.93	1.11	5.34	1.63	2.09	8.77	13.69
8	40.33	28.62	0.53	6.69	1.47	0.49	4.63	17.24

三角褐指藻的 EPA 和 DHA 含量在静止期早期最高，而对于球等鞭金藻，EPA 和 DHA 含量在静止期晚期达到最大，红胞藻（*Rhodomonas* sp.）则是在指数生长期。培养条件对收获期微藻的 EPA 和 DHA 的含量也有影响，如海链藻（*Thalassiosira pseudonana*）在 5

(μmol/ (m²·s) (24L∶0D) 时，指数生长期和静止期的 EPA 和 DHA 含量差异不明显；当光照为 50 (μmol/ (m²·s) 时，EPA 占干重的百分比从指数生长期的 24.3%下降到静止期的 16.2%，而 DHA 含量也从指数期的 4.7%下降到 3.0%。

（5）不同培养方式、不同处理对微藻脂肪酸组成的影响。对藻类进行异养和自养培养方式处理，可导致藻类 EPA 等不饱和脂肪酸含量和种类大不相同。Chor（1996）对两种硅藻，菱形藻 (*Nitzschia laevis*) 和舟形藻（*Navicula inceter*）做异养效果实验，结果表明前者异养培养的 EPA（23.2%）明显多于自养。而后者则相反，自养产生的 EPA（25.4%）多于异养产生的（15.3%）。不同培养方式脂肪酸种类也不同。两种藻类在异养培养下总脂占干重的比例，要明显大于自养情况下总脂的含量。微藻总脂含量异养比自养高，通常的解释是增加的碳使细胞产生较多的脂。但也有相反的情况，如绿藻异养的细胞却比自养细胞总脂含量少。

在培养过程中，通过一些物理处理，也可改变微藻脂肪酸组成。如在较低电压条件下，超声作用可以提高球等鞭金藻的 EPA 和 DHA 的含量。其原理可能是较低强度的超声波可以通过改进反应物的传输机制，提高酶活性和加速细胞的新陈代谢。

培养密度对脂肪酸的影响可能是通过影响光强而作用的，随着藻密度的增加，培养基内的平均光强减少，因而改变了脂肪酸组成。

对藻类的不同保藏方式，也影响脂肪酸的组成，如 Grima（1994）利用冷冻干燥、冷冻、加入体积分数为 10% 的甘油冷冻、4℃时浓缩培养等方法保存球等鞭金藻 1 个月并测定了其脂肪酸组成的变化，发现前三种方法其脂肪酸组成略有损失，而后一种方法其饱和与单不饱和脂肪酸含量均明显减少。

由于微藻在水产养殖方面的作用，特别是在鱼虾蟹类幼体培育和作为浮游生物饵料，其营养的组成直接影响鱼虾蟹幼体培育的效果，或通过食物网浮游动物间接影响鱼虾蟹类幼体的发育。所以在水产动物养殖方面，利用微藻，特别是根据经济水产动物幼体的营养需求，定向培养满足幼体发育的高含量的 EPA 和 DHA 和其他活性物质的微藻是今后微藻培养和研究的方向。

3. 固醇类　不同于人类，其固醇类主要是胆固醇。微藻固醇的组成相对比较复杂，而且具有种的特异性，在中性脂中主要以游离的形式存在。至少有 14 种固醇类可以通过气相色谱分辨出来。高含量的固醇对贝类和甲壳动物的生长有重要影响。

硅藻类中角毛藻含有胆固醇、亚甲基固醇、岩藻固醇。骨条藻含有胆固醇、菜油固醇、谷固醇、亚甲基固醇、岩藻固醇。

等鞭金藻的固醇类组成比较单一，菜子固醇的含量一般占总固醇含量的 90% 以上。但巴夫藻的固醇类组成较为复杂，主要固醇类有菜油固醇、柱头固醇、亚甲基固醇、谷固醇、甲基或乙基巴夫藻固醇等。

扁藻固醇类主要有菜油固醇（52.9%总固醇）、亚甲基固醇（43%）和极低含量的胆固醇。

（三）其他营养作用

1. 维生素营养　除了微藻脂肪酸营养以外，微藻所含维生素对水产经济动物幼体发育的影响也非常大。对大多数微藻，主要的维生素种类都基本类同，都含有高含量的维生素 C、维生素 E、维生素 PP（烟酸）（表 10-5）。但不同生长期以及不同的培养条件，对微藻维生素的含量有影响（表 10-6），目前对于微藻维生素营养研究，比较关注的是维生素 C，维生素 C 对提高幼体的生长和抗逆性方面有重要作用。

表 10-5 微藻的主要维生素及其在每克干重中的含量（μg）

（引自 Stottrup & McEvoy，2003）

微生素	微藻					动物需求量	
	a	b	c	d	e	f（海鱼）	g（虾）
维生素 C	1 300~3 000	700~1 800	600~1 900	60~840	500~2 400	200	200
β-胡萝卜素	500~1 100	—	400~1 200	140~4 300	300~2 300		
维生素 PP	—	110~470	110~470	30~2 700	60~580	150	40
维生素 E	70~290	180~330	160~350	120~6 320	—	200	100
维生素 B_1	29~109	66~86	40~110	290~710	7~48	20	60
维生素 B_2	25~50	0.4~0.7	28~38	6~42	15~66	20	25
泛酸	—	—	14~38	—	—	50	75
叶酸	17~24	7~15	7~15	—	2~67	5	10
维生素 B_6	3.6~17	6.7~10	6.7~10	4~180	—	20	50
维生素 K_1				0~28		10	5
维生素 B_{12}	1.7~1.95	1.8~7.4	1.8~7.4	8~1 200		0.02	0.2
生物素	1.1~1.9	0.7~1.0	0.7~1.0			1	1
维生素 A	<0.25~2.2	—	—			1.9	1.6
维生素 D_2	<0.45			0~39		0.025	0.1
维生素 D_3	<0.35						

注：—表示未测定；a：Brown et al，1999，12L：12D，对数期收获，离心过滤冷冻干燥，贮存于－70℃；b：Seguineau et al，1993，24L：0D，对数后期收获，离心并贮存于－20℃；c：Seguineau et al，1996，24L：0D，对数后期收获，离心并贮存于－20℃；d：De Roeck Holtzhauer et al，1991，24L：0D，离心，贮存于－30℃；e：Bayanova & Trubachev et al，1981，24L：0D，对数后期收获，立即分析；f：New，1986，海水鱼主要是五条鲕、海水鲈、真鲷和石斑鱼；g：Clnklin，1997。

表 10-6 微藻在不同培养条件下每克干重中的维生素 C 含量

（引自 Merchie et al，1995；Brown et al，1992）

藻种	含量（μg）	备注	藻种	含量（μg）	备注
小球藻（Chlorella sp.）	3 740	实验室（对数期收获）	中肋骨条藻	60	持续光照
面包酵母（对照）	347		中肋骨条藻	5 400	正常培养
金藻（Isochrysis sp.）	3 806	实验室（对数期收获）	金藻（Isochrysis sp.）	1 129	生产性（对数期收获）
扁藻（Platymonas suecica）	1 090	实验室（对数期收获）	纤细角毛藻	16 200	（对数期收获）
微绿球藻	1 510	生产性（对数期收获）	钙质角毛藻	121	（对数期收获）

2. 氨基酸营养　不同微藻的氨基酸组成基本一致，而且基本都能满足摄食微藻的动物的营养需求。其组成特点：天冬氨酸、谷氨酸两种氨基酸的比例最高，通常每一种氨基酸占氨基酸总量的 7.1%~12.9%。半胱氨酸、蛋氨酸、色氨酸和组氨酸的比例最低，每一种氨基酸的含量都在 0.4%~3.2% 波动。

二、微藻对水产动物幼体发育的营养作用

（一）对贝类幼体发育的营养作用

1. 消化性　小球藻、盐藻、微绿球藻等具有较厚的细胞壁，所以贝类幼体对该藻类不能很

好消化，而用金藻类则往往能获得良好的消化和生长。

2. 营养作用　目前还没有发现微藻的蛋白质含量和氨基酸组成与贝类幼体发育有很大的相关性。蛋白质含量在30%～60%都能满足双壳贝类的幼体发育需求。不同微藻对贝类营养价值的不同，主要体现在它们EPA和DHA含量的不同，很多微藻都富含其中1种或2种，微藻含EPA+DHA量在1×10^{-9}～2×10^{-8} $\mu g/\mu m^3$，都能满足双壳贝类发育的需要，低于5×10^{-10} $\mu g/\mu m^3$，则对生长产生影响。盐藻等一些绿藻类不能满足贝类营养需求，原因除了消化率低以外，主要是缺乏长链必需脂肪酸。

在某些情况下，微藻碳水化合物含量的不同也影响微藻对贝类幼体的营养作用。它主要是提供贝类幼体发育的能量，保障吸收的蛋白质和脂肪用于幼体的生长。

微藻都含有丰富的维生素C和维生素PP，但某些种类可能缺乏一些特殊的维生素，从而影响其营养价值。

（二）对虾蟹类幼体发育的营养价值

对虾类幼体孵出后要经过内源性营养的5～6个无节幼体阶段，发育到滤食性溞状幼体阶段，这些阶段主要摄食微藻，糠虾阶段和后期幼体阶段，水体中微藻的存在也有利于幼体的变态和成活。经济蟹类幼体孵出后，一般要经过5～6个溞状幼体阶段，在前1～3个溞状幼体阶段，微藻的供给是非常重要的。

单纯用微藻—轮虫—卤虫的饵料模式，很难满足虾蟹类幼体对蛋白质和脂类的营养要求。有一些证据证实微藻蛋白质含量占干重的30%左右，脂类含量在20%左右，能基本满足虾蟹类幼体发育的需求。不过蛋白质的适宜含量还与微藻的碳水化合物的含量有关。微藻每克干重的能值为16kJ，通常碳水化合物能值占1/4。

微藻对虾蟹类的营养价值的研究，目前大部分仍然集中于微藻脂类方面，特别是磷脂和HUFA。虾类幼体对磷脂的需求量一般要高于仔虾阶段，因为虾类幼体虽然能合成少量的磷脂，但合成量不能满足其生长需要。虾类幼体对磷脂最低的需求量为3.5%，主要是卵磷脂和脑磷脂。Mourente et al（1995）发现，将扁藻和等鞭金藻混合（磷脂含量8.2%，其中卵磷脂含量为1.2%，磷脂酰肌醇0.1%），足够维持对虾幼体的生长。

微藻是虾蟹类幼体HUFA的基本来源，这些脂肪酸主要有C20：4n6（ARA）、EPA和DHA。微藻脂肪酸含量的差异一般是造成虾蟹幼体生长和成活不同的主要因素。如D'Souza和Loneragan（1999）用牟氏角毛藻和亚心形扁藻（混合藻具有高ARA和EPA）投喂对虾幼体获得良好的效果，投喂等鞭金藻（高DHA，低ARA和EPA）效果略低，投喂盐藻（低ARA、EPA和DHA）效果最差，主要是它们脂肪酸组成的差异造成的。

除了HUFA的营养作用以外，微藻维生素含量的差异也会影响到其作为虾蟹幼体的营养价值。微藻都具有高含量的维生素C（500 $\mu g/g$）和维生素E（300 $\mu g/g$）。但培养条件不同可以造成微藻维生素含量的巨大差异，从而造成虾蟹类幼体生长和发育的差异。Merchie et al（1997）估计每克饲料含130 μg维生素C，能加速虾幼体蜕皮和变态后胶原质的形成。20 $\mu g/g$维生素C的含量能满足仔虾蟹幼体发育的需求。

（三）对其他生物饵料的营养作用

微藻还常常作为其他生物饵料如轮虫、枝角类和桡足类的饵料生物。

1. **蛋白质营养** 在用藻类培养轮虫的过程中,Frolov et al (1991) 发现,轮虫的蛋白质、脂类含量与藻类非常相关,不过轮虫的氨基酸组成不受藻类的氨基酸组成影响。通常认为微藻氨基酸组成能够满足其他生物饵料的营养需求,但当微藻的某些必需氨基酸含量显著低于培养的生物饵料的相应氨基酸时,会影响微藻的营养价值。如 Kleppel et al (1998) 发现当单纯用等鞭金藻(常缺乏组氨酸)投喂桡足类时,其产卵量下降。

2. **脂肪酸营养** 不同植食性生物饵料种类利用来源于微藻的必需脂肪酸的能力差别很大(表10-7)。

表10-7 微藻总脂肪酸中EPA和DHA含量(%)对摄食微藻的浮游动物的这两种脂肪酸组成的影响

(引自 Stottrup & McEvoy, 2003)

微藻种类	EPA	DHA	浮游动物	EPA	DHA	DHA/EPA
微绿球藻	24.9	—	桡足类无节幼体	16.4	10.8	0.7
微绿球藻	24.9	—	桡足幼体	15.5	8.6	0.6
微绿球藻	24.9	—	轮虫	21.4	1.3	0.1
微绿球藻	24.9	—	卤虫(投喂12h)	6.8	—	0
钙质角毛藻	33.7	1.8	日角猛水蚤	8.3	21.4	2.6
盐藻(*Dunaliella tertiolecta*)	0.1	0.3	日角猛水蚤	6.2	12.4	2.0
球等鞭金藻	2.2	25.7	日角猛水蚤	6.7	22.9	3.4
盐藻(*D. tertiolecta*)	0.4	0.3	海参日角猛水蚤	5.6	17.9	3.2
红胞藻(*Rhodomonas baltica*)	11.5	7.9	海参日角猛水蚤	17.7	32.1	1.8
扁藻(*Platymonas*. sp.)	10.8	0.5	褶皱臂尾轮虫	9.9	1.7	0.17
球等鞭金藻	0.9	19.4	褶皱臂尾轮虫	4.4	13.5	3.1
巴夫藻(*Pavlova lutheri*)	28.3	15.5	褶皱臂尾轮虫	24.2	11.8	0.5
球等鞭金藻(T-iso)	0.5	6.4	卤虫(投喂24h)	7.1	1.5	0.2
对照(饥饿)	—	—	卤虫(饥饿24h)	2.8	—	

对于轮虫来讲,微藻的HUFA组成和含量对轮虫种群生长和繁殖没有影响,如一些微藻,像淡水小球藻,几乎完全缺乏HUFA,但可以使轮虫获得很好的生长。其他一些微藻,如扁藻和微绿球藻,虽然都含有较高含量的EPA,但几乎缺乏DHA,也同样能满足轮虫良好的生长。相反,等鞭金藻类HUFA含量较高,脂肪酸营养比较平衡,但用其培养轮虫,轮虫的种群生长和繁殖相对较差。所以金藻只用于轮虫脂肪酸营养强化,一般不用于大量培养轮虫。不同HUFA含量的微藻,只是相应影响轮虫的HUFA组成,所以在生产中可采用高HUFA含量的微藻和食物强化轮虫的这些脂肪酸的含量,以满足鱼虾幼体发育的营养需求。

对于桡足类来讲,特别是对于哲水蚤类来讲,微藻的HUFA含量对其生长、生殖力和体脂肪酸组成的影响非常大,所以在培养哲水蚤类时,要注意选择富含高HUFA的微藻,比如硅藻和等鞭金藻。

3. **其他脂类的营养作用** 微藻中富含固醇类物质,可通过食物链满足那些自身不能合成胆固醇的种类的营养需要,比如甲壳动物。卤虫和桡足类都是甲壳动物,作为虾蟹幼体的生物饵料,可通过摄食微藻获得自身需要的固醇类前体物质,以及满足虾蟹类幼体发育所需。

4. **其他营养(生态营养)** 很多生物饵料可以同时滤食微藻和细菌进行生长,特别是在集约化的培养系统中,滤食的细菌有些对于虾蟹类可能是致病菌,主要是弧菌类,这些细菌在轮虫和卤虫的肠道中都存在。如果单纯用微藻培养，则这些生物饵料中几乎不含有这些致病菌。所以这些生物饵料投喂前可通过微藻短暂培养，降低肠道中微生物的种群含量，提高生物饵料的营养价值。

（四）对海水鱼幼体的营养作用

很多试验已证实，在海水鱼的育苗过程中，特别是在幼体开口阶段，绿水育苗可以显著提高海水鱼幼体发育的生长和成活率（表10-8和表10-9）。主要原因除了微藻改善育苗水质环境，还因为微藻可以直接作为海水鱼幼体饵料和刺激鱼幼体的食欲，并引发消化过程，诱发摄食活动，进而捕食大规格的饵料。微藻还能改善幼体肠道和环境中微生物的群落结构，能改变环境中的光照，以利于幼体摄食生物饵料。

表10-8　绿水育苗对海水鱼幼体成活率的影响

（引自 Stottrup & McEvoy, 2003）

种　类	成活率(绿水,有微藻)(%)	成活率(清水,无微藻)(%)	成活率增加(%)	发育时间
大菱鲆	28~55	4~18	277	孵化后23d
	30~26	5~6	500	开食后23d
	29~54	6~24	177	孵化后23d
鲷	76~82	41~54	66	孵化后15d
	34~43	18	113	孵化后15d
金头鲷	56±16	8±4	600	孵化后30d
	21.7	1.9	1 042	孵化后15d
大西洋庸鲽	30	1.2	2 400	开食后21d
欧洲舌齿鲈	71±3	60±4	18.2	孵化后32d

表10-9　绿水育苗对海水鱼幼体生长的影响

（引自 Stottrup & McEvoy, 2003）

海水鱼	项　目	绿水系统	清水系统	生长增加（%）	发育时间
大菱鲆	SGR（%/d）	28	16	—	开食后8d
	SGR（%/d）	28	16	—	开食后7d
大西洋庸鲽	SGR（%/d）	9.5	1.5		开食后11d
金头鲷	湿重（mg）	2.0	1.1	82%	孵化后20d
鲷	标准长（mm）	4.0~4.4	3.5~3.7		开食后15d

注：SGR 代表特殊生长速度（special growth rate）。

第二节　轮虫的营养与营养强化

目前大规模生产轮虫的技术日趋成熟，培养的轮虫主要有两种，一种是褶皱臂尾轮虫，个体较大（130~340 μm），生活在温度较低的水域（18~25℃），另一种是圆型臂尾轮虫，个体较小（100~210 μm），生活在较高的温度中（28~35℃）。

目前轮虫已广泛作为海、淡水鱼和虾蟹幼体孵出后1~2周内重要的生物饵料，所以所培养轮虫的营养价值逐步受到关注。为确保培养的轮虫对鱼虾蟹的营养，目前主要的方法就是通过营养强化，即将大规模培养的轮虫收集起来，进行8~20h的营养强化，以满足鱼虾蟹幼体发育的营养需求。

一、蛋白质的营养强化

轮虫蛋白质营养强化方面的研究才刚刚起步。研究表明,不同培养条件下或不同生长阶段的轮虫的蛋白质含量变化比较大,占干重的 28%~67% (Oie et al,1997),而氨基酸组成则几乎没有变化。蛋白质含量的较大变化足以影响海水鱼虾蟹幼体的生长。由于乳化强化法单纯用脂肪强化,提高了轮虫的脂肪含量,使蛋白质/脂类的比值降低,这对海水鱼幼体来讲,不利于生长,对虾蟹类可能有利。所以在投喂海水鱼时,要注意选择繁殖最快时期的轮虫,这时的轮虫蛋白质/脂类的比值为 1.5~2,比较合适,营养价值高。在轮虫培养的晚期,其质量降低。

目前已有商用的轮虫蛋白质营养强化剂,Oie et al(1996)用蛋白质强化剂强化轮虫,强化方法同乳化油强化法类似,蛋白质强化剂在培养容器中的浓度为每升海水 125 mg,强化时间 3~4 h,可显著提高轮虫的蛋白质含量和轮虫的质量(表 10-10)。

表 10-10 用蛋白质强化剂强化轮虫的效果

(引自 Oie et al,1996)

	富含 DHA 的强化剂短时强化	蛋白质强化剂短时强化
蛋白质* (ng/个)	163±13	238±44
蛋白质** (ng/个)	100	165
蛋白质/脂肪*	2.3	2.6
蛋白质/脂肪**	1.4	1.8
ng/个(干重)	331±13	502±33

* 蛋白质按 N×6.25 计算;** 蛋白质按氨基酸总和计算。

二、脂类的营养强化

轮虫的脂类含量占干重的 9% 左右,强化后可高达干重的 28%,毫无疑问,轮虫脂类的含量和脂肪酸组成对鱼虾蟹幼体的发育和成活有非常重要的影响。

轮虫的脂类组成中,34%~43% 是磷脂,20%~55% 甘油三酯,其他还有少量的甘油一酯、甘油二酯、固醇、固醇酯和游离脂肪酸。轮虫脂类含量和脂肪酸组成,特别是 EPA 和 DHA,受饵料脂类含量和脂肪酸组成的影响非常大,所以可以通过高含量的 EPA 和 DHA 的饵料和食物,强化常规培养条件下的轮虫,提高 n3HUFA 的含量,满足虾蟹幼体发育所需。不过相比之下,轮虫磷脂的脂肪酸组成受饵料脂肪酸组成的影响与甘油三酯相比要小得多,轮虫 n3HUFA 强化的方法有如下几种:

1. 微藻营养强化 常用于强化轮虫的藻类有微绿球藻(N. oculata),其具有高含量的 EPA(30%),它是轮虫培养的很好饵料,但不适宜于培养贝类、卤虫和桡足类。另一种强化轮虫的常用藻类是金藻,如球等鞭金藻,其 DHA 的含量比较高(12% 或每克干重含 10 mg),特别适合于轮虫的强化。而且它们相对比较容易大量培养。如果金藻藻类的浓度在 5×10^6~2.6×10^7 个细胞/ml,强化几个小时,轮虫的 DHA/EPA 比值可达 2 以上。以上两种微藻都含有一定量的

ARA，ARA 是许多活性物质如前列腺素的前体物质，具有重要的生理功能，饵料中合适的 EPA、DHA 和 ARA 比例对鱼虾蟹类幼体生长发育有重要影响，如对于大菱鲆幼体，饵料合适的 EPA：DHA：ARA＝1.8：1.0：0.12。将以上两种微藻混合进行轮虫强化的培养，一般可获得良好的效果。不过，用藻类强化轮虫，成本一般比较高，因为多数情况下，一般较难培养出质量较好的藻类，而且还需一定的人工。不过，目前正尝试用浓缩的藻类或冰冻藻类去强化轮虫，此方法有如下优点：

（1）这些藻类产品可以运输和贮存。对于浓缩和冰冻的藻类可贮存 2 周左右，这样可克服在生产上藻类培养与轮虫强化在时间上脱节的问题。

（2）藻类可以在人为控制的条件内保证培养高质量。这些藻类的化学成分和质量可以在强化轮虫以前进行测定，保证强化轮虫的饵料安全。

（3）用藻类可以培养出高密度的轮虫。

2. **酵母添加鱼油的直接强化方法（油脂酵母法）**　一般用面包酵母培养轮虫，其脂肪酸营养都有缺陷，其脂肪酸营养可在酵母中直接添加鱼油的方法进行强化。一般鱼油的添加量为 10%，添加 20% 以上鱼油，不能被酵母完全融合吸收。投喂前，一般取 2g 酵母鱼油饲料，添加到 200ml 的海水中，均匀搅拌后，保存于 4～8℃ 环境。

3. **油脂乳化法**　由于轮虫的摄食是滤食性的，对 HUFA 吸收也是无选择的，所以，高含量的 HUFA 强化轮虫，可显著提高轮虫的这些脂肪酸的含量。Watanabe et al（1982）最先用鱼油、蛋黄和海水一起搅拌，制成高 HUFA 含量（占总脂肪含量 20%～30%）的乳化油。现在常通过化学纯化，获得更高含量 HUFA 浓缩油脂（60%～90%）的乳化油进行轮虫 HUFA 的强化，可获得更好的效果。但要注意这种乳化油制成以后，一定要尽快对轮虫进行强化，因为这种乳化油的稳定性不好，不宜贮藏。

用浓缩油制成的乳化油强化轮虫，可显著提高轮虫脂肪的含量和 HUFA 的含量（见表 10-11）。

表 10-11　乳化法强化轮虫的效果

（引自 Rodriguez et al，1996）

强化时间	40%HUFA 甘油三酯（TG 型）浓度				80%HUFA 脂肪酸甲酯型（ME 型）浓度			
	4%	8%	4%	8%	4%	8%	4%	8%
	脂类（%）		HUFA（%）		脂类（%）		HUFA（%）	
0h	13.15	13.15	1.8	1.8	13.15	13.15	1.8	1.8
6h	21.98	19.80	3.0	3.0	20.79	21.97	2.6	3.0
12h	23.43	24.59	4.6	5.6	24.40	24.88	4.0	4.0
24h	23.23	30.08	3.8	9.2	25.93	30.46	3.2	5.0

注：表中数据为占干重的百分含量。

不过油脂乳化法有很多本身难以克服的缺点：由于强化的时间一般在 12～24 h，在此时间之内，由于轮虫大多收集浓缩后进行强化，密度较高，会造成一部分轮虫死亡。其次，除了轮虫吸收的油以外，有很大一部分油是粘在轮虫身体上的（因为轮虫小，接触面大），将这些轮虫饲喂鱼虾幼体，会造成水质破坏。再有，乳化后的轮虫吸收的脂肪主要还停留在消化道内，如果轮虫不被马上摄取，其营养价值就会改变。不过一旦吸收的 HUFA 被吸收合成轮虫自身的脂肪，其成分是相对比较稳定的，这一点不像卤虫无节幼体，吸收的 HUFA 会很快被代谢利用。

4. 配合饵料进行强化　用这种方法可以克服油脂乳化法强化的缺陷。

日本强化法：用浓缩的海水小球藻加维生素和 HUFA，培养的效果非常好（Fu et al，1997）。

欧洲方法：商品名为 Culture Selco（CS）和 protein selco（PS），不需要微囊化。用 CS 饲料强化后，每克轮虫（干重）分别含 5.4、4.4、15.6mg 的 EPA、DHA 和 n3HUFA，脂类含量为 18%，强化脂肪的效果好于单胞藻的效果（表 10-12），培养轮虫的脂肪含量适中，轮虫死亡少，培养的密度高。

表 10-12　配合饲料强化轮虫的效果

（引自 Lavens & Sorgeloos，1993）

	每克强化饲料（DW）中含量（mg）			每克强化后轮虫（DW）中含量（mg）			
	EPA	DHA	DHA/EPA	EPA	DHA	DHA/EPA	n3 HUFA
CS	18.9	15.3	0.8	5.4	4.4	0.8	15.6
DHA-CS	16.9	26.7	1.6				
DHA-PS	24.4	70.6	2.9	41.4	68.0	1.6	116.8
微绿球藻				7.3	2.2	0.3	11.4

我国也有相关强化饲料，如 50DE 微囊系列 DHA 强化饵料在我国使用较广，这些强化饵料可大幅度提高轮虫的 n3HUFA 含量和维生素水平，基本上可满足轮虫及水产动物幼体初期营养的需要。

5. 不同脂肪酸形式强化轮虫效果比较　成永旭等（2001）试验证实，轮虫脂类的 HUFA 的提高和强化效果与饵料中的 HUFA 的化学形态有关，甘油三酯型饵料 HUFA 的强化效果高于磷脂型的 HUFA。Rogriguez et al（1996）利用甘油三酯型的乳化油（甘油三酯中 HUFA 含量 40%）和 HUFA 的甲酯型（HUFA 含量 80%）强化轮虫，强化轮虫的 HUFA 的效果都比较好（表 10-11），但后者会造成携卵轮虫的大量死亡，所以两种强化型乳化油，仍以甘油三酯型为好。王建中等（1992）对 EPA、DHA 的生物利用度研究得出，若甘油酯型 EPA、DHA 的生物利用度为 100，则脂肪酸型和单酯型（甲酯型）的利用度分别为 186、136 和 40、48。张利民等（1997）对脂肪酸型、甲酯型、已酯型、甘油酯型等几种类型的 n3HUFA 强化饵料对轮虫的培养实验表明，它们都可以提高 DHA/FA 的值，其中以脂肪酸型的生物利用度和吸收度为最好，其次为甘油酯型，单酯型效果最差。脂肪酸型饵料对轮虫体内 DHA 的强化效果最好。不同类型脂肪强化效果依次为脂肪酸型＞甘油三酯型＞单酯型＞磷脂型。

三、维生素和其他营养物质强化

维生素 C 不仅能够刺激轮虫的生长，而且对海水鱼幼体的成活和生长有重要作用。轮虫的维生素 C 含量主要来源于其食物。

实验发现,单纯用面包酵母培养的轮虫,其维生素C的含量非常低(每克干重含150mg)(Dhert et al,2001),用小球藻培养的轮虫,维生素C的含量为每克干重1 000~2 300mg,其含量多少与藻类的质量有密切的关系。所以轮虫维生素C的强化主要以富含维生素C的微藻,如等鞭金藻、小球藻和微绿球藻为主(表10-13)。为提高轮虫维生素C含量,一般在用乳化油强化轮虫时,在其内加入水溶性的维生素C,一般成分是AP (ascorbyl palmitate),该成分比较稳定,它被轮虫吸收后在轮虫体内通过酶解转化为抗坏血酸(维生素C),这种转化的效率非常高。如在乳化液中加入5%AP,经过24h强化,每克轮虫(DW)体内的含量可达1 700mg。而且在海水中经过24h,其含量也不会下降。

表10-13 轮虫维生素C的强化效果(mg)

(引自 Merchie et al,1995)

培养饵料/强化饵料	实验规模		培养饵料/强化饵料	商业规模	
	培养时间(3d)	强化时间(6h)		培养时间(5~7d)	强化时间(6~24h)
小球藻/等鞭金藻	2 289	2 155	(面包酵母+小球藻)/小球藻	928	1 255
面包酵母/等鞭金藻	148	1 599	(面包酵母+微绿球藻)/微绿球藻	220	410
CS/PS	322	1 247	CS/PS	136	941
			CS/等鞭金藻	327	1 559

注:表中数据为每克轮虫(DW)中的含量。

轮虫可通过强化方法,以载体形式携带抗生素和微生态制剂,用于鱼虾蟹幼体发育时防治疾病和增强免疫力。

四、轮虫作为鱼虾幼体生物饵料的营养评价

1. **作为鱼虾幼体早期饵料的作用** 尽管不是海水鱼虾蟹幼体早期的天然饵料,轮虫作为鱼虾蟹幼体的饵料,已持续近半个世纪,其在鱼虾蟹幼体发育方面的作用在今后相当一段时间仍是不可替代的。原因有二,其一,轮虫个体小,适于幼体早期摄取,而且今后通过遗传改良,创造超小规格的轮虫品系,作为鱼虾蟹幼体,特别是作为海水鱼幼体开口饵料的应用将更有前景。其二,轮虫的基本营养缺陷可以通过强化进行弥补。虽然目前一些桡足类无节幼体在大小和营养方面比轮虫更适合作为早期饵料,但其规模化培养相对较为困难。

2. **作为鱼虾蟹幼体饵料的难以克服的营养缺陷** 正由于轮虫不是海水鱼虾蟹幼体天然的饵料,所以其营养存在缺陷,尤其是HUFA中DHA营养方面的缺陷,这一点和卤虫无节幼体类似。虽然可通过强化方法进行一些弥补,但在必需脂肪酸的比例,特别是DHA/EPA的比例上,很难满足很多海水鱼幼体的营养需求(一般要求DHA>EPA,表10-14),特别是DHA对海水鱼的生理作用一般都要高于EPA(表10-15)。这是因为一方面,常规培养和一般强化方法培养的轮虫,EPA的含量要大于DHA的含量。即使通过高含量DHA浓缩脂肪的乳化法强化,可使轮虫DHA>EPA,其比值也较难突破2以上,而桡足类的DHA/EPA比例一般都大于2。另一方面,强化轮虫的DHA的含量极不稳定,因为在饥饿的情况下,轮虫的脂类含量迅速下降(18℃,每天下降总脂含量19%),下降的脂类中,n3HUFA下降最多(Olsen et al,1993),以

上提示我们，在鱼虾蟹育苗过程中，强化轮虫或新培养的轮虫要及时投喂，或者育苗期间强调绿水育苗，保证水体有一定密度的微藻，不至于投喂到育苗池的轮虫在没有被鱼虾幼体捕食后处于饥饿状态，降低其营养价值。

表 10-14 一些海水幼鱼对 n3HUFA 的需要及 EPA 和 DHA 营养价值比较

(引自 Watanabe，1994；Sargent et al，1999)

鱼 种	饵料	n3HUFA 需要量（占干饵料的百分比）	EFA 值
真鲷	轮虫	3.5	DHA>EPA
	卤虫	3.0	DHA>EPA
五条鰤	卤虫	>3.9	DHA>EPA
条石鲷（Oplegnathus fasciatus）	轮虫	>3.0	
	卤虫	>3.0	
日本牙鲆	卤虫	>3.5	DHA>EPA
大菱鲆	轮虫	1.2~3.2	DHA：EPA：ARA=1.8：1：0.12

表 10-15 海水鱼幼体对强化卤虫的 DHA 的适宜含量需求以及和 EPA 作用的比较

(引自 Takeuchi，2001)

鱼 种	DHA 需求量 占卤虫干重（%）	相对作用或影响度		
		生长	成活率	活力测验*
日本牙鲆	1.0~1.6	EPA=DHA	EPA=DHA	EPA<DHA
真鲷	1.0~1.6	EPA=DHA	EPA=DHA	EPA<DHA
大西洋鳕	1.6~2.1	EPA≤DHA	EPA≤DHA	EPA<DHA
黄带拟鲹（Pseudocaranx dentex）	1.6~2.2	EPA≤DHA	EPA<DHA	EPA<DHA
五条鰤	1.4~2.6	EPA<DHA	EPA<DHA	EPA<DHA

* 将鱼反复从水中拿出暴露在空气中 30~60s 下的成活率。

第三节 卤虫的营养与营养强化

卤虫和轮虫一样，是主要的生物饵料，目前广泛应用于海水鱼虾蟹育苗过程中。其应用主要是新孵化出的无节幼体或营养强化的无节幼体（无节幼体Ⅱ）。卤虫作为鱼虾蟹幼体的生物饵料具有很高的营养价值，但在营养方面，尤其是脂肪营养方面存在缺陷，也可通过营养强化提高卤虫的营养价值。本节主要介绍不同品系卤虫的营养价值、营养强化及其营养价值评价。

一、卤虫的营养作用

（一）卤虫的基本营养成分

由于卤虫是滤食性的，拥有占身体体积相当比例的肠道，所以其营养成分受饵料的影响非常大，表 10-16 给出了不同品系卤虫卵及无节幼体的基本营养成分。

表 10-16 不同品系卤虫卵和无节幼体的基本营养成分

(引自 Stottrup & McEvoy，2003)

	蛋白质（%）	脂肪（%）	糖类（%）	灰分（%）	纤维（%）	干重（μg）
卵						
美国大盐湖卤虫	55.8	11.2	6.9	5.9	—	4.83
美国旧金山卤虫	45.2	3.9	36.3	5.2	—	
墨西哥卤虫	41.4~50.2	0.3~1.0	36.4	5.8~12.6	—	
脱壳卵						
美国大盐湖卤虫	50.6	14.7	6.6	10.6	—	3.42
美国旧金山卤虫	67.4	15.7			—	
无节幼体						
美国大盐湖卤虫（a）*	56.2	17.0	3.6	7.6	—	2.31
美国大盐湖卤虫（b）	41.6~47.2	20.9~23.1	10.5	9.5	—	1.65~2.7
美国大盐湖卤虫（c）	61.9	14.7	10.6	7.1	5.9	—
中国	47.3	12.0	—	21.4	—	3.09
法国	55.7	12.4	—	15.4	—	2.7~3.1
美国旧金山卤虫	41.9~59.2	15.9~7.2	11.2	8.2	—	1.45~2.87

注：* 指来源不同文献；— 文献中未提及；表中前 5 列数据均指占干重的百分比。

卤虫无节幼体有足够含量的鱼虾幼体所必需的 10 种氨基酸，不过蛋氨酸在 10 种必需氨基酸中的含量相对较低，是卤虫无节幼体的第一限制性氨基酸。卤虫无节幼体还含有分子质量为 7.4~49.2kU 的小肽和一些游离的氨基酸，很容易被鱼虾幼体消化吸收。但卤虫游离氨基酸的含量与桡足类相比，比较低。

（二）卤虫卵和无节幼体的维生素含量

卤虫卵和无节幼体的维生素含量，数据大多见于对美国旧金山品系卤虫的研究（表 10-17）。Merchie et al（1995）比较了 10 种不同品系的卤虫的维生素含量，发现 2-硫酸维生素 C（ascorbic acid 2 sulfate，AscAs）的变化比较大，并证实 AscAs 可以转化为游离的维生素 C。从表 10-17 可以看出，卤虫卵孵化以后，无节幼体中几乎无 AscAs，这是否意味着 AscAs 作为维生素 C 的贮藏形式存在于卵中，以满足孵化后幼体发育的需求，还需要进一步证实。

卤虫无节幼体维生素的含量一般高于其他海洋浮游动物，但认为它仅能满足海水鱼虾蟹幼体对维生素的最小需要量，不过这方面还没有确切的实验去验证。

表 10-17 卤虫卵和无节幼体（每克干重）的维生素含量（μg）

(引自 Stottrup & McEvoy，2003)

	卵	无节幼体		卵	无节幼体
维生素 C		692±89	烟酸	108.7	187±8
AscAs	861±16		泛酸	72.6	86±19
维生素 B_1	7.13	7.5±1.1	生物素		3.5±0.6
维生素 B_2	23.2	47.3±6.0	叶酸		18.4±3.4
维生素 B_6	10.5	9.0±5.0	维生素 B_{12}		3.5±0.8

（三）不同品系卤虫脂类和脂肪酸组成

不同品系卤虫的脂肪酸组成见表 10-18。

表 10-18 不同品系卤虫的脂肪含量和脂肪酸组成

（引自 Watanabe，1994；Stottrup & McEvoy，2003）

	澳大利亚 C	巴西 C	加拿大 C	中国天津 C	法国 C	意大利 C	旧金山 C	美国大盐湖 C	中国西藏 N
总脂占干重百分比	18.5	20.2	14.2	20.1	15.2	22.4	17.4	22.4	
C14：0	1.34	1.57	0.83	1.8	1.73	1.53	1.57	0.93	—
C14：1	2.23	0.81	1.67	2.24	3.03	3.3	0.74	1.45	
C15：0	0.34	0.67	—	—	—	0.11	0.58	0.11	
C16：0	13.45	15.42	9.99	11.4	11.90	15.23	12.13	11.78	23.6
C16：1	9.97	10.97	9.03	19.06	11.34	10.38	19.52	5.64	2.4
C16：2n7	—	—	—	—	—	2.94	—	—	
C16：3n3	3.87	3.88	1.47	2.54	2.2	3.28	2.32	2.9	—
C18：0	3.07	2.79	5.12	3.99	4.21	3.17	2.9	4.07	
C18：1n9	28.23	35.86	28.24	26.81	24.73	29.05	31.2	25.58	40.4
C18：2n6	5.78	9.58	7.95	4.68	6.14	6.79	3.69	4.6	6.2
C18：3n3	14.77	4.87	19.87	7.38	20.9	6.35	5.16	31.46	—
C18：4n	4.37	0.96	1.6	1.26	2.04	1.01	1.28	3.10	—
C20：3n3	—	—	4.21	3.34	2.45	—	2.69	—	
C20：5n3	10.5	8.98	9.52	15.35	8.01	13.63	12.44	3.55	44.7
C22：6n3	0.26	0.06							0.2

注：C 为卤虫卵；N 为无节幼体；一为痕量。

通常将不同品系的卤虫按其脂肪酸组成特点分为三类：

（1）具有相当高的 EPA 含量，一般大于 10%（其他如 C16：1n7，C18：1n9 也相对高），较低含量的 C18：2n6，C18：3n3，C18：4n3。我国分布卤虫的种类大部分属于此类，此外意大利、美国旧金山的卤虫也属于此类。营养价值较高。

（2）具有相当低的 EPA 含量，一般低于 5（其他如 C16：1n7，C18：1n9 也相对低），较高含量的 C18：2n6，C18：3n3，C18：4n3。如 Utah 和 San pablo Bay 卤虫系列。

（3）EPA（5%～10%）和其他上述脂肪酸介于上述两种品系中间含量的种类。如澳大利亚、巴西、加拿大和法国的卤虫种类。

所有不同品系的卤虫其脂肪酸组成中都缺乏 DHA。

二、卤虫无节幼体的营养强化及其在鱼虾蟹育苗中的应用

（一）卤虫无节幼体脂肪酸营养强化

早在 20 世纪 80 年代，人们已经注意到卤虫无节幼体的 EPA 含量决定着海水鱼育苗的成败。80 年代后期到 90 年代，人们更加注意到 DHA 的作用。一般来说，卤虫无节幼体的 EPA 与鱼虾幼体的成活率有关，而 DHA 能改善幼体的质量和获得良好的生长（Sorgeloos et al，2001），它主要是在幼体的神经系统发育过程中起重要作用。最近的研究证实（Koven et al，2000）ARA

对幼体的生长和色素的沉降方面起重要作用。但对不同的鱼虾蟹类幼体来讲，用不同强化的卤虫无节幼体投喂，对幼体生长、成活率等的影响有所差异。大量的营养学研究证实，大多数鱼虾蟹类幼体发育过程中，需要一定量的n3HUFA，卤虫对鱼虾蟹类的营养价值主要决定于其HUFA的含量，但所有卤虫无节幼体中，只有一些品系含有一定量的EPA，而且所有品系都缺乏DHA。生物饵料DHA的含量对海水鱼幼体的生长发育非常重要，而且高的DHA/EPA比值，可以促进海水鱼幼体的生长，增强对环境胁迫的适应性，以及幼体色素正常沉着。这就需要强化卤虫无节幼体DHA含量，而且要提高DHA/EPA的比值。和轮虫的脂肪酸强化一样，对卤虫无节幼体的HUFA强化，DHA/EPA的比例也很难超过2（与桡足类不同）。为了克服卤虫无节幼体n3HUFA的缺乏，目前已发展了不同的强化技术用于提高卤虫无节幼体的n3HUFA的含量和营养价值。

需要指出的是，在常规条件下，新孵出的卤虫无节幼体的营养价值比较高，在25～28℃孵化温度下，幼体孵出以后的6～8h之内主要靠消耗本身能量贮存，发育为二龄无节幼体。二龄的无节幼体比新孵出的幼体大50%，含较低的游离氨基酸和能量。二龄幼体以后开始摄食，其方式是滤食性的，所以可以用简单的方法强化，将外源不同的营养物质吸收到卤虫幼体中，以补充其营养的缺陷。

和轮虫的营养强化一样，目前卤虫的营养强化方法主要有以下几种：

（1）微藻强化法，即用富含EPA和DHA的微藻进行强化。如Watanabe et al（1983）首先提出用小球藻（*Chlorella minutissima*）强化卤虫无节幼体，可使其HUFA含量达到总脂肪酸的15.5%。

（2）乳化油强化法（HUFA-richoil emulsion。HUFA一般大于30%），一般用富含n3HUFA乳化油进行强化，强化油在介质中的浓度一般从100～400mg/L，强化时间一般为12～24h（Leger et al，1987，McEvoy et al，1996）。乳化油的比例为脂类62%，水30%，乳化剂、抗氧化剂和脂溶性维生素等。

（3）饲料中添加富含HUFA的鱼油强化法（参照轮虫的强化）。

（4）用脂质体进行强化（liposome）（Ozkizilich et al，1994）。

（5）用微胶囊饵料进行强化（Southgate et al，1995），将强化的营养物质制成微囊颗粒，可被卤虫无节幼体直接滤食进入肠道，而不被卤虫消化吸收，卤虫只是充当载体作用，将这些营养物质传输到海水鱼虾蟹幼体。实际上，用这种方法，可以强化任何营养物质，包括作为药物载体，但这种方法值得商榷。主要问题是胶囊囊材不容易被鱼虾幼体消化吸收。

（6）用微藻干粉进行强化，也叫生物胶囊法（Bio-encapsulation）。将富含必需脂肪酸的微藻或海洋原生动物制成干粉，可直接对卤虫进行强化（McEvoy et al，1998）。与纯化的鱼油相比，干粉状的整细胞藻类的必需脂肪酸成分可以直接给予卤虫幼体，而且方便操作和保存，不仅具有天然的抗氧化作用，而且还能提供蛋白质和其他微营养成分。

（二）强化效果

强化效果与强化饵料的形式（脂肪酸是游离还是存在于复合脂肪中）、强化的方法、卤虫本身品系、不同的脂肪源、n3HUFA含量、培养介质的盐度、温度、乳化油在介质的浓度、强化时间和强化后饥饿的时间等有关系。

在各种强化方法中，一般以乳化油强化效果较好。此方法可大大提高卤虫 HUFA 的含量。用旧金山卤虫品系进行乳化油强化，所用乳化油一种含 50% n3HUFA（甲），一种含 30% n3HUFA（乙）。HUFA 化学式为游离脂肪酸。结果，用 50% n3HUFA 强化液，剂量为 300mg/L，强化时间为 24h，DHA 的强化效果最好，为 28.9mg/g。

（三）卤虫强化过程中脂类的转化

（1）在 HUFA 的强化过程中，被卤虫吸收的外源脂肪酸主要形成了甘油三酯。事实上，尽管在生产和科研方面，卤虫的强化技术被广泛的采用，但目前对强化的机制，即 HUFA 如何被吸收和利用还没有充分了解，一般认为在强化过程中，卤虫主要是作为 HUFA 的被动载体（passive carriers）。早先有试验也证实，卤虫对食物中 HUFA 利用和转化的能力与脂肪酸的碳链长度有关，碳链长度越长，利用能力越低（Dendrions et al，1987），但以后有很多学者相继指出（Painuzzo et al，1994；McEvoy et al，1996；Coutteau et al，1997），卤虫在强化过程中，不仅仅是作为脂肪的载体，而且能吸收和转化被摄取的脂肪和脂肪酸。外源脂类和脂肪酸被卤虫吸收以后，首先主要合成甘油三酯。如 McEvoy et al（1996）用脂肪酸乙酯占总脂 75% 的强化饵料喂食卤虫，18h 后发现这些被吸收的脂肪酸乙酯主要形成了甘油三酯。Navarro et al（1999）用放射标记的方法标记各种脂肪酸乙酯，也证实了外源的脂肪酸在 24h 的强化过程中，被卤虫（旧金山品系）吸收后，50% 以上脂肪酸（除 $C18:0$ 为 30%）都合成了甘油三酯，只有 10%~22% 的标记脂肪酸合成了磷脂。

（2）在饥饿过程中，强化卤虫无节幼体脂类和 HUFA 含量的变化。强化的卤虫无节幼体，在 24h 的饥饿过程中，不仅脂类的绝对量变化很大，而且脂类组分和脂肪酸组成也发生了很大变化。脂类主要变化是卤虫体内甘油三酯量下降，游离脂肪酸和磷脂含量增加。这种变化与卤虫的脂类代谢比较吻合。因为在饥饿过程中，卤虫要利用贮存的脂肪作为能量提供，进行组织膜磷脂结构的合成和发育生长。

脂肪酸组成的变化，主要是伴随着卤虫无节幼体中甘油三酯的利用，其甘油三酯的 HUFA（强化吸收）也被消耗，表现为卤虫无节幼体的 EPA 和 DHA 的含量显著下降。如 Evjemo et al（2001）证实，经 12h 强化的旧金山卤虫的 EPA 占总脂肪酸的比例为 6.7%，DHA 达 12%，以后的饥饿过程中，所有的脂类成分都显著降低。特别是 DHA 的降低最显著。在 30℃ 下饥饿，每天 DHA 含量降低 92%，12℃ 时为每天降低 52%。在 12℃ 时，EPA、其他 n3 脂肪酸总和、总脂含量分别每天降低 15%、30% 和 11%。DHA 比 EPA 的显著降低是由于在饥饿过程中，一部分 DHA 转化为 EPA 的缘故。Navarro et al（1999）还证实在卤虫强化和饥饿过程中，都伴随着 DHA 转换为 EPA 的变化（表10-19），即在强化过程中，有 19.6% 的 EPA 由 DHA 转换，饥饿后，这种转化增加到 44.1%。

表 10-19　卤虫在强化和饥饿后体中 DHA 和 EPA 的放射活性分布（%）

（引自 Navarro et al，1999）

U-^{14}CDHA	强化后	饥饿后
EPA	19.6	44.1
DHA	67	39
C18:5	5.8	4.5

以上说明，如果强化后的卤虫无节幼体不马上投喂虾鱼蟹的幼体，强化的效果将大打折扣。

不过不同品系的卤虫强化后，在饥饿阶段维持较高的DHA的能力有所不同，已有试验证实，至少有一种品系的卤虫显示在强化以后的饥饿过程中，DHA的含量能保持相对的稳定，这个品系就是中华卤虫（Evjemo et al，1997）。

比较其他的生物饵料，在饥饿过程中，卤虫是DHA极显著降低的惟一种类。轮虫在饥饿过程中也有明显的降低，但降低的程度比卤虫低得多（Olsen et al，1993）。海水桡足类在饥饿期间DHA不仅保持相当的恒定，而且其百分含量有上升的趋势（Evjiemo，2001）。

就饥饿时能量的利用而言，轮虫饥饿时可能利用蛋白质作为能量的比例高一些，而旧金山卤虫在饥饿时可能利用脂类作为能源的比例高一些。因为强化的卤虫饥饿24h后（26℃）蛋白质/脂类的比值从1.4增加到1.8，而轮虫从3～4降低为2～2.4。同样桡足类蛋白质/脂类比值当饥饿3d后从4.8～5.8降为3.7～4.5。也说明桡足类在饥饿过程中利用蛋白质作为能量的比例高一些。这些生物饵料在饥饿过程中能量利用的模式不同可能是由于生物饵料所处的生长阶段不同，因为以上所指的轮虫和桡足类都是成体，而卤虫是幼体阶段。

卤虫饥饿后DHA急速减少现象，被认为是卤虫本身的一种生理特征。现在卤虫营养强化的常规做法是对二龄无节幼体强化24h或24h以上。通过强化稳定提高卤虫体内DHA的含量，比较困难。但用高浓度的金藻（2～3mg/ml）强化3d（12℃），能较好地稳定旧金山卤虫的脂肪酸水平，其每克干重的维生素C的含量也可提高到1 000～1 200μg（Olsen et al，2000）。

（四）其他营养成分的强化

1. 磷脂的营养强化。磷脂在鱼虾蟹幼体发育过程中有重要的作用。而卤虫作为鱼虾蟹类幼体发育阶段的重要饵料，是首选作为研究鱼虾幼体磷脂需求的实验饵料。但研究证实卤虫并不适合作为研究磷脂需求的实验饵料。Tackaert et al（1991）发现，饲料用磷脂（卵磷脂）强化，并不能增加卤虫幼体中磷脂的含量，McEvoy et al（1996）也发现用含磷脂量不同的乳化剂强化卤虫18h后，相应卤虫并没有表现出同样差异。Sorgeloos et al（2001）用富含卵磷脂（PC）的饲料强化卤虫，也发现并没有提高其体内PC的含量。其原理主要是因为卤虫幼体将饵料中的磷脂吸收后转化为中性脂的缘故。通过强化提高卤虫体内磷脂的含量，和DHA一样比较困难。

但强化饲料中磷脂的添加对DHA的吸收有促进作用，例如，Harel et al（1998）比较了两种情况下卤虫的DHA的吸收效率，一种是DHA乙酯的形式，一种是DHA添加磷脂的形式，后者的吸收率较高。强化饵料磷脂的含量在1%～10%范围内，磷脂的添加多少与DHA的吸收呈正相关，10%的磷脂添加量下卤虫对DHA的吸收显著高于5%磷脂添加量。磷脂的添加量超过10%，对进一步增加DHA的吸收作用不大。进一步研究还发现，如果将磷脂与DHA的钠盐混合可使DHA得到最大的吸收。

有人提出应用上述微胶囊强化方法强化卤虫无节幼体的磷脂含量（卤虫仅作为载体），但也必须解决海水鱼虾幼体对胶囊囊材的消化问题。

2. 维生素的强化。维生素C对鱼虾幼体的发育、生长和成活、增加免疫、抗环境胁迫和抗毒性方面都有很重要的作用（Merchie et al，1997）。卤虫休眠卵中含有一定量的维生素C的硫酸盐，这种维生素C在不同地区和不同种群的卤虫卵中含量不等，一般在每克干重160～517μg。休眠卵维生素C含量的多少直接影响新孵出幼体的维生素C含量，从而影响其作为鱼虾幼体的营养价值。

卤虫无节幼体的维生素 C 含量也可通过强化来提高。如当乳化液中棕榈酸抗坏血酸酯（ascorbyl palmitate，AP）的含量为 10%～20%时，在 24h 内每克卤虫无节幼体（DW）的维生素 C 含量可达 2.5mg，而且其含量在以后的 24h 海水（分别为 28℃和 4℃）贮存中并不降低。维生素 C 的强化对幼体的生长和成活有促进作用，如 Merchie et al（1995）用强化维生素 C 的卤虫无节幼体投喂 28d 的罗氏沼虾仔虾，成活和变态率都有明显提高。

卤虫无节幼体维生素 A 的含量也可通过强化而大大提高。如 Dedi et al（1995）利用蛋黄作乳化液添加含维生素 A 的棕榈酸盐，经过 18h 的强化，卤虫无节幼体（DW）维生素 A 的含量从 1.3IU/g 提高到 1 283IU/g。

卤虫无节幼体中维生素 E 的含量比较高，而且比较稳定，这对利用卤虫无节幼体研究鱼虾蟹幼体对维生素 E 的需求以及维生素 E 的抗氧化作用提供了方便（Huo et al，1996）。

3. 氨基酸的强化。现已知道，海水鱼幼体需要比较高含量的游离氨基酸，而卤虫中游离氨基酸的水平较低（与桡足类比较），且卤虫的必需氨基酸总含量和游离必需氨基酸的形式不同于海水鱼幼体或卵。所以最近有学者提出对卤虫必需游离氨基酸有必要进行强化，但还没有找出理想的强化方法（Tonheim et al，1999）。

4. 预防药物的载体强化。尽管在幼体育苗过程中，使用抗生素类遭到非议，但将卤虫无节幼体作为药物载体被幼体摄取，还是比较有意义的，即利用上述强化技术，将药物通过强化的卤虫无节幼体携带，由幼体摄取卤虫无节幼体同时，直接将药物"口服"到体内，而不是常规将药物直接泼洒到水中。如 Chair et al（1996），通过 4h 的强化，将剂量为 2～100mg/L 的磺胺类药物，通过卤虫载体，分别被欧洲舌齿鲈和大菱鲆摄取。

（五）强化卤虫无节幼体在鱼虾蟹类方面的应用

Ree et al（1994）用不同强化的卤虫无节幼体投喂斑节对虾幼体后期（PL_5～PL_{15}），发现当投喂含 n3HUFA 含量低的强化卤虫幼体时，尽管幼体也能够很好生长，但幼体 10 期（P L10）的渗透压调节能力较差，而投喂较高 n3HUFA（每克干重 12.55mg）的卤虫幼体不仅渗透压调节能力高，而且成活率也有所提高。获得最佳渗透压调节能力的是当强化卤虫幼体的 n3HUFA 含量为每克干重 16.6mg（卤虫强化的乳化油浓度为 200mg/L），不过实验也发现过高的 n3HUFA（每克干重 31.2mg）没有任何促进生长的作用。用营养强化的大盐湖卤虫无节幼体培育凡纳对虾，获得了良好的存活率和生长率。而用 n3HUFA 含量不足的卤虫幼体培育凡纳对虾，则效果不佳（卞伯仲，1990）。用 n3HUFA 强化的卤虫幼体与未强化的培育沼虾（Macrobrachium sp.）也有显著不同的效果。用强化卤虫培育的沼虾，仔虾出现的时间为 16d，完成变态的时间为 22d，未经强化的卤虫培育的，仔虾出现的时间为 19d，完成变态的时间为 25d（陈立新等，1996）。

Furuita et al（1999）用不同强化的卤虫无节幼体投喂日本牙鲆，结果表明，随着强化卤虫 n3HUFA 含量的增高，幼体的生长明显增加，盐度耐受性增加（盐度 65），盐度耐受性的增加与幼体 DHA 的增加有关，EPA 和 DHA 对牙鲆幼体的生长作用没有明显不同。五条鰤对 DHA 的需求量最高（表 10-15），当饵料中缺乏 DHA，如用油酸强化的卤虫投喂时，6d 将出现高死亡率，这可能与五条鰤快的生长有关。DHA 还对五条鰤幼鱼的集群行为有影响。当用油酸或 EPA 强化的卤虫投喂幼体后，幼鱼不集群。而投喂 DHA 强化的卤虫，幼体的集群行为明显。

欧洲舌齿鲈幼体的存活率与卤虫无节幼体中的 EPA 含量紧密相关，生长率与 DHA 相关。用未经强化的大盐湖卤虫培育的鲈，所有幼鱼在 35d 内全部死亡，而用 n3HUFA 强化的卤虫幼体培育的幼鱼 42d 时的成活率为 25%。同样用强化卤虫培育的点蓝子鱼（Siganus guttatus），其受惊时的死亡率明显降低。

三、卤虫的营养价值评价

1. 作为几乎所有经济水产动物后期幼体的生物饵料的营养作用　卤虫无节幼体广泛用于对虾、淡水虾、蟹、海水鱼、淡水鱼以及观赏水产动物的繁育方面。无疑它是目前最广泛应用的生物饵料。其广泛应用的原因有两方面，一方面它是最早发现和最容易获得的动物性生物饵料，二是在于其主要的营养成分方面（如蛋白质、脂类、维生素等），基本能满足水产动物幼体发育的需要。特别要指出在卤虫无节幼体脂类含量方面，相比于轮虫有较高脂肪含量（卤虫无节幼体的平均含量在 18% 以上，轮虫一般培育和常规强化下的脂肪含量一般是干重的 8%~12%），高含量的脂肪对早期海水鱼虾蟹的变态和生长非常有利，因为变态过程的完成需要高能量物质的提供。如在河蟹育苗过程中，轮虫只能支持溞状幼体Ⅰ期和Ⅱ期的顺利变态，至Ⅲ期以后，虽然轮虫的大小还比较适合幼体摄取，但由于脂肪含量较低，满足不了溞状幼体Ⅲ期以后的能量需要。所以在鱼虾蟹类育苗过程中，轮虫一定要向卤虫无节幼体过渡，除了饵料规格的原因之外，满足后期幼体能量需求水平也是一个关键因素。

2. 营养缺陷　最主要的营养缺陷是脂肪酸营养缺陷，特别是 DHA 的营养缺陷。由于卤虫本身脂肪酸代谢的特异性，很难通过强化方法获得适合海水鱼幼体生长的 DHA/EPA 比例。磷脂含量对海水鱼虾蟹幼体的发育有重要作用，但卤虫无节幼体不能通过强化提高其磷脂的含量，这是卤虫在脂类营养方面可能不能满足海水鱼虾幼体发育要求的另一个缺陷。其次，与桡足类相比，其游离氨基酸的水平较低，难以满足海水鱼幼体较高游离氨基酸的营养需求。

3. 营养价值的维持　无节幼体孵化出来以后，或强化以后，如果不马上投喂，或饥饿，会使无节幼体的营养价值大大降低，如蛋白质、脂肪含量的降低。可以通过低温保藏（<10℃，无节幼体密度 $8\times10^6/L$，24h 成活率大于 95%），维持蛋白质和脂肪含量不降低，但低温贮藏阶段会造成强化后卤虫 DHA 含量显著降低（在保藏过程中，转化为 EPA）。

第四节　桡足类的营养与营养强化

多年以来，水产养殖中多以轮虫、卤虫无节幼体等作为鱼虾蟹育苗的开口饵料，并取得了很好的成效，但轮虫、卤虫等并非适用于所有经济鱼虾蟹幼苗的培育，主要的原因是轮虫和卤虫营养供给不足，如缺乏某些必需脂肪酸，特别是 EPA 和 DHA。而桡足类作为天然海水鱼虾类的饵料生物，很多研究已表明，它的营养作用大大优于轮虫和卤虫，特别是桡足类无节幼体是一种很有效的活体饵料，无节幼体的大小在 100~400μm，大小与轮虫相当，用其喂养鱼类幼体，通常都能获得很好的生长和存活率。而对桡足类这些营养作用的认识比较晚，始于 20 世纪的 90 年代以后。总之，桡足类是鱼虾蟹育苗的优质饵料，深入了解和掌握桡足类的营养特性，将会充分发挥其在海水鱼和虾蟹类育苗中的作用。

一、桡足类的基本生化组分

浮游桡足类的水分含量占82%～84%，有机质含量占干重的70%～98%，每克干重能量含量9～31J。浮游桡足类的哲水蚤类，碳的含量为干重的40%～46%，寒带种类的碳含量一般高于温带、亚热带和热带的种类，碳/氮比在3～4，氢含量比较低，一般是干重的3%～10%。磷的含量很少超过1%。

二、蛋白质营养

桡足类具有比卤虫和轮虫高的营养价值，首先是因为其含有高含量和高质量的蛋白质，一般其蛋白质含量占干重的40%～52%，有的种类可以达到70%～80%以上，如海参日角猛水蚤（Tisbe holothuriae）的蛋白质含量为71%。桡足类的氨基酸组成和营养，也比卤虫的营养价值高（必需氨基酸含量相对较高，可用每种氨基酸重/总氨基酸重计算），除了含有较低含量的蛋氨酸和组氨酸以外，其游离氨基酸的含量也较高（表10-20）。

表10-20 虎斑猛水蚤在不同饵料培养下[用扁藻（P. suecica）添加不同组分培养]的氨基酸组成（100g粗蛋白中含量和卤虫对照）

（引自 Lavens & Sorgeloos, 1996; Stottrup & McEvoy, 2003）

氨基酸	+酵母* (g)	+稻糠* (g)	+小麦* (g)	+鱼饲料* (g)	卤虫卵** (g)	卤虫无节幼体** (g)
天冬氨酸	7.30	6.98	7.08	7.63	7.7～11.6	7.6～9.4
苏氨酸	3.35	3.09	3.53	3.74	4.3～5.8	4.3～5.2
丝氨酸	3.37	2.98	3.39	3.59	5.7～7.7	5.2～5.5
谷氨酸	12.05	12.00	11.90	10.62	11.0～13.9	11.2～12.3
脯氨酸	5.13	4.49	6.56	4.82	3.6	4.2
甘氨酸	4.40	4.24	4.31	4.71	3.9～4.1	4.0～4.9
丙氨酸	5.44	5.45	5.97	5.87	4.1～4.8	4.4～5.1
胱氨酸	0.39	0.84	1.23	1.27	1.1～1.3	1.1～1.6
缬氨酸	4.52	4.30	4.21	4.71	4.9～6.2	4.9～5.9
蛋氨酸	1.78	1.75	1.64	1.81	2.5～3.0	2.3～2.9
异亮氨酸	3.35	3.21	3.28	3.48	4.8～9.9	4.7～5.3
亮氨酸	4.79	4.71	6.24	6.73	6.6	6.5～7.4
酪氨酸	3.89	3.99	3.21	3.87	3.3～3.4	3.4～3.7
苯丙氨酸	2.64	2.67	3.37	3.44	3.9～5.2	3.9～4.4
组氨酸	1.94	1.75	1.78	1.33	2.7～3.2	2.5～3.5
赖氨酸	4.81	4.65	4.81	4.92	7.1～9.7	7.3～8.1
精氨酸	6.52	6.34	5.76	6.11	7.0～9.3	6.8～16.1
总计	75.67	73.44	78.27	78.65	85.5～111.6	85.5～105.7
蛋白质(%)	51.1	48.6	43.9	46.5	55.8	56.2

* 引自 Lavens & Sorgeloos, 1996; ** 引自 Stottrup & Mc Evoy, 2003。

三、脂类营养及强化

(一) 脂类含量和组成

海水浮游桡足类的脂类含量，因纬度、季节和食物丰度有巨大的变化，为干重的2%~73%。一般在低纬度和中纬度的桡足类，其脂肪含量较低，为干重的8%~12%。高纬度地区的脂肪含量较高，如在南纬50°~60°地区，水深范围为0~600m的浮游哲水蚤类的脂肪含量为干重的20%~30%（Albers et al，1996），西北太平洋的哲水蚤类，其脂肪含量为干重的30%~75%（Saito et al，2000）。

桡足类幼体阶段的脂类含量一般以新孵化出的无节幼体的比较高，这是由于新孵化的无节幼体还有残余的脂类贮存。随后脂类的贮存被很快利用，脂类水平下降，直到桡足幼体。桡足幼体的主要脂类是磷脂和甘油三酯。

桡足幼体以后的发育需要贮存脂类（中性脂），以维持其生殖和度过不良季节。贮存脂类一般有两种：蜡脂（wax esters, WE）和甘油三酯（TG）。蜡脂贮存形式是为了应付长时期（4~8个月）的不良环境，如高纬度桡足类种类，长时间处于低温环境，食物缺乏，如上述西北太平洋的哲水蚤类的蜡脂含量占总脂肪含量的80%以上（表10-21）。桡足类产生滞育卵前，贮存了大量的蜡脂（Williams et al，2004）。甘油三酯的贮存主要是为了应付短时期内的能量需求。不同种类桡足类的卵的贮存脂肪也不同，大部分哲水蚤卵是甘油三酯，也有贮存蜡脂的卵。

(二) 脂类的脂肪酸组成和营养

1. **桡足类脂类的脂肪酸组成特点** 桡足类的中性脂主要是蜡脂和甘油三酯。蜡脂的脂肪酸组成主要以含有极高含量的$C20:1n9$和$C22:1n11$为特征和高含量的EPA、DHA和$C18:4$。甘油三酯中主要以$C16:0$、$C16:1$、$C18:1$、EPA等为主要脂肪酸。桡足类磷脂常含有高含量的n3HUFA，EPA+DHA的含量常大于总脂肪酸相对含量的50%以上，且DHA>EPA，而一些脂肪酸如$C14:0$、$C20:1$和$C22:1$的含量极低（表10-21）。

表10-21 哲水蚤成体阶段的脂类和脂肪酸组成

(引自Albers et al，1996；Saito et al，2000)

	A	B	C	D
脂肪含量（DW,%）	36.4	53.1	37.1	
极性脂/总脂（%）				
蜡脂/总脂（%）	84.5	87.8	6.7	
甘油三酯/总脂（%）	5.5	6.0	88.2	
游离脂肪酸/总脂（%）	4.1	1.8	1.7	
脂肪酸组成（%）	蜡脂	蜡脂	甘油三酯	磷脂
$C16:0$	5.1	11.5	24.5	23.4
$C16:1$	7.9	5.5	19.4	1.3
$C18:1$	1.4	2.1	11.4	5.4
$C20:1n11$	25.3	20.5	0.4	1.2

(续)

	A	B	C	D
C22:1n11	33.5	43.1	0.6	0.3
EPA	—	—	17.8	22.1
DHA	—	—	1.6	33.5
DHA/EPA				1.5

注：A 为新哲水蚤（*Neocalanus cristatus*）；B 为新哲水蚤（*Neocalanus. flemingeri*）；C 为真哲水蚤（*Eucalanus bungii*）；D 为哲水蚤（*Calanus acutus*）；E 为背针胸刺水蚤（*Centropages dorsispinatus*）

2. 桡足类无节幼体的脂类和脂肪酸组成特点　桡足类无节幼体阶段的主要脂类是磷脂和甘油三酯，磷脂的含量占总脂含量的 50% 左右（表 10-22），其磷脂中同样具有高含量的 HUFA（特别是 DHA）。桡足类无节幼体的这种高含量的 DHA 的情况与强化卤虫情况大不相同。前者主要是在膜脂（磷脂）中，后者主要是在中性脂中（McEvoy et al, 1998）。

表 10-22　汤氏纺锤水蚤摄食不同藻类后，其无节幼体和 12d 的成体的脂类和脂肪酸组成

（引自 Stottrup et al, 1999）

	红胞藻（*Rhodomonas baltica*） EPA=11.5，DHA=7.9		球等鞭金藻（*Isochrysis galbana*） EPA=0.9，DHA=19.4	
	无节幼体	成体（12d 后）	无节幼体	成体（12d 后）
PC/TL（%）	14.7	13.9	13.3	12.2
PE/TL（%）	12.4	14.3	7.9	11.7
糖脂（%）	2.9	2.4	2.8	1.1
色素（%）	4.4	11.7	7.6	3.8
总 PL/TL（%）	49.9	58.5	47.1	40.3
FFA/TL（%）	6.6	10.5	13.8	9.4
TG/TL（%）	31.5	20.8	22.3	44.2
总 NL/TL（%）	50.3	41.9	52.3	59.7
EPA	13.6	13.4	6.8	3.7
DHA	26.7	36.8	30.3	25.6
DHA/EPA	2.0	2.8	4.5	7.0
PUFA	64.4	65.4	54.9	55.5

注：PE 为卵磷脂；PL 为磷脂；FFA 为游离脂肪酸；TG 为甘油三酯；NL 为中性脂。

3. 桡足类脂类和脂肪酸组成的营养强化　饵料对桡足类脂肪酸组成会产生一定的影响，但不同的种类，饵料产生的影响程度是不一样的。现已证实，哲水蚤的脂肪酸组成受饵料脂肪酸组成的影响比较大，而且随着其不同阶段而有所变化。对于汤氏纺锤水蚤的试验结果发现，用等鞭金藻投喂桡足类成体，新孵出的无节幼体的 DHA/EPA 的比值最高，为 4.5，而投喂红胞藻为 2.0。这是因为等鞭金藻中，DHA 的含量明显高于 EPA。在无节幼体的发育过程中，桡足类脂肪酸组成的变化趋势也与饵料的脂肪酸组成变化趋势类同（表 10-22）。

所以对于哲水蚤类，可以根据这种特性，对无节幼体的脂肪酸组成进行营养强化和调整相关比例。如 Rippingale & Payne (2001) 用球等鞭金藻对剑肢水蚤（*Gladioferens imparipes*）无节幼体进行 6h 的培养，DHA 从 6.9% 增加到 9.1%，DHA/EPA 由 4.9 增加到 7.0；用球等鞭金

藻和微绿球藻的混合液培养 6h，DHA 从 6.9% 增加到 10.1%，EPA 从 1.4% 增加到 2.8%，DHA/EPA 的比例，从 4.9 降低到 3.6。所以如果将哲水蚤类用于鱼虾开口阶段的生物饵料，可以根据鱼虾幼体对 HUFA 的需要特点，用不同的微藻混合培养，以期望获得适宜的 HUFA 的配比（如 DHA/EPA）和适宜的 HUFA 含量。

猛水蚤类的脂肪酸组成受到饵料脂肪酸组成的影响比较小，这是因为猛水蚤类具有将 C18:3 合成 n3HUFA 的能力（Norsker et al，1994；Nanton et al，1999）（表 10-23），所以无论何种条件下培养的桡足类，其脂类的 DHA 含量至少在 7% 以上，这种 DHA 的水平都高于不同强化方法下卤虫无节幼体的 DHA 含量（3%～5%）（Evjemo et al，1997；McEvoy et al，1998）。

表 10-23　日本虎斑猛水蚤投喂面包酵母和油脂酵母的脂类脂肪酸组成

（引自 Lavens & Sorgeloos，1996）

	面包酵母（n3HUFA≈0）				油脂酵母（含高含量 n3HUFA）			
	Total	TG	FFA	PL	Total	TG	FFA	PL
C16:0	7.1	8.2	8.1	13.2	9.1	10.1	9.9	13.2
C16:1n7	13.9	22.3	12.8	3.2	6.5	7.2	6.6	2.3
C18:0	2.5	0.8	2.1	6.6	2.6	1.3	2.5	6.8
C18:1n9	23.7	31.6	20.6	15.7	22.1	32.4	21.8	14.2
C18:2n6	2.9	2.9	2.4	2.2	1.5	1.4	1.7	1.2
C18:3n3	4.4	5.3	3.8	1.2	0.9	0.7	0.7	0.5
C18:4n3	1.1	0.8	0.8	2.3	9.1	11.5	5.6	3.7
EPA	6.0	2.9	13.1	8.1	4.7	3.2	7.9	6.4
C22:1	0.3	0.7	0.5	0.1	5.4	5.9	3.3	2.2
C22:5n3	1.1	0.8	0.7	1.0	0.9	0.7	0.6	0.4
DHA	13.8	5.2	16.8	33.2	20.9	15.8	26.2	38.8
n3HUFA	23.0	10.5	32.6	43.1	27.2	20.1	35.2	45.9

尽管猛水蚤的 n3HUFA 合成能力比较强，使它在不同饵料下维持较高含量的 n3HUFA，但饵料中 n3HUFA 还是对猛水蚤的脂肪酸产生一定的影响，如日本虎斑猛水蚤用含有高含量的 n3HUFA 油脂酵母培养，其 EPA 和 DHA 的含量都高于面包酵母（几乎不含有 n3HUFA）（表 10-23），从而对鱼虾幼体产生影响。如用上述两种饵料培养的日本虎斑猛水蚤培育黄盖鲽（Limanada yokohsmsr）鱼幼体 23d，油脂酵母桡足类组鱼幼体成活率略有提高，幼体体重也显著高于面包酵母组（高 12mg 左右）。不同藻类对猛水蚤的脂肪酸组成也有一定影响（表 10-24）。所以为获得营养良好的猛水蚤饵料，在可能的情况下，还是应注意投喂食物的脂肪酸组成。

表 10-24　投喂不同藻类的阿玛猛水蚤（Amonardia sp.）的脂肪酸组成

（引自 Nanton & Castell，1999）

脂肪酸	球等鞭金藻	用球等鞭金藻培养的阿玛猛水蚤	盐藻（Dunaliella tertolecta）	用盐藻培养的阿玛猛水蚤
C18:1n9	10.8		2.2	
C18:1n7	2.2		0.9	
C18:2n6	5.1		9	0.1
C18:3n3	12.5	1.0	45	2.5
C18:4n3	9.3	—	—	—

(续)

脂肪酸	球等鞭金藻	用球等鞭金藻培养的阿玛猛水蚤	盐藻（Dunaliella tertolecta）	用盐藻培养的阿玛猛水蚤
C20：4n6	0.3	—	—	—
EPA	2.2	2.5	0.1	1.3
DHA	25.7	18.0	0.3	16.5
DHA/EPA	12.2	6.6	2.0	24.0

此外，温度也在一定程度上影响猛水蚤类的脂类和脂肪酸组成。如 Nanton et al（1999）在不同温度下用相同的饵料（球等鞭金藻）投喂两种猛水蚤［阿玛猛水蚤（Amonardia sp.）和日角猛水蚤（Tisbe sp.）］，其 n3HUFA 含量降低的趋势是 6℃＞20℃＞15℃（对阿玛猛水蚤：31%～26%～16%；对日角猛水蚤：45.5%～39.5%～26.5%）。在较低的温度下，具有含量较高的 n3HUFA，这与在较低温度下稳定膜的流动性有关。随着温度的升高，其不饱和度降低，随后又有升高的趋势，这种情况的可能解释是，随着温度的进一步升高，桡足类的代谢加快，利用中性脂的速度加快，所以致使磷脂占总脂的比例有所升高。

四、其他营养物质

（1）维生素。桡足类，特别是杂食性和植食性的种类，都有高含量的维生素 C。据报道，克氏纺锤水蚤和长角宽水蚤的维生素 C 含量在 201～235μg/g。

（2）类胡萝卜素。桡足类的类胡萝卜素主要是虾青素，其含量从痕量到 1 133μg/gWW 不等。Ribbestad et al（1998）报道，长角宽水蚤含有高含量的叶黄素，其含量是虾青素的 4 倍以上，这些类胡萝卜素在卤虫中还没有监测到。

（3）各种酶。桡足类中蛋白酶、淀粉酶、酯酶等的水平都比较高。

五、桡足类作为生物饵料的营养评价

很多实验证实，桡足类作为鱼虾蟹幼体的饵料，其效果优于常规生物饵料的轮虫和卤虫无节幼体，主要是其营养价值全面。

（1）具有高含量的 HUFA，特别是 DHA。天然桡足类的 DHA 含量高于一般强化卤虫的 10 倍以上。虽然轮虫和卤虫无节幼体可以通过乳化强化法，使 DHA 达到较高水平，但是这种高含量的 DHA 很不稳定。对于轮虫，投喂鱼虾蟹幼体以后，如果不被马上摄取，其 HUFA 水平会逐步下降。对于卤虫无节幼体，强化后的高含量 DHA，会随着时间推移转变为 EPA（见本章第三节）。而桡足类的 DHA 水平不仅相当稳定，而且在饥饿过程中含量还会有所增加（因为饥饿过程中，先消耗中性脂，磷脂比例相应加大，DHA 主要存在于磷脂中）。无论是哲水蚤类，还是猛水蚤类，一般其体中 DHA/EPA＞2，也即 DHA 的含量要大大高于 EPA，这种高含量的 DHA 在一些海水鱼幼体发育前期，对维持细胞的结构和功能、对鱼幼体正常色素的沉着及对神经发育方面，尤其是视神经发育方面有重要作用。如 Bell et al（1995）证实，当投喂鲱

（Clumea harengus）缺乏 DHA 的饲料，其视觉下降。Nass & Lie（1998）证实，大西洋庸鲽幼体发育的非正常色素沉着，可通过投喂桡足类来避免。

EPA 和 ARA 对鱼虾幼体的正常生长也非常重要。McEvoy & Sargent（1998）发现，桡足类含有较高含量的 ARA（>1%）。桡足类中 EPA/ARA 的比例，能够使鱼虾蟹幼体成功应对不良环境的胁迫。

（2）桡足类无节幼体具有较高含量的磷脂。桡足类无节幼体不仅脂肪酸组成优于轮虫和卤虫无节幼体，而且其无节幼体有高含量的磷脂，这使其在脂类营养作用方面也高于卤虫无节幼体，表现为：

其一，桡足类高含量的磷脂能较好地满足海水鱼幼体发育时的磷脂需求（磷脂对海水鱼虾幼体来讲是必需的营养成分）。

其二，对于鱼虾幼体来讲，磷脂相对于中性脂，不仅很容易被幼体消化吸收，而且能促进其他脂类的吸收和转运（Coutteau et al，1997；Koven et al，1993），这意味着磷脂中高含量的 DHA 和其他必需脂肪酸比主要存在于卤虫无节幼体中性脂中的这些必需脂肪酸更易吸收利用。即海水鱼幼体更容易吸收桡足类的必需脂肪酸，而且随着桡足类磷脂的 DHA 含量的增加，海水鱼消化能力将增加，并且将利用更多的 DHA 来促进其生长。

（3）桡足类高含量的维生素 C、类胡萝卜素及高含量的消化酶（鱼虾幼体重要的外源酶来源）也使其营养不同于其他的生物饵料。

第五节　其他生物饵料的营养价值评价

一、枝角类

枝角类营养丰富，适应性强，生殖率高，是营养价值较高的生物饵料。目前应用较多的是淡水种类，海洋枝角类的种类较少，何志辉等驯化并成功规模化培养了一种海水种类的枝角类蒙古裸腹溞，并已在生产中应用。枝角类常规培养下，其脂肪酸营养中都含有较高含量的 EPA，但缺乏 DHA（类似轮虫和卤虫的脂肪酸营养）。由于枝角类的滤食特性，有一个比例较大的肠道，同样可以通过营养强化提高其 DHA 的含量。如黄显清等（2000）研究过不同食物条件及营养强化对大型溞的总脂含量、脂肪酸的影响，认为鱼油强化及海水小球藻二次培养对提高大型溞的总脂含量有显著效果，而不同的喂养条件和鱼油强化对大型溞脂肪酸组成也有显著的影响。王家骥（1990）分析了蒙古裸腹溞的无机营养素，表明与卤虫相似，优于轮虫。童圣英等（1998）分析了不同喂养条件蒙古裸腹溞的脂肪酸组成。有关枝角类的营养成分参见第四章。

二、糠　虾

糠虾类（mysis）为我国渤、黄海和东海沿岸区水域重要的生物饵料，对温度和盐度的适应性强，易于规模化培养。糠虾营养价值丰富，含有比轮虫和卤虫较高含量的 EPA 和 DHA，可作为海水鱼仔鱼、海马、河蟹大眼幼体后期很好的生物饵料。

三、其 他

一种营养价值极高的线虫（*Panagrellus redivivus*）已经被用来作为幼鱼和虾主要的活饵料，身体直径在 $50\mu m$，氨基酸组成类似卤虫，并可大规模培养，其最大产量可达 75～100mg/($cm^2 \cdot d$)。生殖周期 5～7d。其特点是蛋白质含量很高，而且体脂 EPA 和 DHA 的含量和营养价值优于卤虫，是卤虫含量 3 倍以上，在海水中不摄食（藻类）情况下可存活 72h。Rouse et al（1992）成功地用小麦粉、酵母和鱼油（添加 10%）对其进行了强化培养，大大提高了其 EPA 和 DHA 含量（表 10-25），因此它也是一种具有巨大潜力、经济实用的生物饵料，很有开发价值。

表 10-25 其他生物饵料的主要营养成分

（引自 Watanabe *et al*，1994；Rouse *et al*，1992）

生物饵料		蛋白质占干重的百分比	脂类占干重的百分比	灰分占干重的百分比	必需脂肪酸含量占总脂肪酸含量的百分比				
					C18:2n6	C18:3n3	C20:4n6	EPA	DHA
苏氏尾鳃蚓		66.7	24.1	4.3	3.4～19.3	0.1～10.2		1.0～27.7	0～1.0
线虫 (*Panagrellu*)	未强化	48.3			28.38	5.03	6.37	4.56	0.15
	强化				9.91	9.28	4.64	7.35	3.25

此外，水生寡毛类，如苏氏鳃尾蚓（体色淡红）也是淡水鱼幼体很好的生物饵料，并广泛地应用于观赏鱼的饲养，其营养价值见表 10-25 和表 10-26。

表 10-26 主要生物饵料的氨基酸组成（%）*

（引自 Watanabe *et al*，1994）

	卤虫	苏氏尾鳃蚓	纺锤水蚤	虎斑猛水蚤	裸腹溞	线虫（*Panagrellus*）
异亮氨酸	3.8	4.1	4.6	3.3	3.4	5.1
亮氨酸	8.9	7.8	7.2	6.6	8.3	7.7
蛋氨酸	1.3	1.2	2.0	1.5	1.4	2.2
半胱氨酸	0.6	1.6	1.1	0.9	0.8	
苯丙氨酸	4.7	5.0	4.8	4.6	5.0	4.9
酪氨酸	5.4	4.4	4.7	5.3	4.5	3.2
苏氨酸	2.5	4.6	5.5	5.0	5.2	4.7
色氨酸	1.5	1.8	1.4	1.5	1.7	
缬氨酸	4.7	5.2	5.9	4.4	4.4	6.4
赖氨酸	8.9	8.5	7.1	7.5	8.0	7.9
精氨酸	7.3	6.6	5.5	6.9	7.0	6.6
组氨酸	1.9	2.1	2.5	2.1	2.7	2.9
丙氨酸	6.0	4.7	7.1	6.5	6.7	8.8
天冬氨酸	11.0	11	11.8	11.9	11.4	11.2
谷氨酸	12.9	13.0	12.4	14.3	13.5	12.8
甘氨酸	5.0	4.3	6.0	5.9	5.1	6.4
脯氨酸	6.9	8.7	6.0	6.3	5.8	5.4
丝氨酸	6.7	5.5	4.3	5.7	5.5	3.7

* 各种氨基酸含量占总氨基酸含量的百分比。

• 复 习 思 考 题 •

1. 简述微藻的脂类含量和脂肪酸组成特点。
2. 作为水产动物幼体的生物饵料，微藻的营养作用有哪些？
3. 轮虫、卤虫、枝角类的主要营养缺陷是什么？它们营养强化后为什么要马上投喂？
4. 为什么说桡足类的营养价值高于卤虫和轮虫？
5. 在生物饵料营养强化过程中，有哪些因素影响营养强化的效果？
6. 因为桡足类的脂类和脂肪酸组成不受饲料影响，所以其营养价值高，对吗？

（成永旭）

附 录

一、锦纶筛网新老规格对照表

蚕丝、合纤筛网国家标准,经中华人民共和国国家标准总局批准,自1981年10月1日起执行。老的英制型号规格不再使用,为了对新老型号规格有所了解,列表比较如下。

1. 新的型号规格是中华人民共和国国家标准。
2. 新的型号规格以缩写的汉语拼音字母表示,第一个字母表示原料类别,第二个字母表示织物组织,由三个字母组成的前两个字母表示原料类别,第三个字母表示织物组织。后面的数表示每厘米长度的孔数。

第一(二)个字母含义:

  C—蚕丝;

  J—锦纶丝;

  JC—锦纶丝和蚕丝交织。

第二个字母含义:

  Q—全绞纱组织;

  B—半绞纱组织;

  P—平纹组织;

  F—方平组织。

锦纶筛网新老规格对照表

新的型号规格	幅宽(cm)	孔数(cm)	孔宽(mm)近似值	有效筛滤面积(%)近似值	老的型号规格	英寸孔数	孔数(cm)	孔宽(mm)近似值	有效筛滤面积(%)近似值
JQ19	120±2	19	0.345	42.96	GG50	48.5	19.1	0.346	43.5
20	120±2	20	0.322	41.36	52	50.5	19.9	0.326	41.8
21	120±2	21	0.303	40.48	54	52.5	20.7	0.309	40.6
22	120±2	22	0.294	41.87	56	54.5	21.5	0.291	39
23	120±2	23	0.278	40.88	58~60	56.5~58	22.2~22.8	0.286~0.275	40.5~39.38
24	120±2	24	0.266	40.61	62	60	23.6	0.265	39.22
25	120±2	25	0.255	40.75	64	62	24.4	0.252	37.57
26	120±2	26	0.242	39.42	66	64	25.2	0.262	43.42
JQ27	120±2	27	0.242	42.78	GG68~70	66~68	26~26.8	0.25~0.239	42.23~40.78
28	120±2	28	0.231	41.65	72	72	28.3	0.218	38
JF39	127±2.5	39	0.318	28.76	SP38	102	42.2	0.133	23.5
42	127±2.5	42	0.119	24.86	40	107	42.1	0.121	26.1
46	127±2.5	46	0.121	30.65	42~45	112~121	44.1~47.6	0.131~0.114	33.3~29.5

(续)

新的型号规格	幅宽(cm)	孔数(cm)	孔宽(mm)近似值	有效筛滤面积(%)近似值	老的型号规格	英寸孔数	孔数(cm)	孔宽(mm)近似值	有效筛滤面积(%)近似值
50	127±2.5	50	0.103	28.50					
54	127±2.5	54	0.101	29.73	SP50	134	52.8	0.094	24.5
53	127±2.5	58	0.088	26.26	56	150	59.1	0.085	25.3
JF62	127±2.5	62	0.077	22.69	SP58	156	61.4	0.078	23.2
JP56	102±2.5	56	0.120	45.14					
64	102±2.5	64	0.097	38.93					
72	102±2.5	72	0.091	43.01	NX73	185	73	0.079	33.20
80	102±2.5	80	0.077	37.82	79	200	79	0.079	38.70
88	102±2.5	88	0.072	40.31					
96	102±2.5	96	0.082	35.78	95	241	95	0.063	36
104	102±2.5	104	0.054	31.18	103	262	103	0.255	32.20
JP4	102±2	4	1.853	54.91	10目	10	3.9	1.913	55.67
5	102±2	5	1.425	50.76	12	12	4.7	1.514	51.28
6	102±2	6	1.267	57.75	16	16	6.3	1.147	52.20
7	102±2	7	1.025	51.44	18	18	7.1	1.025	52.87
8	102±2	8	0.855	46.78	20	20	7.9	0.892	48.78
12	102±2	12	0.507	36.95	30	30	11.8	0.516	37.21
16	102±2	16	0.356	32.48	40	40	15.8	0.360	32
20	102±2	20	0.285	32.48	50	50	19.7	0.288	32.13
JP24	102±2	24	0.253	36.98	60目	60	23.6	0.258	37.20
23	102±2	23	0.197	30.35	70	70	27.6	0.198	29.74
32	102±2	32	0.202	41.76	80	80	31.5	0.208	42.79
36	102±2	36	0.169	36.91	90	90	35.4	0.172	37.20
40	102±2	40	0.143	32.48	100	100	39.4	0.144	32.14
JCQ19	102±2	19	0.353	45.05	GG50	48.5	19.1	0.352	44.70
20	102±2	20	0.329	43.20	52	50.5	19.9	0.325	42.25
JCQ21	102±2	21	0.308	41.89	GG54	52.5	20.7	0.304	40.28
22	102±2	22	0.299	43.22	56	54.5	21.5	0.297	42.60
23	102±2	23	0.284	42.73	58~60	56.5~58	22.2~22.8	0.297~0.277	38.40~40.55
24	102±2	24	0.271	42.40	62	60	23.6	0.262	39.49
25	102±2	25	0.261	42.69	64	62	24.4	0.265	43.88
26	102±2	26	0.247	41.18	66	64	25.2	0.250	42.17
27	102±2	27	0.247	44.39	68~70	66~68	26~26.8	0.233~0.243	36.66~43.12
28	102±2	28	0.234	430.6	72	72	28.3	0.230	41.52

二、海水相对密度、盐度和波美度换算计算公式

(1) 水温高于17.5℃时：盐度 S (‰) $=1305$ (相对密度-1) $+$ ($T-17.5$) $\times 0.3$

(2) 水温低于17.5℃时：盐度 S (‰) $=1305$ (相对密度-1) $-$ ($17.5-T$) $\times 0.2$

(3) 海水相对密度 $\rho=144.3/(144.3-$波美度$)$

三、本书缩略语

AA	amino acids	氨基酸
ARA	arachidonic acid；C20：4n6	花生四烯酸
DHA	docosahexaenoic acid；C22：6n3	二十二碳六烯酸
DW	dry weight	干重
EAA	essential amino acids	必需氨基酸
EFA	essential fatty acids	必需脂肪酸
EPA	eicosapentaenoic acid；C20：5n3	二十碳五烯酸
FFA	free fatty acids	游离脂肪酸
HUFA	highly unsaturated fatty acids	长链多不饱和脂肪酸（碳链中有20～22个碳，含3个以上双键的不饱和脂肪酸）
NL	neutral lipid	中性脂
PUFA	polyunsaturated fatty acids	多不饱和脂肪酸（碳链中有18～22个碳，含2个以上双键的不饱和脂肪酸）
PL	phospholipid	磷脂
TG	triacylglycerols	甘油三酯
WW	wet weight	湿重
et al		等
CFU	colony-forming units	菌落形成单位（活菌数）

四、本书出现的主要生物饵料和鱼虾蟹的拉丁名和中文名对照表

拉丁名	中文名
Brevoortia patronus	（海湾）大鳞油鲱
Scophthalmus maximus	大菱鲆
Hippoglossus hippoglossus	（大西洋）庸鲽
Platichthys flesus	川鲽
Gadus morhua	大西洋鳕
Seriola quinqueradiata	五条鰤
Pagrus major	真鲷
Sparus aurata	金头（赤）鲷

(续)

拉 丁 名	中 文 名
Pagrus auratus（or *Sparus aurata*）	金赤（头）鲷
Glaucosoma hebraicum	叶鲷
Lates calcarifer	尖吻鲈
Chanos chanos	遮目鱼
Mugil cephalus	（普通）鲻
Siganus guttatus	点蓝子鱼
Tetraodon fluviatils	河豚
Paralichthys olivaceus	牙鲆
Solea solea	欧鳎（或模鳎）
Lateolabrax japonicus	花鲈 或真鲈
Anarhichas lupus	狼鱼
Epinephelus fuscoguttatus	棕点石斑鱼
Loligo pealie	乌贼
Lutjanus johnii	约氏笛鲷或金色笛鲷或南方笛鲷
Lutjanus argentimaculatus	紫红笛鲷或黄笛鲷
Morone saxatilis	条纹狼鲈
Coryphaena hippurus	鲯鳅
Hippocampus angustus	海马
Epinephelus coioides	斜带石斑鱼
Mylio（Sparus）macrocephalus	黑鲷
Epinephelus striatus	拿骚石斑鱼
Acanthopagrus（Mylio）latus	黄鳍鲷
Engraulis mordax	加州鳀或美洲鳀
Sciaenops ocellata	眼斑拟石首鱼
Cynoscion nebulosus	云纹犬牙石首鱼或云斑狗鱼
Dicentrarchus labrax	欧洲舌齿鲈
Cyclopterus lumpus	圆鳍鱼
Centropristis striata（*Centropristes Striatus*）	锯鲔或黑纹鲈
Oplegnathus fasciatus	条石鲷
Pseudocaranx dentex	黄带拟鲹
Limanada yokohsmsr	黄盖鲽
Clumea harengus	鲱
Cancer anthonyi	黄道蟹
Scylla serrata	锯缘青蟹
Eriocheir sinensis	中华绒螯蟹
Rhithropanopeus harrissii	哈氏小泥蟹
Gymnocypris przewalskii	青海湖裸鲤
Salmo gairdneri	虹鳟
Heliobacillus	螺旋菌属
Heliobacterium	螺旋杆菌属
Rhodospirillum	红螺菌属
Phaeospirillum	褐螺菌属
Rhodospira	红螺细菌属
Rhodovibrio	红弧菌属
Roseospira	玫瑰螺菌属

(续)

拉丁名	中文名
Rhodocista	红篓菌属
Rhodopila	红球形菌属
Rhodobacter	红细菌属
Rhodothalassium	红海菌属
Rhodovulum	小红卵菌属
Rhodopseudomonas	红假单胞菌属
Rhodoblastus	红芽生菌属
Blastochloris	芽生绿菌属
Rhodomicrobium	红微菌属
Rhodobium	红菌属
Rhodoplanes	红游动菌属
Rubrivivax	红长命菌属
Rhodoferax	红育菌属
Rhodocyclus	红环菌属
Rhodopseudomonas geletinosa	胶质红假单胞菌
Rhodopseudomonas viridis	绿色红假单胞菌
Rhodopseudomonas acidophila	嗜酸红假单胞菌
Rhodopseudomonas sphaeroides	球形红假单胞菌
Rhodopseudomonas capsulata	荚膜红假单胞菌
Rhodopseudomonas palustris	沼泽红假单胞菌
Rhodopseudomonas faecalis	粪红假单胞菌
Rhodospirillum rubrum	深红红螺菌
Rhodospirillum photometricum	度光红螺菌
Rhodobacter azotoformans	固氮红细菌
Rhodobacter blasticus	芽生红细菌
Rhodobacter veldkampii	维氏红细菌
Rhodobacter capsulatus	荚膜红细菌
Rhodobacter sphaeroides	球形红细菌
Rhodoblastus acidophila	嗜酸红芽生菌
Rhodoplanes	红游动菌属
Blastochloris sulfoviridis	绿硫芽生绿菌
Rhodomicrobium vannielii	万尼氏红微菌
Rhodocylus purpureus	绛红红环菌
Rhodocylus tenuis	纤细红环菌
Rubriviax gelatinosus	胶状红长命菌
Rhodobium orientis	东方红菌
Rhodovulum sulfidophilus	嗜硫小红卵菌
Prosthecochloris	绿突菌属
Chromatium okenii	奥氏着色菌
Pelodictoyon	泥网硫杆菌属
Chlorobiaceae	绿硫菌科
Spirulina	螺旋藻属
Porphyridium	紫球藻属
Chroomonas	蓝隐藻属
Cryptomonas	隐藻属

(续)

拉　丁　名	中　文　名
Rhodomonas	红胞藻属
Coccolithus	球石藻属
Cricosphaera	球钙板藻属
Dicrateria	叉鞭金藻属
Isochrysis	等鞭金藻属
Pavlova	巴夫藻属
Pseudoisochrysis	假等鞭金藻属
Heterogloea	异胶藻
Actinocyclus	辐环藻属
Chaetoceros	角毛藻属
Cyclotella	小环藻属
Cylindrotheca	细柱藻属
Nitzschia	菱形藻属
Phaeodactylum	褐指藻属
Skeletonema	骨条藻属
Thalassiosira	海链藻属
Carteria	卡德藻属
Chlamydomonas	衣藻属
Chlorella	小球藻属
Chlorococcum	绿球藻属
Dunaliella	盐藻属
Haematococcus	红球藻属
Nannochloropsis	微绿球藻属
Platymonas	扁藻属
Pyrami do monas	塔胞藻属
Scenedesmus	栅藻属
Dunaliella salina	盐藻
Anabaena variabilis	多变鱼腥藻
Botryococcus braunii	布氏丛粒藻
S. platensis	钝顶螺旋藻
S. maxima	极大螺旋藻
S. subsalsa	盐泽螺旋藻
Nostoc	念珠藻属
Tolypothrix	单歧藻属
Anabaena	鱼腥藻属
Anacystis	组囊藻
Synechococcus	聚球藻属
Synechocystis	集胞藻属
Chlorella spp.	小球藻
C. ellipsoidea	椭圆小球藻
C. pyrenoidosa	蛋白核小球藻
C. pyrenoidosa	淀粉核小球藻
Dunaliella salina	杜氏盐藻
D. bardawil	巴氏盐藻
S. obliquus	斜生栅藻

(续)

拉 丁 名	中 文 名
S. quadricauda	四尾栅藻
S. acuminatus	尖细栅藻
Platymonas subcordiformis	亚心形扁藻
Tetraselmis	四爿藻属
P. helgolandica	青岛大扁藻
P. cordiformis	心形扁藻
Chlamydomonas reinhardii	莱茵衣藻
Haematococcus pluvialis	雨生红球藻
Nannochloropsis oculata	微绿球藻
Carteria	卡德藻属
Phaeodactylum tricornutum	三角褐指藻
Nitzschia closterium f. minutissima	小新月菱形藻
N. fonticola	泉生菱形藻
N. palea	椿状菱形藻
Hantzschia amphioxys	双尖菱板藻
Cyclotella meneghiniana	梅尼小环藻
Nitzschia closterium	新月菱形藻
Chaetoceros müelleri	牟氏角毛藻
C. calcitrans	钙质角毛藻
C. gracilis	纤细角毛藻
C. minutissimus	小型角毛藻
Skeletonema costatum	中肋骨条藻
Thalassiosira	海链藻属
Cyclotella	小环藻属
Isochrysis galbana	球等鞭金藻
I. zhanjiangensis	湛江等鞭金藻
Pavlova viridis	绿色巴夫藻
Heterogloea	异胶藻属
Porphyridium cruentum	紫球藻
Ditylum brightwelli	布氏双尾藻
Ochromonas danica	棕鞭藻
Melosira islandica	冰岛直链藻
Synura urella	黄群藻
Diatoma elongatum	等片藻
Ankistrodesmus falcatua	镰形纤维藻
Asterionella japonica	日本星杆藻
Pediastrum sp.	盘星藻
Pandorina sp.	实球藻
Crypthecodinium cohnii	隐甲藻
Navicula latissima	阔舟形藻
Achnanthes orientalis	东方弯杆藻
Amphora sp.	双眉藻
Cocconeis sp.	卵形藻
Pleurosigma sp.	斜纹藻
Rhodomonas baltica	红胞藻

(续)

拉丁名	中文名
Thalassiosira weissflogii	威士海链藻
Microcytis aeruginosa	铜绿微囊藻
Synechococcus	集球藻属
Oocystis elliptica	椭圆卵囊藻
Euglena gracilis	纤细裸藻
Cyclotella oryptica	小环藻
Brachionus urceus	壶状臂尾轮虫
Brachionus	臂尾轮虫属
Bracionus calyciflorus	萼花臂尾轮虫
Brachionus plicatilis	褶皱臂尾轮虫（L型）
Brachionus rotundiformis	圆型臂尾轮虫（S型）
Brachionus angularis	角突臂尾轮虫
Schizocerca diversicornis	裂足轮虫
Asplanchna sp.	晶囊轮虫
Notommata	椎轮虫属
Hydatina	水轮虫属
B. rubens	红臂尾轮虫
A. sieboldi	西氏晶囊轮虫
A. brightuelli	卜氏晶囊轮虫
A. intermediate	中型晶囊轮虫
A. girdoi	盖氏晶囊轮虫
Notommata copeus	诱导龙大椎轮虫
N. codonella	微趾椎轮虫
Brachionus budapestiensis	蒲达臂尾轮虫
Synchaeta stylata	尖尾疣毛轮虫
Polyarthra trigla	针簇多肢轮虫
Keratella cochlearis	螺形龟甲轮虫
K. quadrata	矩形龟甲轮虫
K. valga	曲腿龟甲轮虫
Filinia longiseta	长三肢轮虫
Rhinoglena frontalis	前额犀轮虫
Daphnia pulex	蚤状溞
Daphnia magna	大型溞
Leptodora kindti	透明溞
Daphnia. carinata	隆线溞
Leptodoridae	薄皮溞
Moina affinis	近亲裸腹溞
M. macrocopa	多刺裸腹溞
Simocephalus vetulus	老年低额溞
M. irrasa	发头裸腹溞
Moina	裸腹溞属
M. rectirostris	直额裸腹溞
M. mongolica	蒙古裸腹溞
M. brachiata	短型裸腹溞
Sida crystalline	晶莹仙达溞

(续)

拉 丁 名	中 文 名
Podonidae polyphemoides	多型圆囊溞
P. intermedius	中型圆囊溞
P. leukarti	刘氏圆囊溞
Evadne nordmanni	诺氏三角溞
Simocephalus vetulus	低额溞
D. longispina	长刺溞
Alona guttata	点滴尖额溞
D. obtuse	钝额溞
Artemia	卤虫
Artemia sinica	中华卤虫
Tigriopus japonicus	日本虎斑猛水蚤
Acarita longiremis	长纺锤水蚤
Acartia pacifica	太平洋纺锤水蚤
Acartia sinjiensis	纺锤水蚤
Acartia tonsa	汤氏纺锤水蚤
Acartia clausi	克氏纺锤水蚤
Eurytemora affinis	真宽水蚤
Gladioferens imparipes	艾氏剑肢水蚤
Temora longicornis	长角宽水蚤
Pseudocalanus elongates	长伪哲水蚤
Centropages hamatus	哈氏胸刺水蚤
Tisbe furcata	福氏日角猛水蚤
Tisbe holothuriae	海参日角猛水蚤
Nitokra lacustris	湖泊美丽猛水蚤
Metridia longa	长腹水蚤
Miracia efferata	奇异猛水蚤
Tortanus discaudanus	异尾歪水蚤
Euchaeta spinosa	长刺真刺水蚤
Oithona similis	大同长腹剑水蚤
Schmackeria poplesia	火腿许水蚤
Pseudodiaptomus	伪镖水蚤属
P. coronatus	冠伪镖水蚤
Euterpina acutifrons	尖额真猛水蚤
Schmackeria dubia	双齿许水蚤
Temora stylifera	柱形宽水蚤
Calanus helgolandicus	海岛哲水蚤
Centropages dorsispinatus	背针胸刺水蚤
Acartia spinicauda	刺尾纺锤水蚤
Paracalanus parvus	小拟哲水蚤
Calanus sinicus	中华哲水蚤
Calanus finmarchicus	飞马哲水蚤
Centropages mcemurrichi	墨氏胸刺水蚤
Sinocalanus tenellus	细巧华哲水蚤
Centropages dorsispinatus	背针胸刺水蚤
Labidocera aestiva	夏眠唇角水蚤

(续)

拉　丁　名	中　文　名
Labidocera euchaeta	真刺唇角水蚤
Mysis	糠虾属
Neomysis	新糠虾属
N. awatschensis	黑褐新糠虾
N. joponica	日本新糠虾
N. nakazawai	拿氏新糠虾
Acanthomysis	刺糠虾属
A. Longirostis	长额刺糠虾
N. intermedea	中型新糠虾
N. vulgaris or *N. integer*	普通新糠虾
N. awatschensis	黑褐新糠虾
Gastrosaccus	囊糠虾属
Siriella	节糠虾属
Heteromysis	异型糠虾属
Arachnomysis	蛛型糠虾属
Holmesiella Ortmann	何氏型糠虾属
Caesaromysis Ortmann	铠糠虾属
Euchaetomera	裂眼糠虾属
Euchaetomeropsis	拟裂眼糠虾属
Amblyops	钝眼糠虾属
Pseudomma	假眼糠虾属
Erythrops	红糠虾属
Eypererythrops	拟红糠虾属
Meterythrops	后红糠虾属
Katerythrops	次红糠虾属
Mysidetes	邻糠虾属
Leptomysis	窄糠虾属
Mysidopsis	拟糠虾属
Mysideis	大眼糠虾属
Prionomysis	锯糠虾属
Doxomysis	端糠虾属
Hemimysis	半糠虾属
Praunus	大糠虾属
P. inermis	无刺大糠虾
Stilomysis	柱糠虾属
Proneomysis	原新糠虾属
Inusitatomysis	畸糠虾属
Gammarus pulex	潘状钩虾
Gammarus locusta	蟋蟀钩虾
Gammarus annandale	安氏钩虾
Monoculodes limnophilus	江湖独眼钩虾
Grandidierelle megnae	
Grandidierelle taihuensis	太湖大鳌蜚
Gammarus gregoryi	格氏钩虾
Gammarus sui funensis	绥芬钩虾

(续)

拉　丁　名	中　文　名
Pseudocrangonyx asiticus	亚洲假褐钩虾
Gammarus nekkensis	雾灵钩虾
Gammarus spinipalmus	刺掌钩虾
Pseudocrangonyx manchuricus	东北假褐钩虾
Anisogammarus（Eogammarus）ryotoeusis	锦州原钩虾
Crangonyx shimizni	山崎褐钩虾
A.（Eog.）turgimanus	胖掌钩虾
Gammarus taliensis	大理钩虾
Talitroides topitotum	土跳钩虾
Gammarus lacustris	湖泊钩虾
G. shanxiensis	山西钩虾
G. hongyuanensi	红原钩虾
G. lasaenusis	拉萨钩虾
Gammarus nekkensis	雾灵钩虾
Bogidiella sinica	华少鳃钩虾
Platorchestia japonica	日本板跳钩虾
Sinogammarus troglodytes	洞穴华钩虾
Synurella	合尾钩虾属
Calliopius	仙女钩虾属
Crangonyx	褐钩虾属
Eogammarus	原钩虾属
Annogammarus	环钩虾属
C. laeviusculus	光腹仙女钩虾
Ampelisca pusilla	细弱多眼钩虾
Bousfielda phoenixae	凤凰鲍跳钩虾
Fuxianna yangi	杨氏抚仙钩虾
Perinereis aibuhitensis	双齿围沙蚕
Perinereis	围沙蚕属
Neanthes japonica	日本刺沙蚕
Limnodrilus	水丝蚓属
L. gotoii	戈氏水丝蚓
L. hoffmeistteri	霍甫水丝蚓
Branchiura	尾鳃蚓属
Branchiura sowerdyi	苏氏尾鳃蚓

主要参考文献

[1] 卞伯仲. 实用卤虫养殖及应用技术. 北京:农业出版社,1990
[2] 布坎南 R.E,吉本斯 N.E 等著. 伯杰细菌鉴定手册. 蔡妙英等译. 第八版. 北京:科学出版社,1984
[3] 曹春晖等. 30 株海洋绿藻的总脂含量和脂肪酸组成. 青岛海洋大学学报,2000,30(3):428~434
[4] 陈峰,姜悦. 微藻生物技术. 北京:中国轻工业出版社,1999
[5] 陈繁忠,丁爱中,傅家谟等. 影响光合细菌净水效果的因素. 科学通报,2000,45(增):2 797~2 801
[6] 陈建秀,黄诚. 基础生物学技术教程. 南京:南京大学出版社,1997
[7] 陈马康,王发进,童合一. 三品系中国卤虫卵的激活和提高孵化率的研究. 水产学报,1997,21(4):409~414
[8] 陈明耀. 生物饵料培养. 北京:中国农业出版社,1995
[9] 陈学豪,周立红. 蒙古裸腹溞在海水鱼育苗中的应用研究. 海洋科学,1999,(1):14~16
[10] 成永旭,王武等. 不同脂肪源对褶皱臂尾轮虫脂类和脂肪酸组成的影响. 中国水产科学,2001,8(8):52~57
[11] 成永旭等. 虾蟹类幼体的脂类需求及脂类与发育的关系. 中国水产科学,2001,7(4):104~107
[12] 张德民. 第一章 光合细菌. 见:东秀珠,蔡妙英等编. 常见细菌系统鉴定手册. 北京:科学出版社,2001
[13] 堵南山. 甲壳动物学(上册). 北京:科学出版社,1987
[14] 堵南山. 甲壳动物学(下册). 北京:科学出版社,1993
[15] 堵南山. 中国淡水枝角类概论. 台湾:水产出版社,2000
[16] 范晓,张士璀,秦松,严小军. 海洋生物技术新进展. 北京:海洋出版社,1999
[17] B. 福迪著. 藻类学. 罗迪安译. 上海:上海科学技术出版社,1980
[18] 韩茂森. 淡水生物学. 北京:高等教育出版社,1992
[19] 何志辉等. 蒙古裸腹溞作为海水鱼苗活饵料的试验. 大连水产学院学报,1997,12(4):1~7
[20] 侯林,蔡含筠,邹向阳. 中国十个地理品系卤虫同工酶的研究. 动物学报,1993,39(1):30~37
[21] 胡鸿钧. 螺旋藻生物学及生物技术原理. 北京:科学出版社,2003
[22] 华汝成. 单细胞藻类的培养与利用. 北京:农业出版社,1986
[23] 黄显清,王武,成永旭. 不同喂养条件和营养强化对大型溞总脂及脂肪酸组成的影响. 上海水产大学学报,2001,10(1):49~54
[24] 黄旭雄,陈马康. 卤虫属分类研究进展. 上海水产大学学报,2000,9(2):147~151
[25] 黄旭雄,陈马康,刘波. 光周期对卤虫繁殖的影响. 水生生物学报,2001,25(3):297~300
[26] 蒋霞敏等. 双齿围沙蚕亲体培育技术试验. 齐鲁渔业,2001,18(4):28~30
[27] 蒋霞敏,郑忠明. 双齿围沙蚕群浮现象的初步观察. 动物学杂志,2002,37(5):54~56
[28] 李荷芳,周汉秋. 海洋微藻脂肪酸组成的比较研究. 海洋与湖沼,1999,30:34~40
[29] 李庆彪,宋全山. 生物饵料培养技术. 北京:中国农业出版社,1999
[30] 李永函,赵文. 水产饵料生物学. 大连:大连出版社,2002
[31] 梁英,麦康森. 微藻 EPA 和 DHA 的研究现状及前景. 水产学报,2000,24(3):289~296
[32] 梁象秋,方纪祖,杨和荃. 水生生物学(形态和分类). 北京:中国农业出版社,1996
[33] 刘卓,王为祥. 饵料浮游动物培养. 北京:农业出版社,1990

[34] 陆开宏，韩炳炎，钱云霞等. 淡水名优养殖活饵料培养. 宁波：宁波出版社，1998
[35] 秦松，曾呈奎. 藻类基因、载体及表达系统. 生物工程进展，1996，16（6）：9～12
[36] 宋大祥. 大型溞的初步培养研究. 动物学报，1962，14（1）：49～62
[37] 谭志军，李钧，于仁诚，王云峰，周名江. 塔玛亚历山大藻和赤潮异弯藻对黑褐新糠虾和卤虫的急性毒性作用. 海洋学报，2004，26（1）：76～81
[38] 代田昭彦. 水产饵料生物学. 刘世英译. 北京：农业出版社，1989
[39] 王渊源. 鱼虾营养概论. 厦门：厦门大学出版社，1993
[40] 吴宝铃等. 中国近海沙蚕科研究. 北京：海洋出版社，1981
[41] 杨德渐，孙瑞平. 中国近海多毛环节动物. 北京：海洋出版社，1981
[42] 湛江水产专科学校. 海洋饵料生物培养. 北京：农业出版社，1980
[43] 曾呈奎，相建海. 海洋生物技术. 山东：山东科学技术出版社，1998
[44] 张道南等. 利用啤酒酵母活菌株培养褶皱臂尾轮虫的研究. 水产学报，1983，7（2）：113～121
[45] 郑严. 黑褐新糠虾生物学的研究Ⅰ. 种群和生殖特点. 海洋与湖沼，1982，13（1）：66～67
[46] 郑严. 黑褐新糠虾生物学的研究Ⅱ. 生活史的研究. 海洋与湖沼，1984，15（4）：287～297
[47] 郑重. 海洋浮游生物生态学文集. 厦门：厦门大学出版社，1986
[48] 郑重，李少菁，连光山. 海洋桡足类生物学. 厦门：厦门大学出版社，1992
[49] 郑重，李松，李少菁. 中国海洋浮游桡足类（中卷）. 上海：上海科学技术出版社，1982
[50] 郑重，李少菁等. 海洋浮游生物学. 北京：海洋出版社，1984
[51] 郑重，曹文清. 海洋枝角类生物学. 厦门：厦门大学出版社，1987
[52] 周志刚，刘志礼，刘雪娴. 极大螺旋藻多糖的分离纯化及其抗氧化特性的研究. 植物学报．1997，39：77～81
[53] 代田昭彦. 水产饵料生物学. 东京：恒星社厚生阁，1975
[54] Ahrens M J, *et al*. The effect of body size on digestive chemistry and absorption efficiencies of food and sediment-bound organic contaminants in *Nereis succinea* Polychaeta. J Experi Mar Biol Ecol. 2001，263：185～209
[55] Amat Domenech F. Differentiation in Artemia strains from Span. In：G. Persoone，P. Sorgeloos，O. Roels，*et al*. (Eds.). The Brine Shrimp Artemia, Vol. I, Morphology, Genetics, Radiobiology, Taxicology. Wetteren, Belgium：Universa Press, 1980
[56] Anaga A, Abu G O. A laboratory-scale cultivation of *Chlorella* and *Spirulina* using waste effluent from a fertilizer company in Nigeria. Biores. Technol. 1996, 58：93～95
[57] Barclay W, Zeller S. Nutritional enhancement of n-3 and n-6 fatty acids in rotifers and *Artemia nauplii* by feeding spray-dried Schizochytrium sp. J World Aquacult Soc. 1996, 27：314～322
[58] Berge J, Boxshall G & Vader W. Phylogenetic evolution of the Amphipoda, with special emphasis on the origin of the Stegocephalidae. *Polish Archives of Hydrobiology*. 2001, 47：379～400
[59] Bousfield E L. An updated commentary on phyletic classification of the amphipod Crustacea and its applicability to the North American fauna. *Amphipacific*. 2001, 3：49～120
[60] Brown M R, Dunstan G A, Norwood S J, *et al*. Effects of harvest stage and light on the biochemical composition of the diatom *Thalassiosira pseudonana*. J Phycol. 1996, 32：64～73
[61] Burgess J G, Ewamoto K, Miura Y, *et al*. An optical fibre photobioreactor for enhanced production of the marine unicellular alga *Isochrysis galbana* T-Iso (UTEX LB 2307) rich in docosahexaenoic acid. *Appl Microbiol Biotechnol*. 1993, 39：456～459
[62] Cahu C, *et al*. Substitution of live food by formulated diets in marine fish larvae. Aquaculture. 2001, 200：161～180
[63] Dhert P, *et al*. Advancement of rotifer culture and manipulation techniques in Europe. Aquaculture. 2001,

200: 129~146

[64] D'Souza F M L and Kelly G J. Effects of a diet of a nitrogen-limited algae (Tetraselmis suecica) on growth, survival and biochemical composition of tiger prawn (Penaeus semisulcatus) larvae. Aquaculture. 2000, 181: 311~318

[65] Evjemo JO, Coutteau P, Olsen Y, Sorgeloos P. The stability of docosahexaenoic acid in two *Artemia* species following enrichment and subsequent starvation. Aquaculture. 1997, 155: 135~137

[66] Evjemo J O, T. L. Danielsen, Y. Olsen, . Loses of lipid, protein and n-3 fatty acids in enriched Artemia franciscana starved at different temperatures. Aquaculture. 2001, 193: 65~80

[67] Fabregas J, A Otero, E Morales, et al, Tetraselmis suecica cultured in different nutrient concentrations varies in nutritional value to *Atermia*. Aquaculture. 1996, 143: 197~204

[68] Fabregas J, A Otero, E Morales, et al. Modification of nutritive value of *Phaeodactylum tricornutum* for *Artemia* in semicontinuous cultures. Aquaculture. 1998, 169: 167~176

[69] Fisher M, Gokhman I, Pick U, et al. A structurally novel transferrin-like protein accumulates in the plasma membrane of the unicellular green alga *Dunaliella salina* grow in high salinities. *J Biol Chem*. 1997, 272: 1 565~1 570

[70] Gallardo, et al. Effect of some vertebrate and invertebrate hormones on the population growth mictic female production in the rotifer, and body size of the marine rotifer *B. plicatilis*. Hydrobiologia. 1997, 358: 113~120

[71] Gill I, Valivety R. Polyunsaturated fatty acids, Part I: Occurrence, biological activities and applications. *Trends Biotechnol*. 1997, 15: 401~409

[72] Gilbert F, et al. Alteration and release of aliphatic compounds by the polychaete *Nereis virens* (Sars) experimentally fed with hydrocarbons. J Experi Mar Biol Ecol. 2001, 256 : 199~213

[73] Gorokhova E. Moult cycle and its chronology in *Mysis mixta and Neomysis integer* (Crustacea, Mysidacea); implications for growth assessment. J Experi Mar Biol Ecol. 2002, 278 (2): 179~194

[74] Gorokhova E & Hansson S. Elemental composition of *Mysis mixta* (Crustacea) and energy costs of reproduction and embryogenesis under laboratory conditions. J Experi Mar Biol Ecol. 2000, 246: 103~123

[75] Gong X D, Chen F. Optimisation of culture medium for growth of *Haematococcus pluvialis*. *J Appl Phycol*. 1997, 9: 437~444

[76] Grima E M, Medina A R, Gimenez A G, et al. Gram-scale purification of eicosapentaenoic acid (EPA) from wet *Phaeodactylum tricornutum* UTEX 640 biomass. *J Appl Phycol*. 1996, 8: 359~367

[77] Hagiwara A, et al. Live food production in Japan recent progress and future aspects. Aquaculture. 2001, 200: 111~127

[78] Harel M, Ozkizilcik S, et al. Enhanced absorption of docodahexaenoic acid (DHA) in *Artemia nauplii* using a dietary combination of DHA-rich phospholipid and DHA-sodium salts. Comp Biochem Physiol. 1999, 124B: 169~176

[79] Hoeger U, Abe H. β-Alanine and other free amino acids during salinity adaptation of the polychaete *Nereis japonica*. Comp Biochem Physio (A). 2004, 137 : 161~171

[80] Hou Z & Li S. A new species of blind Gammaridea from China (Crustaceana: Amphipoda: Gammaridae). *Acta Zootaxonomica Sinica*. 2003a, 28 (3): 448~454

[81] Hou Z & Li S. Three new species of *Gammarus* from Shaanxi, China (Crustacea: Amphipoda: Gammaridae). *Journal of Natural History*. 2004b, 38: 2 733~2 757

[82] Ibeas cejas J R. Influence of EPA/DHA of dietary lipid s on growth and fatty acid composition of gilthead seabream (*Sparus aurata*) juvenile. Aquaculture. 1997, 150: 77~89

[83] Imhoff J F. "The phototrophic way of life" in M. Dworkin *et al.*, eds, *The Prokaryotes: An Evolving Electronic Resource for the Microbiological Community*, 3rd edition. New York: Springer-Verlag, 2001

[84] Kobayashi M, Kurimura Y, Tsuji Y. Light-independent, astaxanthin production by the green microalgae *Haematococcus pluvialis* under salt stress. Biotech Letters. 1997, 19: 507~509

[85] Lavens P, Sorgeloos P (eds.) Manual on the production and use of live food for aquaculture. *FAO Fisheries Technical Paper*. No. 361. Rome: FAO, 1996

[86] Lubzens E, *et al*. Biotechnology and aquaculture of rotifers, Hydrobiologia. 2001, 446/447: 337~353

[87] Marshall D J, Perissinotto R & Holley J F. Respiratory responses of the mysid *Gastrosaccus brevifissura* (Peracarida: Mysidacea), in relation to body size, temperature and salinity. Comp Biochem Physio - Part A. 2003, 134 (2): 257~266

[88] Makridis P, *et al*. Control of the bacterial flora of *Brachionus plicatilis* and *Artemia franciscana* by incubation in bacterial suspensions. Aquaculture. 2000, 207~218

[89] Mayer, *et al*. Digestive environments of benthic macroinvertebrate guts: enzymes, surfactants and dissolved organic matter. J. Mar. Res. 1997, 55 (4): 785~812

[90] McEvoy, *et al*, Problem and techniques of live prey enrichment. Bull Aquacult Assoc Can. 1998, 98 (4): 12~16

[91] McEvoy L A, Navarro J C, Amat F, Sargent J R. Two novel Artemia enrichment diets containing polar lipid. Aquaculture. 1996, 144: 339~352

[92] Merchie G, Lavens P, Sorgeloos P. Optimization of dietary vitamin C in fish and crustacean larvae: A review. Aquaculture. 1997, 155: 165~181

[93] Muller-Feuga A. The role of microalgae in aquaculture: situation and trends. *J Appl Phycol*. 2000, 12: 527~534

[94] Nanton DA, *et al*. the effects of temperature and dietary fatty acids on the fatty acid composition of harpacticoid copepods, for use as a live food for marine fish larve. Aquacultrue. 1999, 175: 167~181

[95] Nass, T, *et al*. Asensitive period during the first feeding for the determination of pigmentation pattern in Atlantic halibut, *Hippoglossus hippoglossus*. Juveniles. the role of diet. Aquacultrue. Res. 1998, 29: 925~934

[96] Navarro J C, Henderson R J, McEvoy L A, *et al*. Lipid conversion during enrichment of *Artermia*. Aquaculture. 1999, 174: 155~166

[97] Olsen A I, *et al*. effect of algal addition on stability of fatty acids and some water-soluble vitamins in juvenile *Artemia franciscana*. Aquaculture nutrition. 2000, 6: 263~273

[98] Oie G, Makridis P, *et al*. Protein and carbon utilization of rotifers (*Brachionus plicatilis*) in first feeding to turbot larve (*Scophthalmus maximus*). Aquaculture. 1997, 153: 103~122

[99] Payne MF, Rippingale R J. Intensive cultivation of the calanoid copepod *Gladioferens imparipes*. Aquaculture. 2001, 201: 329~342

[100] Pushparaj B, Pinzani E, Pelosi E, *et al*. As integrated culture system for outdoor production of microalgae and cyanobacteria. *J Appl Phycol*. 1997, 9: 113~119

[101] Roast S D, Widdows J & Jones M B. Egestion rates of the estuarine mysid *Neomysis integer* (Peracarida: Mysidacea) in relation to a variable environment. J Experi Mar Biol Ecol. 2000, 245 (1): 69~81

[102] Roast S D, Widdows J & Jones M B. Disruption of swimming in the hyperbenthic mysid *Neomysis integer* (Peracarida: Mysidacea) by the organophosphate pesticide chlorpyrifos. Aquatic Toxicology. 2000, 47 (3~4): 227~241

[103] Rees S W, Olive P J W. Photoperiodic changes influence the incorporation of vitellin yolk protein by oocytes of the semelparous polychaete *Nereis* (*Neanthes*) *Virens*. Comp Biochem Physio (A) 1999, 123: 213~220

[104] Reitan K I, et al. A review of the nutritional effect of algae in marine fish larvae. Aquaculture, 1997, 155: 7~21

[105] Rhodes A. Methods for high density batch culture of Nitokra lacustris, a marine harpacticoid copepod. The big fish bang. proceedings of the 26th annual larval fish congerence. Edited by Howard L Browaman and A B Skiftesvik. Bergen, Norway: Published by the insitute of marine research, 2003

[106] Sargent J R, et al. Requirement, presentation and sources of PUFA in marine larval feeds. Aquaculture. 1997, 155: 117~127

[107] Schipp GR, et al. A method for hatchery culture of tropical calanoid copepods, *Acartia* sp. Aquaculture. 1999, 174: 81~88

[108] Sergeant J, et al. Recent development in the essential fatty acids nutrition of Fish. Aquaculture. 1999, 177: 191~199

[109] Stottrup J G. Production and use of copepods in marine fish larviculture. Aquaculture. 1997, 155: 231~247

[110] Stottrup J G. The elusive copepods: their production and suitability in marine aquaculture. Aquaculture research. 2000, 31: 703~711

[111] Stottrup J G and L A McEvoy (edited). live feeds in marine aquaculture. UK, USA: By Blackwell Science Ltd., 2003

[112] Takeuchi T. a review of feed development for early life stage of marine finfish in Japan. Aquaculture. 2001, 200: 203~222

[113] Tan C K, Michael R J. Screening of diatoms for heterotrophic eicosapentaenoic acid production. *J Appl Phycol*. 1996, 8: 59~64

[114] Teshima S, Yamasaki S, Kanazawa A, et al. Effects of water temperature and salinity on eicosapentaenoic acid level of marine *Chlorella*. Bull Japn Soc Sci Fish. 1983, 49 (5): 805

[115] Versichele D. and Sorgeloos P. Controlled production of Artemia cysts in batch cultures [C]. In: Persoone G., Sorgeloos P., Roels O., and Jaspers E. (Eds). The Brine Shrimp *Artemia*, Vol. III. Wetteren, Belgium, Universa Press. 1980. 231~248

[116] Verslycke T, et al. Cellular energy allocation in the estuarine mysid shrimp *Neomysis integer* (Crustacea: Mysidacea) following tributyltin exposure. J Experi Mar Biol Ecol. 2003, 288 (2): 167~179

[117] Wikfors G H, Ohno M. Impact of algal research in aquaculture. *J Phycol*. 2001, 37: 968~974

[118] Yamaguchi K. Recent advances in microalgal bioscience in Japan, with special reference to utilization of biomass and metabolites: a review. *J Appl Phycol*. 1997, 8: 487~502

[119] Yufera M. Studdies on *Brachionus* (Rotifera): an example of interaction between fundamental and applied research. Hydrobiologia. 2001, 446/447: 383~392

[120] Zeek, E, et al. Sex pheromone in a marine polychaete: determination of the chemical structure. J. Rop. Zool. 1988, 246: 285~292